ISSN 0044-2267

ZAMM

ZEITSCHRIFT FÜR ANGEWANDTE MATHEMATIK UND MECHANIK

INGENIEURWISSENSCHAFTLICHE FORSCHUNGSARBEITEN

BAND 62 1982 HEFT 5

INHALT

Vorträge der Wissenschaftlichen Jahrestagung der Gesellschaft für Angewandte Mathematik und Mechanik 1981 in Würzburg (BRD)

TEIL II

AKADEMIE-VERLAG · BERLIN

ZAMM Bd. 62 Nr. 5 Seite T241 bis T392 Berlin, Mai 1982

EVP 18,— M 34115

INHALT

HAUPTVORTRÄGE

ZAMM 62, T 241 – T 250 (1982)

R. KRESS

Integralgleichungsmethoden bei direkten und inversen Randwertproblemen aus der Theorie akustischer und elektromagnetischer Schwingungen

Es wird berichtet über einige neuere Entwicklungen bei Integralgleichungsmethoden für Randwertaufgaben bei der zeitharmonischen Wellengleichung und den zeitharmonischen Maxwellschen Gleichungen, insbesondere im Hinblick auf ihre Verwendung für numerische Approximationen. Ferner wird exemplarisch die Anwendung von Integralgleichungen für inverse Randwertprobleme beschrieben, bei denen aus der Kenntnis der Strahlungscharakteristik Aussagen über Rand bzw. Randwerte zu erschließen sind.

1. Einleitung

Integralgleichungen und Randwertprobleme bilden seit langem einen wesentlichen Bestandteil der angewandten Analysis und der mathematischen Physik. Seit vor nunmehr über einem Jahrhundert mit der Behandlung von potentialtheoretischen Randwertaufgaben mit Integralgleichungsmethoden der systematische Aufbau der Theorie der Integralgleichungen begann, haben die Bedürfnisse bei Randwertaufgaben stets die Weiterentwicklung der Integralgleichungen gefördert und umgekehrt die Existenzaussagen und numerischen Verfahren für Integralgleichungen das theoretische Verständnis der Randwertaufgaben vertieft sowie Approximationsmethoden bereitgestellt. Im folgenden soll in diesem Sinne über einige neuere Entwicklungen bei Integralgleichungsmethoden für die Helmholtzsche Schwingungsgleichung und die zeitharmonischen Maxwellschen Gleichungen berichtet werden. Die mathematische Behandlung der Reflexion zeitharmonischer akustischer bzw. elektromagnetischer Wellen führt auf Außenraumrandwertprobleme für diese Gleichungen.

Beschreiben wir *zeitharmonische akustische Wellen in homogenen isotropen Medien* durch das Geschwindigkeitspotential $u(x, t) = u(x)\, e^{-i\omega t}$, so erfüllt der *räumliche Anteil* die Helmholtzsche Schwingungsgleichung

$$\Delta u + \varkappa^2 u = 0\,, \tag{1.1}$$

mit $\varkappa^2 = [\omega(\omega + ia)]/c^2$, wobei c die Schallgeschwindigkeit und a die Dämpfungskonstante des Mediums bedeuten [73, 74]. Das Vorzeichen von $\varkappa$ werde so gewählt, daß $\operatorname{Re} \varkappa > 0$, $\operatorname{Im} \varkappa \geqq 0$. Betrachte die Reflexion einer vorgegebenen einfallenden Welle u^{ein} an einem beschränkten Körper D_i. Im Außengebiet $D := \mathbb{R}^3 \setminus \bar{D}_i$ erfüllt die reflektierte Welle $u = u^{\text{ref}}$ die Schwingungsgleichung (1.1) und *auf dem Rande* für einen *schallharten Körper* die Neumannsche Randbedingung

$$\frac{\partial u}{\partial n} = -\frac{\partial u^{\text{ein}}}{\partial n} \quad \text{auf } \partial D\,, \tag{1.2}$$

mit der in D hineinweisenden Einheitsnormalen n an ∂D. Die Randbedingung (1.2) beschreibt physikalisch das Verschwinden der Normalkomponente der Geschwindigkeit für die gesamte Welle $u^{\text{ges}} = u^{\text{ein}} + u^{\text{ref}}$. Ferner erfüllt u die Sommerfeldsche Ausstrahlungsbedingung [68]

$$\left(\frac{x}{|x|}, \operatorname{grad} u\right) - i\varkappa u = o\left(\frac{1}{|x|}\right), \qquad |x| \to \infty\,, \tag{1.3}$$

gleichmäßig für alle Richtungen $x/|x|$, welche physikalisch Quellen im Unendlichen ausschließt und nach dem RELLICHschen Lemma [66] die Eindeutigkeit für die Randwertaufgabe garantiert. Anstelle der Neumannschen Randbedingung (1.2) für schallharte Körper gilt bei *schallweichen Körpern* die Dirichletsche Randbedingung

$$u = -u^{\text{ein}} \quad \text{auf } \partial D\,, \tag{1.4}$$

und bei *Körpern, auf deren Rand Normalgeschwindigkeit und Druck der akustischen Welle proportional sind*, die gemischte Randbedingung

$$\frac{\partial u}{\partial n} + i\chi u = -\left(\frac{\partial u^{\text{ein}}}{\partial n} + i\chi u^{\text{ein}}\right) \quad \text{auf } \partial D\,, \tag{1.5}$$

mit der akustischen Oberflächenimpedanz χ des Körpers D_i.

Obwohl eine Reihe der im folgenden beschriebenen Resultate auch unter schwächeren Voraussetzungen Gültigkeit behält, setzen wir stets stillschweigend voraus, daß der Rand ∂D stetig gekrümmt ist.

Für diese Randwertprobleme der mathematischen Akustik sind in Analogie zu dem potentialtheoretischen Grenzfall $\varkappa = 0$ Integralgleichungen ein fundamentales Mittel für Existenznachweise. Der Fredholmschen Alternative gehorchende Integralgleichungen zweiter Art lassen sich gewinnen entweder durch geeignete Lösungsansätze in Form von einfachen oder doppelten Potentialen oder aus der Greenschen Darstellungsformel für Lösungen der

Helmholtzgleichung. Bezeichnet

$$\Phi(x, y) := \frac{1}{4\pi} \frac{e^{i\varkappa|x-y|}}{|x-y|} \tag{1.6}$$

die Grundlösung der Helmholtzgleichung im $\mathbb{R}^3$, so führt der einfache Potentialansatz

$$u(x) = \int_{\partial D} \Phi(x, y)\, \varphi(y)\, ds(y)\,, \qquad x \in D\,, \tag{1.7}$$

beim Neumannschen Problem vermöge der potentialtheoretischen Sprungbeziehungen [74, 24] für die unbekannte stetige Dichte φ auf die Integralgleichung

$$\varphi - K_\varkappa \varphi = 2 \frac{\partial u^{\text{ein}}}{\partial n} \tag{1.8}$$

mit dem schwach singulären Integraloperator

$$(K_\varkappa \varphi)(x) := 2 \int_{\partial D} \frac{\partial \Phi(x, y)}{\partial n(x)} \varphi(y)\, ds(y)\,, \qquad x \in \partial D\,. \tag{1.9}$$

Der doppelte Potentialansatz

$$u(x) = \int_{\partial D} \frac{\partial \Phi(x, y)}{\partial n(y)} \psi(y)\, ds(y)\,, \qquad x \in D\,, \tag{1.10}$$

führt beim Dirichletschen Problem auf die Integralgleichung

$$\psi + L_\varkappa \psi = -2u^{\text{ein}}\,, \tag{1.11}$$

mit dem zu $K_\varkappa$ adjungierten Integraloperator

$$(L_\varkappa \psi)(x) := 2 \int_{\partial D} \frac{\partial \Phi(x, y)}{\partial n(y)} \psi(y)\, ds(y)\,, \qquad x \in \partial D\,. \tag{1.12}$$

Unter der Annahme, daß die einfallende Welle u^{ein} in D_i die Helmholtzgleichung erfüllt, gilt die Greensche Darstellungsformel [49, S. 150]

$$\int_{\partial D} \left\{ u^{\text{ges}}(y) \frac{\partial \Phi(x, y)}{\partial n(y)} - \frac{\partial u^{\text{ges}}}{\partial n(y)} \Phi(x, y) \right\} ds(y) = \begin{cases} u^{\text{ref}}(x)\,, & x \in D\,, \\ -u^{\text{ein}}(x)\,, & x \in D_i\,. \end{cases} \tag{1.13}$$

Hieraus folgt mit den Sprungbeziehungen beim Neumannschen Problem für die unbekannten Randwerte $\lambda := u^{\text{ges}}|_{\partial D}$ die Integralgleichung

$$\lambda - L_\varkappa \lambda = 2u^{\text{ein}}|_{\partial D} \tag{1.14}$$

und beim Dirichletschen Problem für die unbekannte Normalableitung $\mu := \frac{\partial u^{\text{ges}}}{\partial n}$ die Integralgleichung

$$\mu + K_\varkappa \mu = 2 \frac{\partial u^{\text{ein}}}{\partial n}\,. \tag{1.15}$$

Im zweidimensionalen Fall — hier ist (1.6) zu ersetzen durch die Grundlösung $\Phi(x, y) = \frac{i}{4} H_0^1(\varkappa|x - y|)$ im $\mathbb{R}^2$ — sind solche Integralgleichungen erstmals von KUPRADSE [44, 45] verwendet worden. Lückenlose Existenzbeweise gehen zurück auf WEYL [76], MÜLLER [54] und LEIS [47]. Es ist zu beachten, daß bei den Integralgleichungen (1.8) und (1.14) des Neumannschen Außenraumproblems der zweite oder der erste Fall der Fredhomschen Alternative eintritt, je nachdem $\varkappa^2$ ein Eigenwert des Dirichletschen Innenraumproblems in D_i ist oder nicht. Beim Dirichletschen Außenraumproblem sind die entsprechenden kritischen Parameter $\varkappa^2$, für die bei den Integralgleichungen (1.11) und (1.15) keine Eindeutigkeit vorliegt, die Eigenwerte des Neumannschen Innenraumproblems.

Eine ausführliche Beschreibung der Integralgleichungen bei Randwertproblemen der Helmholtzschen Gleichung geben KLEINMAN und ROACH [34]; weitere Literaturangaben finden sich bei DOLPH [18]. Die Integralgleichungsmethoden bei der gemischten Randbedingung (1.5) sind dargestellt bei ANGELL und KLEINMAN [7].

Beschreiben wir *zeitharmonische elektromagnetische Wellen in homogenen isotropen Medien* durch das elektrische und magnetische Feld

$$E(x, t) = \left(\varepsilon + \frac{i\sigma}{\omega}\right)^{-1/2} E(x)\, e^{-i\omega t}\,, \qquad H(x, t) = \mu^{-1/2} H(x)\, e^{-i\omega t}\,,$$

so erfüllen die *räumlichen Anteile* die zeitharmonischen Maxwellschen Gleichungen

$$\operatorname{rot} E - i\varkappa H = 0\,, \qquad \operatorname{rot} H + i\varkappa E = 0 \tag{1.16}$$

mit $\varkappa^2 = \left(\varepsilon + \frac{i\sigma}{\omega}\right)\mu\omega^2$, wobei ε die Dielektrizitätskonstante, μ die Permeabilität und σ die elektrische Leitfähigkeit des Mediums bedeuten [28, 56, 65]. Das Vorzeichen von $\varkappa$ werde so gewählt, daß $\operatorname{Re} \varkappa > 0$, $\operatorname{Im} \varkappa \geqq 0$ gilt. Betrachte die Reflexion einer einfallenden Welle E^{ein}, H^{ein} an einem beschränkten idealen Leiter D_i. Im Außengebiet D erfüllt die reflektierte Welle $E = E^{\text{ref}}$, $H = H^{\text{ref}}$ die Maxwellschen Gleichungen (1.16) und *auf dem Rand* die elektrischen Randbedingungen

$$[n, E] = -[n, E^{\text{ein}}] \quad \text{auf } \partial D\,, \tag{1.17}$$

welche gewährleisten, daß das gesamte elektrische Feld $E^{\text{ges}} = E^{\text{ein}} + E^{\text{ref}}$ auf dem Leiter senkrecht steht. Ferner gehorchen E, H der Ausstrahlungsbedingung

$$\left[H, \frac{x}{|x|}\right] - E = o\left(\frac{1}{|x|}\right), \qquad |x| \to \infty\,, \tag{1.18}$$

gleichmäßig für alle Richtungen $x/|x|$, welche wiederum die Eindeutigkeit sichert. Anstelle von (1.17) tritt bei Nichtleitern eine Impedanzrandbedingung [28, S. 511; 65, S. 172] der Form

$$[n, H] - \chi[n, [n, E]] = -([n, H^{\text{ein}}] - \chi[n, [n, E^{\text{ein}}]]) \tag{1.19}$$

mit der elektrischen Oberflächenimpedanz χ des Körpers D_i.

Der Ansatz des elektromagnetischen Feldes eines magnetischen Oberflächenstromes

$$\left.\begin{aligned} E(x) &= \operatorname{rot} \int_{\partial D} \Phi(x, y)\, a(y)\, ds(y)\,, \\ H(x) &= \frac{1}{i\varkappa} \operatorname{rot} E(x)\,, \end{aligned}\right\} \quad x \in D\,, \tag{1.20}$$

bei elektrischen Randbedingungen führt für das unbekannte stetige Tangentialfeld a auf die Integralgleichung

$$a - M_\varkappa a = -2[n, E^{\text{ein}}]\,, \tag{1.21}$$

mit dem schwach singulären Integraloperator

$$(M_\varkappa a)(x) := -2 \int_{\partial D} [n(x), \operatorname{rot}_x \{\Phi(x, y)\, a(y)\}]\, ds(y)\,, \qquad x \in \partial D\,. \tag{1.22}$$

Nach Maue [50, vgl. auch 28, S. 477; 65, S. 167] ergibt sich aus den Darstellungsformeln

$$\operatorname{rot} \int_{\partial D} [n(y), E^{\text{ges}}(y)]\, \Phi(x, y)\, ds(y) - \frac{1}{i\varkappa} \operatorname{rot} \operatorname{rot} \int_{\partial D} [n(y), H^{\text{ges}}(y)]\, \Phi(x, y)\, ds(y) = \begin{cases} E^{\text{ref}}(x)\,, & x \in D\,, \\ -E^{\text{ein}}(x)\,, & x \in D_i\,, \end{cases} \tag{1.23}$$

$$\operatorname{rot} \int_{\partial D} [n(y), H^{\text{ges}}(y)]\, \Phi(x, y)\, ds(y) + \frac{1}{i\varkappa} \operatorname{rot} \operatorname{rot} \int_{\partial D} [n(y), E^{\text{ges}}(y)]\, \Phi(x, y)\, ds(y) = \begin{cases} H^{\text{ref}}(x)\,, & x \in D\,, \\ -H^{\text{ein}}(x)\,, & x \in D_i\,, \end{cases} \tag{1.24}$$

für Lösungen der Maxwellgleichungen unter Verwendung der Magnetfeldgleichung (1.24), für die unbekannten Tangentialkomponenten $b := [n, H^{\text{ges}}]$ die Integralgleichung

$$b + M_\varkappa b = 2[n, H^{\text{ein}}]\,. \tag{1.25}$$

Existenzbeweise für die Integralgleichung (1.21) bzw. (1.25) stammen von Müller [53, 55] und Weyl [77]; analog zu den Randwertproblemen der Akustik ist zu beachten, daß keine Eindeutigkeit für die Integralgleichungen vorliegt, falls $\varkappa$ ein Eigenwert des Innenraumproblems für die Maxwellgleichungen ist. Für Integralgleichungen bei der Impedanzrandbedingung (1.19) siehe Jones [28, S. 511] sowie Colton und Kress [17].

Die Integralgleichungen stellen nicht nur ein vergleichsweise bequemes Hilfsmittel für Existenzaussagen dar, sondern sie bilden darüber hinaus durch numerische Verfahren für die Integralgleichungen eine wichtige Methode für die Approximation der Lösung der Randwertprobleme. Im Vergleich zu anderen Verfahren wie Differenzen- und Variationsmethoden haben sich Integralgleichungsmethoden insbesondere bei Außenraumaufgaben bewährt aus zwei Gründen: die Integralgleichungen reduzieren das Problem von dem unbeschränkten dreidimensionalen Außengebiet auf dessen beschränkten zweidimensionalen Rand, und sie berücksichtigen automatisch die Ausstrahlungsbedingung im Unendlichen. Im weiteren soll berichtet werden über Untersuchungen und Weiterentwicklungen der betrachteten Integralgleichungen im Hinblick auf ihre effiziente numerische Einsetzbarkeit.

2. Iterationsverfahren

Wegen der für dreidimensionale Probleme bei der Diskretisierung der Integralgleichungen auftretenden großen Gleichungssysteme spielen Iterationsverfahren eine besondere Rolle. Man siehe auch den Übersichtsartikel von Kleinman [32]. Im potentialtheoretischen Grenzfall $\varkappa = 0$ gelang Neumann [61] für konvexe Gebiete der erste Existenzbeweis durch Nachweis der Konvergenz der sukzessiven Approximationen

$$\varphi_{m+1} = (1 - \alpha)\, \varphi_m + \alpha K_0 \varphi_m + 2\alpha \frac{\partial u^{\text{ein}}}{\partial n} \tag{2.1}$$

für (1.8) bzw.

$$\lambda_{m+1} = (1 - \alpha)\, \lambda_m + \alpha L_0 \lambda_m + 2\alpha u^{\text{ein}} \tag{2.2}$$

für (1.14) mit dem speziellen Relaxationsparameter $\alpha = 1/2$. Auf Grund der PLEMELJschen Sätze [64] über das Spektrum der Integraloperatoren, nämlich der Eigenschaft $\sigma(K_0) = \sigma(L_0) \subset [-1, 1)$, kann das Neumannsche Ergebnis auf beliebig geformte Gebiete und auf beliebiges $\alpha \in (0, 1)$ übertragen werden [72]. Benutzt wird folgender funktionalanalytische [29, S. 48]

Satz: *Sei X ein Banachraum, A: X → X ein beschränkter Operator mit Spektralradius ϱ(A) < 1 und sei I der (vgl. in 2.3) Einheitsoperator. Dann konvergiert die Neumannsche Reihe*

$$(I - A)^{-1} = \sum_{m=0}^{\infty} A^m .$$

Konvergenz für (2.1) bzw. (2.2) folgt mit $A = (1 - \alpha)I + \alpha K_0$ bzw. $A = (1 - \alpha)I + \alpha L_0$ im Banachraum $(C(\partial D), ||\cdot||_\infty)$. Die für die Konvergenzrate optimale Auswahl von α, die für A den minimalen Spektralradius liefert, hängt von der Kenntnis der Lage der Eigenwerte von K_0 und L_0 ab. Falls alle Eigenwerte negativ sind, wie z. B. beim Äußeren der Einheitskugel (vgl. (2.3) für $R = 0$), ist $\alpha = 2/3$ optimal [43, 32].

Unter Verwendung der Neumannschen Reihe für benachbarte Operatoren [29, S. 44] und der Abschätzungen $||K_\varkappa - K_0|| = O(\varkappa^2)$, $||L_\varkappa - L_0|| = O(\varkappa^2)$ haben AHNER und KLEINMAN [3] und KLEINMAN und WENDLAND [35] die Konvergenz der (2.1) und (2.2) entsprechenden Iterationsverfahren bei der Helmholtzgleichung bewiesen für hinreichend kleines $\varkappa$. KLEINMAN und WENDLAND beschreiben auch die Diskretisierung der Integralgleichung durch Quadraturformeln und zeigen insbesondere, daß die diskreten Gleichungen ebenfalls durch die Iterationsverfahren gelöst werden können und daß die Konvergenzrate nicht von der Diskretisierung abhängt, sofern diese nur hinreichend genau ist.

Beim Dirichletschen Problem sind wegen des Vorliegens des Eigenwertes -1 von K_0 und L_0 die Integralgleichungen (1.11) und (1.15) nicht mehr eindeutig lösbar, und daher kann zunächst keine Konvergenz für ein Iterationsverfahren erwartet werden. Durch Abspalten des Eigenwertes konnte AHNER [1] auch für die Integralgleichungen zum Dirichletschen Problem ein für hinreichend kleines $\varkappa$ konvergentes Iterationsverfahren angeben, welches jedoch vorab die Berechnung der Eigenfunktion von K_0 zum Eigenwert -1 erfordert. Weitere Iterationsverfahren, die dies vermeiden und auf modifizierten Integralgleichungen ohne den Eigenwert -1 aufbauen, werden angeben im $\mathbb{R}^2$ von COLTON und KLEINMAN [15] und im $\mathbb{R}^3$ von COLTON und KRESS [16]. Im letzteren Fall wird die Grundlösung (1.6) ersetzt durch die explizit angebbare Greensche Funktion $G_\varkappa(x, y)$ für das Äußere einer ganz in D_i enthaltenen Kugel B vom Radius R. Für die entsprechend modifizierten und mit $K_{\varkappa,R}$ und $L_{\varkappa,R}$ bezeichneten Integraloperatoren gemäß (1.9) und (1.12) gilt dann im potentialtheoretischen Grenzfall für das Spektrum $\sigma(K_{0,R}) = \sigma(L_{0,R}) \subset (-1, 1)$, woraus sich dann wie beim Neumannschen Problem ein konvergentes Iterationsverfahren ergibt. Die Lage der Eigenwerte von $K_{0,R}$ und $L_{0,R}$ und damit die Konvergenzrate des Iterationsverfahrens wird beeinflußt vom Radius R der Kugel B. Durch ein geeignetes Skalarprodukt läßt sich der Operator $K_{0,R}$ symmetrisieren, und seine Eigenwerte lassen sich daher durch ein Variationsprinzip charakterisieren [43, 36, 71]. Aus diesem folgt dann, daß alle Eigenwerte von $K_{0,R}$ mit dem Radius R monoton wachsen. Bei geeigneter Wahl des Relaxationsparameters α ist es daher zur Erzielung einer optimalen Konvergenzrate zweckmäßig, den Radius R von B möglichst groß zu wählen. Der Spezialfall des Äußeren D der Einheitskugel mit einer konzentrischen Hilfskugel B mit Radius $R < 1$ hat das Spektrum [16]

$$\sigma(K_0) = \sigma(L_0) = \left\{-\frac{1}{2m+1}\{1 - (2m+2)R^{2m+1}\}, m \in \mathbb{N} \cup \{0\}\right\} \cup \{0\} \tag{2.3}$$

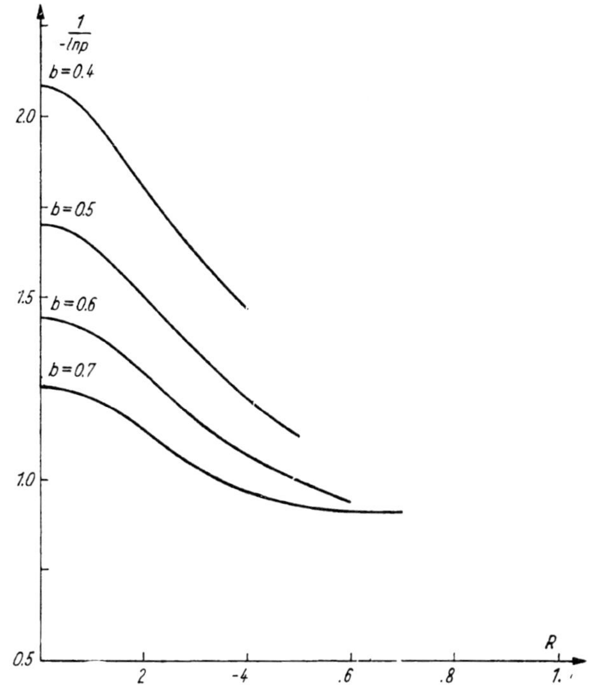

Fig. 1

und verdeutlicht dieses Verhalten. Numerische Erfahrungen zeigen, daß mit dieser Modifikation der klassischen Integralgleichung erhebliche Konvergenzbeschleunigungen erzielt werden können. Fig. 1 zeigt im zweidimensionalen Fall einer Ellipse mit den Halbachsen $a = 1$ und $b = 0.4$, 0.5, 0.6, 0.7 und einem konzentrischen Hilfskreis vom Radius $R < b$ im Innern die Abhängigkeit des Spektralradius ϱ von R bei optimalem Relaxationsparameter α.

Iterationsverfahren bei der gemischten Randbedingung (1.5) wurden beschrieben von Ahner [2].

Im elektromagnetischen Fall ist das Spektrum des potentialtheoretischen Integraloperators M_0 untersucht worden von Müller und Niemeyer [57], Werner [75], Kress [39, 40] und Gray [22]. Die Operatoren M_0 und $-M_0$ sind bezüglich der Bilinearform $\langle a, b\rangle := \int_{\partial D} (n, a, b) ds$ adjungiert, daher ist das Spektrum $\sigma(M_0)$ symmetrisch zum Ursprung. Es gilt $\sigma(M_0) \subset [-1, 1]$, und 1 und -1 treten als Eigenwerte auf genau dann, wenn D mehrfach zusammenhängend ist. Für die Reflexion an einfach zusammenhängenden Leitern ergeben sich damit, wie von Gray ausgeführt, konvergente Iterationsverfahren für die Integralgleichungen (1.21) und (1.25) bei hinreichend kleinem $\varkappa$.

3. Kritische Frequenzen

Wie schon erwähnt, sind die Integralgleichungen (1.8), (1.11), (1.14), (1.15), (1.21) und (1.25) nicht mehr eindeutig auflösbar für solche $\varkappa^2$, die Eigenwert eines zugeordneten inneren Randwertproblems sind. Bei der Diskretisierung führt dies auf schlecht konditionierte Gleichungssysteme für Werte von $\varkappa^2$ in der Umgebung dieser Eigenwerte, deren Lage für ein beliebiges Gebiet D im allgemeinen nicht a-priori bekannt ist. Daher sind die Integralgleichungen — außer für kleine $\varkappa$ — in der bisherigen Form für numerische Approximationen wenig geeignet. Um diese Schwierigkeit zu beheben, sind zahlreiche Modifikationen entwickelt worden, die zu für alle $\varkappa$ eindeutig lösbaren Integralgleichungen führen.

Von Leis [48], Brakhage und Werner [9] und Panich [63] stammt die Idee, die Lösung der Außenraumprobleme für die Helmholtzgleichung in Form eines kombinierten einfachen und doppelten Potentials anzusetzen

$$u(x) = \int_{\partial D} \left\{\frac{\partial \Phi(x, y)}{\partial n(y)} - i\eta \Phi(x, y)\right\} \psi(y)\, ds(y)\,, \quad x \in D\,, \tag{3.1}$$

mit einer positiven Zahl η. Die hierzu beim Dirichletschen Problem gehörende Integralgleichung

$$\psi + L_\varkappa \psi - i\eta S_\varkappa \psi = -2u^{\text{ein}} \tag{3.2}$$

mit dem Integraloperator $L_\varkappa$ aus (1.12) und

$$(S_\varkappa \psi)(x) := 2 \int_{\partial D} \Phi(x, y)\, \psi(y)\, ds(y) \tag{3.3}$$

erweist sich als für alle $\varkappa$ mit $\operatorname{Re} \varkappa > 0$, $\operatorname{Im} \varkappa \geqq 0$ eindeutig auflösbar. Entsprechendes gilt nach Leis [49] für das Neumannsche Problem, wobei allerdings die Integralgleichung wegen der Singularität der Normalableitung des doppelten Potentials einen unbeschränkten Integraloperator enthält und daher zur Anwendung der Fredholmschen Alternative Regularisierungstechniken erfordert. Auf die zu (3.2) adjungierte Integralgleichung wird man nach Burton und Miller [10] geführt, wenn man die Integralgleichung (1.15) mit der ebenfalls aus der Greenschen Darstellungsformel (1.13) folgenden Integralgleichung erster Art

$$S_\varkappa \mu = 2u^{\text{ein}}\,, \tag{3.4}$$

linear kombiniert.

Numerische Implementierungen dieser Methode liegen vor — insbesondere in zwei Dimensionen — durch Greenspan und Werner [23], Kussmaul [46], Bolomey und Tabbara [8] und Ruland [67]. Der durch diese Modifikation erzielte numerische Gewinn läßt sich verdeutlichen durch Betrachtung der Kondition der bei der Diskretisierung der Integralgleichungen entstehenden Gleichungssysteme. Unter Verwendung der von Kussmaul [46] gewählten Quadraturformeln für die in den Integralgleichungen auftretenden logarithmischen Singularitäten ergeben sich für den Fall des Außengebietes D des Einleitungskreises zirkulante Matrizen, deren L_2-Konditionszahl leicht explizit ermittelt werden kann. Bei 16 Knotenpunkten ergibt sich für $\eta = 0$ (ausgezogene Kurve) und $\eta = 0{,}5 \max(1, \varkappa)$ (gestrichelte Kurve) die in der Fig. 2 skizzierte Abhängigkeit der Kondition von $\varkappa$ [vgl. auch 38].

Weitere Varianten, für die allerdings noch keine numerischen Erfahrungen vorliegen, gehen zurück auf Ursell [69, 70] und Jones [27] und modifizieren in den Lösungsansätzen die Grundlösung Φ durch Addieren eines geeigneten regulären Anteils, welcher für die bei allen $\varkappa$ eindeutige Auflösbarkeit sorgt.

Im elektromagnetischen Fall entspricht dem Ansatz (3.1) die Kombination des Feldes eines magnetischen und eines elektrischen Stromes in der Form

$$\begin{aligned} E(x) &= \operatorname{rot} \int_{\partial D} \Phi(x, y)\, a(y)\, ds(y) + i\eta \operatorname{rot} \operatorname{rot} \int_{\partial D} \Phi(x, y)\, [n(y), a(y)]\, ds(y)\,, \quad x \in D\,, \\ H(x) &= \frac{1}{i\varkappa} \operatorname{rot} E(x)\,, \end{aligned} \tag{3.5}$$

welcher von Mautz und Harrington [52] vorgeschlagen und numerisch getestet worden ist. Hierzu gehört die singuläre Integralgleichung

$$a - M_\varkappa a + i\eta N_\varkappa a = -2[n, E^{\text{ein}}]\,, \tag{3.6}$$

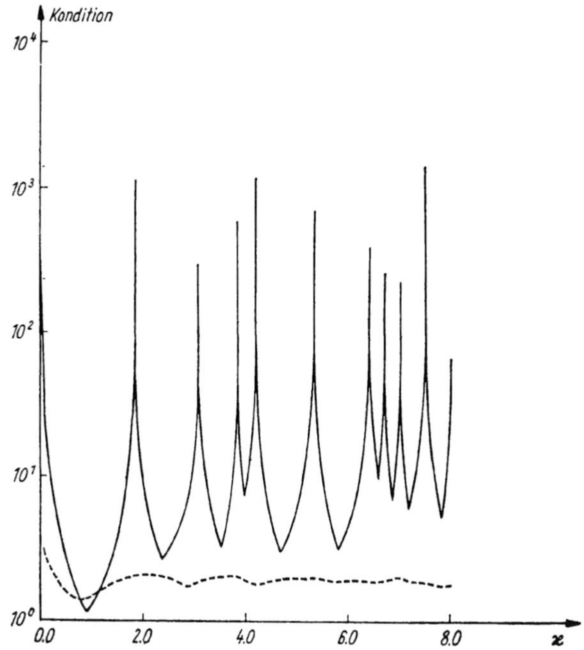

Fig. 2

mit $M_\varkappa$, definiert durch (1.22), und dem unbeschränkten Integraloperator

$$(N_\varkappa a)(x) := [n(x), \text{rot rot} \int_{\partial D} \Phi(x, y) \, [n(y), a(y)] \, ds(y)] \,, \qquad x \in \partial D \,. \tag{3.7}$$

Diese Integralgleichung ist für alle $\varkappa$ mit $\text{Re}\, \varkappa > 0$, $\text{Im}\, \varkappa \geqq 0$ eindeutig auflösbar. Der durch Regularisieren der singulären Integralgleichung gewonnene Existenzbeweis wurde von KRESS [42] gefunden. Dabei werden Resultate von KNAUFF und KRESS [37, 41] über eindeutig auflösbare singuläre Integralgleichungen mit Cauchyschen Hauptwerten bei Außenraumaufgaben für die vektorielle Helmholtzgleichung ausgenutzt. Auf die zu (3.6) adjungierte Gleichung wird man geführt, wenn man die Magnetfeldgleichung (1.25) mit der aus der Elektrofeldgleichung (1.23) folgenden singulären Integralgleichung erster Art [28, S. 463; 65, S. 167]

$$N_\varkappa b = i\varkappa [n, E^{\text{ein}}] \tag{3.8}$$

geeignet linear kombiniert. Für diese finden sich numerische Erfahrungen bei OSHIRO [62] sowie MAUTZ und HARRINGTON [51].

4. Diskretisierung der Integralgleichungen

Neben der Diskretisierung durch Quadraturformeln, die sich nach geeigneter periodischer Parametrisierung des Randes besonders im zweidimensionalen Fall bewährt haben, finden vor allem für die Integralgleichungen zu dreidimensionalen Außenraumproblemen zunehmend Galerkinverfahren Anwendung unter Benutzung finiter Randelemente. Zur Skizzierung von deren Grundlagen betrachten wir lineare Integralgleichungen in einem Hilbertraum H mit Integraloperatoren $A: H \to H$ der Form

$$A\varphi = f \,, \tag{4.1}$$

wobei A zerlegbar sei in $A = S + K$ mit strikt koerzitivem S und kompaktem K. Die Gleichung (4.1) ist äquivalent zu

$$(A\varphi, \psi) = (f, \psi) \,, \qquad \psi \in H \,, \tag{4.2}$$

wobei $(\cdot,\cdot): H \times H \to \mathbb{C}$ das Skalarprodukt auf H bedeutet. Die numerische Approximation geschieht durch das Galerkinverfahren, nämlich durch die Auswahl eines geeigneten Unterraums $U \subset H$ und die Bestimmung der Galerkinnäherung $\varphi_U \subset U$ an die Lösung φ von (4.2) gemäß

$$(A\varphi_U, \psi) = (f, \psi) \,, \qquad \psi \in U \,. \tag{4.3}$$

Hierfür stehen dann die Standardfehlerabschätzungen beim Galerkinverfahren zur Verfügung. Betrachten wir exemplarisch die Integralgleichung (1.8) zum Neumannschen Problem bei der Laplaceschen Gleichung $\varkappa = 0$. Auf $C(\partial D)$ definiert

$$(\varphi, \psi) := \int_{\partial D} \int_{\partial D} \varphi(x) \, \psi(y) \, \Phi_0(x, y) \, ds(y) \,, \tag{4.4}$$

ein Skalarprodukt, dessen Definitheit sich mit dem Greenschen Satz aus der Umformung

$$(\varphi, \psi) = \int_{\mathbb{R}^3} (\text{grad}\, u_\varphi, \text{grad}\, u_\psi) \, dx \,, \tag{4.5}$$

ergibt [43]. Hierin bedeuten u_φ bzw. u_ψ die einfachen Potentiale nach (1.7) mit den Dichten φ bzw. ψ. Nach dem Spursatz ist die von (4.4) erzeugte Norm äquivalent zur Sobolewraumnorm auf $H^{-1/2}(\partial D)$. Ebenfalls aus dem Greenschen Satz ergibt sich

$$(\varphi - K_0\varphi, \psi) = \int_D (\operatorname{grad} u_\varphi, \operatorname{grad} u_\psi)\, dx\,. \tag{4.6}$$

Die strikte Koerzitivität von $I - K_0$ folgt dann ebenfalls aus dem Spursatz oder durch direkten Beweis von

$$\int_D |\operatorname{grad} u_\varphi|^2\, dx \geqq C \int_{\mathbb{R}^3} |\operatorname{grad} u_\varphi|^2\, dx\,, \tag{4.7}$$

mit einer von φ unabhängigen Konstanten $C > 0$.

Allgemein werden die Integralgleichungen der Außenraumrandwertprobleme betrachtet in Sobolewräumen $H^{s+(1/2)}(\partial D)$, $s \in \mathbb{Z}$. Für die Galerkinverfahren wird eine Randapproximation ∂D_h gewählt aus isoparametrischen finiten Elementen von einem Grad k, derart daß sich ∂D_h zusammensetzt aus krummberandeten Dreiecken, welche Flächen vom Grad k sind und deren Eckpunkte auf ∂D liegen. Auf jedem Dreieck werden zur Approximation Polynome von einem Grad m gewählt, und der Unterraum U entsteht durch Projektion dieser Polynome von ∂D_h auf ∂D.

Diese Verwendung von finiten Randelementen für Randintegralgleichungen, die insbesondere auch für Gleichungen erster Art geeignet ist, wurde im potentialtheoretischen Fall ausführlich beschrieben von NEDELEC und PLANCHARD [60], NEDELEC [58, 59], GIROIRE und NEDELEC [21], HSIAO und WENDLAND [25, 26] und DUONG [19]. Die Ausweitung auf die Helmholtzgleichung wurde begonnen von GIROIRE [20].

5. Inverse Probleme

Bislang haben wir sogenannte *direkte Probleme* für die Reflexion zeitharmonischer akustischer und elektromagnetischer Wellen betrachtet, bei denen für ein gegebenes Hindernis D_i (mit gegebener Oberflächenimpedanz) die reflektierte Welle zu bestimmen ist. Bei den *inversen Problemen* dagegen handelt es sich darum, aus der gemessenen Strahlungscharakteristik derr eflektierten Welle im Unendlichen die Form, d. h. den Rand des Hindernisses D_i oder dessen Oberflächenimpedanz zu ermitteln.

Aus der Greenschen Darstellungsformel (1.13) für ausstrahlende akustische Wellen folgt für $|x| \to \infty$ eine Entwicklung der Gestalt

$$u^{\text{ref}}(x) = \frac{e^{i\varkappa|x|}}{|x|} F\left(\frac{x}{|x|}\right) + O\left(\frac{1}{|x|^2}\right) \tag{5.1}$$

gleichmäßig für alle Richtungen $x/|x|$. Hierin ist

$$F(\xi) := \frac{1}{4\pi} \int_{\partial D} \left\{ i\varkappa u^{\text{ges}}(y) - \frac{\partial u^{\text{ges}}}{\partial n(y)} \right\} e^{-i\varkappa(\xi, y)}\, ds(y) \tag{5.2}$$

die Strahlungscharakteristik $F\colon \Omega \to \mathbb{C}$, wobei Ω die Einheitskugeloberfläche im $\mathbb{R}^3$ bedeutet. Die Zuordnung von F zu u^{ref} ist injektiv, d. h. aus dem Verschwinden von F folgt das Verschwinden von u^{ref} [56, S. 88]. F kann nicht willkürlich vorgeschrieben werden; vielmehr ist für die Eigenschaft, Strahlungscharakteristik zu sein, eine notwendige und hinreichende Bedingung [56, S. 94], daß $F\colon \Omega \to \mathbb{C}$ fortsetzbar ist zu einer ganzen harmonischen Funktion $F\colon \mathbb{R}^3 \to \mathbb{C}$ derart, daß

$$\lim\sup \frac{1}{R} \ln\left(\int_\Omega |F(R\xi)|^2\, d\omega \right) < \infty\,.$$

Hieraus entnehmen wir, daß inverse Probleme schlecht konditioniert sind, denn kleine Störungen einer gegebenen Strahlungscharakteristik F führen i. a. auf eine abgeänderte Funktion, die nicht mehr Strahlungscharakteristik ist und für die daher das inverse Problem nicht mehr lösbar ist. Neben der schlechten Kondition sind inverse Probleme außerdem nichtlinear.

Aus der Vielzahl möglicher Behandlungen für inverse Probleme skizzieren wir zwei Methoden, und zwar eine klassische und eine kontrolltheoretische. Wir folgen COLTON und KRESS [16] und betrachten bei einer einfallenden ebenen Welle $u^{\text{ein}}(x) = e^{i\varkappa x_1}$, $x = (x_1, x_2, x_3) \in \mathbb{R}^3$, Dirichletsche Randbedingungen $u^{\text{ges}} = 0$ auf ∂D. Dann vereinfacht sich (5.2) zu

$$F(\xi) = -\frac{1}{4\pi} \int_{\partial D} \frac{\partial u^{\text{ges}}}{\partial n(y)} e^{-i\varkappa(\xi, y)}\, ds(y)\,. \tag{5.3}$$

Als erstes Beispiel eines inversen Problems soll aus der Kenntnis von F für kleine $\varkappa$ die Form des Randes ∂D bestimmt werden. Die Eindeutigkeit für diese Aufgabe schließt man aus der eindeutigen Zuordnung der Strahlungscharakteristik zu Lösungen der Helmholtzschen Gleichung und deren Analytizität [16].

Unter Verwendung der für kleine $\varkappa$ konvergenten Neumannschen Reihe aus Abschnitt 2 für die modifizierte Integralgleichung (1.15) mit $K_\varkappa$ ersetzt durch $K_{\varkappa,R}$ läßt sich nachweisen, daß

$$\frac{\partial u^{\text{ges}}}{\partial n} = \frac{\partial u^0}{\partial n} + O(\varkappa)\,, \tag{5.4}$$

wobei u^0 die eindeutige Lösung ist von

$$\Delta u^0 = 0 \quad \text{in } D\,, \qquad u^0 = 0 \quad \text{auf } \partial D\,, \qquad u^0(x) \to 1\,, \qquad |x| \to \infty\,, \tag{5.5}$$

gleichmäßig für alle Richtungen $x/|x|$. Außerhalb einer das Hindernis D_i umfassenden Kugel läßt sich u^0 entwickeln nach Kugelfunktionen

$$u^0(x) = 1 + \sum_{n=0}^{\infty} \sum_{m=-n}^{n} b_{nm} \varrho^{-n-1} P_n^m(\cos\theta)\, e^{im\varphi} \tag{5.6}$$

mit Kugelkoordinaten $x = (\varrho \sin\theta \cos\varphi, \varrho \sin\theta \sin\varphi, \varrho \cos\theta)$. Deren Koeffizienten errechnen sich unter Verwendung von (5.3) und (5.4) zu (vgl. [16])

$$b_{nm} = \frac{1}{4\pi} \frac{(n-m)!}{(n+m)!} \frac{(2n+1)!}{n!} \left(\frac{i}{2}\right)^n \lim_{\varkappa \to 0} \frac{a_{nm}(\varkappa)}{\varkappa^n}\,, \tag{5.7}$$

wobei die a_{nm} die Entwicklungskoeffizienten der Strahlungscharakteristik

$$F(\xi) = \sum_{n=0}^{\infty} \sum_{m=n}^{n} a_{nm}(\varkappa)\, P_n^m(\cos\theta)\, e^{im\varphi}\,, \tag{5.8}$$

bedeuten mit $\xi = (\sin\theta\cos\varphi, \sin\theta\cos\varphi, \cos\theta)$. Noch einmal verdeutlicht (5.7) die schlechte Kondition: kleine Änderungen der a_{nm}, d. h. von F, führen zu großen Änderungen der b_{nm}, d. h. von u^0. Ist u^0 ermittelt, so kann ∂D grundsätzlich gewonnen werden als Niveaufläche $u^0(x) = 0$.

In der Praxis stehen i. a. nur endlich viele Koeffizienten von (5.8) zur Verfügung und damit auch nur eine Näherung an u^0, die durch entsprechendes Abbrechen der Entwicklung (5.6) entsteht. Fehlerabschätzungen hierzu finden sich in [16].

Die analoge Behandlung der entsprechenden Aufgabe unter der Neumannschen Randbedingung wurde von COLTON [12] durchgeführt. Besonders elegant gestaltet sich das hier beschriebene Vorgehen in zwei Dimensionen durch Verwendung konformer Abbildungen [11, 15].

COLTON und KIRSCH [13] betrachten das inverse Problem der Bestimmung der Oberflächenimpedanz aus der Strahlungscharakteristik F bei bekanntem Rand ∂D. Das gemischte Randwertproblem (1.5) unter der die Eindeutigkeit garantierenden Bedingung $\operatorname{Re}\chi \geqq 0$ wird entsprechend dem Neumannschen Problem durch einen einfachen Potentialansatz (1.7) gelöst, welcher für die unbekannte stetige Dichte φ auf die Integralgleichung

$$\varphi - K_\varkappa \varphi - i\chi S_\varkappa \varphi = 2\left(\frac{\partial u^{\text{ein}}}{\partial n} + i\chi u^{\text{ein}}\right) \tag{5.9}$$

führt. Diese Integralgleichung ist eindeutig auflösbar, falls $\varkappa^2$ nicht Eigenwert des Dirichletschen Innenraumproblems ist, und in diesem Falle sind Modifikationen entsprechend Abschnitt 3 möglich. Mit der Kompaktheit von $K_\varkappa$ und $S_\varkappa$ kann für die Abbildung, die jeder Impedanz $\chi \in C(\partial D)$ die Lösung $\varphi \in C(\partial D)$ von (5.9) zuordnet, die Stetigkeit gefolgert werden. Aus der Dichte φ errechnet sich die Strahlungscharakteristik, abhängig von χ, gemäß

$$F_\chi(\xi) = \frac{1}{4\pi} \int_{\partial D} \varphi(y)\, e^{-i\varkappa(\xi, y)}\, ds(y)\,, \tag{5.10}$$

d. h. auch die Abbildung, die der Impedanz $\chi \in C(\partial D)$ die Strahlungscharakteristik $F_\chi \in L^2(\Omega)$ zuordnet, ist stetig. Für das inverse Problem der Bestimmung der Impedanz χ aus der gemessenen Strahlungscharakteristik F_χ vermerken wir zunächst die Eindeutigkeit, welche mit der Holmgrenschen Verallgemeinerung des Satzes von Cauchy-Kowalewski erschlossen werden kann [13].

Überführe das inverse Problem in folgendes Kontrollproblem: Bei vorgegebenem $f \in L^2(\Omega)$ minimiere das Funktional

$$C_f(\chi) := \int_\Omega |F_\chi - f|^2\, d\omega\,, \tag{5.11}$$

wobei χ aus einem geeignet gewählten Kontrollraum $U \subset C(\partial D)$ zugelassen ist. Ist χ die Lösung des inversen Problems für eine gegebene Strahlungscharakteristik f, dann ist χ wegen $C_f(\chi) = 0$ auch Lösung des Kontrollproblems. Umgekehrt ist jede Lösung χ des Kontrollproblems mit $C_f(\chi) = 0$ auch eine Lösung des inversen Problems. Ist dagegen χ eine Lösung des Kontrollproblems mit $C_f(\chi) > 0$, dann hat das inverse Problem für die Vorgabe f keine Lösung, und χ ist zu verstehen als eine Quasilösung in dem Sinne, daß $\|F_\chi - f\|_{L^2(\Omega)}$ minimal ist. Wird als Kontrollraum eine kompakte Teilmenge U von $C(\partial D)$ gewählt, so besitzt wegen der Stetigkeit des Funktionals C_f das Kontrollproblem eine Lösung. Zu dessen numerischen Behandlung sollen Methoden der nichtlinearen Optimierung eingesetzt werden, wobei zur Auswertung des Funktionals $C_f(\chi)$ jeweils die Integralgleichung (5.9) zu lösen ist.

Den entsprechenden elektromagnetischen Fall haben COLTON und KRESS [17] betrachtet.

Diese kontrolltheoretische Behandlung der inversen Randwertaufgabe steht in einem engen Zusammenhang mit Aufgaben, bei denen die Impedanz χ aus einem Kontrollraum U so zu bestimmen ist, daß der Energiefluß der reflektierten Welle $\int_\omega |F_\chi|^2\, d\omega$ durch einen vorgegebenen Winkelbereich $\omega \subset \Omega$ maximal wird. Solche Kontrollprobleme sind untersucht worden von ANGELL und KLEINMAN [5, 6] und KIRSCH [30, 31].

Eine kontrolltheoretische Behandlung der Bestimmung des Randes aus der Strahlungscharakteristik ist beschrieben von COLTON und KIRSCH [14] im $\mathbb{R}^2$ und ANGELL, COLTON und KIRSCH [4] im $\mathbb{R}^3$.

Für die numerischen Rechnungen zu den Beispielen danke ich den Herren E. HENDEL und W. SPASSOV.

Literatur

1 Ahner, J. F., The exterior Dirichlet problem for the Helmholtz equation, J. Math. Analysis 52 (1975), 415–429.
2 Ahner, J. F., The exterior Robin problem for the Helmholtz equation, J. Math. Analysis Appl. 66 (1978), 37–54.
3 Ahner, J. F.; Kleinman, R. E., The exterior Neumann problem for the Helmholtz equation, Arch. Rational Mech. Analysis 52 (1973), 26–43.
4 Angell, T. S.; Colton, D.; Kirsch, A., The three dimensional inverse scattering problem for acoustic waves, J. Diff. Equations, to appear.
5 Angell, T. S.; Kleinman, R. E., Optimal control problems in radiation and scattering. In: Hermans, A. J.; Oosterveld, M. W. C. (eds), Proc. Sympos. Appl. Math. dedicated to the late Professor Dr. R. Timman, Delft University Press 1978, S. 78–90.
6 Angell, T. S.; Kleinman, R. E., Scattering by impedance loading. In: Proc. Internat. U.R.S.I.-Symposium 1980 on Electromagnetic Waves 1980, S. 223B/1–4.
7 Angell, T. S.; Kleinman, R. E., Boundary integral equations for the Helmholtz equation; the third boundary value problem, Math. Meth. in the Appl. Sci., to appear.
8 Bolomey, J. C.; Tabbara, W., Numerical aspects of coupling between complementary boundary value problems, IEEE Trans. Ant. and Prop. **AP-21** (1973), 356–363.
9 Brakhage, H.; Werner, P., Über das Dirichletsche Außenraumproblem für die Helmholtzsche Schwingungsgleichung, Arch. der Math. **16** (1965), 325–329.
10 Burton, A. J.; Miller, G. F., The application of integral equation methods to the numerical solution of some exterior boundary-value problems, Proc. Roy. Soc. Ser. A **323** (1971), 201–220.
11 Colton, D., The inverse scattering problem for a cylinder, Proc. Roy. Soc. Edinburgh, Ser. A **84** (1979), 135–143.
12 Colton, D., Remarks on the inverse scattering problem for low frequency acoustic waves, J. Diff. Equations **37** (1980), 374–381.
13 Colton, D.; Kirsch, A., The determination of the surface impedance of an obstacle from measurements of the far field pattern, SIAM J. Appl. Math., **41** (1981), 8–15.
14 Colton, D.; Kirsch, A., Stable methods for solving the inverse scattering problem for a cylinder, Proc. Roy. Soc. Edinburgh, **98** A (1981), 181–188.
15 Colton, D.; Kleinman, R. E., The direct and inverse scattering problem for an arbitrary cylinder: Dirichlet boundary conditions, Proc. Roy. Soc. Edinburgh, Ser. A **86** (1980), 29–42.
16 Colton, D.; Kress, R., Iterative methods for solving the exterior Dirichlet problem for the Helmholtz equation with applications to the inverse scattering problem for low frequency acoustic waves, J. Math. Analysis Appl. 77 (1980), 60–72
17 Colton, D.; Kress, R., The impedance boundary value problem for the time harmonic Maxwell equations, Math. Meth. in the Appl. Sci., **3** (1981), 475–487.
18 Dolph, C. L., The integral equation method in scattering theory. In: Gunning (ed.), Problems in Analysis, Princeton Univ. Press, Princeton, N.J. 1970, S. 201–227.
19 Duong, T. H., A finite element method for the double-layer potential solution of the Neumann exterior problem, Math. Meth. in the Appl. Sci. 2 (1980), 191–208.
20 Giroire, J., Integral equations for exterior problems for the Helmholtz equation, Ecole Polytéchnique, Palaiseau, France, Rapport Interne No. 40, 1978.
21 Giroire, J.; Nedelec, J. C., Numerical solution of an exterior Neumann problem using a double layer potential, Math. Comput. **32** (1978), 973–990.
22 Gray, G., Low frequency iterative solution of integral equations in electromagnetic scattering theory, University of Delaware, Appl. Math. Inst. Tech. Report 35 A, 1978.
23 Greenspan, D.; Werner, P., A numerical method for the exterior Dirichlet problem for the reduced wave equation, Arch. Rational Mech. Analysis **23** (1966), 288–316.
24 Günter, N. M., Die Potentialtheorie und ihre Anwendungen auf Grundaufgaben der mathematischen Physik, Teubner, Leipzig 1957.
25 Hsiao, G. C.; Kopp, P.; Wendland, W., A Galerkin collocation method for some integral equations of the first kind, Computing **25** (1980), 89–130.
26 Hsiao, G. C.; Wendland, W., A finite element method for some integral equations of the first kind, J. Math. Analysis Appl. **58** (1977), 449–481.
27 Jones, D. S., Integral equations for the exterior acoustic problem, Quart. J. Mech. Appl. Math. 27 (1974), 129–142.
28 Jones, D. S., Methods in Electromagnetic Wave Propagation, Clarendon Press, Oxford 1979.
29 Jörgens, K., Lineare Integraloperatoren, Teubner, Stuttgart 1970.
30 Kirsch, A., Optimal control of an exterior Robin problem, J. Math. Analysis Appl., **82** (1981), 144–151.
31 Kirsch, A., A weak bang-bang principle for the control of an exterior Robin problem, to appear.
32 Kleinman, R. E., Iterative solutions of boundary value problems. In: Lecture notes in Mathematics # 561, Function Theoretic Methods for Partial Differential Equations, Springer, Berlin-Heidelberg-New York 1976, S. 298–313.
33 Kleinman, R. E., Some applications of functional analysis in classical scattering. In: Lecture notes in Physics # 130, Mathematical Methods and Applications of Scattering Theory, Springer, Berlin-Heidelberg-New York 1980, S. 17–23.
34 Kleinman, R. E.; Roach, G. F., Boundary integral equations for the three-dimensional Helmholtz equation, SIAM Review **16** (1974), 214–236.
35 Kleinman, R. E.; Wendland, W., On Neumann's method for the exterior Neumann problem for Helmholtz equation, J. Math. Analysis Appl. **57** (1977), 170–202.
36 Kloes, O., Zur Konvergenz der sukzessiven Approximation beim inneren und äußeren Dirichletschen Randwertproblem, Diplomarbeit, Universität Güttingen 1977.
37 Knauff, W.; Kress, R., On the exterior boundary -value problem for the time-harmonic Maxwell equations, J. Math. Analysis Appl. 72 (1979), 215–235.
38 Knauff, W.; Kress, R., A modified integral equation method for the electric boundary-value problem for the vector Helmholtz equation, ISNM **53**, (1980), 157–170.
39 Kress, R., Über die Integralgleichung des Pragerschen Problems, Arch. Rational Mech. Analysis 30 (1968), 381–400.
40 Kress, R., Grundzüge einer Theorie der verallgemeinerten harmonischen Vektorfelder, Meth. Verf. Math. Phys. 2 (1969) 49–83.
41 Kress, R., On the existence of a solution to a singular integral equation in electromagnetic reflection, J. Math. Analysis Appl. **77** (1980), 555–566.
42 Kress, R., On boundary integral equation methods in stationary electromagnetic reflection. In: Lecture Notes in Mathematics # 846, Ordinary and Partial Differential Equations, Springer, Berlin-Heidelberg-New York 1980, S. 210–226.
43 Kress, R.; Roach, G. F., On the convergence of sucessive approximations for an integral equation in a Green's function approach to the Dirichlet problem, J. Math. Analysis Appl. **55** (1976), 102–111.
44 Kupradse, W. D., Über das Ausstrahlungsprinzip von A. Sommerfeld, C.R. URSS **1** (1934), 55–58.
45 Kupradse, W. D., Randwertaufgaben der Schwingungstheorie und Integralgleichungen, Deutscher Verlag der Wissenschaften, Berlin 1956.
46 Kussmaul, R., Ein numerisches Verfahren zur Lösung des Neumannschen Außenraumproblems für die Helmholtzsche Schwingungsgleichung, Computing **4** (1969), 246–273.

47 LEIS, R., Über das Neumannsche Randwertproblem für die Helmholtzsche Schwingungsgleichung, Arch. Rational Mech. Analysis 2 (1958), 101—113.
48 LEIS, R., Zur Dirichletschen Randwertaufgabe des Außenraums der Schwingungsgleichung, Math. Z. 90 (1965), 205—211.
49 LEIS, R., Vorlesungen über partielle Differentialgleichungen zweiter Ordnung, Bibliographisches Institut, Mannheim 1967.
50 MAUE, A. W., Über die Formulierung eines allgemeinen Beugungsproblems durch eine Integralgleichung, Z. Physik 126 (1949), 601—618.
51 MAUTZ, J. R.; HARRINGTON, R. F., H-field, E-field, and combined-field solution for conducting bodies of revolution, Archiv f. Elektronik u. Übertragungstechnik 32 (1978), 159—164.
52 MAUTZ, J. R.; HARRINGTON, R. F., A combined-source solution for radiating and scattering from a perfectly conducting body, IEEE Trans. Ant. and Prop. AP-27 (1979), 445—454.
53 MÜLLER, C., Über die Beugung elektromagnetischer Schwingungen an endlichen homogenen Körpern, Math. Ann. 123 (1951), 345—378.
54 MÜLLER, C., Zur Methode der Strahlungskapazität von H. WEYL, Math. Z. 56 (1952), 80—83.
55 MÜLLER, C., Randwertprobleme der Theorie elektromagnetischer Schwingungen, Math. Z. 56 (1952), 261—270.
56 MÜLLER, C., Grundprobleme der mathematischen Theorie elektromagnetischer Schwingungen, Springer, Berlin-Göttingen-Heidelberg 1957.
57 MÜLLER, C.; NIEMEYER, H., Greensche Tensoren und asymptotische Gesetze der elektromagnetischen Hohlraumschwingungen, Arch. Rational Mech. Analysis 1 (1961), 305—358.
58 NEDELEC, J. C., Curved finite element methods for the solution of singular integral equations on surfaces in $\mathbb{R}^3$, Comput. Math. Appl. Mech. Engin. 8 (1976), 61—80.
59 NEDELEC, J. C., Approximation par potentiel de double couche au problème de Neumann extérieur, C.R. Acad. Sci., Paris, série A 286 (1977), 616—619.
60 NEDELEC, J. C.; PLANCHARD, J., Une méthode variationelle d'éléments finis pour la résolution numérique d'un problème extérieur dans $\mathbb{R}^3$, Rev. Franc. Informat. Rech. Operat., Ser. Rouge 3, 7 (1973), 105—129.
61 NEUMANN, C., Zur Theorie des logarithmischen und des Newtonschen Potentials, Ber. Verhandl. Königl. Sächs. Ges. Wiss. Leipzig 22 (1870), 49—56, 264—321.
62 OSHIRO, F. K., Calculation of radar cross section, Air Force Avionics Lab. Techn. Rep. AFAL-TR-70-21, Part II, April 1970.
63 PANICH, O. I., On the question of the solvability of the exterior boundary-value problems for the wave equation and Maxwell's equations, Russ. Math. Surv. 20 (1965), 221—226.
64 PLEMELJ, I., Potentialtheoretische Untersuchungen, Preisschriften der Fürstlich Jablonowskischen Gesellschaft zu Leipzig, Teubner, Leipzig 1911.
65 POGGIO, . M.; MILLER, E. K., Integral equations solutions of three-dimensional scattering problems. In: MITTRA, R. (ed.) Computer Techniques for Electromagnetics, Pergamon Press, Oxford 1973, S. 159—264.
66 RELLICH, F., Über das asymptotische Verhalten der Lösungen von $\Delta u + \lambda u = 0$ in unendlichen Gebieten, Jber. Deutsch. Math. Verein 53 (1943), 57—65.
67 RULAND, C., Ein Verfahren zur Berechnung der Lösung des Dirichletschen Außenraumproblems zur Helmholtzschen Schwingungsgleichung bei stückweise glatten Rändern, Bonner Math. Schriften 88, 1977.
68 SOMMERFELD, A., Die Greensche Funktion der Schwingungsgleichung, Jber. Deutsch. Math. Verein 21 (1912), 309—353.
69 URSELL, F., On the exterior problems of acoustics, Proc. Cambridge Philos. Soc. 74 (1973), 117—125.
70 URSELL, F., On the exterior problems of acoustics. II, Proc. Cambridge Philos. Soc. 84 (1978), 545—548.
71 WEISSBARTH, T., Untersuchungen zu den Eigenwerten von Integraloperatoren beim Dirichletschen Problem unter Verwendung von Greenschen Funktionen für benachbarte Gebiete, Diplomarbeit, Universität Göttingen 1978.
72 WENDLAND, W., Die Behandlung von Randwertaufgaben im $\mathbb{R}^3$ mit Hilfe von Einfach- und Doppelschicht potentialen, Numer. Math. 11 (1968), 380—404.
73 WERNER, P., Randwertprobleme der mathematischen Akustik, Arch. Rational Mech. Analysis 10 (1962), 29—66.
74 WERNER, P., Beugungsprobleme der mathematischen Akustik, Arch. Rational Mech. Analysis 12 (1963), 155—184.
75 WERNER, P., On an integral equation in electromagnetic diffraction theory, J. Math. Analysis Appl. 14 (1966), 445—462.
76 WEYL, H., Kapazität von Strahlungsfeldern, Math. Z. 55 (1952), 187—198.
77 WEYL, H., Die natürlichen Randwertaufgaben im Außenraum für Strahlungsfelder beliebiger Dimensionen und beliebigen Ranges, Math. Z. 56 (1952), 105—119.

Anschrift: Prof. Dr. RAINER KRESS, Universität Göttingen, Institut für Numerische u. Angewandte Mathematik, Lotzestraße 16—18 D-3400 Göttingen, BRD

ZAMM 62, T 251 – T 262 (1982)

J.-L. LIONS

On Some Homogenization Problems

This expository paper presents some recent results on the "homogenization" process which consists in "approximating" a nonhomogeneous material with a periodic structure by a homogeneous material. Examples of non homogeneous materials are given by composite materials or by perforated materials. The approximation is valid when the size ε of the period tends to 0. Actually one obtains in some cases higher order terms in the expansion of the state of the system in terms of "powers" of ε, with an ansatz of the type of "multiple scale" variables.

Introduction

In this expository lecture, we wish to present some results and to indicate some trends in the mathematical analysis of *composite materials* and of *perforated materials.*

In case of *periodical structures,* composite materials consist of fibers periodically distributed in another material, the matrix; the fibers and the matrix have different physical characteristics; in general, the size of the period is small compared to the size of the domain under study; if one denotes by ε the period, *the prototype problem* one has to consider is as follows: let $a_{ij}(y)$, $i, j = 1, \ldots, n$, be periodic functions of $y_1, \ldots, y_n$ ($n = 2$ or 3 in the applications); to fix ideas let us assume that the period equals 1 in all variables; if we set:

$$Y =]0, 1[^n , \tag{1}$$

we say that a_{ij} is *Y-periodic.* We assume that

$$\begin{aligned} &a_{ij} \in L^\infty(Y) , \\ &a_{ij}(y)\, \xi_i \xi_j \geqq \alpha \xi_i \xi_j \quad \text{for all} \quad \xi_i \in \mathbb{R} , \qquad \alpha > 0 , \quad \text{a.e. in } y^{1)} . \end{aligned} \tag{2}$$

Let Ω be a (bounded) open set in $\mathbb{R}^n$, with (smooth) boundary Γ; the *prototype problem* is as follows: let u_ε be the solution of

$$-\frac{\partial}{\partial x_i}\left(a_{ij}\left(\frac{x}{\varepsilon}\right)\frac{\partial u_\varepsilon}{\partial x_j}\right) = f \quad \text{in } \Omega , \tag{3}$$

where f is given in, say, $L^2(\Omega)$, and where u_ε is subject to

$$u_\varepsilon = 0 \quad \text{on } \Gamma , \tag{4}$$

((3) (4) does admit a unique solution in the Sobolev space $H_0^1(\Omega)$[2]), by virtue of (2)); we want to study the asymptotic behaviour of u_ε as $\varepsilon \to 0$.

One can show (cf. A. BENSOUSSAN, J. L. LIONS and G. PAPANICOLAOU [1], referred to as B-L-P in what follows, and cf. also the Bibliography therein[3])) that, *as $\varepsilon \to 0$, $u_\varepsilon \to u$ in $H_0^1(\Omega)$ weakly, where u is the solution of:*

$$\mathfrak{A}u = f \quad in\ \Omega , \qquad u = 0 \quad on\ \Gamma , \tag{5}$$

where $\mathfrak{A}$ is a second order elliptic operator with constant coefficients, the so called *homogenized operator.*

The coefficients of $\mathfrak{A}$ are the *effective coefficients* of the composite material. These coefficients do not depend on Ω, nor on the boundary conditions ((4) can be replaced by other boundary conditions). The coefficients of $\mathfrak{A}$ are given by a *constructive formula* (see below).

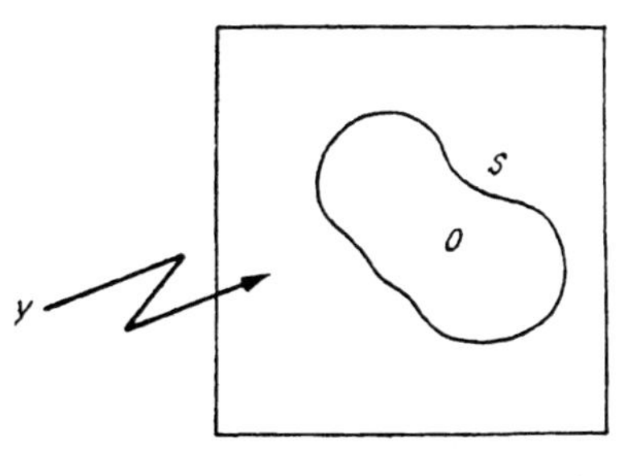

Fig. 1

In the case of perforated materials, again with a periodic structure, one deals with *domains Ω_ε* described as follows: let in Y be given a "hole" $\mathcal{O}$ (Fig. 1) with boundary S and let $\mathcal{Y}$ be given by

$$\mathcal{Y} = Y \backslash \mathcal{O} . \tag{6}$$

---

[1]) We use throughout the paper the summation convention.

[2]) $H^1(\Omega) = \left\{v \,\middle|\, v, \frac{\partial v}{\partial x_1}, \ldots, \frac{\partial v}{\partial x_n} \in L^2(\Omega)\right\}$, $H_0^1(\Omega) = \{v \mid v \in H^1(\Omega), v = 0 \text{ on } \Gamma\}$.

[3]) Some hints on the proofs will be given below.

Let χ be the *characteristic function* of $\mathcal{Y}$ in Y:

$$\chi(y) = \begin{cases} 1 & \text{if} \quad y \in \mathcal{Y}\,, \\ 0 & \text{if} \quad y \in \mathcal{O}\,. \end{cases} \tag{7}$$

Then we define

$$\Omega_\varepsilon = \left\{x \mid x \in \Omega, \chi\left(\frac{x}{\varepsilon}\right) = 1\right\}; \tag{8}$$

Ω_ε is the *perforated* material; the *holes* consist of those sets $\varepsilon\mathcal{O}$ and their translated sets (by length $n\varepsilon$ in all directions, $n \in \mathbb{Z}$) which meet Ω; the boundary of Ω_ε consists of two parts:

$$\partial\Omega_\varepsilon = \Gamma_\varepsilon \cup S_\varepsilon\,, \qquad \Gamma_\varepsilon \subset \Gamma\,, \tag{9}$$

S_ε denote the boundaries of the holes inside Ω.

Let f be given in Ω. The *prototype problem* is now

$$-\varepsilon^2 \Delta u_\varepsilon = f \quad \text{in } \Omega_\varepsilon\,^{4)}\,, \tag{10}$$

where u_ε is subject to

$$u_\varepsilon = 0 \quad \text{on } \partial\Omega_\varepsilon\,. \tag{11}$$

Another problem (quite different!) is

$$-\Delta u_\varepsilon = f \quad \text{in } \Omega_\varepsilon\,^{5)}\,, \tag{12}$$

with u_ε subject to the Neumann's boundary condition on S_ε

$$\frac{\partial u_\varepsilon}{\partial \nu} = 0 \quad \text{on } S_\varepsilon\,, \tag{13}$$

and

$$u_\varepsilon = 0 \quad \text{on } \Gamma_\varepsilon\,. \tag{14}$$

The question is to find an *asymptotic expansion of u_ε in terms of powers of ε.*

In what follows we give some indications on the solution of these two prototype problems and we indicate some of the (many) other questions which arise along these lines, together with some apparently open questions.

We do not study here the case of non periodical structures, and in particular, of stochastic structures; we refer to G. PAPANICOLAOU and S. VARADHAN [23].

Problems of this type also arise in the *transport equations*; we refer to A. BENSOUSSAN, J. L. LIONS and G. PAPANICOLAOU [2] and to the Bibliography therein, and to R. SENTIS [29].

1. Composite materials

1.1. Asymptotic expansion (Ansatz)

We try to represent u_ε, the solution of (3) (4), by

$$u_\varepsilon = u_0(x, y) + \varepsilon u_1(x, y) + \dots + \varepsilon^j u_j(x, y) + \dots\,, \tag{1.1}$$

where

$$y = x/\varepsilon\,, \tag{1.2}$$

$$u_i \text{ is defined in } \Omega \times \mathbb{R}^n\,, \qquad u_i \text{ is } Y\text{-periodic in } y, \quad \text{for all } x\,. \tag{1.3}$$

We assume (1.1) to be convergent. We can compute $A_\varepsilon u_\varepsilon$ as follows where we set

$$A_\varepsilon = -\frac{\partial}{\partial x_i}\left(a_{ij}\left(\frac{x}{\varepsilon}\right)\frac{\partial}{\partial x_j}\right); \tag{1.4}$$

A_ε can be written

$$A_\varepsilon = \varepsilon^{-2} A_0 + \varepsilon^{-1} A_1 + A_2\,, \tag{1.5}$$

where

$$\begin{aligned} A_0 &= -\frac{\partial}{\partial y_i}\left(a_{ij}(y)\frac{\partial}{\partial y_j}\right), \qquad A_1 = -\frac{\partial}{\partial y_i}\left(a_{ij}(y)\frac{\partial}{\partial x_j}\right) - \frac{\partial}{\partial x_i}\left(a_{ij}(y)\frac{\partial}{\partial y_j}\right), \\ A_2 &= -\frac{\partial}{\partial x_i}\left(a_{ij}(y)\frac{\partial}{\partial x_j}\right) \end{aligned} \tag{1.6}$$

and where we think of x and y as independent variables; we replace y by x/ε at the end of the computation.

By using (1.1) and (1.5) in equation (3) we obtain

$$A_0 u_0 = 0\,, \qquad A_0 u_1 + A_1 u_0 = 0\,, \qquad A_0 u_2 + A_1 u_1 + A_2 u_0 = f\,, \;\dots\,, \qquad (1.7), (1.8), (1.9)$$

---

4) The coefficient ε^2 in (10) is only a normalizing factor.

5) We suppress the factor ε^2 just as a matter of normalizing the asymptotic expansion.

It follows from (1.7) and from the fact that $u_0(x, y)$ for x fixed is a Y-periodic function, that

$$u_0(x, y) = u_0(x) \quad \textit{does not depend on } y \,. \tag{1.10}$$

Let us notice that in general the equation

$$A_0 \Phi = F \quad \text{in } Y\,, \qquad \Phi \quad Y\text{-periodic}\,, \tag{1.11}$$

admits a solution (defined up to a function of x) iff

$$\int_Y F \, dy = 0 \,. \tag{1.12}$$

Therefore (1.9) admits a solution in u_2 iff

$$\int_Y (A_1 u_1 + A_2 u_0) \, dy = f(x) \,. \tag{1.13}$$

We can now obtain the homogenized system or the homogenized equation.

1.2. Homogenized system and homogenized equation

Homogenized equation

Let us first show how (1.8) (1.13) lead to the *homogenized equation.*

Since $u_0 = u_0(x)$, (1.8) becomes

$$A_0 u_1 = \left(\frac{\partial}{\partial y_i} a_{ij}(y) \right) \frac{\partial u_0}{\partial x_j}(x) \,. \tag{1.14}$$

Therefore, if we define $\chi^j = \chi^j(y)$ by

$$A_0 \chi^j = - \frac{\partial}{\partial y_i} \big(a_{ij}(y)\big) \; (= A_0 y_j) \,, \qquad \chi^j \quad Y\text{-periodic}^{6)} \,, \tag{1.15}$$

then

$$u_1(x, y) = - \chi^j(y) \frac{\partial u_0}{\partial x_j}(x) + \tilde{u}_1(x) \,, \tag{1.16}$$

where $\tilde{u}_1$ is any function of x alone. Using (1.16) in (1.13) leads to

$$-\left(\int_Y \left[a_{ij}(y) - a_{ik} \frac{\partial \chi^j}{\partial y_k}(y) \right] dy \right) \frac{\partial^2 u_0}{\partial x_i \, \partial x_j} = f. \tag{1.17}$$

If we set

$$q_{ij} = \int_Y \left[a_{ij}(y) - a_{ik}(y) \frac{\partial \chi^j}{\partial y_k}(y) \right] dy \,, \tag{1.18}$$

(1.17) becomes

$$\mathfrak{A} u_0 = f \,, \qquad \mathfrak{A} = - q_{ij} \frac{\partial^2}{\partial x_i \, \partial x_j} \quad \textit{is the homogenized operator.} \tag{1.19}$$

One can verify that $\mathfrak{A}$ *is a second order elliptic operator*: the equation (1.19) subject to

$$u_0 = 0 \quad \textit{on } \Gamma \,, \tag{1.20}$$

admits a unique solution. [It is equation (5) of the Introduction, however, we write now u_0 instead of u.]

Homogenized system

There are a number of advantages in non eliminating u_1 in the above; we consider the set of equations in $u_0(x)$, $u_1(x, y)$:

$$\begin{aligned} &A_0 u_1 + A_1 u_0 = 0 \,, \quad \text{in} \quad \Omega \times Y \,, \\ &\int_Y (A_1 u_1 + A_2 u_0) \, dy = f(x) \quad \text{in} \quad \Omega \,, \end{aligned} \tag{1.21}$$

subject to

$$\begin{aligned} &u_0 = 0 \quad \text{on } \partial\Omega \,, \\ &u_1 \quad Y\text{-periodic in } y: \end{aligned} \tag{1.22}$$

(1.21) (1.22) is the *homogenized system*; *it admits a unique solution in* u_0 *and a solution* u_1 *defined up to the addition of a function* $\tilde{u}_1(x)$; this fact can be verified as follows; we introduce

$$\mathcal{V} = H_0^1(\Omega) \times L^2(\Omega; \dot{H}^1_{\text{per}}(Y)) \,, \tag{1.23}$$

[6]) χ^j is defined up to the addition of any function of x.

where $\dot{H}^1_{\text{per}}(Y) = H^1_{\text{per}}(Y)/\mathbb{R}$ and

$$H^1_{\text{per}}(Y) = \{\varphi|\ \varphi \in H^1(Y),\ \varphi \text{ takes equal values on opposite faces of } Y\};$$

for $\{u_0, u_1\}, \{v_0, v_1\} \in \mathcal{V}$, we set

$$\pi(u_0, u_1; v_0, v_1) = \iint\limits_{\Omega\times Y} a_{ij}\left(\frac{\partial u_0}{\partial x_j} + \frac{\partial u_1}{\partial y_j}\right)\left(\frac{\partial v_0}{\partial x_i} + \frac{\partial v_1}{\partial y_i}\right) dx\, dy\,. \tag{1.24}$$

One verifies that (1.21) (1.22) is equivalent to finding $\{u_0, u_1\} \in \mathcal{V}$ such that

$$\pi(u_0, u_1; v_0, v_1) = \int\limits_\Omega f v_0\, dx \quad \text{for all} \quad \{v_0, v_1\} \in \mathcal{V}\,. \tag{1.25}$$

But

$$\pi(u_0, u_1; u_0, u_1) \geqq \alpha \sum_i \iint\limits_{\Omega\times Y} \left|\frac{\partial u_0}{\partial x_i} + \frac{\partial u_1}{\partial y_i}\right|^2 dx\, dy\,. \tag{1.26}$$

Since $\iint\limits_{\Omega\times Y} \frac{\partial u_0}{\partial x_i}\frac{\partial u_1}{\partial y_i}\, dx\, dy = 0$ it follows that

$$\pi(u_0, u_1; u_0, u_1) \geqq \alpha\, ||u_0||^2_{H^1_0(\Omega)} + \alpha ||u_1||^2_{L^2(\Omega;\, \dot{H}^1_{\text{per}}(Y))}\,, \tag{1.27}$$

hence the result follows.

Remark 1.1: Inequality (1.27) sho ws the *ellipticity* of $\mathfrak{A}$ in (1.19).

Remark 1.2: For numerical purposes, it is useful to compute simultaneously u_0 and u_1.

Remark 1.3: The "*corrector*" u_1 can be thought of as a "*hidden variable*"; one can meet situations where one has to introduce *an arbitrary large number of hidden variables.*

1.3. Hints for possible proofs of convergence

1.3.1. Use of the asymptotic expansion

One can use (1.1) and the maximum principle to prove that $u_\varepsilon \to u_0$ in $H^1_0(\Omega)$ weakly as $\varepsilon \to 0$. The drawback of this method is that it leads to difficulties if one deals with the Neumann boundary condition, instead of Dirichlet's. Cf. B.-L.-P.

1.3.2. Use of energy estimates

It follows from (2) that

$$||u_\varepsilon||_{H^1_0(\Omega)} \leqq C = \text{constant independent of } \varepsilon\,. \tag{1.28}$$

But this estimate does not suffice to pass to the limit in (3). The idea of L. TARTAR [30] (cf. also B.L.P.) is to construct[7]) functions w_ε in "sufficient number" such that

$$\begin{aligned} &w_\varepsilon \to w\,, \qquad A^*_\varepsilon w_\varepsilon \to \mathfrak{A}^* w \quad \text{in } L^2(\Omega) \text{ weakly}\,,\\ &w_\varepsilon = w = 0 \quad \text{on } \Gamma\,. \end{aligned} \tag{1.29}$$

Then (3) (4) give

$$(u_\varepsilon, A^*_\varepsilon w_\varepsilon) = (f, w_\varepsilon) \tag{1.30}$$

and one can conclude from (1.28) (1.29) (1.30).

Remark 1.4: This method is the most general one. It applies to higher order elliptic equations, to elliptic systems and to some non linear problems.

1.3.3. Theory of G-convergence

When one has

$$a_{ij} = a_{ji} \quad \text{for all } i, j\,, \tag{1.31}$$

then (3) (4) *is equivalent to finding*

$$\inf J_\varepsilon(v)\,, \qquad v \in H^1_0(\Omega)\,, \tag{1.32}$$

where

$$J_\varepsilon(v) = \frac{1}{2}\int\limits_\Omega a_{ij}\left(\frac{x}{\varepsilon}\right)\frac{\partial v}{\partial x_j}\frac{\partial v}{\partial x_i}\, dx - \int\limits_\Omega f v\, dx\,. \tag{1.33}$$

The problem of finding

$$\lim_{\varepsilon\to 0}\ \inf_{v\in H^1_0(\Omega)} J_\varepsilon(v)\,, \tag{1.34}$$

[7]) Using the idea of the Ansatz.

enters — *as a very particular case!* — in the general theory of G-convergence, as introduced and developed by E. DE GIORGI and his associates (cf. E. DE GIORGI [10] and the Bibliography therein).

1.3.4. Use of convex analysis

One has

$$\overline{\lim_{\varepsilon\to 0}}\,[\inf J_\varepsilon(v)] \leqq \lim J_\varepsilon(v_\varepsilon)\,, \tag{1.35}$$

where v_ε is any family of functions in $H_0^1(\Omega)$ (or "*near* $H_0^1(\Omega)$") such that

$$\lim J_\varepsilon(v_\varepsilon) \text{ exists}\,. \tag{1.36}$$

If one takes

$$v_\varepsilon = v_0(x) + \varepsilon v_1(x, y)\,, \tag{1.37}$$

where $\{v_0, v_1\} \in \mathcal{V}$ (cf. (1.23)), then

$$\lim J_\varepsilon(v_\varepsilon) = \iint\limits_{\Omega\times Y} a_{ij}(y)\left(\frac{\partial v_0}{\partial x_j} + \frac{\partial v_1}{\partial y_j}\right)\left(\frac{\partial v_0}{\partial x_i} + \frac{\partial v_1}{\partial y_i}\right) dx\, dy - \int\limits_{\Omega} f v_0\, dx = \inf \mathfrak{F}(v_0, v_1)\,, \tag{1.38}$$

so that (1.35) gives

$$\overline{\lim}\,[\inf J_\varepsilon(v)] \leqq \inf \mathfrak{F}(v_0, v_1)\,, \qquad \{v_0, v_1\} \in \mathcal{V}\,. \tag{1.39}$$

One can next use a *duality argument* (cf. J. L. LIONS [14]) to obtain the "reverse" estimate, so that

$$\lim_{\varepsilon\to 0}\,[\inf J_\varepsilon(v)] = \inf \mathfrak{F}(v_0, v_1)\,, \qquad \{v_0, v_1\} \in \mathcal{V}\,. \tag{1.40}$$

1.3.5. Use of probabilistic arguments

If the coefficients a_{ij} are smooth enough, the solution u_ε of (3) (4) admits a *probabilistic interpretation* (via the Feynman-Kac integral), using an Itô's differential equation with oscillating coefficients and one can use results of M. I. FRIEDLIN [9] to obtain the homogenized equation.

The drawback of this method (independently of the regularity assumptions which are needed) is to be *restricted to second order* operators.

Remark 1.5: In the preceding method, one uses probabilistic arguments for solving a deterministic problem; it is different from the methods needed for dealing with problems arising in stochastic media.

1.4. Higher order terms

One can proceed — at least formally — with the computation in (1.8) (1.9) . . . Indeed the next equation is

$$A_0 u_3 + A_1 u_2 + A_2 u_1 = 0\,,$$

which admits a Y-periodic solution u_3 iff

$$\int\limits_Y (A_1 u_2 + A_2 u_1)\, dy = 0\,. \tag{1.41}$$

We have seen that (1.21) defines u_0 and $u_1 = w_1 + \tilde{u}_1(x)$, where w_1 is known. Then (1.9) (1.41) can be written as:

$$\begin{aligned} &A_0 u_2 + A_1 \tilde{u}_1 = -A_1 w_1 - A_2 u_0 + f = g_1(x, y)\,, \\ &\int\limits_Y (A_1 u_2 + A_2 \tilde{u}_1)\, dy = -\int\limits_Y A_2 w_1\, dy = f_1(x)\,; \end{aligned} \tag{1.42}$$

the system (1.42) is analogous to (1.21), and is actually equivalent to

$$\pi(\tilde{u}_1, u_2; v_0, v_1) = \iint\limits_{\Omega\times Y} g_1 v_1\, dx\, dy + \int\limits_{\Omega} f_1 v_0\, dx\,, \qquad v_0, v_1 \in \mathcal{V}\,, \qquad \tilde{u}_1, u_2 \in \mathcal{V}\,. \tag{1.43}$$

One can proceed in this way.

This procedure gives *the exact asymptotic expansion up to any order* if $\Omega = \mathbb{R}^n$ [8]; if $\Omega \subset \mathbb{R}^n$, one has to introduce *boundary layers*. Indeed if one considers the terms

$$u_0 + (w_1 + \tilde{u}_1)\,,$$

w_1 is uniquely defined and in general $w_1(x, y) \neq 0$ for $x \in \Gamma$ and it is in general impossible to find $\tilde{u}_1(x)$ such that

$$\tilde{u}_1(x) + w_1(x, y) = 0 \quad \text{for} \quad x \in \Gamma \quad \text{and all} \quad y \in Y\,.$$

The structure of the boundary layer terms is still a largely open question.

1.5. *A* (very fuzzy) remark on turbulence

The remark presented here is extracted from results of P. PERRIER and O. PIRONNEAU [24], G. PAPANICOLAOU and O. PIRONNEAU [22].

[8]) Adding to A_ε a zero order term strictly > 0.

In $\Omega \subset \mathbb{R}^n$ we consider the following problem: for $\varepsilon > 0$ given, find u_ε and p_ε (u_ε velocity, p_ε pressure) such that

$$-\Delta u_\varepsilon + \frac{1}{\varepsilon} B_\varepsilon u_\varepsilon = f - \frac{1}{\varepsilon} p_\varepsilon , \qquad \operatorname{div} u_\varepsilon = 0 \quad \text{in } \Omega , \tag{1.44}$$

with

$$u_\varepsilon = 0 \quad \text{on } \Gamma , \tag{1.45}$$

and where

$$B_\varepsilon = b_j\left(\frac{x}{\varepsilon}\right) \frac{\partial}{\partial x_j}, \tag{1.46}$$

with

$$b_j \text{ is } Y\text{-periodic} , \qquad \frac{\partial b_j}{\partial y_j}(y) = 0 . \tag{1.47}$$

We want to study the behaviour of u_ε as $\varepsilon \to 0$.

We try again the ansatz

$$u_\varepsilon = u_0 + \varepsilon u_1 + \dots , \qquad p_\varepsilon = p_0 + \varepsilon p_1 + \dots , \tag{1.48}$$

where $u_j = u_j(x, y)$ is as in (1.1) (but a vector function) and where $p_j = p_j(x, y)$ is Y-periodic in y.

We observe that

$$\Delta = \varepsilon^{-2} \Delta_y + 2\varepsilon^{-1} \Delta_{xy} + \Delta_x , \qquad \Delta_{xy} = \frac{\partial^2}{\partial x_i \, \partial y_i}, \tag{1.49}$$

and that

$$B_\varepsilon = \varepsilon^{-1} B_0 + B_1 , \qquad B_0 = b_j(y) \frac{\partial}{\partial y_j}, \qquad B_1 = b_j(y) \frac{\partial}{\partial x_j}. \tag{1.50}$$

For the coefficient of ε^{-2} we obtain:

$$-\Delta_y u_0 + B_0 u_0 = -\nabla_y p_0 , \qquad \operatorname{div}_y u_0 = 0 , \tag{1.51}$$

hence it easily follows (notice that $\int_Y (B_0 u_0)\, u_0 \, dy = 0$) that

$$u_0 = u_0(x) , \qquad p_0 = p_0(x) \quad \text{do not depend on } y . \tag{1.52}$$

The coefficients of ε^{-1} and ε^0 give:

$$\begin{aligned} &-\Delta_y u_1 + B_0 u_1 + B_1 u_0 = -\nabla_y p_1 - \nabla_x p_0 , \\ &-\Delta_y u_2 - 2\Delta_{xy} u_1 - \Delta_x u_0 + B_0 u_2 + B_1 u_1 = f - \nabla_y p_2 - \nabla_x p_1 , \\ &\operatorname{div}_y u_1 + \operatorname{div}_x u_0 = 0 , \qquad \operatorname{div}_y u_2 + \operatorname{div}_x u_1 = 0 . \end{aligned} \tag{1.53}$$

But $\int_Y (B_0 u_2)\, dy = 0$ so that $(1.53)_2$ implies

$$-\Delta_x u_0 + \int_Y (B_1 u_1)\, dy = f - \nabla_x \int_Y p_1 \, dy .$$

Since $\int_Y \operatorname{div}_y u_1 \, dy = 0$, $(1.53)_3$ is equivalent to

$$\operatorname{div}_y u_1 = 0 , \qquad \operatorname{div}_x u_0 = 0 ,$$

so that one has finally to find u_0, u_1, p_0, p_1 such that

$$\begin{aligned} &-\Delta_y u_1 + B_0 u_1 + B_1 u_0 = -\nabla_y p_1 - \nabla_x p_0 , \qquad -\Delta_x u_0 + \int_Y (B_1 u_1)\, dy = f - \nabla_x \int_Y p_1 \, dy , \\ &\operatorname{div}_x u_0 = 0 , \qquad \operatorname{div}_y u_1 = 0 , \qquad \operatorname{div}_x \int_Y u_1 \, dy = 0 , \end{aligned} \tag{1.54}$$

with boundary conditions

$$\begin{aligned} &u_0 = 0 \quad \text{on } \Gamma , \\ &\Big(\int_Y u_1 \, dy\Big)\, \nu = 0 \quad \text{on } \Gamma, \text{ where } \nu = \text{unitary normal to } \Gamma . \end{aligned} \tag{1.55}$$

If one defines

$$\begin{aligned} \mathscr{W} = \{v_0, v_1 \mid\ & v_0 \in \left(H_0^1(\Omega)\right)^n , \ \operatorname{div} v_0 = 0 , \ v_1 \in L^2\left(\Omega; \dot{H}^1_{\text{per}}(Y))^n\right) , \ \operatorname{div} v_1 = 0 , \\ & \operatorname{div}_x \int_Y v_1 \, dy = 0 , \ \Big(\int_Y v_1 \, dy\Big)\, \nu = 0 \quad \text{on } \Gamma\} \end{aligned} \tag{1.56}$$

and

$$\begin{aligned} &\pi(u_0, u_1; v_0, v_1) = \\ &= \int_\Omega \frac{\partial u_{0i}}{\partial x_j} \frac{\partial v_{0i}}{\partial x_j} \, dx + \iint_{\Omega \times Y} \frac{\partial u_{1i}}{\partial y_j} \frac{\partial v_{1i}}{\partial y_j} \, dx \, dy + \iint_{\Omega \times Y} b_j(y) \left(\frac{\partial u_{1i}}{\partial x_j} v_{0i} + \frac{\partial u_{1i}}{\partial y_j} v_{1i} + \frac{\partial u_{0i}}{\partial x_j} v_{1i} \right) dx \, dy , \end{aligned} \tag{1.57}$$

then the problem reduces to finding $u_0, u_1 \in \mathscr{W}$ such that

$$\pi(u_0, u_1; v_0, v_1) = \int_\Omega f_i v_{0i} \, dx \quad \text{for all} \quad v_0, v_1 \in \mathscr{W} . \tag{1.58}$$

Since

$$\pi(v_0, v_1; v_0, v_1) = \int_\Omega \frac{\partial v_{0i}}{\partial x_j} \frac{\partial v_{0i}}{\partial x_j} \, dx + \iint_{\Omega \times Y} \frac{\partial v_{1i}}{\partial y_j} \frac{\partial v_{1i}}{\partial y_j} \, dx \, dy \tag{1.59}$$

it follows that (1.58) *admits a unique solution* (i.e. u_1 is defined up to the addition of a vector function of x). *If one eliminates u_1 one finds for u_0 an elliptic equation of the type*

$$\begin{aligned} -\Delta u_0 + \mathfrak{B} u_0 &= f - \nabla q_0 , \\ \operatorname{div} u_0 &= 0 , \end{aligned} \tag{1.60}$$

where the second order operator $\mathfrak{B}$ could correspond to taking into account "turbulence".

1.6. Evolution operators and non local operators

Let A_ε be given as in (3), assuming now that

$$a_{ij} = a_{ji} \quad \text{for all} \quad i, j \tag{1.61}$$

and let B_ε be given by

$$B_\varepsilon = - \frac{\partial}{\partial x_i} \left(b_{ij} \left(\frac{x}{\varepsilon} \right) \frac{\partial}{\partial x_j} \right), \tag{1.62}$$

where

$$\begin{aligned} & b_{ij} \in L^\infty(\mathbb{R}^n) , \qquad b_{ij} \ Y\text{-periodic} , \\ & b_{ij}(y) \, \xi_i \xi_i \geqq \beta \xi_i \xi_i \quad \text{for all} \quad \xi_i \in \mathbb{R} , \qquad \beta > 0 , \quad \text{a.e. in } y . \end{aligned} \tag{1.63}$$

Let u_ε be the solution of [9])

$$\frac{\partial^2 u_\varepsilon}{\partial t^2} + B_\varepsilon \frac{\partial u_\varepsilon}{\partial t} + A_\varepsilon u_\varepsilon = f \quad \text{in} \quad \Omega \times]0, T[, \tag{1.64}$$

where f is given in $L^2(\Omega \times]0, T[)$ and where u_ε is subject to

$$u_\varepsilon(x, 0) = 0 , \qquad \frac{\partial u_\varepsilon}{\partial t}(x, 0) = 0 \quad \text{in } \dot{\Omega} , \qquad u_\varepsilon = 0 \quad \text{for} \quad x \in \Gamma , \qquad t \in]0, T[. \tag{1.65}$$

One can again find an asymptotic expansion for u_ε.

One finds (J. L. LIONS [15]) *an integro-differential operator of non local type for the homogenized equation for u_0.*

2. Perforated materials and porous media

2.1. Dirichlet's problem

We consider now problem (10) (11). We use the following ansatz:

$$u_\varepsilon = u_0(x, y) + \varepsilon u_1(x, y) + \dots + \varepsilon^j u_j(x, y) + \dots \tag{2.1}$$

where, as in (1.1):

$$y = \frac{x}{\varepsilon}, \tag{2.2}$$

and where one now has

$$\begin{aligned} & u_j(x, y) \quad \text{is defined for} \quad x \in \Omega , \qquad y \in \mathcal{Y} , \\ & u_j(x, y) = 0 \quad \text{for} \quad x \in \Omega , \qquad y \in S , \\ & u_j(x, y) \quad \text{is periodic in } y . \end{aligned} \tag{2.3}$$

One has

$$\Delta = \varepsilon^{-2} \Delta_y + 2\varepsilon^{-1} \Delta_{xy} + \Delta_x , \tag{2.4}$$

so that (10) is equivalent to

$$-\Delta_y u_0 = f , \qquad -\Delta_y u_1 - 2\Delta_{xy} u_0 = 0 , \qquad -\Delta_y u_2 - 2\Delta_{xy} u_1 - \Delta_x u_0 = 0 . \quad \dots \qquad (2.5), (2.6), (2.7)$$

Solution of (2.5): One introduces w_0 by

$$-\Delta_y w_0 = 1 \quad \text{in } \mathcal{Y} , \qquad w_0 = 0 \quad \text{on } S , \qquad w_0 \text{ is periodic in } ^{10)} , \tag{2.8}$$

hence it follows that

$$u_0(x, y) = w_0(y) \, f(x) . \tag{2.9}$$

[9]) This problem corresponds to visco-elastic materials with short range memory.
[10]) I.e. w_0 and its first derivatives take equal values on opposite faces of Y.

Solution of (2.6): Using (2.9) in (2.6) gives[11])

$$-\Delta_y p_1 = 2 \frac{\partial w_0}{\partial y_i}(y) \frac{\partial f}{\partial x_i}(x) . \tag{2.10}$$

We introduce w_i by

$$-\Delta_y w_i = 2 \frac{\partial w_0}{\partial y_i}(y) \text{ in } \mathcal{Y} , \qquad w_i = 0 \text{ on } S , \qquad w_i \text{ is periodic in } y \tag{2.11}$$

and we obtain

$$u_1(x, y) = w_i(y) \frac{\partial f}{\partial x_i}(x) . \tag{2.12}$$

We can proceed in this way. We find:

$$u_j(x, y) = w_\alpha(y) D^\alpha f(x) , \qquad |\alpha| = j . \tag{2.13}$$

Boundary conditions: By definition of $w_0, w_1, \ldots$, one has

$$u_j(x, y) = 0 \text{ if } x \in \Omega , \qquad y \in S .$$

But in general $u_j(x, y) \neq 0$ for $x \in \Gamma$, except if we assume

$$D^\alpha f(x) = 0 \text{ for } x \in \Gamma , \text{ for all } |\alpha| \leqq m , \tag{2.14}$$

in which case $u_j(x, y) = 0$ for $x \in \Gamma$, $y \in \mathcal{Y}$, $0 \leqq j \leqq m$.

Assuming (2.14) *one has*

$$||u_\varepsilon - (u_0 + \varepsilon u_1 + \ldots + \varepsilon^m u_m)||_{H^1(\Omega_\varepsilon)} \leqq C\varepsilon^m . \tag{2.15}$$

Remark 2.1.: If (2.14) does not hold true, one has to introduce in the expansion *boundary layer terms*. This is, in general, an open question, except for the case when Ω is a half space (cf. J. L. LIONS [14] [16]).

2.2. Neumann's condition on S_ε

If we now consider problem (12) (13), the results are completely different. We introduce the ansatz:

$$u = u_0 + \varepsilon u_1(x, y) + \ldots + \varepsilon^j u_j(x, y) + \ldots \tag{2.16}$$

where

$$u_j(x, y) \text{ is defined for } x \in \Omega , \qquad y \in \mathcal{Y} , \qquad u_j \text{ is periodic in } y . \tag{2.17}$$

The normal derivative $\partial/\partial\nu$ on S can be written:

$$\frac{\partial}{\partial \nu} = \varepsilon^{-1} \frac{\partial}{\partial \nu_{(y)}} + \frac{\partial}{\partial \nu_{(x)}}, \qquad \frac{\partial}{\partial \nu_{(x)}} = \nu_j(y) \frac{\partial}{\partial y_j}, \qquad \frac{\partial}{\partial \nu_{(x)}} = \nu_j(y) \frac{\partial}{\partial x_j}. \tag{2.18}$$

One obtains in this way

$$-\Delta_y u_0 = 0 , \qquad -\Delta_y u_1 - 2\Delta_{xy} u_0 = 0 , \qquad -\Delta_y u_2 - 2\Delta_{xy} u_1 - \Delta_x u_0 = f , \quad \ldots \qquad (2.19), (2.20), (2.21)$$

and

$$\frac{\partial u_0}{\partial \nu_{(y)}} = 0 \text{ on } S , \qquad \frac{\partial u_1}{\partial \nu_{(y)}} + \frac{\partial u_0}{\partial \nu_{(x)}} = 0 \text{ on } S , \qquad \frac{\partial u_2}{\partial \nu_{(y)}} + \frac{\partial u_1}{\partial \nu_{(x)}} = 0 \text{ on } S , \quad \ldots . \qquad (2.22), (2.23), (2.24)$$

If follows from (2.19) (2.22) that $u_0 = u_0(x)$, so that (2.20) reduces to $-\Delta_y u_1 = 0$. We integrate (2.21) on $\mathcal{Y}$ and we use (2.24). If we denote by $|\mathcal{Y}|$ the measure of $\mathcal{Y}$, we obtain the *homogenized system*[12])

$$\begin{aligned} &-\Delta_y u_1 = 0 \text{ in } \Omega \times \mathcal{Y} , \\ &-\Delta_x u_0 - \frac{1}{|\mathcal{Y}|} \int_S \frac{\partial u_1}{\partial \nu_{(x)}} \mathrm{d}S = f \text{ in } \Omega , \\ &u_0 = 0 \text{ on } \Gamma , \qquad \frac{\partial u_1}{\partial \nu_{(y)}} + \frac{\partial u_0}{\partial \nu_{(x)}} = 0 \text{ on } S . \end{aligned} \tag{2.25}$$

If one eliminates u_1, one obtains

$$\mathfrak{B} u_0 = f \text{ in } \Omega , \qquad u_0 = 0 \text{ on } \Gamma , \tag{2.26}$$

where $\mathfrak{B}$ is a second order elliptic operator (the *homogenized operator*). Cf. D. CIORANESCU and J. SAINT JEAN PAULIN [6], D. CIORANESCU, H. LANCHON and J. SAINT JEAN PAULIN [4].

One has to introduce *boundary layer terms* if one wants a higher order expansion, but this is *a largely open question*.

2.3. Porous media

In Ω_ε defined as in (8) (but where the $\mathcal{O}'_\varepsilon$ represent now *obstacles* to the flow), we consider the Stokes system

$$-\varepsilon^2 \Delta u_\varepsilon = f - \nabla p_\varepsilon , \qquad \operatorname{div} u_\varepsilon = 0 \text{ in } \Omega_\varepsilon , \tag{2.27}$$

[11]) For f smooth enough.

[12]) One can verify (cf. J. L. LIONS [16]) that it is an *elliptic* system.

subject to

$$u_\varepsilon = 0 \quad \text{on} \quad \partial\Omega_\varepsilon = S_\varepsilon \cup \Gamma_\varepsilon . \tag{2.28}$$

We try the ansatz as in (2.1) (2.3) (but where the u_j's are now vector functions) and we try

$$p_\varepsilon = p_0 + \varepsilon p_1 + \dots + \varepsilon^j p_j(x, y) + \dots , \tag{2.29}$$

$$p_j(x, y) \text{ defined for } \quad x \in \Omega , \qquad y \in \mathcal{Y} , \quad \text{periodic in } y . \tag{2.30}$$

We only give the final result. *One finds*

$$\begin{aligned} &-\Delta_y u_0 = f - \nabla_x p_0(x) - \nabla_y p_1 , \\ &\operatorname{div}_y u_0 = 0 , \qquad \operatorname{div}_x \int_{\mathcal{Y}} u_0 \, dy = 0 \end{aligned} \tag{2.31}$$

with the boundary conditions

$$\begin{aligned} &u_0 = 0 \quad \text{for} \quad x \in \Omega , \qquad y \in S , \\ &u_0 \text{ is periodic in } y , \qquad \nu \int_{\mathcal{Y}} u_0 \, dy = 0 \quad \text{on } \Gamma . \end{aligned} \tag{2.32}$$

This is the so-called *"two pressure" homogenized system* (cf. J. L. LIONS [17] [18] [14]).

One can *eliminate* p_1 as follows: given $\lambda \in \mathbb{R}^n$, one defines $\varphi_\lambda(y)$, $\pi_\lambda(y)$ by

$$-\Delta_y \varphi_\lambda = \lambda - \nabla \pi_\lambda , \qquad \operatorname{div}_y \varphi_\lambda = 0 \quad \text{in } \mathcal{Y} , \tag{2.33}$$

with

$$\varphi_\lambda \text{ is periodic in } y , \qquad \varphi_\lambda = 0 \quad \text{on } S . \tag{2.34}$$

Then

$$\varphi_\lambda(y) = \varphi(y)\,\lambda , \qquad \varphi(y) = ||\varphi_{ij}(y)|| , \qquad i, j = 1, \dots , n , \tag{2.35}$$

and one can write

$$u_0(x, y) = \varphi(y)\big(f(x) - \nabla p_0(x)\big) . \tag{2.36}$$

Then the last conditions in (2.31) (2.32) *are equivalent to*

$$\big(\varphi(f - \nabla p_0), \nabla q\big) = 0 \quad \textit{for all} \quad q \in H^1(\Omega) \tag{2.37}$$

where

$$\Phi = \frac{1}{|\mathcal{Y}|} \int_{\mathcal{Y}} \varphi(y) \, dy \quad \textit{is a positive definite matrix in } \mathbb{R}^n . \tag{2.38}$$

The elliptic equation (2.37) defines p_0 (up to an additive constant). Averaging (2.36) in y gives

$$\bar{u}_0 = \bar{\varphi}(f - \nabla p_0) , \tag{2.39}$$

which is *Darcy's law*.

Remark 2.3: For a different approach (leading to the same result!) cf. E. SANCHEZ-PALENCIA [27].

Remark 2.4: One can prove (cf. L. TARTAR [31]) that, as $\varepsilon \to 0$, u_ε (extended by 0 on Ω outside Ω_ε) converges in $L^2(\Omega)$ towards the average $\bar{u}_0$ of u_0 in y.

Remark 2.5: One has also to introduce here *boundary layer terms*, a widely open question except if Ω is a half space (cf. J. L. LIONS [14]).

2.4. Non newtonian flows in porous media

In J. L. LIONS and E. SANCHEZ-PALENCIA [19] we have studied the flow of Bingham's fluid in Ω_ε as above. Let us indicate here another example, which is, for the time being, *formal*.

We set

$$||\varphi||^2_{\Omega_\varepsilon} = \int_{\Omega_\varepsilon} \frac{\partial \varphi_i}{\partial x_j} \frac{\partial \varphi_i}{\partial x_j} \, dx \tag{2.40}$$

and we consider the solution u_ε, p_ε (p_ε is defined up to an additive constant) of

$$-\varepsilon^2(\nu_0 + \varepsilon^2 \nu_1 ||u_\varepsilon||^2_{\Omega_\varepsilon}) \Delta u_\varepsilon = f - \nabla p_\varepsilon , \qquad \operatorname{div} u_\varepsilon = 0 \quad \text{in } \Omega_\varepsilon , \tag{2.41}$$

subject to

$$u_\varepsilon = 0 \quad \text{on } \partial\Omega_\varepsilon . \tag{2.42}$$

We try again the ansatz (2.1) (2.3) (2.29) (2.30) and observe that

$$\varepsilon^2 ||u_\varepsilon||^2_{\Omega_\varepsilon} = \int_{\Omega_\varepsilon} \left(\frac{\partial u_{0i}}{\partial y_j} + \varepsilon\left(\frac{\partial u_{0i}}{\partial x_j} + \frac{\partial u_{1i}}{\partial y_j}\right) + \dots\right)\left(\frac{\partial u_{0i}}{\partial y_j} + \varepsilon\left(\frac{\partial u_{0i}}{\partial x_j} + \frac{\partial u_{1i}}{\partial y_j}\right) + \dots\right) dx ,$$

so that, as $\varepsilon \to 0$,

$$\varepsilon^2 ||u_\varepsilon||^2_{\Omega_\varepsilon} \to \iint_{\Omega \times \mathcal{Y}} \frac{\partial u_{0i}}{\partial y_j} \frac{\partial u_{0i}}{\partial y_j} \, dx \, dy . \tag{2.43}$$

We shall set

$$a(\varphi, \psi) = \iint_{\Omega\times\mathcal{Y}} \frac{\partial \varphi_i}{\partial y_j} \frac{\partial \psi_i}{\partial y_j} \mathrm{d}x \, \mathrm{d}y \,, \qquad a(\varphi, \varphi) = a(\varphi) \,. \tag{2.44}$$

We find then $(\nabla_y p_0 = 0$ so that $p_0 = p_0(x))$

$$\begin{aligned} &-(\nu_0 + \nu_1 \, a(u_0)) \, \Delta_y u_0 = f - \nabla_x p_0(x) - \nabla_y p_1 \,, \\ &\operatorname{div}_y u_0 = 0 \,, \qquad \operatorname{div}_x \int_{\mathcal{Y}} u_0 \, \mathrm{d}y = 0 \end{aligned} \tag{2.45}$$

with the boundary conditions

$$\begin{aligned} &u_0(x, y) = 0 \quad \text{if} \quad y \in S \,, \qquad x \in \Omega \,, \\ &u_0 \text{ is periodic in } y \,, \qquad p_1 \text{ is periodic in } y \,, \\ &\nu \cdot \int_{\mathcal{Y}} u_0 \, \mathrm{d}y = 0 \quad \text{on } \Gamma \,. \end{aligned} \tag{2.46}$$

Problem (2.45) (2.46) can be put in a *variational form* as follows: we introduce

$$W(\mathcal{Y}) = \{\varphi \mid \varphi \in H^1(\mathcal{Y}))^n \,, \ \operatorname{div} \varphi = 0 \,, \ \varphi \text{ periodi c}, \ \varphi = 0 \text{ on } S\} \tag{2.47}$$

and

$$\mathcal{V} = \{v \mid v \in L^2(\Omega; W(\mathcal{Y})) \,, \ \operatorname{div}_x \int_{\mathcal{Y}} v \, \mathrm{d}y = 0 \,, \ \nu \cdot \int_{\mathcal{Y}} v \, \mathrm{d}y = 0 \text{ on } S\} \,. \tag{2.48}$$

Then problem (2.45) (2.46) amounts to find $u_0 \in \mathcal{V}$ such that

$$(\nu_0 + \nu_1 a(u_0)) \, a(u_0, v) = (f, v) \quad \text{for all} \quad v \in \mathcal{V} \,, \tag{2.49}$$

where

$$(f, v) = \iint_{\Omega\times\mathcal{Y}} f_i v_i \, \mathrm{d}x \, \mathrm{d}y \,.$$

One verifies that (2.49) *uniquely defines* u_0.

It would be interesting to show that, as $\varepsilon \to 0$, u_ε (extended in Ω by 0 outside Ω_ε) converges in $L^2(\Omega)$ towards the average in y of $u_0(x, y)$.

Remark 2.6: We refer to J. L. LIONS [16] [17] for similar questions for *non stationary problems.*

2.5. A remark on optimum design

Let us consider problem (10) (11) and let us consider a family of holes (or of obstacles) denoted by $\mathcal{O}_\lambda$ and defined as follows:

$$\begin{aligned} &\mathcal{O}_\lambda \text{ has for boundary } S_\lambda \,, \qquad S_\lambda = \{y + \lambda\alpha(y) \, \nu(y) \mid y \in S\} \,, \\ &\alpha \text{ a given smooth function on } S \,, \\ &\nu(y) \text{ unitary normal to } S \text{ at } y \text{ directed towards the exterior of } \mathcal{O}. \end{aligned} \tag{2.50}$$

(This definition makes sense for λ small enough).

We want to study *how* u_ε (the *solution of* (10) (11) *in* $\Omega_{\varepsilon\lambda}$, $\Omega_{\varepsilon\lambda}$ defined as Ω_ε with $\mathcal{O}$ replaced by $\mathcal{O}_\lambda$) *depends on* λ.

We replace u_ε by u_0 which is now $u_{0\lambda}$:

$$u_{0\lambda}(x, y) = w_{0\lambda}(y) \, f(x) \,, \tag{2.51}$$

where

$$-\Delta_\lambda w_{0\lambda}(y) = 1 \quad \text{in } \mathcal{O}_\lambda \,, \qquad w_{0\lambda} = 0 \quad \text{on } S_\lambda \,. \tag{2.52}$$

If we define

$$\frac{\mathrm{d}}{\mathrm{d}\lambda} u_{0\lambda} \Big|_{\lambda=0} = \dot{u}_0 \,, \qquad \frac{\mathrm{d}}{\mathrm{d}\lambda} w_{0\lambda} \Big|_{\lambda=0} = \dot{w}_0 \,, \tag{2.53}$$

then

$$\dot{u}_0 = \dot{w}_0 f \,, \tag{2.54}$$

where

$$-\Delta_y \dot{w}_0 = 0 \quad \text{in } \mathcal{O} \,, \qquad w_0 = -\alpha(y) \frac{\partial w_0}{\partial \nu} \quad \text{on } S \,. \tag{2.55}$$

If the obstacle $\mathcal{O}$ *is shrinking, i.e.* $\alpha \leqq 0$, *then* $\dot{w}_0 \leqq 0$ *on* S $\left(\text{since } \frac{\partial w_0}{\partial \nu} \leqq 0\right)$ *and therefore* $\dot{u}_0$ *has at point* x *the sign opposite to* $f(x)$.

3. Various remarks

3.1. Computational aspects

The formulae presented above have been used in numerical computations. Recent applications to aerospace industry are presented in D. BEGIS, G. DUVAUT and A. HASSIM [3].

Homogenization for Maxwell's equations with applications to *supraconductors* have been studied by J. SAINT JEAN PAULIN [26]. This author conducted numerical computations with A. MIRGAUX (cf. A. MIRGAUX and J. SAINT JEAN PAULIN [20]) and the numerical results have been compared, with very good agreement, with experimental measurements made by M. E. DAVOUST [8].

3.2. Estimates on the homogenized coefficients

The explicit formulae for homogenization given above (see many other formulae in B.L.P.) can lead to complicated computations and it can be very useful to obtain simpler estimates giving *bounds* on the homogenized coefficients. We refer to F. MURAT and L. TARTAR [21] and to the Bibliography therein.

3.3. Spectrum

Given A_ε by (3), let λ_ε^n be the n'th eigenvalue of A_ε for, say, the Dirichlet boundary condition (4). The study of the function $\varepsilon \to \lambda_\varepsilon^n$ has been made by S. KESAVAN [13].

One can ask a similar question for the spectrum of $-\varepsilon^2\Delta$ in Ω_ε (cf. M. VANNINATHAN [32]) for Dirichlet's boundary conditions. It leads to very interesting results. The situation for higher order elliptic operators (say for Δ^2 with Dirichlet boundary conditions) is a largely open question.

3.4. Evolution problems

We have given only brief indications on the problems of homogenization for evolution operators. We refer to B.L.P. and to V. V. SIKOV, S. M. KOSLOV and O. A. OLEINIK [12] and to the Bibliography therein, and for perforated materials, to J. L. LIONS [15].

Very difficult problems arise for *hyperbolic operators*. We refer to B.L.P., chapter 4, to F. COLOMBINI and S. SPAGNOLO [7] and to A. L. PIATNISKII [25] for various aspects of these questions. Many open questions remain along these lines.

3.5. Screens

Questions of a similar nature to the preceding problems arise in connection with boundary value problems in media separated by a *screen*, when this screen consists of holes arranged in a periodic manner. Cf. E. SANCHEZ-PALENCIA [27], J. L. LIONS [14]. It is important to consider screens where the size of the holes is smaller (say of order ε^α, $\alpha > 1$) than the size of ε of the period. Cf. E. SANCHEZ-PALENCIA [28]. Problems of spectrum in these situations seem to be largely open.

3.6. Irregular obstacles

Problems of a different nature arise when the obstacles are not arranged in a periodic manner. We refer to E. HRUSLOV and V. A. MARCENKO [11] and to D. CIORANESCU and F. MURAT [5] and to the bibliography therein.

References

1 BENSOUSSAN, A.; LIONS, J. L.; PAPANICOLAOU, G., Asymptotic Analysis for Periodic Structures, Studies in Mathematics and its Applications, North-Holland Pub. Company, Amsterdam 1978.
2 BENSOUSSAN, A.; LIONS, J. L.; PAPANICOLAOU, G., Boundary layers and homogenization of transport processes, R.I.M.S., Kyoto, **15** (1979), 54–157.
3 BEGIS, D.; DUVAUT, G.; HASSIM, A., to appear.
4 CIORANESCU, D.; LANCHON, H.; SAINT JEAN PAULIN, J. S., Elastic plastic torsion of heterogeneous cylindrical bars, J. Inst. Math. Applications 24 (1979), 353–378.
5 CIORANESCU, D. MURAT, F., Séminaire H. Brézis and J. L. Lions, Collége de France, 1980–1981, Pitman, ed., Dec. 1980.
6 CIORANESCU, D.; SAINT JEAN PAULIN, J. S., Homogenization in open sets with holes, J.M.M.A. **71** (02) (1979), 530–607.
7 COLOMBINI, F.; SPAGNOLO, S., Non-stabilité d'une équation hyperbolique dans le cas de l'homogénéisation des coefficients par rapport au temps, Note C.-R. Acad. Sci., Paris **292** (1979), 351–353.
8 DAVOUST, M. E., Conductivité électrique transverse dans les fils de matériaux composites multifilamentaires supraconducteurs, Thèse 3ème cycle, Paris 1978.
9 FRIEDLIN, M. I., Dirichlet's problem for an equation with periodic coefficients depending on a small parameter, Theory of Probability and its Applications, **1963**, pp. 121–125.
10 DE GIORGI, E., Convergence problems for functionals and operators, Proc. Internat. Meeting on Recent Methods in Non linear Analysis; Ed. E. DE GIORGI, E. MAGENES and U. MOSCO, Publ. Ed. Pitagora, Bologna 1979, pp. 131–188.
11 HRUSLOV, E.; MARCENKO, V. A., Boundary Value Problems in Domains with Granulated Boundary. Kiev 1974.
12 JIKOV, V. V.; KOSLOV, S. M.; OLEINIK, O. A., On the G-convergence of parabolic operators, Uspechi Mat. Nauk **36** (217) (1981), 11–58.
13 KESAVAN, S., Homogénéisation et valeurs propres, C.-R. Acad. Sci., Paris **283** (1976), 947–950.
14 LIONS, J. L., Some Methods in the Mathematical Analysis of Systems and their Control, Sciences Publishing Company, Beijing 1981 (Chinese translation, 1982).
15 LIONS, J. L., Homogénéisation non locale, Proc. Int. Meeting on Recent Methods in Non linear Analysis, Ed. E. DE GIORGI; E. MAGENES; I. MOSCO, Publ. ed. Pitagora, Bologna 1979, pp. 189–203.

16 LIONS, J. L., Homogenization in perforated materials and in porous media, Proc. IVth Int. Conference on Continuum Models of Discrete Systems, Stockholm, Publ. North-Holland Publ. Company, Amsterdam 1981, to appear.
17 LIONS, J. L., Some problems connected with Navier-Stokes equations, Proc. IVth Escuela Latino-Americana de Matematica, 1978, Analisis y suo Aplicaciones, Lima 1979, pp. 222—286.
18 LIONS, J. L., Quelques problèmes liés aux équations de Navier-Stokes, Lectures at GNAFA IV, Naples, March 1980.
19 LIONS, J. L.; SANCHEZ-PALENCIA, E., Ecoulement d'un fluide visco-plastique de Bingham dans un milieu poreux, J.M.P.A., (1981).
20 MIRGAUX, A.; SAINT JEAN PAULIN, J., Asymptotic study of transverse conductivity in superconducting multifilamentary composites, to appear.
21 MURAT, F.; TARTAR, L., to appear.
22 PAPANICOLAOU, G.; PIRONNEAU, O., to appear.
23 PAPAINICOLAOU, G.; VARADHAN, S., Boundary value problems with rapidly oscillating random coefficients, C.P.A.M. (1981).
24 PERRIER, P.; PIRONNEAU, O., Couplage de grosses et petites structures turbulentes par l'homogénéisation, C.-R., Acad. Sci., Paris **286** (1978), 635.
25 PIATNISKII, A. L., Propagation of solutions of hyperbolic equations with rapidly varying coefficients (in Russian). Uspehi Mat. Nauk **36** (217), (1981), 225—226.
26 SAINT JEAN PAULIN, J., Etude de quelques problèmes de mécanique et d'électro-technique liés aux méthodes d'homogénéisation, Thèse d'Etat, Paris 1981.
27 SANCHEZ-PALENCIA, E., Non Homogeneous Media and Vibration Theory, Lecture Notes in Physics, Springer-Verlag, publ. 127, Berlin-Heidelberg-New York 1980.
28 SANCHEZ-PALENCIA, E., Problèmes aux limites dans des domaines contenant des parois perforées, Séminaire H. Brézis, J. L. Lions, Collège de France, 1980—1981, Pitman ed.
29 SENTIS, R., Approximation and homogenization of a transport process, SIAM J. Applied Mathematics. **39**/1 (1980), 134—141.
30 TARTAR, L., Quelques remarques sur l'homogénéisation. French-Japan Symposium, Tokyo, September 1976.
31 TARTAR, L., Incompressible fluid flow in a porous medium. Convergence of the homogenization process, Appendix of Lecture Notes in Physics, by E. SANCHEZ-PALENCIA, Springer-Verlag, 127, Berlin-Heidelberg-New York 1980.
32 VANNINATHAN, M., Homogénéisation des valeurs propres dans des milieux perforés, C.R. Acad. Sci. Paris, **287** (1978), 403—406.

Anschrift: Professor Dr. JACQUES-LOUIS LIONS, Collège de France, 11 Place Marcelin Berthelot, F-75231 Paris, Cedex 05 und I.N.R.I.A. Domaine de Voluceau-R. P. 105 F-78150 Le Chesnay, France

ZAMM 62, T 263 – T 270 (1982)

T. MEIS / H.-W. BRANCA

Schnelle Lösung von Randwertaufgaben

In verschiedenen Gebieten des $\mathbb{R}^2$ wird das Konvergenzverhalten der Mehrgittermethode zur Lösung der Poisson-Gleichung untersucht. Zur Glättung werden ein modifiziertes Jacobi- und ein modifiziertes Gauß-Seidel-Verfahren benutzt. Im ersten Teil der Arbeit werden zunächst der Spektralradius und die Spektralnorm der Zweigittermethode für das Quadrat mit Hilfe einer Fourieranalyse gleichmäßig in h abgeschätzt. Die entsprechenden Werte für die Mehrgitterverfahren werden dann für drei typische Gebiete mit der Potenzmethode berechnet und anhand des Rechenaufwandes bewertet. Der zweite Teil enthält einen gebietsunabhängigen Konvergenzbeweis für einen speziellen Zweigitteransatz. Er wird allein mit Methoden der Linearen Algebra geführt.

Die Diskretisierung von linearen Randwertaufgaben führt in der Regel auf große lineare Gleichungssysteme. Zu ihrer Lösung gibt es in Spezialfällen schnelle direkte Verfahren, z. B. den Buneman-Algorithmus oder die Reduktion nach SCHRÖDER-TROTTENBERG (vgl. etwa BUZBEE, GOLUB und NIELSON [8], SCHRÖDER und TROTTENBERG [30] und MEIS und MARCOWITZ [26]). Der Rechenaufwand dieser Verfahren wächst nur mit $O(n)$ oder $O(n \log n)$, wobei n die Anzahl der Unbekannten ist. Der Aufwand der klassischen iterativen Verfahren wie Jacobi-Verfahren, Gauß-Seidel-Verfahren und Überrelaxation (SOR) einschließlich ihrer zahllosen Varianten ist für große n wesentlich höher. Die iterativen Verfahren funktionieren aber bei einer größeren Klasse von Aufgaben. In den letzten Jahren hat sich gezeigt, daß die Mehrgittermethoden hinsichtlich des Rechenaufwandes mit den schnellen direkten Verfahren konkurrieren können, daß ihr Anwendungsgebiet aber ähnlich groß ist wie das der klassischen iterativen Verfahren.

Die grundlegenden Ideen der Mehrgittermethoden wurden von FEDORENKO [9], [10] und BAKHVALOV [1] zwischen 1961 und 1966 beschrieben, fanden aber wenig Beachtung. Erst BRANDT hat ab 1972 in einer Reihe von Arbeiten [3], [4], [5], [6], [7] die Methoden größeren Fachkreisen bekannt gemacht. Er nennt die Verfahren „Multi-Level Adaptive Techniques" (MLAT). Diese Auffassung der Mehrgittermethoden als adaptive Techniken erleichtert ihre intuitive Begründung und ist auch von großer Bedeutung bei der Konzipierung konkreter Rechnerprogramme. Die mathematische Analyse der Mehrgittermethoden und der Vergleich dieser Methoden mit anderen Verfahren ist aber leichter, wenn man die Mehrgittermethoden als iterative Verfahren ansieht, die nach einem ähnlichen Schema wie die herkömmlichen iterativen Verfahren ablaufen. Sehr allgemeine Konvergenzbeweise für Mehrgittermethoden findet man bei NICOLAIDES [28], [29] und HACKBUSCH [15], [23]. Dort sind auch eine Reihe praktischer Aspekte behandelt. Lauffähige Programme und Erfahrungsberichte findet man u. a. bei HACKBUSCH [12], [13], STÜBEN [32], STÜBEN, TROTTENBERG und WITSCH [33], FOERSTER, STÜBEN und TROTTENBERG [11] sowie HACKBUSCH und HOFMANN [24].

I. Modellproblem

Wir betrachten zunächst allgemeine iterative Verfahren. Das lineare Gleichungssystem

$$Au = d \quad \text{mit } A \text{ eine } n \times n\text{-Matrix}, \qquad d \in \mathbb{R}^n,$$

wird in eine Fixpunktgleichung $u = Tu + b$ umgeschrieben. Dann konvergiert die Folge

$$u_0 \in \mathbb{R}^n \text{ beliebig}, \qquad u_j = Tu_{j-1} + b, \qquad j = 1(1)\infty,$$

wenn der Spektralradius $\varrho(T) < 1$ ist. Nach dem j-ten Schritt gilt

$$||u - u_j|| \leqq ||T^j|| \, ||u - u_0|| \leqq ||T||^j \, ||u - u_0||$$

und für große j asymptotisch

$$||u - u_j|| = (\varrho(T))^j || u - u_0|| .$$

Also erreicht man nach $j(\varepsilon) = \log \varepsilon / \log \varrho(T)$ Schritten

$$||u - u_j|| \approx \varepsilon ||u - u_0|| .$$

Das legt folgende Definition nahe:

Es sei M eine Menge von regulären Matrizen. Ein *schnelles iteratives Verfahren für M* ordnet jedem $A \in M$ eine Matrix T so zu, daß gilt:

(i) Der Rechenaufwand für einen Iterationsschritt

$$u_j = Tu_{j-1} + b \quad \text{ist} \quad O(n) \quad \text{oder} \quad O(n \log n) .$$

(ii) $\varrho(T) \leqq c < 1$ mit festem $c > 0$.

Die Anzahl der benötigten Iterationsschritte ist also unabhängig von $A \in M$ höchstens $\log \varepsilon / \log c$. Das ergibt einen Gesamtrechenaufwand $O(|\log \varepsilon| \, n)$ oder $O(|\log \varepsilon| \, n \log n)$.

Die Leistungsfähigkeit der Mehrgittermethoden wollen wir am Modellproblem

$$-\Delta u = f \quad \text{in} \quad G = (0, \pi)^2, \qquad \Delta \text{ der Laplaceoperator},$$
$$u = 0 \quad \text{auf } \partial G$$

demonstrieren. Als Diskretisierung wählen wir der Einfachheit halber die Fünfpunktformel. Ferner seien

$h = \pi/N$ mit $N \in \mathbb{N}$ gerade , $f_{r,s} = h^2 f(x_r, y_s)$ vorgegebene Werte ,

$x_r = rh$, $y_s = sh$ mit $r, s = 1(1)N-1$, $u_{r,s} = u(x_r, y_s)$ Unbekannte .

Das ergibt das lineare Gleichungssystem

$$4u_{r,s} - [u_{r-1,s} + u_{r+1,s} + u_{r,s-1} + u_{r,s+1}] = f_{r,s}$$

oder kürzer

$$-\Delta_h u_h = f_h .$$

Dabei ist $-\Delta_h$ eine symmetrische, positiv definite $n \times n$-Matrix $(n = (N-1)^2)$ mit höchstens 5 von 0 verschiedenen Elementen pro Zeile. Die Kondition der Matrix ist $O(1/h^2)$.

Vorbereitend erläutern wir zunächst die *Zweigittermethode*:

$$u_h^{(j)} = T_h u_h^{(j-1)} + \hat{f}_h , \quad j = 1(1)\infty .$$

T_h und $\hat{f}_h$ definieren wir durch Beschreibung eines Iterationsschrittes:

(1) $v_h = G(u_h^{(j-1)}, f_h)$ — *Glättung des Defektes,*
l Schritte eines einfachen Iterationsverfahrens wie z. B. Jacobi- oder Gauß-Seidel-Verfahren,

(2) $r_h = -\Delta_h v_h - f_h$ — *Defektberechnung,*

(3) $r_{2h} = P_h(r_h)$ — *Restriktion* auf das Gitter mit der Gitterweite $2h$,

(4) $w_{2h} = (-\Delta_{2h})^{-1} r_{2h}$ — *Exakte Lösung* der Defektgleichung auf dem gröberen Gitter,

(5) $w_h = J_h(w_{2h})$ — *Fortsetzung* auf das feinere Gitter,

(6) $u_h^{(j)} = v_h - \omega w_h$ — *Korrektur* mit $\omega \approx 1$.

Das ergibt zusammen (I_h = Identität, M_i Glättungsoperatoren):

$$T_h = [I_h - \omega J_h(-\Delta_{2h})^{-1} P_h(-\Delta_h)] [M_l \cdot M_{l-1} \cdot \ldots \cdot M_1] .$$

Als *Fortsetzungsoperator* J_h wählen wir im folgenden immer die lineare Interpolation und als Restriktion P_h die transponierte Matrix zu J_h, nämlich

$$\begin{aligned} P_h(r_h(x, y)) = {} & \tfrac{1}{4} r_h(x, y) + \\ & + \tfrac{1}{8} [r_h(x+h, y) + r_h(x-h, y) + r_h(x, y+h) + r_h(x, y-h)] + \\ & + \tfrac{1}{16} [r_h(x+h, y+h) + r_h(x-h, y+h) + r_h(x-h, y-h) + r_h(x+h, y-h)] . \end{aligned}$$

Bei der eigentlichen Mehrgittermethode setzen wir voraus, daß N eine Potenz von 2 ist. Dann können wir die exakte Lösung des Gleichungssystems auf dem gröberen Gitter in Teilschritt (4) durch k Schritte des Mehrgitterverfahrens auf dem gröberen Gitter mit Startwert 0 ersetzen. Das ergibt ein Iterationsverfahren

$$u_h^{(j)} = S_h u^{(j-1)} + g_h , \quad j = 1(1)\infty ,$$

mit

$$S_h = [I_h - \omega J_h(I_{2h} - S_{2h}^k) (-\Delta_{2h})^{-1} P_h(-\Delta)_h] [M_l \cdot \ldots \cdot M_1] .$$

Soweit wir Angaben über Aufwand und Konvergenz machen, haben wir immer $k = 2$ benutzt. Wir verwenden folgende Glättungsverfahren:

Jacobi-Verfahren

$$u^{(i)} = Bu^{(i-1)} + c;$$

modifiziertes Jacobi-Verfahren

$$u^{(i)} = (1 - \varrho_i) u^{(i-1)} + \varrho_i [Bu^{(i-1)} + c];$$

Gauß-Seidel-Verfahren

$$u^{(i)} = G^{II} G^{I} u^{(i-1)} + d;$$

modifiziertes Gauß-Seidel-Verfahren

$$u^{(i)} = (1 - \varrho_i) u^{(i-1)} + \varrho_i [G^{II} G^{I} u^{(i-1)} + d] .$$

Beim Gauß-Seidel-Verfahren ordnen wir die Unbekannten $u_{r,s}$ nach dem Schachbrettmuster. Erst werden die $u_{r,s}$ mit ungeradem $r + s$ neu berechnet (G^I), dann die mit geradem $r + s$ (G^{II}). Die Koeffizienten ϱ_i sind geeignete positive Zahlen. $m(h)$ sei die Anzahl der notwendigen Rechenoperationen (Addition, Subtraktion und Multiplikation mit gleichem Gewicht). Wählen wir im Spezialfall der Glättung mit l modifizierten Gauß-Seidel-Schritten stets einen Glättungsschritt mit $\varrho = 1$, so können wir nach Verschieben eines Gauß-Seidel-Halbschrittes auch schreiben:

$$S_h = G^I [I_h - \omega J_h(I_{2h} - S_{2h}^k) (-\Delta_{2h})^{-1} P_h(-\Delta_h)] G^{II} \cdot M_{l-1} \cdot \ldots \cdot M_1 ,$$

mit $M_i = (1 - \varrho_i) I_h + \varrho_i G^I G^{II}$.

Wenn alle $\varrho_i = 1$ und $\omega = 1$ sind, ergeben sich für kleine h folgende Anzahlen von benötigten Rechenoperationen:

(1) Glättung — $5 \cdot l \cdot n$,
(2) Defektberechnung — $3 \cdot n$,

(3) Restriktion	$1 \cdot n$,
(4) Iteration auf dem gröberen Gitter	$k \cdot m(2h)$,
(5) Fortsetzung	$1 \cdot n$,
(6) Korrektur	$1/2 \cdot n$,

also insgesamt $m(h) = (11/2 + 5 \cdot l)\, n + k \cdot m(2h)$. Für $k = 1, 2, 3$ folgt wegen $m(2h) \approx m(h)/4$

$$m(h) \approx (11/2 + 5 \cdot l)\, n/(1 - k/4)$$

und für $k = 4$

$$m(h) \approx (11/2 + 5 \cdot l)\, n \cdot \log N \approx (11/4 + 5/2 \cdot l) n \cdot \log n \,.$$

Der Spektralradius $\varrho(T_h)$ der Zweigittermethode läßt sich mit Hilfe einer *Fourieranalyse* gleichmäßig in h abschätzen. Tabelle 1 enthält einige typische Werte bei Glättung mit dem modifizierten Jacobi-Verfahren. Bei dieser Art der Glättung gilt folgende Abschätzung:

$$\sup \varrho(T_h) \geqq \max \big(|\Pi(1 - 2\varrho_i)|, |\Pi(1 - \varrho_i x)|\big) \,,$$

dabei durchläuft x das Intervall $[1/2, 3/2]$. Das legt die Vermutung nahe, daß die ϱ_i optimal sind, wenn $(\varrho_i - 1)/\varrho_i$ gerade die Nullstellen des Tschebyscheff-Polynoms $T_l\big((4x + 1)/3\big)$ sind. Die Verfahren in Tabelle 1 wurden bis auf J3.2 nach diesem Gesichtspunkt ausgewählt. Für $l = 1$ und $l = 2$ ist diese Wahl der ϱ_i hinsichtlich des Spektralradius optimal. Wegen des ersten Terms in der obigen Abschätzung darf man nicht alle ϱ_i gleich 1 setzen.

Tabelle 1: Zweigitterverfahren, Jacobi-Glättung

Verfahren	ω	l	ϱ_i	$\varrho(T_h)$	$\|\|T_h\|\|_2$
J 1.1	1.0	1	0.8	.600	.600
J 2.1	1.0	2	$4(10 \pm 3\sqrt{2})/41$	.220	.255
J 3.1	1.0	3	$0.8,\ 8(10 \pm 3\sqrt{3})/73$	.126	.163
J 3.2	1.0	3	0.55, 1.0, 1.25	.150	.159
J 4.1	1.0	4	$8/\big(10 \pm 3\sqrt{2 \pm \sqrt{2}}\big)$	.110	.118

Tabelle 2 enthält entsprechende Werte für die Zweigittermethode bei Glättung mit dem modifizierten Gauß-Seidel-Verfahren (Schachbrettmuster).

Tabelle 2: Zweigitterverfahren, Gauß-Seidel-Glättung

Verfahren	ω	l	ϱ_i	$\varrho(T_h)$	$\|\|T_h\|\|_2$
GS 1	1.0	1	1.0	.250	.559
GS 1.1	1.0	1	1.07	.204	.574
GS 2	1.0	2	1.0, 1.0	.074	.557
GS 2.1	1.0	2	1.0, 1.6	.056	.212
GS 3	1.0	3	1.0, 1.0, 1.0	.053	.169
GS 3.1	1.0	3	1.0, 1.2, 3.0	.031	.144
GS 3.2	1.0	3	1.0, 1.2, 2.7	.032	.098
GS 3.21	1.02	3	1.0, 1.2, 2.7	.029	.078
GS 3.22	1.04	3	1.0, 1.2, 2.7	.040	.077
GS 4	1.0	4	1.0, 1.0, 1.0, 1.0	.041	.109

Die Spektralradien $\varrho(S_h)$ der Mehrgittermethode haben wir mit der Potenzmethode für $h = \pi/N$ und $N = 4$, 8, 16, ... , 128 bestimmt. Dabei wurde immer $k = 2$ gewählt, also zwei Iterationsschritte auf dem gröberen Gitter auf einen Schritt auf dem feineren Gitter

Neben dem Quadrat $G = (0, \pi)^2$ wurden die Verfahren in den Teilgebieten G_1 und G_2 untersucht:

$$G_1 = G \backslash \{x = \pi/2,\, y \geqq \pi/2\} \quad \text{geschlitztes Quadrat},$$
$$G_2 = G \backslash \{x, y \geqq \pi/2\} \quad L\text{-Gebiet}.$$

Tabelle 3 enthält die Anzahl der Rechenoperationen pro Unbekannte und Iteration, die aus Tabelle 2 übernommenen Spektralradien des Zweigitterverfahrens beim Modellproblem sowie die Maximalwerte der Spektralradien des Mehrgitterverfahrens für die verschiedenen Gebiete. Die Verfahrensparameter sind dieselben wie in Tabelle 2. Die Unterschiede beim Spektralradius betragen für $N = 32$ bis $N = 128$ für die Verfahren mit $\omega = 1$ im Höchstfall 10%.

Außerdem haben wir den Wert

$$q = -\log 1000 \cdot m(h)/\big(n \cdot \log \varrho(S_h)\big) \,,$$

in die Tabelle aufgenommen. Diese Zahl ist ein anschauliches Qualitätsmaß. Für eine Fehlerreduzierung um den Faktor 1/1000 braucht man nämlich $q \cdot n$ Rechenoperationen. Typisch für das Modellproblem ist es, daß dabei auf eine Multiplikation etwa drei Additionen oder Subtraktionen entfallen. Dieses günstige Verhältnis muß man berücksichtigen, wenn man Vergleiche mit den schnellen direkten Verfahren anstellt.

Ein Vergleich mit SOR ergibt, daß GS 2.1 ab $N = 16$ schneller als SOR mit optimalem ω ist. Für nicht zu große N lassen sich für $k = 1$ mit Sicherheit günstigere Ergebnisse erreichen.

Tabelle 3: Mehrgitterverfahren für verschiedene Gebiete

Gebiet		G			G_1		G_2	
Verfahren	$A(h)/n$	$\varrho(T_h)$	$\varrho(S_h)$	q	$\varrho(S_h)$	q	$\varrho(S_h)$	q
GS 1	21	.250	.249	104	.296	119	.256	106
GS 1.1	39.5	.204	.196	167	.258	201	.209	174
GS 2	31	.074	.074	82	.161	117	.112	98
GS 2.1	34	.056	.056	81	.103	103	.065	86
GS 3	41	.053	.052	96	.119	133	.077	110
GS 3.1	50	.031	.031	99	.071	131	.045	111
GS 3.2	50	.032	.032	100	.076	134	.047	113
GS 3.21	51	.029	.029	100	.063	127	.039	109
GS 3.22	51	.040	.038	108	.052	120	.038	108
GS 4	51	.041	.041	110	.097	151	.061	126

Auf die Methode der Fourieranalyse zur Abschätzung des Spektralradius des Zweigitterverfahrens möchten wir hier noch kurz eingehen. Die Eigenfunktionen von $-\Delta_h$ sind bekanntlich ([26], Seite 186)

$$v_{\mu\nu}(x, y) = \sin(\mu x) \sin(\nu y), \qquad \mu, \nu = 1(1)\, N - 1,$$

mit den zugehörigen Eigenwerten

$$\lambda_{\mu\nu} = 2[2 - \cos(\mu h) - \cos(\nu h)]/h^2 = \mu^2 + \nu^2 + O(h^2).$$

Wir setzen abkürzend:

$$\hat{\mu} = N - \mu, \qquad \hat{\nu} = N - \nu, \qquad \alpha, \beta \in [0, 1),$$
$$\alpha = \cos(\mu h), \qquad -\alpha = \cos(\hat{\mu} h), \qquad 2\alpha^2 - 1 = \cos(2\mu h),$$
$$\beta = \cos(\nu h), \qquad -\beta = \cos(\hat{\nu} h), \qquad 2\beta^2 - 1 = \cos(2\nu h).$$

Den Raum der Gitterfunktionen zerlegen wir in folgende Unterräume:

$$W_{\mu\nu} = \operatorname{span}(v_{\mu\nu}, v_{\hat{\mu}\nu}, v_{\mu\hat{\nu}}, v_{\hat{\mu}\hat{\nu}}), \qquad \mu, \nu = 1(1)\, N/2.$$

Die Abbildungen $-\Delta_h$, B, G^{I}, G^{II} bilden jeden dieser Räume in sich ab. P_h ist eine Projektion von $W_{\mu\nu}$ auf $V_{\mu\nu} = \operatorname{span}(v_{\mu\nu})$. Ferner gilt

$$-\Delta_{2h}: V_{\mu\nu} \to V_{\mu\nu}, \qquad J_h: V_{\mu\nu} \to W_{\mu\nu}$$

und somit

$$T_h: W_{\mu\nu} \to W_{\mu\nu}.$$

Alle genannten Abbildungen lassen sich allein durch die Zahlen $\alpha, \beta \in [0, 1)$ charakterisieren. Für $\alpha, \beta \in (0, 1)$ ergeben sich die Matrizen:

$$-\Delta_h = (2/h^2) \operatorname{diag}(2 - \alpha - \beta, 2 + \alpha - \beta, 2 - \alpha + \beta, 2 + \alpha + \beta), \qquad (-\Delta_{2h})^{-1} = h^2/(2 - \alpha^2 - \beta^2),$$
$$P_h = J_h^{\mathrm{T}} = (1/4)\big((1 + \alpha)(1 + \beta), -(1 - \alpha)(1 + \beta), -(1 + \alpha)(1 - \beta), (1 - \alpha)(1 - \beta)\big),$$
$$B = (1/2) \operatorname{diag}(\alpha + \beta, -\alpha + \beta, \alpha - \beta, -\alpha - \beta),$$

$$G^{\mathrm{I}} = \frac{1}{2}\begin{pmatrix} 1+\gamma & 0 & 0 & 1+\gamma \\ 0 & 1-\delta & 1-\delta & 0 \\ 0 & 1+\delta & 1+\delta & 0 \\ 1-\gamma & 0 & 0 & 1-\gamma \end{pmatrix}, \qquad G^{\mathrm{II}} = \frac{1}{2}\begin{pmatrix} 1+\gamma & 0 & 0 & -1-\gamma \\ 0 & 1-\delta & -1+\delta & 0 \\ 0 & -1-\delta & 1+\delta & 0 \\ -1+\gamma & 0 & 0 & 1-\gamma \end{pmatrix},$$

wobei $\gamma = (\alpha + \beta)/2$, $\delta = (\alpha - \beta)/2$.

II. Begründung der Mehrgittermethoden durch lineare Algebra

Wir folgen einem Ansatz von BRAESS [2]. Vorgegeben seien ein reeller Hilbertraum H (Skalarprodukt $(\cdot, \cdot)$ und Norm $\|\cdot\|$) und zwei abgeschlossene Unterräume V und W mit $H = V + W$. Die Unterräume sollen *fast orthogonal* sein, d. h. für alle $v \in V$, $w \in W$ gilt mit festem $\gamma < 1$:

$$|(v, w)| \leq \gamma \|v\| \cdot \|w\|.$$

P und Q seien die Projektoren von H auf V und W, also:

$$\|h - P(h)\| = \min\{\|h - v\| \mid v \in V\}, \qquad \|h - Q(h)\| = \min\{\|h - w\| \mid w \in W\}.$$

Die Variationsaufgabe

$$J(h) = (h, h) - 2F(h) = \mathrm{Min!}$$

mit der stetigen Linearform $F: H \to \mathbb{R}$ läßt sich mit folgendem Iterationsverfahren lösen:

Für $\nu = 0(1)\infty$ wiederhole:

(1) Bestimme $v \in V$ so, daß

$$J(h_\nu - v) = \min \{J(h_\nu - \tilde{v}) \mid \tilde{v} \in V\}, \qquad \tilde{h} = h_\nu - \omega_1 v.$$

(2) Bestimme $w \in W$ so, daß

$$J(\tilde{h} - w) = \min \{J(\tilde{h} - \tilde{w}) \mid \tilde{w} \in W\}, \qquad h_{\nu+1} = \tilde{h} - \omega_2 w.$$

Dabei sind $\omega_1, \omega_2 > 0$ feste Zahlen.

Sei nun h die exakte Lösung der Variationsaufgabe und $I: H \to H$ die Identität. Man zeigt leicht:

$$h_{\nu+1} - h = (I - \omega_2 Q)(I - \omega_1 P)(h_\nu - h).$$

Die Konvergenzgeschwindigkeit des Iterationsverfahrens hängt also direkt von dem Spektralradius und der Norm der folgenden linearen Abbildung ab:

$$T(\omega_1, \omega_2) = (I - \omega_2 Q)(I - \omega_1 P).$$

Wir untersuchen nur die Spezialfälle $T(\omega, 1)$ und $T(\omega, \omega)$.

Satz 1: *Für $\omega \in (0, 2)$ und $g \in (I - Q)(H) \supset T(\omega, 1)(H)$ gilt*

$$\|T(\omega, 1)(g)\| \leqq \max (|1 - \omega|, |1 - \omega + \omega\gamma^2|) \|g\|.$$

Der Beweis stützt sich auf den

Hilfssatz 2: *Es seien*

$$\Delta = \{(x, y) \in \mathbb{R}^2 \mid x \geqq 0, y \geqq 0, x + y \leqq \gamma^2 < 1\},$$

$$G(x, y) = (1 - \omega + \omega x)^2 + \omega x y(3\omega - 2\omega x - 2 - \omega y)/(1 - x).$$

Dann gilt für festes $\omega \in (0, 2)$:

$$\max \{G(x, y) \mid (x, y) \in \Delta\} = \max (|1 - \omega|^2, |1 - \omega + \omega\gamma^2|^2).$$

Den Beweis des Hilfssatzes überlassen wir dem Leser.

Beweis von Satz 1: Da $H = V + W$, kann man Einheitsvektoren $a \in V$ und $b \in W$ finden mit

$$g = \mu a + \nu b, \qquad \mu, \nu \in \mathbb{R}, \qquad (a, b) = \delta > 0.$$

Die Voraussetzung $g \in (I - Q)(H)$ ergibt

$$Q(g) = 0, \qquad 0 = (g, b) = \mu\delta + \nu.$$

Wir dürfen darum annehmen:

$$\mu = 1, \qquad \nu = -\delta, \qquad g = a - \delta b.$$

Zu berechnen ist

$$(I - Q)(I - \omega P)(g) = g - \omega P(g) - Q(I - \omega P)(g) = g - \omega v - w.$$

Dazu zerlegen wir

$$v = \alpha a + \sigma s, \qquad w = \beta b + \tau t,$$

mit $\alpha, \beta, \sigma, \tau \in \mathbb{R}$,

$$s \in V, \quad \|s\| = 1, \quad (a, s) = 0, \quad (b, s) = \varepsilon > 0, \quad t \in W, \quad \|t\| = 1, \quad (b, t) = 0.$$

Aus den Gleichungen

$$(g - v, a) = 0, \qquad (g - v, s) = 0, \qquad (g - \omega v - w, b) = 0$$

kann man α, σ, β berechnen. Es ist:

$$\alpha = 1 - \delta^2, \qquad \sigma = -\delta\varepsilon, \qquad \beta = \omega\delta(-1 + \delta^2 + \varepsilon^2).$$

Aus der Gleichung

$$(g - \omega v - w, t) = 0$$

folgt mit der Funktion G aus dem Hilfssatz:

$$\begin{aligned} \|g - \omega v - w\|^2 &= \|g - \omega v - \beta b\|^2 - \tau^2 \leqq \\ &\leqq \|g - \omega v - \beta b\|^2 = \\ &= \|(1 - \omega + \omega\delta^2) a + \omega\delta\varepsilon s - (1 - \omega + \omega\delta^2)\delta b - \omega\delta\varepsilon^2 b\|^2 = \\ &= (1 - \delta^2) G(\delta^2, \varepsilon^2). \end{aligned}$$

Wegen $|(\delta a + \varepsilon s, b)| \leqq \gamma\|\delta a + \varepsilon s\| \|b\|$ ist $\delta^2 + \varepsilon^2 \leqq \gamma^2$. Die Voraussetzung des Hilfssatzes ist erfüllt. Also:

$$\begin{aligned} \|T(\omega, 1)(g)\|^2 &\leqq \|g - \omega v - \beta b\|^2 = (1 - \delta^2) G(\delta^2, \varepsilon^2) \leqq \\ &\leqq (1 - \delta^2) \max (|1 - \omega|^2, |1 - \omega + \omega\gamma^2|^2) = \|g\|^2 \max (|1 - \omega|^2, |1 - \omega + \omega\gamma^2|^2). \end{aligned}$$

Wir kommen nun zu dem Spezialfall $\omega_1 = \omega_2$.

Satz 3: *Zu jedem Eigenwert* $\lambda \in \mathbb{C}$ *der Abbildung* $T(\omega, \omega)$ *gibt es* $\delta \in [0, \gamma]$ *mit*

$$(\lambda + \omega - 1)^2 - \lambda\omega^2\delta^2 = 0 .$$

Für $2/(1 + \sqrt{1 - \gamma^2}) \leqq \omega < 2$ *folgt* $|\lambda| \leqq \omega - 1$.

Beweis: Wir erweitern in kanonischer Weise die Räume H, V und W zu komplexen Hilberträumen. Für alle $v \in V$, $w \in W$ gilt weiterhin $|(v, w)| \leqq \gamma\|v\|\,\|w\|$. Nun sei $g \in H$ ein Eigenvektor von $T(\omega, \omega)$ zum Eigenwert λ. Dann zerlegen wir wieder mit zwei Einheitsvektoren $a \in V$ und $b \in W$:

$$g = \mu a + \nu b , \qquad \mu, \nu \in \mathbb{C} , \qquad (a, b) = \delta .$$

Die Einheitsvektoren kann man so wählen, daß $0 \leqq \delta \leqq \gamma$.

Es ist wie oben:

$$\lambda g = T(\omega, \omega)(g) = g - \omega v - \omega w ,$$

mit $v \in V$ und $w \in W$. Da g ein Eigenvektor ist und $V \cap W = \{0\}$, gilt $v = \tau a$ und $w = \sigma b$. Das ganze Iterationsverfahren läuft also in dem durch a und b aufgespannten zweidimensionalen Raum ab. Aus

$$(g - v, a) = 0 , \qquad (g - \omega v - w, b) = 0$$

ergibt sich

$$(\lambda + \omega - 1)\,\mu + \omega\delta\nu = 0 ,$$

$$-\omega\delta(\omega - 1)\,\mu + (\lambda + \omega - 1 - \omega^2\delta^2)\,\nu = 0 .$$

Die Determinante des linearen Gleichungssystems für μ und ν muß 0 sein. Das ergibt die erste Behauptung des Satzes. Die zweite folgt wie beim Satz von YOUNG zur Konvergenz des SOR-Verfahrens ([26], Seite 303).

Im konkreten Fall

$$-\Delta u = f \quad \text{in} \quad G \subset \mathbb{R}^2 \quad \text{beschränkt} ,$$

$$u = 0 \quad \text{auf } \partial G ,$$

definieren wir nun die Räume H, V, W. Dazu betrachten wir die *Gitter*

$$L = \mathbb{Z}^2 , \qquad L_g = \{(x, y) \in L \mid x + y \text{ gerade}\} ,$$

$$L_u = L - L_g , \qquad L_2 = \{(x, y) \in L \mid x, y \text{ gerade}\} .$$

Jeder Punkt in L hat vier Nachbarn mit dem Abstand 1. Wenn $(x, y) \in L_u$, so gehören genau zwei der vier Nachbarn zu L_2. Wir nennen sie die *geraden Nachbarn.*

Es seien $M \subset L$ beliebig, $M_g = M \cap L_g$, $M_u = M \cap L_u$, $M_2 = M \cap L_2$. Wir machen drei Annahmen:

(1) M ist beschränkt.

(2) M_2 ist nicht leer.

(3) $(x, y) \in L_u$ gehört genau dann zu M, wenn mindestens einer der geraden Nachbarn zu M gehört.

Punkte, die nicht zu M gehören, nennen wir Randpunkte von M, wenn mindestens einer der vier Nachbarn zu M gehört. Figur 1 zeigt ein Beispiel für eine Menge M zusammen mit den Randpunkten.

Wir definieren:

$$H = \{u\colon L \to \mathbb{R} \mid u(x, y) = 0 \quad \text{für alle } (x, y) \in L - M\} ,$$

$$(u, z) = \Sigma\{[u - {\cdot u}]\,[z - {\cdot z}] + [u - u{\cdot}]\,[z - z{\cdot}] + [u - \underset{.}{u}]\,[z - \underset{.}{z}] + [u - \dot{u}]\,[z - \dot{z}]\} .$$

Dabei steht auf der rechten Seite

u für $u(x, y)$, $\quad {\cdot u}$ für $u(x - 1, y)$, $\quad u{\cdot}$ für $u(x + 1, y)$, $\quad \dot{u}$ für $u(x, y + 1)$ usw.

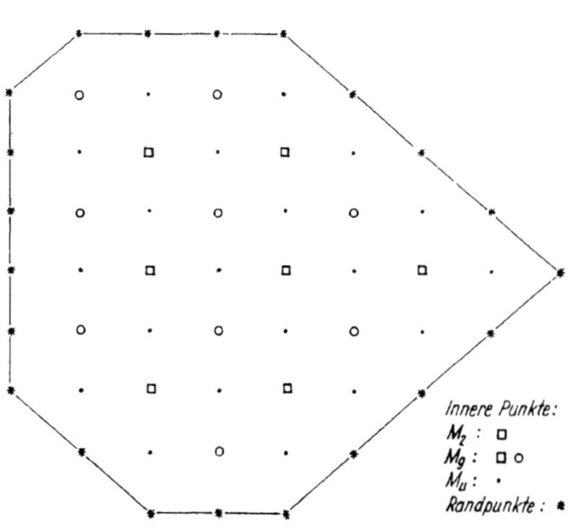

Fig. 1

Summiert wird hier und später immer über alle $(x, y) \in L_u$. Ferner seien:

$$V = \{v \in H \mid \text{Für alle } (x, y) \in L_u \text{ gilt:}$$
$$2v = ({\cdot}v + v{\cdot}) \quad \text{falls} \quad (x-1, y) \in L_2\,,$$
$$2v = (\underset{\cdot}{v} + \dot{v}) \quad \text{falls} \quad (x, y-1) \in L_2\}\,.$$
$$W = \{w \in H \mid w(x, y) = 0 \quad \text{für alle} \quad (x, y) \in L_0\}\,.$$

Satz 4: *Für alle* $v \in V$, $w \in W$ *gilt*

$$|(v, w)| \leqq (1/\sqrt{2})\, \|v\|\, \|w\|\,.$$

Beweis: Zunächst berechnet man

$$2\|v\|^2 = \Sigma\{[v{\cdot} - \dot{v}]^2 + [\dot{v} - {\cdot}v]^2 + [{\cdot}v - \underset{\cdot}{v}]^2 + [\underset{\cdot}{v} - v{\cdot}]^2\}\,,$$
$$\|w\|^2 = 4\Sigma w^2\,.$$

Da für alle $(x, y) \in L_u$

$$2v = [{\cdot}v + v{\cdot}] \quad \text{oder} \quad 2v = [\underset{\cdot}{v} + \dot{v}]$$

ist, gilt

$$(v, w) = \Sigma \pm w[{\cdot}v + v{\cdot} - \underset{\cdot}{v} - \dot{v}]\,.$$

Die Höldersche Ungleichung ergibt

$$|(v, w)|^2 \leqq \Sigma w^2[2\|v\|^2 - S]$$

mit

$$S = \Sigma\{[{\cdot}v - v{\cdot}]^2 + [\underset{\cdot}{v} - \dot{v}]^2\}\,.$$

Daraus folgt sofort $2|(v, w)|^2 \leqq \|v\|^2\, \|w\|^2$. Q.e.d.

Die Räume H, V und W erfüllen also die Voraussetzungen von Satz 1 und Satz 3 mit $\gamma = 1/\sqrt{2}$. Insbesondere ist nach Satz 1 für $\omega \in [1, 4/3]$

$$\|T(\omega, 1)(g)\| \leqq (1 - \omega/2)\, \|g\|$$

und nach Satz 3 für $\omega = 4 - 2\sqrt{2}$

$$|\lambda| \leqq 3 - 2\sqrt{2}\,.$$

Die Differenzengleichungen

$$4u - [{\cdot}u + u{\cdot} + \underset{\cdot}{u} + \dot{u}] = \tilde{f}(x, y)\,, \qquad (x, y) \in M\,,$$

sind äquivalent zu der Variationsaufgabe

$$J(u, u) = (u, u) - 2F(u) = \text{Min!}$$

mit

$$F(u) = \Sigma \tilde{f}(x, y)\, u(x, y)\,.$$

Hier wird ausnahmsweise über alle $(x, y) \in L$ summiert. $\tilde{f}$ ist außerhalb von M beliebig, da dort $u(x, y) = 0$ ist.

In den Teilschritten des Iterationsverfahrens werden zu gegebenem $u \in H$ Funktionen $v \in V$ und $w \in W$ gesucht mit

$$J(u - v) = \text{Min!} \quad \text{oder} \quad J(u - w) = \text{Min!}\,.$$

Die Aufgaben sind äquivalent zu

$$(v, v) - 2R(v) = \text{Min!} \quad \text{und} \quad (w, w) - 2R(w) = \text{Min!}$$

mit

$$R(z) = (u, z) - F(z)\,.$$

Das Funktional R wird für jeden Punkt $(x, y) \in M$ gegeben durch den Defekt

$$r(x, y) = 4u - [{\cdot}u + u{\cdot} + \underset{\cdot}{u} + \dot{u}] - \tilde{f}\,.$$

Die Lösungen dieser Variationsaufgaben sind Lösungen der Gleichungen

$$(v, \tilde{v}) = R(\tilde{v}) \quad \text{für alle} \quad \tilde{v} \in V \quad \text{und} \quad (w, \tilde{w}) = R(\tilde{w}) \quad \text{für alle} \quad \tilde{w} \in W\,.$$

Zu jedem $(x, y) \in M_0 - M_2$ wählen wir

$$\tilde{v}(x, y) = 1\,, \qquad \tilde{v}(\tilde{x}, \tilde{y}) = 0 \quad \text{für alle anderen} \quad (\tilde{x}, \tilde{y}) \in L\,.$$

Das ergibt:

$$(v, \tilde{v}) = 4v(x, y) - [v(x-1, y) + v(x+1, y) + v(x, y-1) + v(x, y+1)] =$$
$$= 4v(x, y) - [v(x-1, y-1) + v(x-1, y+1) + v(x+1, y-1) + v(x+1, y+1)]\,,$$
$$R(\tilde{v}) = r(x, y)\,.$$

Wenn nun $(x, y) \in M_2$ ist, so wählen wir

$$\tilde{v}(x, y) = 1\,,$$
$$\tilde{v}(x-1, y) = \tilde{v}(x+1, y) = \tilde{v}(x, y-1) = \tilde{v}(x, y+1) = 1/2\,,$$
$$\tilde{v}(\tilde{x}, \tilde{y}) = 0 \quad \text{für alle anderen} \quad (\tilde{x}, \tilde{y}) \in L\,.$$

Es folgt ebenfalls:

$$(v, \tilde{v}) = 4v(x, y) - [v(x-1, y-1) + v(x-1, y+1) + v(x+1, y-1) + v(x+1, y+1)],$$

aber

$$R(\tilde{v}) = r(x, y) + 1/2[r(x-1, y) + r(x+1, y) + r(x, y-1) + r(x, y+1)].$$

Damit erhält man zur Bestimmung von v ein Gleichungssystem auf dem um $\pi/4$ gedrehten Gitter mit der Gitterweite $\sqrt{2}$. Die Struktur der Gleichungen ist die gleiche wie bei den ursprünglichen Differenzengleichungen. Entsprechend kann man für $(x, y) \in M_u$ die Funktion

$$\tilde{w}(x, y) = 1 \quad \text{und} \quad \tilde{w}(\tilde{x}, \tilde{y}) = 0 \quad \text{für alle anderen} \quad (\tilde{x}, \tilde{y}) \in L$$

betrachten. Es ist

$$(w, \tilde{w}) = 4w(x, y) - [w(x-1, y) + w(x+1, y) + w(x, y-1) + w(x, y+1)] = $$
$$= 4w(x, y),$$
$$R(\tilde{w}) = r(x, y).$$

Die Berechnung von w entspricht einem Gauß-Seidel-Halbschritt G^{I}.

Literaturverzeichnis

1 BAKHVALOV, N. S., On the convergence of a relaxation method with natural constraints on the elliptic operator, U.S.S.R. Computat. Math. Math. Phys. 6 (1966), 101—135 [Zh. vychisl. Mat. mat. Fiz. 6, (1966) 5, 861—883].
2 BRAESS, D., The contraction number of a multigrid method for solving the Poisson equation, Preprint, Ruhr-Universität Bochum 1980.
3 BRANDT, A., Multi-level adaptive technique (MLAT) for fast numerical solution to boundary value problems, Proc. Third Internat. Conf. Numerical Methods in Fluid Mechanics 1972. Lecture Notes in Physics 18 (ed. by H. CABANNES; R. TEMAM), Springer Verlag, Berlin-Heidelberg-New York 1973, 82—89.
4 BRANDT, A., Multi-level adaptive techniques (MLAT). I: The multi-grid method, IBW Research Report RC-6026, IBM T. J. Watson Research Center, Yorktown Heights, New York 1976.
5 BRANDT, A., Multi-level adaptive solutions to boundary value problems, Math. Comput. 31 (1977), 333—390.
6 BRANDT, A., Multi-level adaptive techniques (MLAT) for partial differential equations: Ideas and software, in: Mathematical Software III (ed. by J. RICE), Academic Press, New York 1977.
7 BRANDT, A., Multi-level adaptive finite-elements methods. I: Variational problems, in: Special Topics of Applied Mathematics (ed. by J. FREHSE; D. PALLASCHKE; U. TROTTENBERG), North Holland, Amsterdam 1980.
8 BUZBEE, B. L.; GOLUB, G. H.; NIELSON, C. W., On direct methods for solving Poisson's equations, SIAM J. Numer. Analysis 7, (1970) 4, 627—656.
9 FEDORENKO, R. P., A relaxation method for solving elliptic difference equations, U.S.S.R. Computat. Math. Math. Phys. 1 (1961), 1092—1096 [Zh. vychisl. Mat. mat. Fiz 1, (1961) 5, 922—927].
10 FEDORENKO, R. P., The speed of convergence of one iterative process, U.S.S.R. Computat. Math. Math. Phys. 4 (1964), 227—235 [Zh. vychisl. Mat. mat. Fiz. 4, (1964) 3, 559—564].
11 FOERSTER, H.; STÜBEN, K.; TROTTENBERG, U., Nonstandard multigrid techniques using checkered relaxation and intermediate grids, in: Elliptic Problem Solvers (ed. by M. SCHULTZ), Academic Press, New York 1980.
12 HACKBUSCH, W., Ein iteratives Verfahren zur schnellen Auflösung elliptischer Randwertprobleme, Report 76—12, Mathematisches Institut, Universität zu Köln 1976.
13 HACKBUSCH, W., A multi-grid method applied to a boundary value problem with variable coefficients in a rectangle, Report 77—17, Mathematisches Institut, Universität zu Köln 1977.
14 HACKBUSCH, W., On the multi-grid method applied to differenee equations, Computing 20 (1978), 291—306.
15 HACKBUSCH, W., On the computation of approximate eigenvalues and eigenfunctions of elliptic operators by means of a multigrid method, SIAM J. Numer. Analysis 16 (1979), 201—215.
16 HACKBUSCH, W., On the fast solution of nonlinear elliptic equations, Numer. Math. 32 (1979), 83—95.
17 HACKBUSCH, W., Bemerkungen zur iterierten Defektkorrektur und zu ihrer Kombination mit Mehrgitterverfahren, Report 79—13, Mathematisches Institut, Universität zu Köln 1979 (To appear in Rev. Roumaine Math. Pures Appl.).
18 HACKBUSCH, W., Convergence of multi-grid iterations applied to difference equations, Math. Comput 34 (1980), 425—440.
19 HACKBUSCH, W., Multi-grid solutions to linear and nonlinear eigenvalue problems for integral and differential equations, Report 80-3, Mathematisches Institut, Universität zu Köln 1980.
20 HACKBUSCH, W., Analysis and multi-grid solutions of mixed finite element and mixed difference equations, Preprint Oct. 80, Mathematisches Institut, Ruhr-Universität Bochum 1980.
21 HACKBUSCH, W., Error analysis of the nonlinear multi-grid method of the second kind, Aplikace Matematiky 26, (1980) 1, 18—29.
22 HACKBUSCH, W., Die schnelle Auflösung der Fredholmschen Integralgleichung zweiter Art, Beitr. Numer. Math. 9 (1981).
23 HACKBUSCH, W., On the convergence of multi-grid iterations, Beitr. Numer. Math. 9 (1981).
24 HACKBUSCH, W.; HOFMANN, G., Results of the eigenvalue problem for the plate equation, ZAMP 31 (1980), 730—739.
25 LINDEN, J., Mehrgitterverfahren für die Poisson-Gleichung in Kreis und Ringgebiet unter Verwendung lokaler Koordinaten, Diplomarbeit, Universität Bonn 1981.
26 MEIS, TH.; MARCOWITZ, U., Numerische Behandlung partieller Differentialgleichungen, Springer Verlag, Berlin-Heidelberg-New York 1978.
27 NICOLAIDES, R. A., On multiple grid and related techniques for solving discrete elliptic systems, J. Comput. Physics 19 (1975), 418—431.
28 NICOLAIDES, R. A., On the l^2 convergence of an algorithm for solving finite element equations, Math. Comput. 31 (1977), 892 — 906.
29 NICOLAIDES, R. A., On some theoretical and practical aspects of multigrid methods, Math. Comput. 33 (1979), 933—952.
30 SCHRÖDER, J.; TROTTENBERG, U., Reduktionsverfahren für Differenzengleichungen bei Randwertaufgaben. I, Numer. Math. 22 (1973), 37—68.
31 SOLCHENBACH, K., Einsatz schneller elliptischer Löser zur Lösung nichtlinearer parabolischer Anfangsrandwertaufgaben, Diplomarbeit, Universität Bonn 1980.
32 STÜBEN, K., MGO1: Ein Mehrgitterprogramm zur Lösung von $-\Delta u + c(p)\, u = f(p)$ $(p \in \Omega)$, $u = g(p)$ $(p \in \partial\Omega)$ in allgemeinen $2D$-Gebieten, Preprint, GMD, St. Augustin 1980.
33 STÜBEN, K.; TROTTENBERG, U.; WITSCH, K., On the convergence of multigrid iterations: Quantitative results for model problems, SFB-Preprint, Universität Bonn 1981.

Anschrift: Prof. Dr. THEODOR MEIS; Dr. HEINZ-WALTER BRANCA, Mathematisches Institut der Universität zu Köln, Weyertal 86 bis 90, D-5000 Köln 41, BRD

KURZVORTRÄGE

SEKTION ANGEWANDTE MATHEMATIK UND MATHEMATISCHE PHYSIK

SECTION APPLIED ANALYSIS AND MATHETMAICAL PHYSICS

ZAMM 62, T 271 – T 272 (1982)

H. D. Alber

Convergence of the First Term of the Geometrical Optics Approximation if Higher Order Tangential Rays Exist

Some results about the approximation of the solution of the Dirichlet problem for the Helmholtz equation by the usual geometrical optics ansatz are stated. These results show, that the first term of this ansatz converges in L_2^{loc} to the exact solution in the exterior of a strictly convex obstacle, even if rays are involved, which are tangent to the obstacle to higher order. Infinite order is allowed.

Let $B \subseteq \mathbb{R}^2$ denote a strictly convex domain with boundary $\partial B \in C^\infty$ and complement Ω, and let $u(x, k)$ be the solution of

$$\Delta u + k^2 u = 0 \quad \text{in } \Omega\,, \qquad k^2 > 0\,, \qquad u|_{\partial B} = \mu\,, \tag{1), (2}$$

$$\lim_{R \to \infty} \int_{r=R} r\,|\partial_r u - iku|^2\, ds = 0\,, \qquad r = |x|\,, \tag{3}$$

the Dirichlet problem for the Helmholtz equation. In this paper we shall state some results which show that the first term in the geometrical optics approximation converges in L_2^{loc} to u for $k^2 \to \infty$. Proofs will be given elsewhere. This problem has been studied, for example, by Morawetz and Ludwig [4], and recently by Taylor [5], Melrose [3], and Majda [2]. Since the usual ansatz of geometrical optics does not approximate u near the tangential rays to high order, all of these authors use the Ludwig construction [1] to approximate the solution near the tangential rays. As a consequence these authors have to assume that the curvature of B does not vanish at the points of contact of tangential rays, since this condition is necessary for the construction of Ludwig. It is the purpose of this paper to study the geometrical optics approximation without this assumption. In particular, it is allowed that the curvature vanishes to infinite order at the points of tangency. Though an analysis like the one of Ludwig is still missing in the case of vanishing curvature, we can provide an approximation of u by showing that the first term of the usual geometrical optics approximation converges to u.

Let $P \in \partial B$. We choose the coordinate system with origin in P and x_1-axis pointing in the direction of the normal vector from Ω into B. In this case P is a point of tangency of a ray corresponding to the plane wave

$$\mu(x) = -\mathrm{e}^{-ikx_2}\,, \tag{4}$$

propagating in the direction of the negative x_2-axis. Let $\tilde{P} = (\tilde{P}_1, \tilde{P}_2)$ denote the other point of contact of a tangential ray. The solution u of (1)–(3) with μ defined by (4) will be approximated by

$$u_{G0}(x, k) = \mathrm{e}^{ik\varphi(x)}\, z_0(x)\,, \tag{5}$$

where φ is the solution of

$$(\nabla\varphi)^2 = 1 \quad \text{(eikonal equation)}\,,$$

$$\varphi(x) = -x_2\,, \qquad x \in \partial B\,, \qquad \varphi(x) \to +\infty\,, \qquad |x| \to \infty\,, \tag{6}$$

and z_0 solves

$$2\nabla\varphi \cdot \nabla z_0 + (\Delta\varphi)\, z_0 = 0 \quad \text{(transport equation)}\,,$$

$$z_0(x) = -1\,, \qquad x \in \partial B\,. \tag{7}$$

The characteristics of (6) and (7) in the 'illuminated region' of Ω are given by the reflected rays. In the shadow

$$S = \{x \in \Omega \mid 0 < x_1 < \tilde{P}_1, x_2 < \max(0, \tilde{P}_2)\}\,,$$

they are given by the rays $x_1 = \text{const.}$ φ is defined in all of Ω, and for $x \in S$ we have $\varphi(x) = -x_2$ and $z_0(x) = -1$, hence $u_{G0}(x, k) = -\mathrm{e}^{-ikx_2}$.

Theorem 1: *Let B be strictly convex. Then there is a function $|k| \to c(|k|) > 0$, which tends to zero for $|k| \to \infty$, such that*

$$\|u(\cdot, k) - u_{G0}(\cdot, k)\|_{\Omega_R} \leqq (1 + \varepsilon^{-1/2})\, R^{2+\varepsilon/2} c(|k|)\,, \qquad \varepsilon > 0\,, \tag{8}$$

holds for the solution u of (1)–(3) with μ defined by (4).

Here $\Omega_R = \{x \in \Omega \mid |x| \leqq R\}$, and $\|v\|_{\Omega_R}^2 = \int_{\Omega_R} |v|^2\, dx$ is the L_2-norm. It follows from (8) that

$$\|u_{G0} - u\|_{\Omega_R} \leqq \text{const}\,(R)\; c(|k|)\, \|u\|_{\Omega_R}$$

holds, since (6) and (7) imply $||u_{G0}||_{\Omega_R} \geqq \text{const} > 0$. The results of theorem 1 are valid without further assumptions for the boundary ∂B. However, we do not have estimates for the rate of convergence in this general case. But under a rather general assumption for the shape of ∂B in neighbourhoods of P and $\tilde{P}$ we can estimate the function $c(|k|)$. We shall now formulate this assumption.

Let s denote the arclength of ∂B, measured from P in the direction of the positive x_2-axis, and let $y(s) = (y_1(s), y_2(s))$ be the parametrization of ∂B. The mappings $s \to y_1(s)$: $(0, \delta) \to \mathbb{R}^+$ and $s \to y_1(s)$: $(-\delta, 0) \to \mathbb{R}^+$ are invertible for sufficiently small $\delta > 0$. Let s_+ and s_- denote the inverses of these mappings. The mappings $\tilde{s}_+$ and $\tilde{s}_-$ belonging to the point $\tilde{P}$ are defined similarly. We say that the curvature $\varkappa(s)$ of ∂B vanishes at P exactly of n-th order, if $\varkappa(0) = \dots = \varkappa^{(n-1)}(0) = 0$, $\varkappa^{(n)} \neq 0$, holds. Since s denotes the arclength, this is equivalent to $y_1(0) = \dots = y_1^{(n+1)}(0) = 0$, $y_1^{(n+2)}(0) = \varkappa^{(n)}(0) \neq 0$. If the curvature vanishes at P of infinite order, then we assume that there exist a number $l > 0$ and a constant $C > 0$ such that

$$C^{-1} \leqq |y_1^{(m+1)}/y_1^{(m)}| \leqq C|s|^{-l}, \qquad m = 0, \dots, 3, \tag{9}$$

holds for sufficiently small $|s|$. We assume also that a similar condition holds in the neighbourhood of $\tilde{P}$ if the curvature vanishes at $\tilde{P}$ of infinite order. As an example, (9) is satisfied for $y_1(s) = \exp(-s^{-2})$.

Theorem 2: *Let $\alpha = 2n/(3n+1)$, if $\varkappa$ vanishes at P exactly of $(n-2)$-th order. If the curvature vanishes at P of infinite order, then we assume that (9) is satisfied. In this case we choose $\alpha \in (0, 2/3)$ arbitrarily. Let $\tilde{\alpha}$ be defined similarly, depending on the shape of the boundary in a neighbourhood of $\tilde{P}$.*

Then there exists a constant $C > 0$ such that (8) is satisfied with

$$c(|k|) = C[(s_+ - s_-)(|k|^{-\alpha}) + (\tilde{s}_+ - \tilde{s}_-)(|k|)^{-\tilde{\alpha}}]^{1/2}.$$

In particular, if the curvature vanishes at P exactly of n-th order, then we have

$$(s_+ - s_-)(|k|^{-\alpha}) \leqq \text{const}\,|k|^{-2/(3n+1)}.$$

Theorem 2 results by some simple calculations from the lemma following below. In this lemma also the first derivatives of u are approximated. Let

$$u_\chi(x, k) = e^{ik\varphi(x)} z(x, k), \tag{10}$$

where φ is the solution of (6), and z is the solution of

$$2\nabla\varphi \cdot \nabla z + (\Delta\varphi) z = 0, \tag{11}$$

$$z(x, k) = -\chi((|k|^\alpha x_1)\chi(|k|^{\tilde{\alpha}}(\tilde{P}_1 - x_1)), \qquad x \in \partial B,$$

with $\chi \in C^\infty(\mathbb{R})$, $\chi(t) = 0$ for $t < 1/2$, and $= 1$ for $t > 1$. α, $\tilde{\alpha}$ are defined in theorem 2. z vanishes at the boundary in a neighbourhood of P and $\tilde{P}$, which decreases if $|k|$ increases. Therefore z vanishes in a neighbourhood of the tangential rays, and thus is an infinitely differentiable function. Let

$$||v||_{m,\Gamma}^2 = \sum_{|\alpha|<m} \int_\Gamma |D^\alpha v|^2 \, dx$$

be the Sobolev norm.

Lemma 3: *Let α and $\tilde{\alpha}$ be defined as in theorem 2. Assume that (9) is satisfied, if the curvature of ∂B vanishes at P or $\tilde{P}$ of infinite order. Then*

$$||u(\cdot, k) - u_\chi(\cdot, k)||_{m,\Omega_R} \leqq (1 + \varepsilon^{-1/2}) R^{2+\varepsilon/2} (1 + |k|^m) c(|k|), \qquad \varepsilon > 0, \qquad m = 0, 1,$$

where $c(|k|)$ is defined as in theorem 2.

Observe that this lemma implies $||u - u_\chi||_{1,\Omega_R} \leqq \text{const}(R)c(|k|)||u||_{1,\Omega_R}$, since we have $||u_\chi||_{1,\Omega_R} \geqq \text{const}\,|k|$. Let us finally note that lemma 3 can be used to construct by Fourier transformation the first term of a parametrix for the wave equation valid near tangential rays, and that all our results can be carried over to three dimensional space.

References

1 Ludwig, D., Uniform asymptotic expansion of the field scattered by a convex object at high frequencies, Commun. Pure Appl. Math. 20 (1967), 103–138.

2 Majda, A., High frequency asymptotics for the scattering matrix and the inverse problem of acoustical scattering, Commun. Pure Appl. Math. 29 (1976), 261–291.

3 Melrose, R., Microlocal parametrices for diffractive boundary value problems, Duke Math. J. 42 (1975), 605–635.

4 Morawetz, C. S., Ludwig, D., An inequality for the reduced wave operator and the justification of geometrical optics, Commun. Pure Appl. Math. 21 (1968), 187–203.

5 Taylor, M. E., Grazing rays and reflection of singularities of solutions to wave equations, Commun. Pure Appl. Math. 29 (1976), 1–38.

Anschrift: Dr. H. D. Alber, Institut für Angewandte Mathematik der Universität Bonn, Wegelerstraße 10, D-5300 Bonn, BRD

ZAMM 62, T 273 (1982)

J. BEMELMANS

Equilibrium Figures of Rotating Fluids

Equilibrium figures of rotating fluids belong to the free boundary problems in hydromechanics. One wants to describe the shape of the domain Ω that is occupied by a fluid which rotates around a fixed axis. $\partial\Omega$ is determined by forces acting in opposite directions — centrifugal forces and selfattraction, or surface tension — which balance each other. These figures serve as models for the behavior of big fluid masses like rotating stars as well as for rotating drops. Here we are interested in the mathematical description of J. PLATEAU's experiments on rotating oil drops which are immersed in a second fluid; the shape of the interface is governed by surface tension. There are two ways to determine Σ: (i) under the assumption that the drop rotates like a rigid body, Σ can be characterized as minimum of an energy functional or (ii) the relative motion in the fluids is an unknown of the problem, too, and Σ is the solution of a free boundary problem to the Navier-Stokes equations. The dynamical considerations seem to be physically more realistic but from the mathematical point of view (i) is of interest, too; especially because the determination of Σ in (ii) leads to a variational problem which is related to the one in (i): to find a closed surface of prescribed mean curvature H which encloses a given volume. Here we will concentrate on these variational problems; their solution is the main step in the proof of the following

Theorem: *For small data $\boldsymbol{f}$ and γ there exists a unique solution $(\boldsymbol{v}_1, p_1, \boldsymbol{v}_2, p_2, \Sigma)$ to the free boundary problem for the Navier-Stokes equations*

$$\left.\begin{aligned} -\nu_i \Delta \boldsymbol{v}_i + \nabla p_i + (\boldsymbol{v}_i \cdot \nabla)\, \boldsymbol{v}_i &= \boldsymbol{f} \\ \nabla \cdot \boldsymbol{v}_i &= 0 \end{aligned}\right\} \quad in\ \Omega_i\,, \tag{1}$$

$$\boldsymbol{v}_i \cdot \boldsymbol{n} = 0\,, \qquad \boldsymbol{\tau}_k \cdot [\boldsymbol{T}] \cdot \boldsymbol{n} = 0\,, \qquad [\boldsymbol{v}] = 0 \quad on\ \Sigma\,, \tag{2}$$

$$\boldsymbol{v}_1 = \gamma \quad on\ \Gamma_1\,, \qquad \boldsymbol{v}_2 = 0 \quad on\ \Gamma_2\,, \qquad 2H = \boldsymbol{n} \cdot [\boldsymbol{T}] \cdot \boldsymbol{n} \quad on\ \Sigma\,, \qquad \text{meas}\ \Omega_1 = V\,. \tag{3), (4}$$

Here the index $i = 1, 2$ refers to the two fluids in the regions Ω_i; $\boldsymbol{\tau}_k$, $k = 1, 2$, and $\boldsymbol{n}$ are the tangents and the normal at Σ, and an expression in square brackets denotes the difference of the one-sided limits on Σ. Γ_2 is the wall of the container, and Γ_1 a small rigid sphere (with center in 0) *inside Ω_1 which rotates with constant velocity. For the exterior force $\boldsymbol{f}$ we require that its resultant vanishes over all domains whose center of mass lies in* 0.

The rest solution to (1)—(4) is obviously the sphere, and as we seek a solution for small data we can describe Σ by a graph over S, i.e. $\Sigma = \{(\xi, u(\xi)) : \xi \in S, u : S \to \mathbb{R}\}$. Let g^*_{ij} be a metric on S, $g_{ij}(\xi, u) = g^*_{ij}(\xi)\, u^2$, $g^* = \det g^*_{ij}$, $g^{ij} = (g_{ij})^{-1}$; then the area of Σ is

$$\mathcal{A}(u) = \oint_S \sqrt{g(\xi, u)}\, \sqrt{1 + |\mathcal{D}u|^2}\, \mathrm{d}\xi\,, \qquad |\mathcal{D}u|^2 = g^{ij}(\xi, u)\, u_{\xi^i} u_{\xi^j}\,. \tag{5}$$

We seek u as minimum of the functional

$$\mathcal{J}(u) = \mathcal{A}(u) + \tfrac{2}{3} \oint_S H u \sqrt{g}\, \mathrm{d}\xi\,, \tag{6}$$

with the volume constraint in (4). The integrand of $\mathcal{A}$ grows linearly in ∇u, hence $\mathcal{A}$ must be extended to a space of functions whose derivatives are bounded measures only. For integrands that depend explicitely on u counterexamples show that this cannot be done in general such that the direct methods are applicable. Therefore we introduce the space $BV_R(S)$ of functions of bounded variation $u \in BV_R(S) :\Leftrightarrow u \in L_2(S)$ and $\oint_S \sqrt{g}\, |\mathcal{D}u| < \infty$ where

$$\oint_S \sqrt{g}\, |\mathcal{D}u| := \sup \left\{ \oint u^2 \frac{\partial}{\partial \xi^i} \left(\frac{1}{2} \sqrt{g^*}\, g^{*ij}\, \varphi^j \right) \mathrm{d}\xi\,;\ \varphi \in C^1(S),\ g^{*ij} \varphi^i \varphi^j \leqq 1 \right\}.$$

To get a solution of $\mathcal{J}(u) \to$ min we prove the following propositions:

(i) $BV_R(S) \to L_p(S)$, $p \leqq 4$, *and for $p < 4$ the embedding is compact.*

(ii) $\mathcal{J}(u)$ *is lower semi-continuous with respect to L_2-convergence.*

(iii) *The L_∞-norms of the minimum u and of ∇u are bounded.*

(iv) *There exists a Lagrange multiplier λ, such that u solves*

$$\delta\left(\mathcal{J}(u) + \lambda\, \tfrac{1}{3} \oint_S u \sqrt{g}\, \mathrm{d}\xi\right) = 0\,.$$

(v) *The solution is for small $\|H\|_{C^{1+\alpha}}$ unique and of class $C^{3+\alpha}(S)$.*

References

1 BEMELMANS, J., Gleichgewichtsfiguren zäher Flüssigkeiten mit Oberflächenspannung, to appear in Analysis.
2 BEMELMANS, J., Liquid drops in a viscous fluid under the influence of gravity and surface tension, Manuscripta math. **36**, 105—123 (1981).

Anschrift: Dr. J. BEMELMANS, Mathematisches Institut, Universität Bonn, Wegelerstr. 10, D-5300 Bonn 1 BRD

ZAMM 62, T 274 – T 275 (1982)

J. BETTEN

Zur Aufstellung einer Integritätsbasis für Tensoren zweiter und vierter Stufe

Das Hauptproblem bei der Darstellung von Tensorfunktionen besteht in dem Aufstellen eines *irreduziblen Invariantensystems*, das als Basis (auch Integritätsbasis [1]) des gesamten Invariantensystems von gegebenen Tensorvariablen bezeichnet wird.

Zur Frage der Endlichkeit der Integritätsbasis sei auf Hilberts Theorem [2, 3] verwiesen, wonach für ein endliches System von Tensoren (nicht notwendig derselben Stufe) eine Integritätsbasis existiert, die aus einer begrenzten Anzahl von Invarianten besteht.

Dieser Satz ist für die Invariantentheorie von grundlegender Bedeutung; er rechtfertigt die Suche nach einer Integritätsbasis.

Im folgenden sei eine skalarwertige Tensorfunktion

$$F = F(\sigma_{ij}, A_{ijkl}) , \qquad i, j, \ldots = 1, 2, 3 , \tag{1}$$

in den Argumenttensoren $\boldsymbol{\sigma}$, $\boldsymbol{A}$ betrachtet. Im Hinblick auf Anwendungen in der Kontinuumsmechanik können die Argumenttensoren $\boldsymbol{\sigma}$ und $\boldsymbol{A}$ als Cauchyscher Spannungstensor und vierstufiger Stofftensor gedeutet werden, wobei letzterer die anisotropen Stoffeigenschaften des Kontinuums charakterisiert.

Die Funktion (1) heißt *isotrope Tensorfunktion*, falls die Invarianz-Bedingung

$$F(a_{ip}a_{jq}\sigma_{pq}, a_{ip}a_{jq}a_{kr}a_{ls}A_{pqrs}) \equiv F(\sigma_{ij}, A_{ijkl}) , \tag{2}$$

unter irgend einer orthogonalen Substitution ($a_{ik}a_{jk} = \delta_{ij}$) erfüllt ist. Zur Darstellung dieser isotropen Tensorfunktion wird eine Integritätsbasis für die Tensoren $\boldsymbol{\sigma}$ und $\boldsymbol{A}$ benötigt. Neben den irreduziblen Invarianten der einzelnen Argumenttensoren ist das System der *Simultaninvarianten* aufzustellen.

Ausgehend vom charakteristischen Polynom

$$P_n(\lambda) = \det (A_{ijkl} - \lambda A_{ijkl}^{(0)}) = \sum_{\nu=0}^{n} J_\nu(\boldsymbol{A}) \cdot \lambda^{n-\nu} , \tag{3}$$

ermittelt man die Invarianten J_ν eines vierstufigen Tensors $\boldsymbol{A}$ durch *Alternierung* gemäß

$$(-1)^{n-\nu} J_\nu \equiv A_{\alpha_1[\alpha_1]}A_{\alpha_2[\alpha_2]} \ldots A_{\alpha\nu[\alpha\nu]} , \tag{4}$$

mit $(-1)^n J_0 \equiv 1$, d. h., die rechte Seite in (4) ist gleich der Summe aller $\binom{n}{\nu}$ Hauptminoren der Zeilenzahl $\nu \leqq n$, wobei $\nu = 1$ die Spur und $\nu = n$ die Determinante des $n \times n$ Matrizenschemas $\boldsymbol{A}$ ergeben. Die griechischen Indizes $\alpha_1, \alpha_2, \ldots, \alpha_\nu$ in (4) sind stellvertretend für jeweils ein Indexpaar (ij), (kl) usw. des vierstufigen Tensors. Der Tensor $A_{ijkl}^{(0)}$ in (3) ist ein vierstufiger Einstensor, der bei symmetrischem Stofftensor,

$$A_{ijkl} = A_{jikl} = A_{ijlk} = A_{klij} , \qquad i, j, k, l = 1, 2, 3 , \tag{5a}$$

oder

$$A_{\alpha\beta} = A_{\beta\alpha} , \qquad \alpha, \beta = 1, 2, \ldots, 6 , \tag{5b}$$

durch den zweistufigen Kronecker-Tensor $\boldsymbol{\delta}$ gemäß

$$A_{ijkl}^{(0)} \equiv A_{ijpq}A_{pqkl}^{(-1)} = \tfrac{1}{2} (\delta_{ik}\delta_{jl} + \delta_{il}\delta_{jk}) = A_{ijpq}^{(-1)}A_{pqkl} \tag{6}$$

ausgedrückt werden kann. Der Grad n in (3) ist in diesem Fall 6, wie in (5b) angedeutet.

Ein Zugang zu der Integritätsbasis (4) eines Tensors vierter Stufe ist auch mit Hilfe des Hamilton-Cayleyschen Theorems möglich, wonach *eine Matrix ihre eigene charakteristische Gleichung erfüllt.* Dieser Satz läßt sich auch auf Tensoren vierter Stufe anwenden:

$$\sum_{\nu=0}^{n} J_\nu A_{\beta\gamma}^{(n-\nu)} = 0_{\beta\gamma}; \qquad \beta, \gamma = 1, 2, \ldots, n . \tag{7}$$

Zum Nachweis von (7) geht man am einfachsten von der trivialen Aussage aus, daß ein *vollständig schiefsymmetrischer Tensor*, z. B. der Permutationstensor $\boldsymbol{\varepsilon}$, *von höherer Stufenzahl als n ein Nulltensor ist.* Mithin ist auch das äußere Produkt

$$\varepsilon_{\alpha_1 \ldots \alpha_{n+1}}\varepsilon_{\beta_1 \ldots \beta_{n+1}} \equiv 0_{\alpha_1 \ldots \beta_{n+1}} , \tag{8a}$$

das man auch durch die Permutationsvorschrift

$$(n + 1)! \, \delta_{\alpha_1[\beta_1]}\delta_{\alpha_2[\alpha_2]} \ldots \delta_{\alpha_n[\beta_n]}\delta_{\alpha_{n+1}[\beta_{n+1}]} \equiv 0_{\alpha_1 \ldots \beta_{n+1}} \tag{8b}$$

ausdrücken kann, ein *Nulltensor*, und zwar der Stufenzahl $2(n + 1)$. Überschiebt man (8b) n-fach mit dem Tensor vierter Stufe, so erhält man einen *Nulltensor zweiter Stufe*:

$$\delta_{\alpha_1[\beta_1]} \ldots \delta_{\alpha_n[\beta_n]}\delta_{\alpha_{n+1}[\beta_{n+1}]}A_{\beta_1\alpha_1} \ldots A_{\beta_n\alpha_n} \equiv 0_{\alpha_{n+1}\beta_{n+1}} , \tag{9}$$

und unter Berücksichtigung der Austauschregel folgt nach Umindizierung:

$$A_{\alpha_1[\alpha_1]}A_{\alpha_2[\alpha_2]} \cdots A_{\alpha_n[\alpha_n]}\delta_{\beta[\gamma]} \equiv \theta_{\beta\gamma} \,. \tag{10}$$

Man kann leicht zeigen, daß (10) eine andere Ausdrucksform von (7) ist.

Für Tensoren *höher als vierter Stufe* kann ein irreduzibles Invariantensystem in ähnlicher Weise gefunden werden [4], wie es hier für Tensoren vierter Stufe skizziert wurde.

Zur Konstruktion von *Simultaninvarianten* des Spannungstensors $\boldsymbol{\sigma}$ und des vierstufigen Stofftensors $\boldsymbol{A}$ kann folgendes Theorem zugrundegelegt werden:

„*Eine skalarwertige Funktion $f(\boldsymbol{v}, \boldsymbol{T})$ eines Vectors $\boldsymbol{v}$ und eines symmetrischen Tensors $\boldsymbol{T}$ zweiter Stufe ist* (dann und nur dann) *eine orthogonale Invariante, wenn sie als Funktion der 2n speziellen Invarianten*

$$J_1(\boldsymbol{T}), \ldots, J_n(\boldsymbol{T}), v^2, \boldsymbol{v} \cdot \boldsymbol{T}\boldsymbol{v}, \ldots, \boldsymbol{v} \cdot \boldsymbol{T}^{n-1}\boldsymbol{v} \tag{11}$$

ausgedrückt werden kann."

Dieses Theorem ist gültig für beliebige Dimension n [5]. In Erweiterung von (11) und unter Berücksichtigung von Hamilton-Cayleys Theorem wird in [6] ein System von 15 Simultaninvarianten aufgestellt:

$$\left.\begin{aligned} \Pi_2^{(\nu)} &\equiv \sigma_{ij}A_{ijkl}^{(\nu)}\sigma_{kl} \,, & \Pi_3^{(\nu)} &\equiv \sigma_{ij}A_{ijkl}^{(\nu)}\sigma_{kl}^{(2)} \,, \\ \Pi_4^{(\nu)} &\equiv \sigma_{ij}^{(2)}A_{ijkl}^{(\nu)}\sigma_{kl}^{(2)}, & \nu &= 1, 2, \ldots, 5 \,. \end{aligned}\right\} \tag{12}$$

Mit (4) und (12) nimmt (1) die Form

$$F = F[J_1(\boldsymbol{\sigma}), \ldots, J_3(\boldsymbol{\sigma}); J_1(\boldsymbol{A}), \ldots, J_6(\boldsymbol{A}); \Pi_2^{(\nu)}, \ldots, \Pi_4^{(\nu)}] \tag{13}$$

an, die in [6] als Kriechpotential zugrundegelegt wird. Über die Fließregel

$$\dot{\varepsilon}_{ij} = \dot{\lambda}(\partial F/\partial \sigma_{ij}) \,, \tag{14}$$

($\dot{\varepsilon}$ Tensor der Verzerrungsgeschwindigkeiten, $\dot{\lambda}$ Lagrangescher Multiplikator) ermittelt man mit (13) die Stoffgleichungen eines anisotropen Kontinuums im „sekundären" Kriechstadium:

$$\dot{\varepsilon}_{ij} = {}^0f_{ijkl}\delta_{kl} + {}^1f_{ijkl}\sigma_{kl} + {}^2f_{ijkl}\sigma_{kl}^{(2)} \,. \tag{15}$$

Darin sind die tensorwertigen Funktionen ${}^0\boldsymbol{f}$, ${}^1\boldsymbol{f}$, ${}^2\boldsymbol{f}$ vierstufig und von der Integritätsbasis des Kriechpotentials (13) abhängig.

Literatur

1 SCHUR, I., Vorlesungen über Invariantentheorie, bearbeitet und herausgegeben von H. GRUNSDKY, Die Grundlehren der mathematischen Wissenschaften in Einzeldarstellung, Band 143, Springer-Verlag, Berlin-Heidelberg-New York 1968.
2 GUREVICH, G. B., Foundations of the Theory of Algebraic Invariants, P. Noordhoff, Groningen 1964.
3 SPENCER, A. J. M., Theory of Invariants, in: Continuum Physics. (Edited by ERINGEN, A. C., Vol. 1 "Mathematics"), Academic Press, New York and London 1971.
4 BETTEN, J., Integrity basis for a second-order and a fourth-order tensor, Internat. J. Math. and Math. Sci. 1981.
5 TRUESDELL, C.; NOLL W., The non-linear Field Theories of Mechanics, in: Handbuch der Physik (edited by FLÜGGE, S.), Vol. III/3, Springer-Verlag, Berlin-Heidelberg-New York 1965.
6 BETTEN, J., Representation of constitutive equations in creep mechanics of isotropic and anisotropic materials, vorgetragen auf dem 3rd IUTAM Symposium on "Creep in Structures", Leicester University, September 8–12, 1980, published in the Proceedings by Springer-Verlag 1981.

Anschrift: Prof. Dr.-Ing. J. BETTEN, Technische Hochschule, Templergraben 55, D-5100 Aachen, BRD

ZAMM 62, T 275 – T 276 (1982)

R. COLGEN

Bemerkungen zur Stetigkeit der Eigenwerte selbstadjungierter Operatoren

Seien H ein Hilbertraum mit Skalarprodukt $\langle\cdot,\cdot\rangle$, $B(H)$ der Raum der beschränkten, überall definierten linearen Operatoren in H, $\|\cdot\|$ die Norm in H bzw. $B(H)$ und $B_\infty(H)$ der Raum der kompakten linearen Operatoren in H. id bezeichne die Identität in H, $D(T)$ den Definitionsbereich eines linearen Operators T in H, T^+ und T^- den (spektral) nichtnegativen bzw. negativen Teil eines selbstadjungierten linearen Operators in H.

Wir beschäftigen uns hier mit der Stetigkeit der Eigenwerte im diskreten Spektrum und der starken Stetigkeit der zugehörigen Eigenelemente für selbstadjungierte lineare Operatoren. Wir führen zunächst einen Satz an, der die theoretische Grundlage für die gewünschten Aussagen liefert:

Satz 1: *Sei* (T_n) *eine Folge beschränkter, selbstadjungierter linearer Operatoren in* H, *die stark gegen* $T \in B(H)$ *konvergiert; es sei* $T^- \in B_\infty(H)$. *Seien* E_n *die Spektralschar von* T_n, $n \in \mathbb{N}$, *und* E *die von* T. *Es existiere ein selbstadjungierter, beschränkter linearer Operator* T_0 *mit* $T_0^- \in B_\infty(H)$, *so daß*

$$\liminf \langle (T_n - T_0) f_n, f_n \rangle \geqq 0 ,$$

für alle schwachen Nullfolgen (f_n) *in* H *gilt. Dann folgt*

$$\|E_n(\lambda) - E(\lambda)\| \to 0 ,$$

für alle $\lambda < 0$, *die nicht Eigenwert von* T *sind.* (Hieraus ergibt sich die Konvergenz der negativen Eigenwerte von T_n gegen die von T und die starke Konvergenz der entsprechenden Eigenelemente.)

Der Beweis von Satz 1 wird analog zum Beweis von [2, Theorem] geführt. Da die Anwendungen des Satzes auf Schrödingeroperatoren nicht über die Ergebnisse in [2] hinausgehen, beschäftigen wir uns mit Anwendungen auf Dirac-Operatoren:

Satz 2: *Seien* $H := C^4 \otimes L^2(\mathbb{R}^3)$, $\tilde{T}_0$ *der freie Dirac-Operator in* H (siehe [1, section 10.6]), V_n, $n \in \mathbb{N}$, *und* V *reelle Potentiale, für die gilt:* $D(V_n) \supset D(\tilde{T}_0)$ *und* $\|V_n f\| \leqq c\,\|\tilde{T}_0 f\|$ *für alle* $f \in D(\tilde{T}_0)$, $n \in \mathbb{N}$, *sowie* $D(V) \supset D(\tilde{T}_0)$ *und* $\|Vf\| \leqq c\|\tilde{T}_0 f\|$ *für alle* $f \in D(\tilde{T}_0)$ *mit* $c \in (0, 1)$. *Es existiere* $V_0 \geqq 0$, *so daß* $V_0^{1/2}$ $\tilde{T}_0$*-kompakt ist und* $V_n \geqq -V_0$ *für alle* $n \in \mathbb{N}$ *gilt. Seien* $\tilde{T}_n := \tilde{T}_0 + V_n$, $n \in \mathbb{N}$, *und* $\tilde{T} := \tilde{T}_0 + V$. *Dann konvergieren die Eigenwerte von* $\tilde{T}_n$ *in* $(0, 1)$ *gegen die entsprechenden Eigenwerte von* $\tilde{T}$, *und die entsprechenden Eigenelemente konvergieren stark.*

Zum Beweis von Satz 2 zeigt man, daß die Voraussetzungen von Satz 1 erfüllt sind mit $T_n := -\tilde{T}_n^{-1} + \mathrm{id}$, $n \in \mathbb{N}$, $T := -\tilde{T}^{-1} + \mathrm{id}$ und $T_0 := -\tilde{T}_0^{-1} + \mathrm{id}$. (Man beachte, daß die Eigenwerte von $\tilde{T}_n$, $n \in \mathbb{N}$, und $\tilde{T}$ in $(0, 1)$ den negativen Eigenwerten von T_n, $n \in \mathbb{N}$, bzw. T entsprechen.) Der Beweis der Aussage, daß

$$\liminf \langle (T_n - T_0) f_n, f_n \rangle \geqq 0$$

für alle schwachen Nullfolgen (f_n) in H gilt, sei kurz skizziert: Aus [3, proposition 3] folgt $-(\tilde{T}_0 + V_n^+)^{-1} \geqq -\tilde{T}_0^{-1}$, und $\left((-(\tilde{T}_0 + V_n^+)^{-1} + \tilde{T}_n^{-1}) f_n\right)$ ist eine starke Nullfolge für alle schwachen Nullfolgen (f_n) in H, wie man aus

$$-(\tilde{T}_0 + V_n^+)^{-1} + \tilde{T}_n^{-1} = (\tilde{T}_0 + V_n^+)^{-1} V_n^- \tilde{T}_n^{-1} = (\tilde{T}_0 + V_n^+)^{-1} V_0^{1/2} v_n^- V_0^{1/2} \tilde{T}_0^{-1} \tilde{T}_0 \tilde{T}_n^{-1} ,$$

mit

$$v_n^-(x) := \begin{cases} V_0^{-1}(x)\, V_n^-(x) & \text{falls} \quad V_0(x) > 0 , \\ 0 & \phantom{\text{falls}} \quad V_0(x) = 0 , \end{cases}$$

für alle $n \in \mathbb{N}$, der starken Konvergenz der Folge $(\tilde{T}_n^{-1} \tilde{T}_0)$, der Kompaktheit von $V_0^{1/2} \tilde{T}_0^{-1}$ und der gleichmäßigen Beschränktheit der Folge $\left((\tilde{T}_0 + V_n^+)^{-1} V_0^{1/2} v_n^-\right)$ schließt.

Wir geben nun ein Beispiel, in dem Satz 2 angewandt werden kann, aber keine Norm-Resolventenkonvergenz vorliegt:

Beispiel: Seien

$$V(x) := \left(-V_0(x) =\right) -c|x|^{-1} , \quad x \in \mathbb{R}^3 , \quad \text{mit} \quad 0 < c < 1/2 ,$$

$$V_n(x) := V(x) + v_n(x) , \quad x \in \mathbb{R}^3 ,$$

mit stetigem v_n so, daß

$$0 \leqq v_n(x) \leqq \chi_{\{x \in \mathbb{R}^3 :\, n \leqq |x| \leqq n+1\}} , \qquad x \in \mathbb{R}^3 ,$$

und

$$\sup \{v_n(x) : x \in \mathbb{R}^3\} = 1 ,$$

gilt ($n \in \mathbb{N}$). Dann konvergieren die Eigenwerte von $\tilde{T}_n$ in $(0, 1)$ gegen die entsprechenden Eigenwerte von $\tilde{T}$, und die zugehörigen Eigenelemente konvergieren stark. ($\tilde{T}$ hat bekanntlich keine Eigenwerte in $(-1, 0)$; für $\tilde{T}_n$, $n \in \mathbb{N}$, ist dies jedoch nicht garantiert.)

Literatur

1 WEIDMANN, J., Linear Operators in Hilbert Spaces, Springer, New York-Heidelberg-Berlin 1980.

2 WEIDMANN, J., Continuity of the Eigenvalues of Selfadjoint Operators with Respect to Strong Operator Topology, Integral Equations and Operator Theory. 3/1 (1980), 138–142.

3 WÜST, R., A convergence theorem for selfadjoint operators applicable to Dirac operators with cutoff potentials, Math. Z. 131 (1973), 339–349.

Anschrift: Dr. RAINER COLGEN, Fachbereich Mathematik der Universität Frankfurt/Main, Robert-Mayer-Str. 6–10, D-6000 Frankfurt/Main–1, BRD

ZAMM 62, T 277 – T 278 (1982)

J. FREHSE

Interpolation und Regularität bei Lösungen elliptischer Differentialungleichungen

Wir betrachten die elliptische Differentialungleichung

$$|Au| \leqq K|\nabla u|^2 + K \tag{1}$$

in einem beschränkten Gebiet Ω des $\mathbb{R}^n$. Hierbei ist K eine Konstante und A ein elliptischer Operator,

$$Au = -\sum_{i,k=1}^{n} \partial_i\big(a_{ik}(x, u)\,\partial_k u\big)\,, \qquad \partial_i = \partial/\partial x_i\,,$$

dessen Koeffizienten a_{ik} die

Lipschitzstetigkeit (2)

und die übliche

Bedingung der gleichmäßigen Elliptizität (3)

erfüllen sollen. Für den Rand $\partial\Omega$ von Ω gelte $\partial\Omega \in C^{2+\gamma}$, $\gamma \in]0, 1[$ oder schwächer:
Für jeden linearen elliptischen Operator B,

$$Bu = \sum_{i,k=1}^{n} b_{ik}(x)\,\partial_i\partial_k u\,, \tag{4}$$

mit hölderstetigen Koeffizienten b_{ik} und alle $p \in]2, \infty[$ gelte

$$H^{2,p}(\Omega) \supset \{u \in H_0^{1,p}(\Omega) \mid Bu \in L^p(\Omega)\}\,.$$

Somit sind Gebiete mit Ecken zugelassen. Hierbei haben wir die üblichen Lebesgueschen und Sobolevschen Funktionenräume mit $L^p(\Omega)$, $H^{m,p}(\Omega)$, $H_0^{1,p}(\Omega)$, siehe z. B. [7], bezeichnet.

Der folgende Satz von TOMI [9] ist eine Verfeinerung verwandter Ergebnisse von LADYZHENSKAYA und URAL'ZEVA [4].

Satz 1: *Es sei $u \in L^\infty \cap H_0^{1,2}(\Omega)$ eine Lösung von (1) in einem beschränkten Gebiet $\Omega \subset \mathbb{R}^n$. Unter den Voraussetzungen (2)–(4) an die Daten gilt*

$$Au \in L^\infty(\Omega) \quad \textit{und} \quad u \in H^{2,p}(\Omega) \quad \textit{für alle} \quad p \in]1, \infty[\,.$$

Die Beweise [4], [9] beruhen auf der *lokalen Eindeutigkeit* schwacher Lösungen $u \in L^\infty(\Omega) \cap H_0^1(\Omega)$ der Gleichung

$$Au = \sigma K|\nabla u|^2 + \sigma K\,, \qquad \sigma \in L^\infty(\Omega)\,, \qquad 0 \leqq \sigma \leqq 1\,.$$

Wir geben hier eine ganz andere Beweismethode an, welche die Interpolation zwischen $H^{2,p}(\Omega)$ und dem Raum der hölderstetigen Funktionen C^α als wichtiges Hilfsmittel verwendet.

Beweis von Satz 1:

(i) Die Methoden aus [4] ergeben die Anfangsregularität $u \in C^\alpha(\Omega)$ mit einem $\alpha \in]0, 1[$, siehe auch die kurze Übersicht [1].

(ii) Mit der Methode von GEHRING [2], MEYERS und ELCRAT [5], GIAQUINTA und MODICA [3], siehe auch [1], ergibt sich die weitere Anfangsregularität

$$\nabla u \in L^p(\Omega)\,,$$

mit einem $p > 2$.

(iii) An dieser Stelle setzt unsere „Interpolationsmethode" aus [1] ein. Wir verwenden einen Satz von C. MIRANDA [6] und NIRENBERG [8]. Demzufolge gilt die Ungleichung

$$||\nabla u||_q \leqq K||\nabla^2 u||_r^{1/2}\,[u]_\alpha^{1/2} + K[u]_\alpha\,, \tag{5}$$

($[\cdot]_\alpha$ = Höldernorm), wobei

$$\frac{1}{q} = \frac{1}{2r} - \frac{\alpha}{2n} < \frac{1}{2r}. \tag{6}$$

Gilt nun $\nabla u \in L^p(\Omega)$, $p > 2$, so ergibt sich aus (1)

$$Au \in L^{p/2}(\Omega) \quad \text{und somit} \quad \nabla^2 u \in L^{p/2}(\Omega)\,.$$

Mit (5) und (6) erhalten wir

$$\nabla u \in L^q\,, \qquad \frac{1}{q} = \frac{1}{p} - \frac{\alpha}{2n} < \frac{1}{p}, \tag{7}$$

d. h. wir haben einen höheren L^q-Exponenten für ∇u hergeleitet. Dieses Argument wird sukzessive wiederholt. Nach (ii) gilt

$$\nabla u \in L^{p(0)}(\Omega)\,, \qquad p(0) = 2 + 2\varepsilon > 0\,,$$

nach (6) und (7) gilt

$$\nabla u \in L^{p(i)}(\Omega) \quad \text{mit} \quad \frac{1}{p(i)} = \frac{1}{p(i-1)} - \frac{\alpha}{2n} = \dots = \frac{1}{p(0)} - \frac{i\alpha}{2n},$$

sofern $\frac{1}{p(i)} > 0$. Für den größten zulässigen Index gilt $1/p(i) - \alpha/(2n) < 0$, d. h.

$$p(i) > 2n\alpha^{-1} > 2n .$$

Daraus schließt man $\nabla u \in L^p(\Omega)$ mit einem $p > 2n$, und aus (1) $\nabla^2 u \in L^s(\Omega)$, $s > n$, und schließlich, nach dem Sobolevschen Lemma, $\nabla u \in L^\infty(\Omega)$. Man wendet (1) erneut an und erhält die Behauptung des Satzes.

Anmerkungen: (i) Die Beweismethode aus Satz 1 liefert auch eine a-priori-Abschätzung für die $H^{2,p}$-Normen von u.

(ii) Der Beweis funktioniert auch für Systeme von Ungleichungen der Gestalt (1), d. h.

$$u = (u_1, \dots, u_r), \qquad |(Au)_j| \leqq K|\nabla u|^2 + K, \qquad j = 1, \dots, r.$$

Hierbei ist $(Au)_j$ die j-te Komponente eines Vektordifferentialoperators, der die Legendre-Hadamard-Bedingung erfüllt. Man muß hierbei jedoch die schärfere Anfangsregularität $u \in C^\alpha \cap H_0^1(\Omega)$ mit einem $\alpha \in]0, 1[$ annehmen. Genauere Ausführungen finden sich in [1].

(iii) Die Beweismethode läßt sich auf Differentialungleichungen höherer Ordnung anwenden. Wir beschränken uns hier auf zwei Ergebnisse für Differentialungleichungen vierter Ordnung mit $\Delta\Delta$ als Hauptteil. Der Rand des Grundgebietes muß hierbei genügend glatt sein.

Satz 2: *Jede Lösung* $u \in C^{2+\alpha} \cap H_0^{3,2}(\Omega)$ *der Differentialungleichung*

$$|\Delta\Delta u| \leqq K|\nabla^3 u|^2 + K,$$

liegt in $H^{4,p}(\Omega)$ *für alle* $p \in]1, \infty[$.

Satz 3: *Jede Lösung* $u \in C^{1+\alpha} \cap H^{2,2}(\Omega)$ *des Ungleichungssystems*

$$|(\Delta u, \Delta\varphi)| \leqq K \int |\nabla^2 u|^2 |\nabla\varphi| \, dx + K \int |\varphi| \, dx, \qquad \varphi \in C_0^\infty(\Omega),$$

liegt in $H^{3,p}(\Omega)$ *für alle* $p \in [1, \infty[$.

Literatur

1 Frehse, J., On the regularity of solutions to elliptic differential inequalities, Ann. Mathémat. de la Décision, Birkhäuser — Boston.
2 Gehring, F. W., The L^p-integrability of the partial derivatives of a quasi-conformal mapping, Acta Math. **130**, 265—277 (1973).
3 Giaquinta, M.; Modica, G., Regularity results for some classes of higher order non linear elliptic systems, J. Reine und Angew. Math. **311/312**, 145—169 (1979).
4 Ladyzhenskaya, O. A.; Ural'zeva, N. N., Linear and Quasi-Linear Elliptic Equations, New York and London, Academic Press 1968.
5 Meyers, N.; Elcrat, A., Some results on regularity for solutions of non-linear elliptic systems and quasi-regular functions, Duke Math. J. **42**, 121—136 (1975).
6 Miranda, C., Su alcuni teoremi di inclusione, Ann. Polon. Math. Soc. **16**, 305—315 (1965).
7 Morrey, C. B. jr., Multiple Integrals in the Calculus of Variations, Berlin-Heidelberg-New York, Springer 1966.
8 Nirenberg, L., An extended interpolation inequality. Ann. Scola Norm. Sup. Pisa **20**, 733—737 (1966).
9 Tomi, F., Variationsprobleme vom Dirichlet-Typ mit einer Ungleichung als Nebenbedingung, Math. Z. **128**, 43—74 (1972).

Anschrift: Prof. Dr. Jens Frehse, Institut für Angewandte Mathematik der Universität Bonn, Beringstr. 4—6, D-5300 Bonn 1, BRD

ZAMM 62, T 278 – T 280 (1982)

J. Hainzl

Eigenschaften separierbarer Differentialoperatoren beliebiger Ordnung

In zahlreichen Arbeiten haben W. Miller und andere (vgl. [7] und die dort zitierte Literatur) eine Reihe interessanter Aussagen zur Separation von Differentialgleichungen der mathematischen Physik erzielt. In [3] und [4] konnte ich einige dieser Ergebnisse in systematischer Weise aus einer exakten Separierbarkeitsdefinition herleiten. Nichtorthogonale separierbare Koordinaten werden jedoch durch diese Definition nicht notwendig erfaßt. Die folgende Definition behebt diesen Mangel und umfaßt insbesondere die von Niessen [8] angegebene Separierbarkeitsdefinition. Die folgenden Aussagen enthalten die wichtigsten Ergebnisse aus [3] und [4] als Spezialfälle.

Definition: Sei L ein linearer homogener Differentialoperator beliebiger Ordnung, ausgedrückt in den reellen oder komplexen Variablen $x = (x_1, \dots, x_N)$ aus einem Gebiet Ω. (Die Koeffizienten von L sowie aller weiteren im folgenden auftretenden Operatoren und sämtliche Funktionen seien C^∞.) L heißt *verallgemeinert separierbar*, wenn für ein $n \geqq N$ lineare homogene Differentialoperatoren L_{ij} $(i, j = 1, \ldots, n)$ und eine Funktion $f \neq 0$ in Ω existieren, für die gilt

$$[L_{ij}, L_{kl}] := L_{ij}L_{kl} - L_{kl}L_{ij} = 0 \quad \text{für alle} \quad i, j, k, l \quad \text{mit} \quad k \neq i \tag{1}$$

und

$$fL = \det (L_{ij}) . \tag{2}$$

Bemerkung: Die übliche Separierbarkeit ergibt sich, falls $n = N$ und L_{ij} gewöhnliche Differentialoperatoren in x_i sind (vgl. [8] und [3]). Bedingung (1) ist dann automatisch erfüllt. Bei der Separation des 4-dimensionalen Helmholtzoperators in nichtorthogonale Koordinaten [6] ist aber in der Regel $n > N = 4$, ferner treten auch partielle Operatoren L_{ij} auf (vgl. [5]).

Satz 1: *Sei L verallgemeinert separierbar mit L_{ij} wie oben. Ist dann u eine Lösung der „separierten" Gleichungen*

$$\sum_{k=1}^{n} \lambda_k L_{ik} u = 0 , \qquad i = 1, \ldots, n , \tag{3}$$

mit Konstanten $(\lambda_1, \ldots, \lambda_n) \neq (0, \ldots, 0)$, so gilt auch $Lu = 0$.

Dieser Satz rechtfertigt obige Separierbarkeitsdefinition, da er die Lösung von $Lu = 0$ auf die Lösung separierter Gleichungen zurückführt. Zum Beweis von Satz 1 braucht man Rechenregeln für Determinanten, deren Elemente nicht uneingeschränkt vertauschbar sind. Vgl. [1], S. 102.

Für verallgemeinert separierbare Operatoren L läßt sich eine Art Bäcklund-Transformation angeben. Wir definieren dazu die nichtlinearen Operatoren $N_\alpha(w)$, $w = (w_1, \ldots, w_N)$, $\alpha = (\alpha_1, \ldots, \alpha_N)$, induktiv ($\delta_i$ ist der Multiindex mit 1 an i-ter Stelle und 0 sonst):

$$N_{\delta_i}(w) := w_i , \qquad N_{\alpha+\delta_i}(w) := w_i N_\alpha(w) + \partial_{x_i} N_\alpha(w) , \qquad 1 \leqq i \leqq N . \tag{4}$$

Für $u \neq 0$, $v_i := u^{-1} \partial_{x_i} u$, erhält man dann

$$\partial^\alpha u = N_\alpha(v)\, u , \qquad v = (v_1, \ldots, v_N) ,$$

so daß für konkret angebbare nichtlineare Operatoren P_{ij} von um 1 niedrigerer Ordnung als L_{ij} gilt

$$L_{ij} u = P_{ij}(v)\, u .$$

Aus Satz 1 folgt nun

Satz 2: *Die Funktion $u \neq 0$ genüge dem System*

$$\partial_{x_i} u = v_i u , \qquad 1 \leqq i \leqq N ,$$

wobei $v = (v_1, \ldots, v_N)$ Lösung des Differentialgleichungssystems

$$\sum_{k=1}^{n} \lambda_k P_{ik}(v) = 0 \tag{5}$$

mit Konstanten $(\lambda_1, \ldots, \lambda_n) \neq (0, \ldots, 0)$ ist. Dann gilt auch $Lu = 0$.

Dieser Satz kann als Bäcklund-Transformation der (linearen!) Gleichung $Lu = 0$ gedeutet werden (vgl. [5]). Auf einen Zusammenhang mit Bäcklund-Transformationen nichtlinearer Gleichungen weist auch folgendes Beispiel hin ($n = N = 2$): Setze

$$L_{11} := \partial_x^2 + 2q , \qquad L_{21} := 4\partial_x^3 + 12q\partial_x + 6\partial_x q + \partial_t ,$$

wobei $q = q(x, t)$ eine Lösung der Korteweg-deVries-Gleichung

$$\partial_t q + 12q\, \partial_x q + \partial_x^3 q = 0 \tag{6}$$

ist. Dann gilt $[L_{11}, L_{21}] = 0$, so daß die Gleichungen

$$L_{11} u - \lambda u = 0 , \qquad L_{21} u + \lambda\mu u = 0 ,$$

die für $\mu = 0$ mit den sog. „Lax-Gleichungen" von (6) übereinstimmen, als separierte Gleichungen zu $L := \mu L_{11} + L_{21}$ betrachtet werden können. Leitet man die zweite der hierzu gehörigen Gleichungen (5) (mit $(\lambda_1, \lambda_2) := (1, \lambda)$) nach x ab und eliminiert dann q, so erhält man die modifizierte Korteweg-deVries-Gleichung, die in [2] zur Gewinnung der Bäcklund-Transformation von (6) herangezogen wird.

Die nächsten zwei Sätze entsprechen zentralen Ergebnissen in [7] über den Zusammenhang zwischen separierbaren Gleichungen und zugehörigen, paarweise vertauschbaren Operatoren. Dazu wird die Voraussetzung (1) wie folgt verschärft: Sei $L_{ij} = M_{ij} + a_{ij}$, wobei a_{ij} der ableitungsfreie Term von L_{ij} ist. Wir fordern

$$[M_{ij}, M_{kl}] = [M_{ij}, a_{kl}] = 0 \quad \text{für alle} \quad i, j, k, l = 1, \ldots, n \quad \text{mit} \quad k \neq i . \tag{7}$$

Ferner gelte für ein m, $0 \leqq m \leqq n$:

Die Matrix (a_{ij}) hat in Ω konstanten Rang $n - m$ und

$$a(x) := \det \big(a_{ij}(x)\big)_{\substack{m+1 \leqq i \leqq n \\ m+1 \leqq j \leqq n}} \neq 0 \quad in\ \Omega . \tag{8}$$

Für einen verallgemeinert separierbaren Operator L, der (7) und (8) erfüllt, definieren wir nun die Operatoren

$$S_{ij} := \begin{cases} -a^{-1} \sum\limits_{k=m+1}^{n} A_{ki} M_{kj} & \text{für} \quad m < i \leqq n , \quad 1 \leqq j \leqq n \\ -M_{ij} + a^{-1} \sum\limits_{k,l=m+1}^{n} a_{il}\, A_{kl}\, M_{kj} & \text{für} \quad 1 \leqq i \leqq m , \quad 1 \leqq j \leqq n \end{cases} , \tag{9}$$

wo A_{kl} das algebraische Komplement von a_{kl} in der Matrix (a_{ij}) mit $i > m$, $j > m$ ist.

Satz 3:

a) $[S_{ir}, S_{js}] + [S_{is}, S_{jr}] = 0$ *für* $i, j, r, s = 1, \dots, n$.

b) *Die von den Parametern* $\lambda_1, \dots, \lambda_n$ *abhängenden Operatoren*

$$S_i := \sum_{k=1}^{n} \lambda_k S_{ik}\,, \qquad i = 1, \dots, n\,,$$

sind paarweise vertauschbar.

Die Behauptung b) ist eine Folgerung aus a). Zum Beweis von a) sowie des folgenden Satzes vgl. [5].

Satz 4: *Für eine beliebige Funktion u sind folgende Aussagen* a) *und b) äquivalent:*

a) $S_i u = \lambda_i u$ *für* $i = 1, \dots, n$.

b) *u löst die modifizierten separierten Gleichungen*

$$\sum_{k=1}^{n} \lambda_k M_{ik} u + \sum_{k=m+1}^{n} \lambda_k a_{ik} u = \begin{cases} -\lambda_i u & \text{für} \quad i = 1, \dots, m, \\ 0 & \text{für} \quad i = m+1, \dots, n\,. \end{cases}$$

Literatur

1 Atkinson, F. V., Multiparameter Eigenvalue Problems, Academic Press, New York-London 1972.
2 Chen, H.-H., Relation between Bäcklund transformations and inverse scattering problems. In: R. M. Miura (Ed.), Bäcklund Transformations, the Inverse Scattering Method, Solitons, and Their Applications, Lecture Notes in Math. 515, Berlin-Heidelberg-New York, Springer Verlag 1976, S. 241–252.
3 Hainzl, J., Separation of variables and commuting operators, Math. Meth. in the Appl. Sci. **1** (1979), 468–479.
4 Hainzl, J., Neue Aspekte der Separationsmethode, ZAMM **60** (1980), T247-T249.
5 Hainzl, J., On a general concept for separation of variables, erscheint in SIAM J. Math. Analysis.
6 Kalnins, E. G.; Miller, W., Jr., Nonorthogonal separable coordinate systems for the flat 4-space Helmholtz equation, J. Phys. Ser. A **12** (1979), 1129–1147.
7 Miller, W., Jr., Symmetry and Separation of Variables, Addison-Wesley, Reading, MA 1977.
8 Niessen, H.-D., Algebraische Untersuchungen über separierbare Operatoren, Math. Z. **94** (1966), 328–348.

Anschrift: Prof. Dr. J. Hainzl, FB Mathematik der Gesamthochschule Kassel, Heinrich-Plett-Str. 40, D-3500 Kassel, BRD

ZAMM **62**, T 280 – T 282 (1982)

E. Halter / C.-D. Munz

Hyperbolische Evolutionsprobleme mit unstetigen Daten und ihre Lösung mit der horizontalen Linienmethode

Die *horizontale Linienmethode,* auch *Rothe-Verfahren* genannt, ist ein implizites halbnumerisches Verfahren für Evolutionsprobleme, bei dem die Zeit diskretisiert wird und die auftretenden Zeitableitungen durch rückwärtsgenommene Differenzenquotienten approximiert werden. Dabei wird ein Anfangs-Randwertproblem auf eine Folge räumlicher Randwertprobleme zurückgeführt. Dieses Verfahren geht auf E. Rothe zurück, der damit die Lösungen von parabolischen Anfangs-Randwertproblemen approximierte [1].

Hier sollen hyperbolische Evolutionsprobleme mit unverträglichen beziehungsweise unstetigen Daten untersucht werden. Es stellt sich die zentrale Frage, ob die Rothe-Lösung dazu dienen kann, die distributive Lösung diskret zu approximieren. An Hand von Modellproblemen, bei denen die exakte Lösung bekannt ist, wird diese Frage untersucht.

Das erste Modellproblem hat seinen physikalischen Ursprung in der eindimensionalen inkompressiblen Hydrodynamik oder der eindimensionalen isentropen kompressiblen Gasdynamik und kann als Evolutionsproblem für den Transport von Substanz entlang einer geschlossenen Bahn aufgefaßt werden.

Sei $u_0(x)$, $x \in [-1, 1]$, stückweise stetig differenzierbar; gesucht wird eine stückweise stetig differenzierbare Funktion $u(x, t)$, $x \in [-1, 1]$, $t \in [0, T]$, $T > 0$, die das Anfangs-Randwertproblem

$$u_t + u_x = 0 \quad \text{in} \quad [-1, 1] \times [0, T]\,, \tag{1}$$

$$u(-1, t) = u(1, t)\,, \qquad t \in [0, T]\,, \tag{2}$$

$$u(x, 0) = u_0(x)\,, \qquad x \in [-1, 1]\,, \tag{3}$$

im distributiven Sinn erfüllt.

Wird u_0 periodisch nach $\mathbb{R}$ fortgesetzt, so ergibt sich die exakte Lösung

$$u(x, t) = u_0(x - t)\,, \qquad x \in [-1, 1]\,, \qquad t \in [0, T]\,,$$

d. h. die Anfangswerte u_0 werden mit der Ausbreitungsgeschwindigkeit 1 durch das räumliche Intervall $[-1, 1]$ transportiert.

Mit „′" $:= \frac{\mathrm{d}}{\mathrm{d}x}$, der Zeitschrittweite $h := \frac{T}{N}$ und dem Startwert $u_0(x)$ bedeutet das Rothe-Verfahren die Folge der Randwertprobleme

$$\left.\begin{aligned} &u_n'(x) + \frac{1}{h} u_n(x) = \frac{1}{h} u_{n-1}(x), \quad x \in [-1, 1] \\ &u_n(1) = u_n(-1) \end{aligned}\right\}, \quad n = 1, \dots, N. \tag{4, 5}$$

Die *Rothe-Lösung* lautet als komplexe Fourierreihe

$$u_n(x) := \sum_{\nu=-\infty}^{\infty} \frac{c_\nu}{(1 + i\nu\pi h)^n} e^{i\nu\pi x}, \quad x \in [-1, 1], \quad n = 0, \dots, N, \tag{6}$$

wobei die c_ν, $\nu \in \mathbb{Z}$, die komplexen Fourierkoeffizienten von u_0 sind. Zur Approximation der exakten Lösung $u(x, t)$ dient $u_n(x)$ mit $nh = t$. Die Darstellung (6) gestattet die Berechnung von $u_n(x)$ ohne die Kenntnis von $u_1(x), \dots, u_{n-1}(x)$. Die Ergebnisse für die Anfangswerte

$$u_0(x) := \begin{cases} 2.0, & -1 < x < 0 \\ 1.25, & x = -1, \quad x = 0, \quad x = 1, \\ 0.5, & 0 < x < 1, \end{cases}$$

sind in Figur 1 dargestellt.

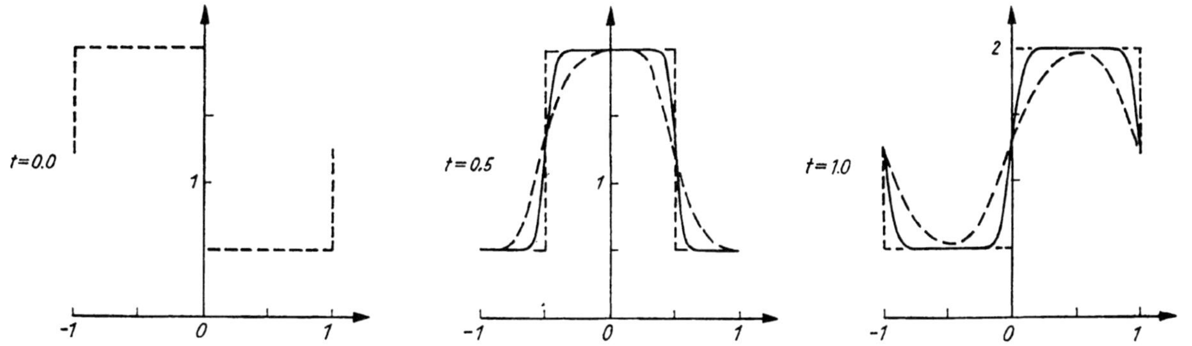

Fig. 1. Exakte Lösung - - - - - und Rothe-Lösung für Zeitschrittweite $h = 0.05$ — — — bzw. $h = 0.005$ ——— genommen an den Zeitpunkten $t = 0.0, 0.5, 1.0$

Das zweite Modellproblem ist ein Evolutionsproblem für die Wellengleichung und kann als Beispiel einer extrem gezupften Saite aufgefaßt werden.

Gesucht wird eine stückweise zweimal stetig differenzierbare Funktion $u(x, t)$, $x \in [0, 1]$, $t \in [0, T]$, die das Anfangs-Randwertproblem

$$u_{tt} = u_{xx} \quad \text{in} \quad [0, 1] \times [0, T], \tag{7}$$

$$u(0, t) = u(1, t) = 0, \quad t \in [0, T], \tag{8}$$

$$u(x, 0) = 1, \quad u_t(x, 0) = 0, \quad x \in (0, 1), \tag{9}$$

im distributiven Sinn erfüllt.

Mit Hilfe der Charakteristiken läßt sich die *exakte Lösung*, wie in Figur 2 dargestellt, bestimmen. Als Fourierreihe hat sie die Gestalt

$$u(x, t) = \frac{4}{\pi} \sum_{\substack{\nu=1 \\ \nu \text{ ungerade}}}^{\infty} \frac{1}{\nu} \cos \nu\pi t \sin \nu\pi x, \quad x \in [0, 1], \quad t \in [0, T].$$

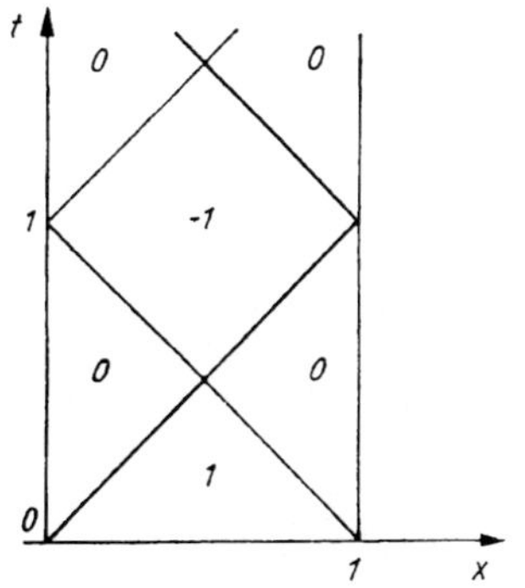

Fig. 2. Exakte Lösung des Evolutionsproblems für die Wellengleichung

Für das Rothe-Verfahren schreibt man die Wellengleichung (7) als System $u_t = v_x$, $v_t = u_x$ und erhält dann mit „$'$" $:= \frac{\mathrm{d}}{\mathrm{d}x}$, der Zeitschrittweite $h := \frac{T}{N}$ und den Startwerten $u_0(x) = 1$, $v_0(x) = 0$ die Folge der Randwertprobleme

$$\left.\begin{array}{l} \left.\begin{array}{l} u_n'(x) - \frac{1}{h} v_n(x) = -\frac{1}{h} v_{n-1}(x) \\ v_n'(x) - \frac{1}{h} u_n(x) = -\frac{1}{h} u_{n-1}(x) \end{array}\right\}, x \in [0, 1] \\ u_n(0) = u_n(1) = 0 \end{array}\right\}, n = 1, \ldots, N. \qquad (10), (11)$$

Als Fourierreihe lautet die *Rothe-Lösung*, vgl. [2],

$$u_n(x) = \frac{4}{\pi} \sum_{\substack{\nu=1 \\ \nu \text{ ungerade}}}^{\infty} \frac{1}{\nu} \operatorname{Re}\left\{\frac{1}{(1 + i\nu\pi h)^n}\right\} \sin \nu\pi x, \qquad x \in [0, 1], \qquad n = 0, \ldots, N.$$

Die Ergebnisse sind in Figur 3 dargestellt.

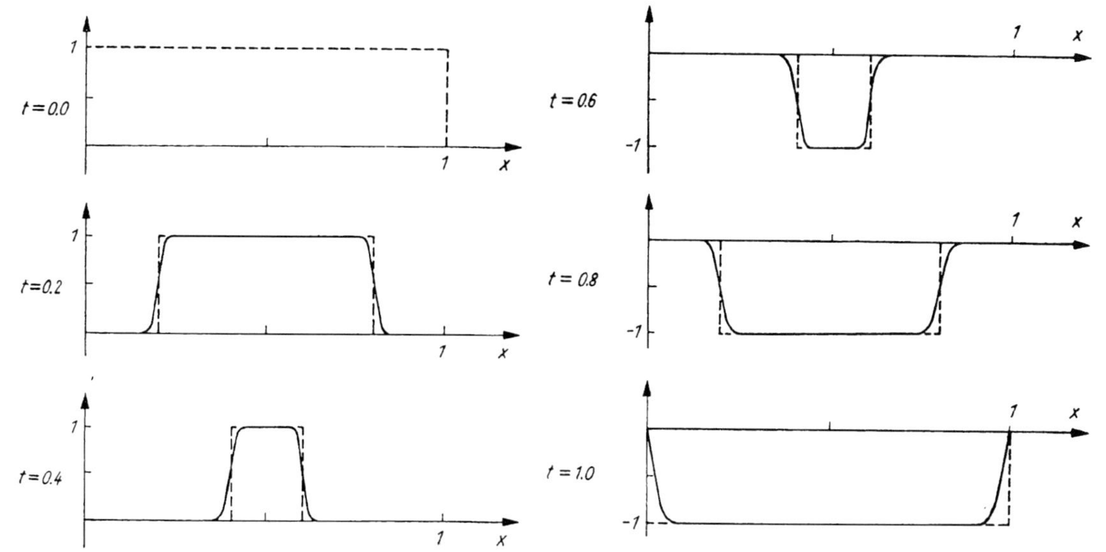

Fig. 3. Exakte Lösung ----- und Rothe-Lösung ——— bei einer Zeitschrittweite von $h = 0.001$ genommen an den Zeitpunkten $t = 0.0$, 0.2, 0.4, 0.6, 0.8, 1.0

Der Vergleich der Rothe-Lösung mit der exakten Lösung legt die Vermutung nahe, daß gleichmäßige Konvergenz auf allen kompakten Teilintervallen von Stetigkeitsintervallen der exakten Lösung vorliegt. Ein Gibbssches Phänomen wurde nicht beobachtet.

Die Arbeit wurde durch das BMFT gefördert.

Literatur

1 Rothe, E., Zweidimensionale parabolische Randwertaufgaben als Grenzfall eindimensionaler Randwertaufgaben, Math. Ann. **102** (1930), 650–670.

2 Gerdes, W.; Martensen, E., Das Rothe-Verfahren für die räumlich eindimensionale Wellengleichung, ZAMM **58** (1978), T367–T368.

Anschriften: Dr. Eberhard Halter; Dipl.-Math. Claus-Dieter Munz, Mathematisches Institut II der Universität Karlsruhe (TH), Englerstraße 2, D-7500 Karlsruhe 1, BRD

ZAMM 62, T 283 – T 284 (1982)

F.-K. Hebeker

Die Penalty-Methode zur numerischen Lösung der instationären Stokes-Gleichungen

1. Einleitung

Die Penalty-Methode hat sich in den letzten Jahren erwiesen als ein einfaches und mächtiges Instrument zur numerischen Lösung von Aufgaben der mathematischen Physik, in denen lineare Nebenbedingungen auftreten (s. Übersichtsartikel [9] für Aufgaben der Strömungsmechanik). Die numerische Güte der Methode beruht auf der „reduced integration" des Penalty-Terms der Variationsgleichung (s. [3]). Für das stationäre Stokes-Problem, dessen numerische Hauptschwierigkeit die Diskretisierung der Nebenbedingung der Divergenzfreiheit ist (s. [5], [11]), konnte von Bercovier [2] und Reddy [10] ein starkes Konvergenzresultat bewiesen werden für den Fall, daß Penalty-Parameter $\varepsilon \to 0$ und Diskretisierungsparameter $h \to 0$ streben. Die Penalty-Methode kann ohne weiteres auch auf instationäre Strömungsprobleme angewendet werden (s. [3], [9]). In meinem Vortrag wird dieses Verfahren einer mathematischen Analyse unterzogen, basierend auf der Arbeit [6] des Verfassers.

2. Die Penalty-Gleichungen

Wir betrachten das instationäre Stokes-Problem

$$u_t - \Delta u + \nabla p = 0\,, \quad \operatorname{div} u = 0 \quad \text{in} \quad \Omega\,, \quad u = 0 \quad \text{auf} \quad \partial\Omega\,, \quad u = u_0 \quad \text{bei} \quad t = 0\,, \tag{1}$$

für das Geschwindigkeitsfeld u und die Druckfunktion p einer zähen, inkompressiblen Strömung im beschränkten, glatt berandeten Volumen Ω bei gegebenem Anfangszustand u_0. Die *Penalty-Methode* besteht in dem Störungsansatz

$$\operatorname{div} u = -\varepsilon \cdot p\,,$$

wobei der (positive) Penalty-Parameter $\varepsilon \to 0$ strebt. Damit erhalten wir die Penalty-Gleichungen

$$u_{\varepsilon,t} - \Delta u_\varepsilon - \frac{1}{\varepsilon} \nabla \operatorname{div} u_\varepsilon = 0 \quad \text{in} \quad \Omega\,, \quad u_\varepsilon = 0 \quad \text{auf} \quad \partial\Omega\,, \quad u_\varepsilon = u_0 \quad \text{bei} \quad t = 0\,. \tag{2}$$

Anschließend ergibt sich der Näherungsdruck p_ε zu

$$p_\varepsilon = -\frac{1}{\varepsilon} \cdot \operatorname{div} u_\varepsilon\,. \tag{3}$$

Mit der Penalty-Methode wird die Stokes-Aufgabe (1) *reduziert auf die Anfangsrandwertaufgabe* (2) *ohne die numerisch kritische Nebenbedingung der Divergenzfreiheit.* Für den Grenzübergang $\varepsilon \to 0$ läßt sich der folgende Approximationssatz beweisen [6].

Satz 1: *Für $\varepsilon \to 0$ gilt in jedem Zeitintervall* $[0, T]$

$$\|u_\varepsilon - u\| \leqq O(\sqrt{\varepsilon}) \quad in \quad L^\infty(0, T, L^2(\Omega)) \cap L^2(0, T, H_0^1(\Omega))\,,$$

$$\|\operatorname{div} u_\varepsilon\| \leqq O(\sqrt{\varepsilon}) \quad in \quad L^\infty(0, T, L^2(\Omega))\,.$$

3. Ein Regularitätssatz

Wegen Satz 1 brauchen wir im folgenden nur noch die Penalty-Gleichungen (2), (3) für ein festes $\varepsilon > 0$ zu betrachten. In [6] wird ein relativ einfacher Beweis für den folgenden Regularitätssatz gegeben.

Satz 2: *Sei $\Omega \in C^{2r}$ beschränkt, $u_0 \in H^{2r}$ divergenzfrei ($r \geqq 1$). Es mögen die Kompatibilitätsbedingungen*

$$\Delta^k u_0 = 0 \quad auf \quad \partial\Omega\,; \qquad k = 0, \ldots, r-1\,,$$

erfüllt sein. Dann gilt

$$\frac{\partial^k}{\partial t^k} u_\varepsilon \in L^\infty(0, T, H^{2r-2k})\,; \qquad k = 0, \ldots, r\,.$$

Der Beweis von Satz 2 wird mit der „Spektral-Galerkin-Methode" (Heywood [7]) geführt. Wir betrachten das zu (2) gehörende Eigenwertproblem

$$Lw := -\Delta w - \frac{1}{\varepsilon} \cdot \nabla \operatorname{div} w = \lambda w \quad \text{in} \quad \Omega\,, \quad w = 0 \quad \text{auf} \quad \partial\Omega\,.$$

L^{-1} ist ein kompakter und positiv definiter Operator auf $L^2(\Omega)$. Also hat das Eigenwertproblem eine abzählbare Folge positiver Eigenwerte und zugehöriger Eigenfunktionen. Für die auf der Basis dieser Eigenfunktionen genommenen Galerkin-Näherungen u^n lassen sich durch geschickte Umformungen aus den Galerkin-Gleichungen die bzgl. $n \in \mathbb{N}$ gleichmäßigen a-priori-Schranken

$$||L^m u^n|| \leqq c_m \quad \text{in} \quad L^\infty(0, T, L^\infty(\Omega)),$$

gewinnen. *Der elliptische Operator L genügt den Voraussetzungen der Agmon-Douglis-Nirenberg-Theorie für Differentialgleichungssysteme* [1]. Die aus dieser Theorie folgende Koerzivitätsschranke ergibt sofort

$$||u^n|| \leqq C_m \quad \text{in} \quad L^\infty(0, T, H^{2m}(\Omega)),$$

gleichmäßig bzgl. $n \in \mathbb{N}$. Ähnliche Schranken gelten auch für die Zeitableitungen der Galerkin-Näherungen. Der Grenzübergang $n \to \infty$ führt sofort zur Aussage des Satzes.

Dieser Regularitätssatz bildet die Basis für die Konvergenzanalyse des jetzt einzuführenden Diskretisierungsverfahrens.

4. Das Diskretisierungsverfahren

Die Penalty-Gleichungen (2) können zeitlich mit einem Mehrschrittverfahren und räumlich mit einer Finite-Element-Methode diskretisiert werden. Von dem Mehrschrittverfahren fordern wir A_0-Stabilität, entsprechend den typischen Eigenschaften der Stokes-Aufgabe (1). Die Finite-Element-Methode soll in Ansatzräumen $V^h \subset H_0^1(\Omega)$ mit „curved finite elements" durchgeführt werden, von denen wir die Approximationseigenschaft (s. [4]) voraussetzen:

(A_r) Zu jedem $\varphi \in H_0^1 \cap H^r$ $(r \geqq 2)$ existiert ein $\varphi^h \in V^h$, für das gilt:

$$||\varphi^h - \varphi||_{L^2} + h \cdot ||\nabla\varphi^h - \nabla\varphi||_{L^2} \leqq ch^r \cdot ||\varphi||_{H^r}.$$

Man beachte: *wir brauchen keine (nahezu) divergenzfreien Ansatzfunktionen.* In [6] wird z. B. das folgende implizite, A_0-stabile Zweischrittverfahren vorgeschlagen $((\cdot, \cdot) = \text{Skalarprodukt in } L^2(\Omega))$:

$$\frac{1}{2\Delta t} \cdot (3u_{m+2}^h - 4u_{m+1}^h + u_m^h, v^h) + (\nabla u_{m+2}^h, \nabla v^h) + \frac{1}{\varepsilon} \cdot (\operatorname{div} u_{m+2}^h, \operatorname{div} v^h) = 0 \quad \text{für alle} \quad v^h \in V^h. \tag{4}$$

Damit wird eine Folge (u_m^h) von Näherungen für $u_\varepsilon(m \cdot \Delta t, \cdot)$ gewonnen. Der in 3. angegebene Regularitätssatz führt dann zu folgendem Konvergenzsatz (der ebenfalls in [6] bewiesen wird).

Satz 3: *Zusätzlich zu den Voraussetzungen von Satz 2 gelte $r \geqq 3$. Wenn eine geeignete Startprozedur gewählt wird, dann gilt die Fehlerabschätzung*

$$\max_m ||u_m^h - u_\varepsilon(m \cdot \Delta t, \cdot)||_{L^2} \leqq c_\varepsilon \cdot (h^r + (\Delta t)^2)$$

im Zeitintervall $[0, T]$.

Mit den Sätzen 1 und 3 haben wir somit eine vollständige Konvergenztheorie für das Penalty-Zweischrittverfahren (4) zum instationären Stokes-Problem (1) zur Hand.

Zusatz bei der Korrektur: Inzwischen konnte die ε-Abhängigkeit der Fehlerkonstanten c_3 aus Satz 3 bewiesen werden.

Literatur

1 Agmon; Douglis; Nirenberg, Commun. Pure Appl. Math. **17** (1964), 35–92.
2 Bercovier, RAIRO Anal. Numér. **12** (1978), 211–236.
3 Bercovier; Engelman, J. Comput. Phys. **30** (1979), 181–201.
4 Ciarlet, The Finite Element Method for Elliptic Problems, Amsterdam etc., 1978.
5 Girault; Raviart, Finite Element Approximation of the Navier-Stokes Equations, Springer-Verlag, Berlin-Heidelberg-New York, Lecture Notes in Math., Band 749, 1979.
6 Hebeker, The penalty method applied to the instationary Stokes equations, to appear.
7 Heywood, Indiana Univ. Math. J. **29** (1980), 639–681.
8 Heywood; Rannacher, Finite element approximation of the nonstationary Navier-Stokes problem, preprint, July 1980.
9 Hughes; Liu; Brooks, J. Comput. Phys. **30** (1979), 1–60.
10 Reddy, Internat. J. Engin. Sci. **16** (1978), 921–930.
11 Temam, Navier-Stokes Equations, Amsterdam etc., 1977.

Anschrift: Dr. F.-K. Hebeker, Universität-GH Paderborn, Fb. 17, D-4790 Paderborn, BRD

ZAMM 62, T 284 – T 286 (1982)

Z. Janković

On the Generalized Dirac Equation

It is well known that P. A. M. Dirac was the first to linearize the second-order Klein-Gordon equation [1] and obtained a linear wave equation for spin 1/2 particles in the Minkowski space M_4. Attempts to obtain an analogous equation in the Riemann space R_4 were initiated by H. Tetrode [2] and consisted mainly in formal generalizations of the magnitudes appearing in the original Dirac equation. The main difficulties in obtaining a more rigorous deduction have been, in the author's opinion, the following: a) lack of an adequate spinor theory, b) difficulty in relating the vector structure of R_4 to that of the spinor spaces S_2 and, consequently, c) to establish the true nature of the Dirac operators.

The aim of this short communication is to review some of the author's results obtained in this field. These results are based on the author's generalized vector and tensor calculus scheme [3], [4], [5], which enables one to remove the mentioned difficulties:

a) 2- and 4-spinors have been identified as very simple two- and four-dimensional vectors of the generalized scheme [6], [7], [8]; in the canonical basis it follows

$$S_4(c) = S_2(e) + S_2(f)\,, \qquad S_2(e) \perp S_2(f)\,; \qquad c(\nu) = e(1), e(2), f(1), f(2)\,. \tag{1}$$

b) The symmetrized product vector space, whose structure in the canonical basis is

$$Z_4^S(\gamma_\varepsilon) = S_2(f) \otimes S_2(e) + S_2(e) \otimes S_2(f)\,, \tag{2}$$

$$\gamma_\varepsilon(I) = \varkappa(\varepsilon(I) + \tilde{\varepsilon}(I))\,; \qquad \varepsilon(I) = f(\bar{i})\, e(i)\,, \qquad \tilde{\varepsilon}(I) = e(i)\, f(\bar{i})\,,$$

$\varkappa$ normalization factor, provided the tangent bases are the allowed ones, can be identified with a Riemann space R_4 [7], [8].

c) The generalized (original) Dirac operators are tangent basis vectors of $Z_4^S \equiv R_4(M_4)$, represented in the symmetrized spinor representation, e.g.

$$\gamma_\alpha^{I<<} = {}^I\bar{A}_R \gamma_\varepsilon^{R<<} = {}^I\bar{A}_R \varkappa(f^{\bar{\tau}} e^\tau + e^\tau f^{\bar{\tau}})\,. \tag{3}$$

($^>/$, $^</$ valence signs in S_4; ${}^I\bar{A}_R({}^IA_R)$ transformation operator components between the canonical basis $B(\gamma_\varepsilon)$ and the tangent basis $B_T(\gamma_\alpha)$). In the further text the following abbreviation is used:

$$\gamma_\alpha^I = {}_>\gamma_\alpha^{I<} = \gamma_\alpha^{I<\leq} \otimes_{>\geq} T_c\,, \tag{4}$$

(T_c the transposition operator taken in the canonical basis of S_4).

1. The diagonal tangent basis $B_T(\gamma, x^K) \in R_4$ is particularly important. The transformation operator components between the canonical basis $B(\gamma_\varepsilon)$ and $B_T(\gamma, x^K)$ can be easily found [8], e.g.

I	γ^I
1	$-B_1\varkappa[({}_1ef^2 + {}_2ef^1)\, T_e + ({}_1fe^2 + {}_2fr^1)\, T_f]$
2	$-B_2\varkappa[({}_1ef^2 - {}_2ef^1)\, T_e + ({}_1fe^2 - {}_2fe^1)\, T_f]$
3	$-B_3\varkappa[({}_1ef^1 - {}_2ef^2)\, T_e + ({}_1fe^1 - {}_2fe^2)\, T_f]$
4	$-B_4\varkappa[-({}_1ef^1 + {}_2ef^2)\, T_e + ({}_1fe^1 + {}_2fe^2)\, T_f]$

(5)

$$B_I = \mu_I \sqrt{g_\varepsilon^1 g^1/2}\,, \qquad \mu_I^2 = -1\,(+1)\,, \qquad I = 1, 3, (2, 4)\,,$$

$$T_a = {}^{12}T_a = \pm {}^1g_a^2\,, \qquad a = e, f\,; \qquad g_\varepsilon = {}_1g_{e2}\,{}_1g_{f2}\,.$$

If 2-spinor spaces are conjugate with respect to each other, $S_2(f) = \bar{C}S(e)$, the following important consequence follows immediately from (5)

$$\gamma^I = \tilde{\gamma}^I = \bar{C}\gamma^I\,; \qquad \tilde{\gamma}^I = T_c^{<\leq} \otimes_{\geq} \gamma^{I\leq} \otimes_{\geq>} T_c\,. \tag{6}$$

The relation (6) is valid in any basis of R_4, because the respective transformation operator components between $B_T(\gamma, x^K)$ and $B_T(\gamma_\alpha, x'^{\bar{K}})$ are real (namely, $\partial'_I x^R$, $\partial_R x'^I$).

2. The basis-invariant generalized nabla operator ${}^\cap\nabla$ and impulse operator ${}^\cap p$ can be formed in R_4 ($\cap$ valence sign of R_4), e.g. in $B_T(\gamma, x^K)$

$${}^\cap\nabla = \gamma^I \nabla_I\,, \qquad {}^\cap p = i\bar{h}\,{}^\cap\nabla\,, \tag{7}$$

where ∇_I mean the absolute derivatives in the respective basis.

The generalized nabla (impulse) operator (7) is an operator in S_4. Therefore, the following relations exist:

$${}^\cap\nabla_>\varphi = k_>\psi\,, \qquad {}^\cap\nabla_>\psi = k_>\chi\,. \tag{8}$$

For equations (8) to be invariant, k should be a constant scalar, characteristic of a given kind of particles. As a consequence of (8), a second-order wave equation follows,

$${}^\cap\nabla({}^\cap\nabla_>\varphi) = k^2_>\chi\,. \tag{9}$$

Comparison with the Klein-Gordon equation yields

$${}_>\chi \equiv {}_>\varphi\,, \qquad k^2 = -\frac{m_0^2c^2}{\bar{h}^2}\,, \quad \text{i.e.} \quad k = \pm i\frac{m_0c}{\bar{h}}\,. \tag{10}$$

Therefore, with ${}_>\Phi = {}_>\varphi + {}_>\psi$, the generalized Dirac equation following from (8) is of the form

$${}^\cap\nabla_>\Phi = k_>\Phi\,, \quad \text{i.e.} \quad {}_>\gamma^{I<}\nabla_{I>}\Phi = k_>\Phi\,. \tag{11}$$

With the help of the fundamental and transposition operators in S_4, three other forms for the generalized Dirac equation follow from (11) and (6):

$${}^>\gamma^I_<\nabla_I^>\Phi = k^>\Phi\,, \qquad (\nabla_I\Phi^<)_>\gamma^{I<} = -k\Phi^<\,, \qquad (\nabla_I\Phi_<)^>\gamma^I_< = -k\Phi_<\,. \tag{12}$$

By applying the conjugation operator to a form of the generalized Dirac equation, one obtains the generalized Dirac equation for the respective conjugate 4-spinor form, $\overline{C}\Phi = \Phi^c$. For example, from (11) and (6) it follows that

$$_{>}\gamma^{I<}\nabla_{I>}\Phi^c = -k_{>}\Phi^c \,. \tag{13}$$

The change in sign of k in (13), compared with (11), has a very deep physical meaning, as will be explained in a separate paper.

3. A second-order wave equation for any of the four forms of the 4-spinor can be easily obtained from the respective forms of the generalized Dirac equation by applying twice the generalized nabla operator. For instance, from (9) and (10) it follows in an explicit form that

$$\{-\tfrac{1}{2}[\gamma^K\gamma^Q]_+ [(\Gamma^I_\gamma)_{KQ} \nabla_I - \nabla_K\nabla_Q] + \tfrac{1}{4}[\gamma^K\gamma^I]_- [\nabla]_{KI}\}_> \Phi = k^2_> \Phi \,. \tag{14}$$

From (5), the anticommutator and commutator of the generalized Dirac operators (4) are easily obtained for $B_T(\gamma, x^K)$:

$$\begin{aligned} &[\gamma^K\gamma^Q]_+ = -\varkappa^2\, {}^K g^K_\gamma \delta_{KQ} E_\varepsilon \,, \\ &[\gamma^I\gamma^J]_- = -2\varkappa^2 B_I B_J g^\varepsilon \Sigma^K_+ \,, \qquad I, J, K \text{ cyclic } 1, 2, 3 \,, \\ &[\gamma^I\gamma^4]_- = 2\varkappa^2 B_I B_4 g^\varepsilon \Sigma^I_- \,, \qquad I = 1, 2, 3 \,, \qquad \Sigma^I_\pm = \sigma^I_e \pm \sigma^I_f \,. \end{aligned} \tag{15}$$

Furthermore, the commutator of the absolute derivatives enables us to introduce the coefficients of curvature of S_4:

$$[\nabla]_{KI}\, {}_\nu c = {}_\mu c^\mu R_{IK\nu} = -{}_\mu c^\mu R_{KI\nu} \,. \tag{16}$$

Thus, the most important feature of (14), taking into account (15) and (16), is the interaction between the spin of particles and the curvature of the S_4 space (which is related to the curvature of the R_4 space).

Along the same lines, many analogous results can be obtained for a charged particle in an electromagnetic field, as will be shown in a separate paper.

References

1 Dirac, P. A. M., The quantum theory of the electron, Proc. Roy. Soc., Ser. A **117** (1928), 610.
2 Tetrode, H., Allgemeine relativistische Quantentheorie des Elektrons, Z. Physik **50** (1928), 336.
3 Janković, A., A contribution to the vector and tensor algebra, Tensor, N.S. **21** (1970), 151.
4 Janković, Z., A contribution to the vector and tensor analysis, Tensor, N.S. **21** (1970), I: 167; II: 189.
5 Janković, Z., On the transposition operators in a generalized vector and tensor calculus scheme, Tensor, N.S. **22** (1971), 205.
6 Janković, Z., A new approach to spinor theory, Tensor, N.S. **32** (1978), 279.
7 Janković, Z., Spinors and the fourdimensional Riemann space. I: Algebra; II: Analysis (to be published).
8 Janković, Z., Spinors and the generalized Dirac operators, in Differential geometry (edited by G. Soós) Colloquia Math. Soc. J. Bolyai Vol. **31** (North-Holland Publ. Co., Amsterdam, New York 1981).
9 Janković, Z., On the generalized Dirac operators (to be published).

Anschrift: Prof. Dr. Z. Janković, Faculty of Science, Department of Mathematics, Marulićev trg 19, Yu-41000 Zagreb, Yugoslavia

ZAMM 62, T 286 – T 287 (1982)

H. Kersten

Runge-Walsh-Sätze für Randwertprobleme der mathematischen Physik

Dieser Beitrag versucht einen Überblick über Arbeiten zu geben, die sich mit Approximationssätzen bei Randwertproblemen beschäftigen. Es seien D ein partieller Differentialoperator und G, G' Gebiete mit $\overline{G'} \subset G$. Mit den Definitionen $L := \{u \mid Du = 0 \text{ in } G\}$, $L' := \{u |G| \; Du = 0 \text{ in } G'\}$ gilt offensichtlich $L' \subset L$. Es kann nun die Frage untersucht werden, in welchen Topologien für L der Teilraum L' dicht in L ist.

Ist D der Cauchy-Riemannsche Differentialoperator im $\mathbb{R}^2$ und in L die Topologie der lokal-gleichmäßigen Konvergenz in G (resp. gleichmäßige Konvergenz auf $\overline{G}$) eingeführt, so ist die Aussage $\overline{L'} = L$ Inhalt des bekannten Satzes von Runge (resp. der von Walsh gegebenen Verallgemeinerung).

Ist D ein elliptischer Differentialoperator, so hat Browder in [2] gezeigt, daß bei beschränktem G, schwachen Glattheitsvoraussetzungen an ∂G und gewissen Fortsetzungseigenschaften bzgl. der Lösungen der adjungierten Gleichung die Aussage $\overline{L'} = L$ gilt für die Topologie der gleichmäßigen Konvergenz auf $\overline{G}$. (Das Literaturverzeichnis in [2] gibt weitere Arbeiten — mit zum Teil schwächeren Resultaten — an.)

Es sollen nun neben der Differentialgleichung auch Randwertprobleme (RWP) in die Betrachtung einfließen, die hier formal durch einen Randwertoperator symbolisiert werden. Das 1. (Dirichletsche) RWP ist definiert durch $Ru = u \mid \partial G$, das 2. (Neumannsche) RWP z. B. durch $Ru = \left.\frac{\partial u}{\partial n}\right| \partial G$ (n = Flächennormale auf ∂G), das 3. RWP durch z. B. $Ru = \left.\left(\alpha \frac{\partial u}{\partial l} + \beta u\right)\right| \partial G$ (l = nicht-tangentiales Richtungsfeld, α, β vorgegebene Funktionen). (Auch gemischte Randwertprobleme sind hierin formal enthalten.)

Es seien nun $B := \{Ru \mid u \in L\}$, $B' := \{Ru \mid u \in L'\}$. Dann gilt offensichtlich $B' \subset B$, und es stellt sich wiederum die Frage nach der Dichtheit von B' in B.

Für das 1. RWP läßt sich aus der trivialen Abschätzung $\|Ru\|_\infty (\partial G) = \|u\|_\infty (\partial G) \leqq \|u\|_\infty (\bar{G})$ und dem erwähnten Resultat von Browder sofort $\overline{B'} = B$ bzgl. der Supremum-Norm auf ∂G schließen — unter den genannten Einschränkungen an G und D. Für die anderen Randwertprobleme ist diese Vorgehensweise i. a. nicht durchführbar, da die Zuordnung $u \in L \mapsto Ru \in B$ nicht stetig sein wird. Die Eigenschaft $\overline{B'} = B$ wird in diesen Fällen mit geeigneten Normen auf anderem Wege bewiesen.

Basissysteme in L' führen nun aufgrund innerer Abschätzungen für die Lösungen von $Du = 0$ zu Basissystemen in B' und damit zu Basissystemen in B. Basissysteme in L' sind zumeist für „geometrisch einfache" Gebiete (z. B. Innere/Äußere einer Kugel) bekannt.

Inwieweit die skizzierten Aussagen numerisch anwendbar sind, hängt sicher von der Norm in B ab. Konstruktiv (Orthonormierungsprozesse, Reihenentwicklungen) sind insbesondere L^2-Normen, hier etwa $(\int_{\partial G} |Ru|^2 \, dF)^{1/2}$ (dF = Oberflächenelement von ∂G).

Approximationsaussagen bzgl. der Randwerte sollen nun aber zu entsprechenden Aussagen für die Lösungen in G führen, d. h. die Topologien in L und B sind so zu wählen, daß die inverse Zuordnung $Ru \in B \mapsto u \in L$ stetig ist.

Für L^2-Normen in B ist i.a. in diesem Sinne die Topologie der lokal-gleichmäßigen Konvergenz in G passend (man erhält also Aussagen vom Runge-Typ); je nach Randwertproblem und Differentialgleichung ist z. B. die Sup-Norm in B der Sup-Norm in L (Aussagen vom Walsh-Typ), eine Hölder-Norm in B einer Hölder-Norm in L (stärkere Aussagen) zugeordnet.

Die nachfolgende (sicher nicht vollständige) Übersicht gibt in Kurzform die erzielten Resultate an.

Potentialgleichung $\Delta u = 0$. Fichera [4] (1./2. RWP, 3. RWP für $l = n$, L^2-Normen), Kupradse [13] (1. RWP, L^2-Norm, numerische Beispiele im $\mathbb{R}^2$), Kersten [10] (1. RWP, Sup-Norm, numerische Beispiele mit Interpolation), Teschke [16] (1. RWP, L^2-Norm), Freeden und Kersten [5], [6] (3. RWP, L^2-Normen, Hölder-Normen).

Schwingungsgleichung $\Delta u + k^2 u = 0$: Gehm [7] (1./2. RWP, L^2-Normen), Weck [17] (1./2. RWP, Sup-Normen), Honsálek [9] (1. RWP, Sup-Norm, nicht-glatter Rand, numerische Beispiele im $\mathbb{R}^2$), Müller und Kersten [15] (1./2. RWP, L^2-Normen), Kersten [11] (1./2. RWP, Sup-Normen).

Prä-Maxwellsche Gleichungen $\operatorname{rot} v = 0$, $\operatorname{div} v = 0$: (mit Nebenbedingungen) Hermann und Kersten [8] (2. RWP, Sup-Norm), Kersten [12] (2. RWP, Hölder-Norm).

Maxwellsche Gleichungen $\operatorname{rot} E + i\omega H = 0$, $\operatorname{rot} H - i\omega E = 0$: (Vorgabe der Tangentialkomponente $n \times E$; nur L^2-Normen) Calderon [3], Müller [14] (Miesche Potentiale), Weck [17].

Gleichung der Elastizitätstheorie $\mu \Delta v + (\lambda + \mu) \operatorname{grad} \operatorname{div} v + \omega^2 v = 0$: Kupradse [13] (2. RWP, L^2-Norm), Weck [17] (1. RWP, Sup-Norm), Bauch [1] (1. RWP, L^2-Norm, $\omega = 0$).

Trotz der genannten Zitatstellen hinsichtlich numerischer Beispiele steht die praktische Erprobung der beschriebenen Resultate erst am Anfang.

Literatur

1 Bauch, H., Approximationssätze für die Lösungen der Grundgleichung der Elastostatik, Diss. RWTH Aachen 1981.
2 Browder, F. E., Approximation by solutions of partial differential equations, Amer. J. Math. **84** (1962), 134—160.
3 Calderon, A. P., The multipole expansion of radiation fields, J. Rational Mech. Analysis **3** (1954), 523—537.
4 Fichera, G., Teoremi di completezza sulla frontiera di un dominio per taluni sistemi di funzioni, Ann. di Math. Pura ed Appl. **4** (1948), 1—28.
5 Freeden, W.; Kersten, H., The Geodetic Boundary-Value Problem Using the Known Surface of the Earth, Veröffentlichung des Geodät. Inst. der RWTH Aachen **29**, 1980.
6 Freeden, W.; Kersten, H., A constructive approximation theorem for the oblique derivative problem in potential theory, Math. Meth. in the Appl. Sci. **3** (1981), 104—114.
7 Gehm, H.,W., Über vollständige und abgeschlossene Funktionensysteme auf regulären Flächen mit Anwendungen auf die Randwertprobleme der Helmholtzschen Schwingungsgleichung, Diss. RWTH Aachen 1970.
8 Hermann, P.; Kersten, H., Die Lösung der Prae-Maxwellschen Gleichungen mit Hilfe vollständiger Lösungssysteme, Math. Meth. in the Appl. Sci. **2** (1980), 410—418.
9 Honsálek, U., Verfahren zur Lösung des Außenraumproblems der Helmholtzschen Schwingungsgleichung und ihre numerische Verwendbarkeit, Diss. RWTH Aachen 1977.
10 Kersten, H., Über die gleichmäßige Approximierbarkeit harmonischer Funktionen in regulären Gebieten einschließlich des Randes, Diss. RWTH Aachen 1977.
11 Kersten, H., Die C-Vollständigkeit partikulärer Lösungssysteme der Schwingungsgleichung $\Delta u + k^2 u = 0$, Resul. d. Math. **4** (1981), 155—170.
12 Kersten, H., Ein Approximationssatz zum Neumann Problem der Prä-Maxwell Gleichungen (erscheint noch).
13 Kupradse, W. D., Über numerische Verfahren der Potential- und Elastizitätstheorie, ZAMM **49** (1969), 1—9.
14 Müller, C., Boundary values and diffraction problems, Sympos. Math. (Istituto Naz. di Alta Mat.) **18** (1976), 353—367.
15 Müller, C.; Kersten, H., Zwei Klassen vollständiger Funktionensysteme zur Behandlung der Randwertaufgaben der Schwingungsgleichung $\Delta u + k^2 u = 0$, Math. Meth. in the Appl. Sci. **2** (1980), 48—67.
16 Teschke, H., Über die Darstellung harmonischer und metaharmonischer Funktionen in Gebieten mit nicht-glatten Rändern, Diss. RWTH Aachen 1978.
17 Weck, N., Über die Lösung von Außenraumaufgaben durch Approximation der Randdaten, Sonderforschungsbereich 72 der Univ. Bonn. **89**, 1976.

Anschrift: Dr. H. Kersten, Institut für Reine und Angewandte Mathematik der RWTH Aachen, Templergraben 55, D-5100 Aachen, BRD

ZAMM 62, T 288 – T 289 (1982)

A. Kirsch

Einige Bemerkungen zu Richtungs- und Syntheseproblemen in der Antennentheorie

1. Aufgabenstellung

Beim *Antennenidentifikations-* und *-syntheseproblem* handelt es sich bekanntlich um die Invertierung des Operators, der jeder Energieverteilung auf der Oberfläche der Antenne die Strahlungscharakteristik zuordnet. Eine Beschreibung dieser Probleme mit besonderer Betonung der Unsachgemäßheit findet man z. B. in [1]. Unter einem Richtungsproblem versteht man z. B. die Aufgabe, die abgestrahlte Energie der Antenne, unter gewissen Restriktionen zu maximieren. Hier seien für die eindimensionale Antenne die Arbeiten [2] und [3] genannt.

Wir wollen den Fall des in z-Richtung unendlich ausgedehnten Zylinders mit beliebigem Querschnitt Ω behandeln. Die Strahlungscharakteristik F der Lösung u von

$$\Delta u + k^2 u = 0 \quad \text{in } \mathbb{R}^2 \backslash \Omega\,, \qquad \lim_{n\to\infty} \int\limits_{|x|=r} \left|\frac{\partial}{\partial r} u - iku\right|^2 ds = 0\,,$$

$$u = h \quad \text{auf } \partial\Omega$$

ist definiert durch das asymptotische Verhalten von u ([4]):

$$u(x) = \frac{\exp\,(ik|x|)}{|x|^{1/2}} F(\hat{x}) + O(|x|^{-1}) \quad \text{für} \quad |x| \to \infty\,.$$

Hierbei sei k die Wellenzahl mit $\operatorname{Im} k \geqq 0$ und $\hat{x} = \frac{x}{|x|}$. Für die Stromverteilung h auf der Antennenoberfläche können wir nun auch unstetige Funktionen zulassen, wir fassen F als Operator von $L^2(\partial\Omega)$ nach $C(S_1)$ auf. Hierbei sei S_1 der Einheitskreis.

2. Syntheseproblem

Das *Syntheseproblem* besteht in der Minimierung von $||Fh - f||_X$ auf einer konvexen, abgeschlossenen und beschränkten Menge $U \subset L^2(\partial\Omega)$, wobei f aus einem Banachraum X vorgegeben ist. X sei stetig eingebettet in $L^2(S_1)$ und enthalte den Wertebereich von F. Dieser Wertebereich wird in [4] durch Analytizitäts- und Wachstumseigenschaften charakterisiert. Bei der numerischen Behandlung wird X z. B. von endlich vielen Basisfunktionen aufgespannt, und $||\cdot||_X$ kann die euklidische Norm sein. U enthalte die a-priori Information über h. Wir können beweisen:

Satz 1

a) *Es existiert ein Minimum* h^* *von* $||Fh - f||_X$ *auf* U.

b) *Der Minimalwert hängt stetig von* f *ab.*

c) *Ist* $\partial\Omega$ *analytisch,* $Fh^* \neq f$ *und* $U = \{h \in L^\infty(\partial\Omega) \mid |h(x)| \leqq 1 \text{ f.ü.}\}$, *dann ist* h^* *bangbang:* $|h^*(x)| = 1$ *f. ü., und* h^* *ist eindeutig. Beschränkt man sich auf den reellen Funktionenraum* $L^\infty(\partial\Omega, \mathbb{R})$, *so springt* h^* *nur endlich oft.*

Die Beweise von a) und b) sind einfach. Für c) wird eine approximative Kontrollierbarkeitseigenschaft für F benötigt, die analog zu Theorem 2 in [5] bewiesen wird. Eine entsprechende Aussage kann auch für das Identifikationsproblem bewiesen werden, bei dem U in einem Sobolevraum beschränkt wird, um die stetige Abhängigkeit von h^* von f zu erhalten.

3. Richtungsproblem

Die abgestrahlte Energie in einem gegebenen Winkelbereich $\mathfrak{a}$ kann mit F durch $E(h) = \int_{S_1} \alpha |Fh|^2 \, ds$ ausgedrückt werden. Hierbei sei α die charakteristische Funktion von $\mathfrak{a}$. In Analogie zu Satz 1 gilt hier:

Satz 2

a) *Ist* $U \in L^2(\partial\Omega)$ *konvex, abgeschlossen und beschränkt, so existiert ein Maximum* h^* *von* E *auf* U.

b) *Jedes Maximum* h^* *von* E *auf* U *ist extremal, d. h.*

$$h^* = \lambda h_1 + (1 - \lambda)\, h_2 \quad mit \quad h_1, h_2 \in U\,, \qquad \lambda \in (0, 1) \Rightarrow h_1 = h_2\,.$$

Die Aussage b) ist eine Verschärfung einer approximativen Aussage von [6] und benutzt wesentlich die Analytizität von Fh.

Beispiele:

a) $U = \{h \in L^\infty(\partial\Omega) \mid |h(x)| \leqq 1 \text{ f. ü.}\}$. Dann geht die Extremaleigenschaft von h^* in die Bang-bang-Eigenschaft über. Ist Γ analytisch und h reell, so springt h^* nur endlich oft.

b) $U = \{h \in W^{1,\infty}(\partial\Omega) \mid \|h\|_{W^{1,\infty}} \leqq 1\}$. Dann gilt für fast alle $x \in \partial\Omega$: $|h^*(x)| = 1$ oder $\left|\frac{\partial}{\partial s} h^*(x)\right| = 1$.

Bemerkung:

1. Bis auf die Endlichkeit der Bang-bang-Eigenschaft in den Sätzen 1 und 2 können alle Aussagen auch für die dreidimensionale Helmholtzgleichung bewiesen werden. Auch kann an Stelle der Drichlet-Randbedingung die Robinsche Randbedingung „$\frac{\partial u}{\partial n} + g \cdot u = h$ auf $\partial\Omega$" genommen werden.

2. Für einige nichtlineare Richtungs- und Identifikationsprobleme sind schon Teilaussagen bewiesen worden. In [7] und [8] wird die Impedanz h der Robinschen Randbedingung„ $\frac{\partial u}{\partial n} + hu = g$ auf $\partial\Omega$" gesteuert, in [9] werden Existenzaussagen für das Gebietsidentifikationsproblem mit Hilfe konformer Abbildungen bewiesen.

Literatur

1 Deschamps, G. A.; Cabayan, H. S., Antenna synthesis and solution of inverse problems by regularization methods, IEEE Trans. **AP-20**, 268–274 (1972).
2 Bouwkamp, C. J.; De Bruijn, N. G., The problem of optimum antenna current distribution, Philips Res. Rep. I, **2**, 135–158 (1946).
3 Fong, S. T., On the problem of optimum antenna aperture distribution, J. Franklin Inst. **283**, 235–249 (1967).
4 Müller, C., Grundprobleme der Mathematischen Theorie Elektromagnetischer Schwingungen, Grundlehren der Mathematischen Wissenschaften in Einzeldarstellungen Bd. 88, Springer Verlag Berlin, Göttingen, Heidelberg 1957.
5 Glashoff, K.; Weck, N., Boundary control of parabolic differential equations in arbitrary dimensions: Supremum-norm problems, SIAM J. Control and Opt. **14**, 662–681 (1976).
6 Angell, T. S.; Kleimann, R. E., Optimal control problems in radiation and scattering. In: Hermans, A. J.; Oosterveld, M. W. C. (eds.), Symposium on Applied Mathematics Dedicated to the Late Professor Dr. R. Timman, 78–90, Delft University
7 Press, Sijthoff and Noordhoff International Publishers, Delft 1978.
8 Kirsch, A., Optimal control of an exterior Robin problem, J. Math. Analysis Appl. **82**, 144–151 (1981)
9 Kirsch, A., A weak bang-bang principle for the control of an exterior Robin problem, eingereicht bei Appl. Analysis.
Colton, D. L.; Kirsch, A., Stable methods for solving the inverse scattering problem for a cylinder, Proc. Roy. Soc. Edingburgh **89A**, 181–188 (1981).

Anschrift: Dr. Andreas Kirsch, Lehrstühle für Numerische und Angewandte Mathematik der Universität Göttingen, Lotzestr. 16–18, D-3400 Göttingen, BRD

ZAMM 62, T 289 – T 290 (1982)

D. Lortz / R. Meyer-Spasche

On the Decay of the Solutions of a Class of Parabolic-Elliptic Equations

Under certain conditions explained in [1], the poloidal part of the magnetic field can be described by a flux function ψ satisfying a parabolic differential equation in a plane, bounded domain G and an elliptic equation in the open complement of G. These equations are supplemented by initial-boundary conditions that ensure a "physical behaviour" of the magnetic field $\vec{B}$. We are then interested in the properties of ψ as a function of time. Decay of ψ means decay of the magnetic field and thus it implies stability of the state without magnetic field. Here we give a more general version of the theorem formulated in [1] with the assumption of axisymmetry.

Theorem: *Let G be a bounded, simply connected domain in the positive real half-plane $\mathbb{R}^2_+$, and $CG := \mathbb{R}^2_+ \setminus \overline{G}$ its open complement. Let the boundary ∂G be smooth enough to satisfy condition* (S) *formulated below. If the intersection of ∂G with the axis $r = 0$ is not empty, it is assumed to be connected. Furthermore, it is assumed that a, b_r, b_z and ψ_0 are bounded, continuously differentiable functions in $\mathbb{R}^2_+$, and η, v_r and v_z are bounded, continuously differentiable functions in $\overline{G} \times (0, \infty)$, and $b_r(r, z)$, $b_z(r, z)$, $\eta(r, z, t) \geqq c > 0$. Suppose that ψ is a* (classical) *solution of*

$$\frac{\partial \psi}{\partial t} = \eta L\psi - v_r \frac{\partial \psi}{\partial r} - v_z \frac{\partial \psi}{\partial z} \quad in\ G\,, \tag{1a}$$

$$L\psi := b_r \frac{\partial^2 \psi}{\partial r^2} + \frac{a}{r} \frac{\partial \psi}{\partial r} + b_z \frac{\partial^2 \psi}{\partial z^2} = 0 \quad in\ CG\,, \tag{1b}$$

with the initial boundary conditions:

$$\psi \text{ and } \frac{\partial \psi}{\partial n} \text{ are continuous across } \partial G \text{ for all } t \geqq 0 , \tag{2a}$$

$$\lim_{R \to \infty} \psi(r, z, t) = 0 , \qquad R^2 = r^2 + z^2 , \qquad \text{uniformly in } t , \tag{2b}$$

$$\lim_{r \to 0} \psi(r, z, t) = 0 \quad \text{uniformly in } z \text{ and } t , \tag{2c}$$

$$\psi(r, z, 0) = \psi_0(r, z) \not\equiv 0 \quad \text{in } \mathbb{R}^2_+, \text{ and } \psi_0 \text{ is such that (1b) and (2a–c) are satisfied for } t = 0 . \tag{2d}$$

With these assumptions,

$$\max_{(r,z)} |\psi(r, z, t_1)| > \max_{(r,z)} |\psi(r, z, t_2)| \quad \text{for any} \quad t_1 < t_2 .$$

(S) Let the boundary ∂G of G be so smooth that in every point $P \in \partial G$ with $r \neq 0$

a) an outward pointing normal $\vec{n}$ can be defined, and

b) two open balls k_1 and k_2 can be constructed with $k_1 \subset G$, $k_2 \subset \complement G$ and $\partial k_1 \cap \partial k_2 = \{P\}$.

Remark 1: Note that condition (2c) is too weak to ensure that $L\psi$ stays bounded for $r \to 0$. However, (2c) is sufficient to ensure that an existing solution decays. In the dynamo problem [1],

$$L\psi = \Delta^*\psi = \frac{\partial^2 \psi}{\partial r^2} - \frac{1}{r}\frac{\partial \psi}{\partial r} + \frac{\partial^2 \psi}{\partial z^2},$$

and (2c) has to be replaced by the stronger condition that ψ behaves as r^2 for $r \to 0$. Thus $\Delta^*\psi$ remains bounded for $r \to 0$ in that case.

Remark 2: Since the main tool of the proof, the maximum principle for parabolic differential equations, has been formulated for moving boundaries, it should be possible to treat the case $G = G(t)$ with very similar methods.

Remark 3: Condition (S) has been formulated so that the maximum principles given in [2] can easily be applied. All smoothness assumptions of the theorem could be relaxed [1].

Proof of the theorem: Though the theorem is a generalization of Theorem 1 in [1], the proof given in Section 3 of [1] still applies. We thus give here only an outline of it. — We define a D-shaped domain

$$E(\varepsilon) = \{(r, z) \in \mathbb{R}^2_+ : r > r_0(\varepsilon), r^2 + z^2 < R_0(\varepsilon)^2\} ,$$

where $r_0(\varepsilon)$ and $R_0(\varepsilon)$ have to be chosen such that for all times $|\psi(r, z, t)| < \varepsilon$ on $\overline{\complement E}$, the closed complement of E. This is possible because of conditions (2b) and (2c). Note that the elliptic differential operators of equations (1) have bounded coefficients in E and are uniformly elliptic. The singularity $\frac{1}{r}$ thus does not cause severe trouble. Now it follows from the strong maximum principle for elliptic operators [2] that ψ cannot have a local extremum in $E \backslash \bar{G}$ for any fixed time $\bar{t} > 0$, unless it is constant in (r, z). Also, a non-constant ψ cannot have a space-time extremum in $G \times (0, \bar{t})$. This follows from the maximum principle for parabolic equations [2]. Finally, it has to be shown that ψ cannot attain an extremum on any of the boundaries of the involved domains except for $t = 0$. This is a consequence of the fact that the normal derivative of ψ cannot be positive in any point of the boundaries. It thus follows that the spatial maximum of $|\psi(r, z, t)|$ must strictly decay in time.

References

1 LORTZ, D.; MEYER-SPASCHE, R., On the decay of symmetric dynamo fields, to be published in Math. Meth. Appl. Sci. **4** (1982).
2 PROTTER, M. H.; WEINBERGER, H. F., Maximum Principles in Differential Equations, Prentice Hall, Englewood Cliffs 1967.

Anschrift: Prof. Dr. D. LORTZ, Dr. R. MEYER-SPASCHE, Max-Planck-Institut für Plasmaphysik, EURATOM Association, D-8046 Garching, BRD

ZAMM 62, T 290 – T 292 (1982)

A. LOUIS

Nonuniqueness Problems in Computerized Tomography

The objective in medical imaging is the display of invisible parts of the human body. The dominant method in diagnostic medicine at the moment is the *x-ray tomography*. The measured data are approximations to line integrals of a slice of the body, see e.g. HERMAN [1]. Another method of potential usefulness is the *nuclear magnetic resonance* (NMR) *zeugmatography*, see e.g. MARR, CHEN, LAUTERBUR [7]. First NMR scanners are in clinical trials and the diagnostic relevances of the results are studied. The data in NMR pertain to integrals of the unknown density over planes in $\mathbb{R}^3$.

The common denominator of those methods is the underlying mathematics. The data in both cases can be interpreted as the Radon transform of the density, either in 2 or 3 dimensions. If we denote with f the density with compact support, say in the unit ball Ω in $\mathbb{R}^N$, $N \geqq 2$, which is a reasonable assumption, then the data are

$$g(s, \omega) = Rf(s, \omega) = \int f(x)\, \delta(s - x \cdot \omega)\, dx\,, \qquad s \in \mathbb{R}\,, \qquad \omega \in S^{N-1}\,,$$

where S^{N-1} is the unit sphere in $\mathbb{R}^N$.

In practice we have only a finite number of measurements, but we assume here that $g(\cdot, \omega_j)$, $j = 1, \dots, p$, is known, i.e. p complete projections are given. By imposing regularity conditions on g, say $g(\cdot, \omega_j)$ is continuous, we can get rid of this restriction.

The task is then the retrieval of f from those integrals. It has been shown by Smith, Solmon, Wagner [2], that this is not uniquely possible. In mathematical terms this means that the linear transform has a nontrivial kernel, the elements in this nullspace are usually denoted as "ghosts", because they are invisible from the considered set of directions.

After a series of results which characterize only the functions in the null space, see Logan [4], Louis [5], [6], Natterer [8], this paper is dedictated to the study of reducing the ghosts by improving both the reconstructions and the measuring of the data.

Now let A be the set of given directions,

$$A = \{\omega_j \in S^{N-1}, 1 \leqq j \leqq p, \omega_j \neq \omega_k \text{ for } j \neq k\}\,.$$

Because of $Rf(\cdot, \omega_j) \in L_2[-1, 1]$ for $f \in L_2(\Omega)$ (see Smith, Solmon, Wagner [11]) it is reasonable to consider the kernel

$$\mathcal{N}_A = \{f \in L_2(\Omega)\colon Rf(s, \omega) = 0 \quad \text{for a.a. } s \in [-1, 1] \text{ and all } \omega \in A\}\,.$$

For the functions in the nullspace the following result is given in Louis [6].

Theorem: *Let $n > 0$, $p \geqq \binom{n + N - 2}{N - 1}$. Let A be not contained in an algebraic variety of degree $< n$ and let $f \in \mathcal{N}_A$. Then*

$$\hat{f}(\sigma \cdot \omega) = \sum_{m=n}^{\infty} \sigma^{-N/2} J_{m+N/2}(\sigma)\, q_m(\omega)\,, \qquad 0 \leqq \sigma \in \mathbb{R}\,, \qquad \omega \in S^{N-1}\,,$$

where $\hat{f}$ denotes the Fourier transform of f, q_m is a polynomial of degree m with $q_m(\omega) = 0$ for $\omega \in A$, and J_ν is the Bessel function.

With the inversion formula for the Radon transform of the basis functions in the expansion of Rf, given in [6], we can also characterize f itself.

The main consequences of the Theorem are the following: For suitably chosen directions ω the expansion of $f \in \mathcal{N}_A$ starts with a polynomial in ω of degree n. Consequently the first n expansion coefficients $q_k(\omega)$, $k = 0, \dots, n - 1$, are uniquely determined by the data. In 2D the condition that A is not contained in an algebraic variety of order n only says that the directions have to be mutually different. In 3D this contains also geometric conditions on the directions which are fulfilled in the following case. Let $\omega_{jk} \in S^{N-1}$ be

$$\omega_{jk} = (\sin \theta_j \cos \varphi_k, \sin \theta_j \sin \varphi_k, \cos \theta_j)^{\mathsf{T}}\,,$$

with $\theta_j \in]0, \pi[$, $j = 1, \dots, (n + 1)/2$, $\varphi_k \in]0, \pi[$, $k = 1, \dots, n$, for even n.

This leads to $p = n(n + 1)/2$ measurements and so the first n expansion coefficients of f are uniquely determined. Numerical experiments with the test phantom given by Shepp [9] have shown that in the case of equally spaced θ_j and φ_k the reconstruction with $n(n + 1)/2$ directions brings practically the same results as with the n^2 directions used there. For practical purposes this reduction to almost half of the data brings a much shorter scanning time for the patient with the same resolution in the picture.

Another consequence of the Theorem stems from the fact that the Bessel functions $J_m(\sigma)$ are almost 0 for $|\sigma| < m - 1$. This can be interpreted in the way that $\hat{f}(\xi)$ is nearly 0 for $|\xi| < n$. The standard reconstruction algorithms as filtered backprojection, see [1], provide an approximation $f * E$ instead of f itself by filtering the data, see Leahy, Smith, Solmon [3]. The choice of E is a trade-off between a desirable good approximation to the delta distribution and the cut-off of the high frequencies in the data.

The study of the kernel of the null space thus led to methods which reduce considerably the problem of the vagueness of the reconstruction. For further remedies against those ghosts in 2D see Louis [5].

Acknowledgement

The research of the author has been supported by NIH grant HL 18968 while he was with MIPG, State University of New York, Buffalo.

References

1 Herman, G. T., Image Reconstruction from Projections: the Fundamentals of Computerized Tomography, New York, Academic Press 1980.
2 Herman, G. T.; Natterer, F. (eds.) Mathematical Aspects of Computerized Tomography, Berlin, Springer 1981.

3 Leahy, J. K.; Smith, K. T.; Solmon, D. C., Uniqueness, non-uniqueness and inversion in the x-ray and Radon problems, to appear in the Proc. Internat. Sympos. on Ill-posed Problems: Theorie and Practice, University of Delaware, Newark, Delaware, October 2–6, 1979
4 Logan, B. F., The uncertainty principle in reconstructing functions from projections, Duke Math. J. **42**, 661–706 (1975).
5 Louis, A. K., Ghosts in tomography — the null space of the Radon transform, Math. Meth. Appl. Sci. **3**, 1–10 (1981).
6 Louis, A. K., Orthogonal function series expansions and the null space of the Radon transform, Technical Report MIPG 52, SUNY at Buffalo 1981.
7 Marr, R. B.; Chen, C.-N.; Lauterbur, P. C., On two approches to 3D reconstruction in NMR zeugmatography, in [2], 1981, 225–240.
8 Natterer, F., A Sobolev space analysis of picture reconstruction, SIAM J. App. Math. **39**, 402–411 (1980).
9 Shepp, L. A., Computerized tomography and nuclear magnetic resonance, J. Comp. Ass. Tomography **4**, 94–107 (1980).
10 Shepp, L. A.; Kruskal, J. B., Computerized tomography: the new medical y-ray technology, Amer. Math. Monthly **85**, 420–439 (1978).
11 Smith, K. T.; Solomon, D. C.; Wagner, S. L., Practical and mathematical aspects of the problem of reconstructing objects from radiographs, Bull. Amer. Math. Soc. **83**, 1227–1270 (1977).

Anschrift: Priv.-Doz. Dr. Alfred K. Louis, Institut für Numerische und Instrumentelle Mathematik, Universität Münster; Einsteinstr. 62, D-4400, Münster, BRD

ZAMM 62, T 292 – T 295 (1982

R. Mennicken

Die numerische Berechnung unendlicher Determinanten

Für eine einseitig- oder zweiseitig-unendliche Matrix $A = (a_{n,m})_{n,m\in N(Z)}$ bezeichnen wir

$$\det A = \lim_{N\to\infty} \det A_N\,, \qquad A_N = (a_{n,m})_{n,m=0(-N)}^{N}\,, \tag{1}$$

falls dieser Grenzwert existiert. Bereits Poincaré [15] und v. Koch [6] bewiesen die Existenz der unendlichen Determinante unter der Voraussetzung

$$\sum_{n,m} |a_{n,m} - \delta_{n,m}| < \infty; \tag{2}$$

nach v. Koch [7] genügt die schwächere Voraussetzung

$$\sum_{n} |a_{n,n} - 1| < \infty\,, \qquad \sum_{n\neq m} |a_{n,m}|^2 < \infty\,. \tag{3}$$

Die Theorie unendlicher Determinanten wurde in der Zwischenzeit von verschiedenen Seiten auf eine Determinantentheorie für Operatoren im Banach-Raum bzw. Hilbert-Raum übertragen — vgl. Ruston [16], Grothendieck [3], Leżanski [9], Sikorski [18], König [8], Gohberg und Kreĭn [2]. Uns interessiert jedoch die Berechenbarkeit einer unendlichen Determinante insbesondere im Hinblick auf numerische Anwendungen bei der Hillschen Differentialgleichung (s. u.): hierzu liefert die abstraktere Theorie bisher keinen brauchbaren Beitrag. Die Konvergenzgeschwindigkeit bzw. das asymptotische Verhalten der $\det A_N$ wurde 1968 von Mennicken [12] unter der Voraussetzung (2), 1976 von Mennicken und Wagenführer [14] unter einer etwas allgemeineren Voraussetzung als (3) untersucht: hier bleiben wir bei Voraussetzung (3), ferner setzen wir (ohne Einschränkung) A als einseitig-unendliche Matrix voraus.

Zunächst sind nach der Hadamardschen Ungleichung sämtliche endlichen Unterdeterminanten von A betraglich durch

$$P = \prod_{n=0}^{\infty}\left(1 + 2|a_{n,n} - 1| + \sum_{m=0}^{\infty} |a_{n,m} - \delta_{n,m}|^2\right)^{1/2} \qquad (< \infty) \tag{4}$$

beschränkt. Ferner ist $N_0 \in \mathbb{N}$ so wählbar, daß

$$\sum_{n,m=N_0}^{\infty} |a_{n,m} - \delta_{n,m}|^2 = \eta^2 < 1; \tag{5}$$

ein solches N_0 sei festgehalten. Für jedes $N \geqq N_0 + 2$ erhalten wir durch Trennlinien hinter Zeile und Spalte Nr. $N - 1$ sowie Nr. N_0 folgende Blockunterteilungen von A_N:

$$A_N = \left(\begin{array}{c|c} A_{N-1} & a_N \\ \hline b_N^{\mathsf{T}} & a_{N,N} \end{array}\right) = \left(\begin{array}{c|c|c} A_{N_0} & R_N & S_N^1 \\ \hline L_N & D_N & S_N^2 \\ \hline z_N^{1\mathsf{T}} & z_N^{2\mathsf{T}} & a_{N,N} \end{array}\right); \tag{6}$$

hierin ist D_N auf Grund von (5) invertierbar und in der Operatornorm zur euklidischen Norm $|D_N^{-1}| \leqq (1-\eta)^{-1}$. Offenbar ist $\det A_N - \det A_{N-1} = \det \Delta_N$, wobei die Matrix Δ_N aus A_N durch Ersetzen von $a_{N,N}$ durch $a_{N,N} - 1$ entsteht. In Δ_N werden geeignete Linearkombinationen der Zeilen Nr. $N_0 + 1$ bis $N - 1$ von der letzten Zeile subtrahiert, so daß $z_N^{2\mathsf{T}}$ in 0 übergeht, entsprechend wird mit den Spalten verfahren. Die Determinante der so transformierten Matrix wird durch Entwickeln nach der letzten Zeile und Spalte ausgedrückt. Es ergeben sich für $N \geqq N_0 + 2$ die Ungleichungen

$$|\det A_N - \det A_{N-1}| \leqq P|a_{N,N} - 1| + Q|a_N|\,|b_N|\,, \tag{7}$$

wobei

$$Q = \frac{P}{1-\eta} + N_0 P\left(1 + \frac{|\tilde{A}|}{1-\eta}\right)^2, \qquad |\tilde{A}| := \Big(\sum_{n \neq m} |a_{n,m}|^2\Big)^{1/2}.$$

Mit

$$|\det A - \det A_N| = \left|\sum_{n=N+1}^{\infty} (\det A_n - \det A_{n-1})\right| \leqq P \sum_{n=N+1}^{\infty} |a_{n,n} - 1| + Q \sum_{n=NM}^{\infty} |a_n|\,|b_n| \tag{8}$$

ist schließlich wegen

$$\sum_{n=N+1}^{\infty} |a_n|\,|b_n| \leqq \left(\sum_{n=N+1}^{\infty} |a_n|^2\right)^{1/2} \left(\sum_{n=N+1}^{\infty} |b_n|^2\right)^{1/2} \leqq |\tilde{A}|^2 < \infty$$

der gewünschte neue Konvergenzbeweis erbracht und gleichzeitig die Konvergenzgüte abgeschätzt.

Im Folgenden sei A mit der Voraussetzung (3) zusätzlich eine Bandmatrix der Bandbreite $2k + 1$, d. h. mit $a_{n,m} = 0$ für $|n - m| > k$. Um das Konvergenzverhalten einer Zahlenfolge $(\gamma_N)_{N \in \mathbb{N}}$ an A zu messen, sagen wir

$$\gamma_N \to 0 \quad \text{von Ordnung } p \text{ bzgl. } A \Leftrightarrow \exists q \in \mathbb{N}, > 0 \;\; \gamma_N = O\left(\sum_{\substack{n,m=N-q \\ n \neq m}}^{N} |a_{n,m}|^2\right)^{p/2}. \tag{9}$$

Wir wählen ein $l \in \mathbb{N}, > 0$. Für $N \geqq N_0 + lk + 1$ ($N_0 \geqq k$ mit (5)) unterteilen wir A_N wie folgt:

$$A_N = \left(\begin{array}{c|c|c} A_{N-lk-1} & \begin{array}{c} 0 \\ \hline R_N^{(l)} \end{array} & 0 \\ \hline \begin{array}{c|c} 0 & L_N^{(l)} \end{array} & D_N^{(l)} & s_N^{(l)} \\ \hline 0 & z_N^{(l)\mathsf{T}} & a_{N,N} \end{array}\right) \begin{array}{l} \overline{k} \text{ Zeilen} \\ lk \text{ Zeilen} \end{array} \tag{10}$$

— im Unterschied zu (6) ist jetzt die Größe des Blocks oben links von N abhängig —. Über die Asymptotik der $\det A_N$ erhalten wir dann den

Satz ([14], S. 42):

$$\det A_N - \det A_{N-1} = \{(a_{N,N} - 1) - z_N^{(l)\mathsf{T}} D_N^{(l)^{-1}} s_N^{(l)}\} \det A_{N-1} + \varrho_N^{(l)}, \tag{11}$$

$\varrho_N^{(l)} \to 0$ von Ordnung $2l + 2$ bezüglich A.

Zur Konvergenzverbesserung geht man von A auf

$$B = \left(\frac{a_{n,m}}{1 - \beta_n}\right)_{n,m=0}^{\infty}, \qquad \prod_{n=0}^{\infty} (1 - \beta_n) \text{ absolut konvergent} \neq 0\,, \tag{12}$$

über. Dann hat man auf Grund von (11)

$$\begin{aligned} \det B_N - \det B_{N-1} &= \prod_{n=0}^{N} (1 - \beta_n)^{-1} \big(\det A_N - (1 - \beta_N) \det A_{N-1}\big) = \\ &= \prod_{n=0}^{N} (1 - \beta_n)^{-1} \big(\{(a_{N,N} - 1) - z_N^{(l)\mathsf{T}} D_N^{(l)^{-1}} s_N^{(l)} + \beta_N\} \det A_{N-1} + \varrho_N^{(l)}\big). \end{aligned}$$

Hieraus folgt unmittelbar der

Satz: *Falls $2 \leqq p \leqq 2l + 2$, β_N ($N \in \mathbb{N}$) so, daß*

$$\gamma_N := (a_{N,N} - 1) - z_N^{(l)\mathsf{T}} D_N^{(l)^{-1}} s_N^{(l)} + \beta_N \to 0 \quad \textit{von Ordnung } p \textit{ bzgl. } A\,, \tag{13}$$

so konvergiert die Folge der $\det B_N - \det B_{N-1} \to 0$ von der Ordnung p bzgl. A. Man erhält dann $\det A$ über die Gleichung

$$\det A = \prod_{n=0}^{\infty} (1 - \beta_n) \det B\,. \tag{14}$$

Zur praktischen Anwendbarkeit sollte das unendliche Produkt der $(1 - \beta_n)$ in geschlossener Form darstellbar sein: dann nimmt man als Näherungswert für $\det A$ den Ausdruck $\alpha_N := \prod_{n=0}^{\infty} (1 - \beta_n) \det B_N$ bei hinreichend großen N. Der Fehler besitzt eine Darstellung

$$\alpha_N - \det A = \sum_{n=N+1}^{\infty} \left(\prod_{\mu=n+1}^{\infty} (1 - \beta_\mu)\right) \big(\gamma_n \det A_{n-1} + \varrho_N^{(l)}\big) \tag{15}$$

und läßt sich daher leicht abschätzen.

Als Anwendungsbeispiel betrachten wir die Hillsche Differentialgleichung

$$y'' + (\lambda + g(x))y = 0 \quad \left(\lambda \in \mathbb{C},\, g(x) = \sum_{\varkappa=1}^{\infty} (2t_\varkappa) \cos(2\varkappa x),\, \sum_{\varkappa=1}^{\infty} |t_\varkappa|^2 < \infty\right). \tag{16}$$

$\nu \in \mathbb{C}$ heißt *charakteristischer Exponent*, wenn eine Lösung $y \neq 0$ von (16) mit

$$y(x + \pi) = e^{i\pi\nu} y(x), \quad x \in \mathbb{R}, \tag{17}$$

existiert. Außer der Berechenbarkeit von ν interessiert auch das inverse Problem, nämlich zu vorgegebenem $\nu \in \mathbb{C}$ solche λ zu bestimmen, daß ν charakteristischer Exponent zu (16) wird. Nach HILL [4], sowie WHITTAKER und WATSON [23] ist ν charakteristischer Exponent von (16) genau dann, wenn

$$\sin^2\left(\frac{\pi}{2}\nu\right) = \sin^2\left(\frac{\pi}{2}\sqrt{\lambda}\right)\det D, \qquad D = \left(\delta_{n,m} + \frac{t_{n,m}}{\lambda - 4n^2}\right)_{n,m\in\mathbb{Z}}, \tag{18}$$

wobei $t_{-n} = t_n$, $n \in \mathbb{N}$, $t_0 = 0$ zu setzen ist. Nach MAGNUS [10] läßt sich $\det D = \det C \det S$ mit gewissen einseitig-unendlichen Matrizen C, S zerlegen. Im Fall der endlichen Hillschen Differentialgleichung (16) mit

$$g(x) = \sum_{\varkappa=1}^{k} (2t_\varkappa)\cos(2\varkappa x), \tag{19}$$

speziell der Mathieu-Differentialgleichung ($k = 1$), sind C und S Bandmatrizen der Bandbreiten $2k + 1$. Konvergenz bezüglich A von Ordnung p gemäß der Definition (9) bedeutet im Fall $A = C$, S gerade das Verhalten $O(N^{-2p})$. Ohne Konvergenzverbesserung haben für $A = C$, S die $\det A_N$ nach (11) das Verhalten $\det A_N - \det A_{N-1} = O(N^{-4})$. MENNICKEN hat in [12] solche $(1 - \beta_n)$ angegeben, daß $\det B_N - \det B_{N-1} = O(N^{-8})$, also $\det B_N - \det B = O(N^{-7})$, und gleichzeitig das unendliche Produkt der $(1 - \beta_n)$ mittels Werten von trigonometrischen Funktionen und der (komplexen) Gammafunktion darstellbar ist: dieses Verfahren stimmt im Spezialfall der Mathieu-Differentialgleichung mit dem von SCHÄFKE und SCHMIDT [17] angegebenen überein. Nach WAGENFÜRER [20] kann man bei der Darstellung des unendlichen Produkts auf die Gammafunktion verzichten, ferner konvergiert die „extrapolierte" Folge

$$\left(\det B_N + \frac{N}{7}(\det B_N - \det B_{N-1})\right)_{N\in\mathbb{N}}$$

wie $O(N^{-8})$ gegen $\det B$. Für die Mathieu-Differentialgleichung hat WAGENFÜHRER [19] solche $(1 - \beta_n)$ gefunden, daß hier $\det B_N - \det B_{N-1} = O(N^{-12})$ und das Produkt der $(1 - \beta_n)$ wieder mittels trigonometrischer Funktionen darstellbar ist. In diesem Fall ist eine effektive Fehlerrechnung an Hand von (15) möglich, die Rundungsfehler sind ebenfalls leicht abschätzbar. Durch ihre hohe Konvergenzordnung sind die genannten Verfahren insbesondere bei hohen Genauigkeitsanforderungen geeignet und benötigen kürzere Rechenzeiten als andere bekannte Verfahren: nur bei größerem k in (19) ist eventuell die numerische Lösung der Differentialgleichung (16) mittels des Taylor-Verfahrens gemäß [22] schneller.

Die genannten Methoden zur Berechnung von charakteristischen Exponenten lassen sich in Verbindung mit dem Newton-Verfahren auch bei der Behandlung des Eigenwertproblems einsetzen (WAGENFÜHRER [21]). Gegenüber den für die Mathieu-Differentialgleichung bisher benutzten Methoden (z. B. MEIXNER und SCHÄFKE [11], S. 216; JANSEN und JENKEN [5]) liefern die neuen Verfahren wieder Fehlerschranken unter Berücksichtigung der Rundungsfehler.

Bei manchen Schwingungsproblemen tritt die Hillsche Differentialgleichung mit nicht abbrechender Fourierreihe von $g(x)$ auf (vgl. CAMBI [1]): dann ergibt sich aus (8) für $A = S$ oder C die Konvergenzabschätzung

$$|\det A_N - \det A| \leqq \sum_{n=N+1}^{\infty} \frac{1}{n^2}\left(\gamma_1 \sup_{l\geqq n/2} |t_l| + \frac{\gamma_2}{n^2}\right)$$

mit gewissen $\gamma_1, \gamma_2 > 0$, eine Möglichkeit der Konvergenzverbesserung ist bisher nicht bekannt. Gewisse Spezialfälle der nicht-endlichen Hillschen Differentialgleichung wie die Incesche Differentialgleichung fallen unter den Begriff der Differentialgleichungen mit sinusförmigen Koeffizienten. Diese hat MENNICKEN in [13] behandelt: dabei treten unendliche Determinanten von anderem Konvergenztyp als (3) auf, für die wiederum eine Konvergenzverbesserung möglich ist.

Literatur

1 CAMBI, E., Possibility of free oscillations in a variable-parameter resonant system, Nuovo Cimento, Suppl. al Vol. III, Serie X (1956)
2 GOHBERG, I. C.; KREĬN, M. G., Introduction to the Theory of Linear Nonselfadjoint Operators, Transl. Math. Monographs Vol. 18, Providence 1969.
3 GROTHENDIECK, A., La théorie de Fredholm, Bull. Soc. math. France **84**, 319—384 (1956).
4 HILL, G. W., On the part of the motion of the lunar perigee, which is a function of the mean motions of the sun and the moon, Acta Math. **8**, 1—36 (1886).
5 JANSEN, J. K. M.; JEUKEN, M. E. J., Propagation and radiation properties of elliptical waveguide with anisotropic boundary, Report Dept. of Electrical Engineering, Eindhoven Univ. of Techn. 1973.
6 v. KOCH, H., Sur les déterminants infinis et les équations différentielles linéaires, Acta math. **16**, 271—295 (1892).
7 v. KOCH, H., Sur les systèmes d'une infinité d'équations linéaires à une infinité d'inconnue, C. R. Congrès de Stockholm, 43—61 (1910).
8 KÖNIG, H., A Fredholm determinant theory for p-summing maps in Banach spaces, Math. Ann. **247**, 255—274 (1980).
9 LEŻAŃSKI, T., The Fredholm theory of linear equations in Banach spaces, Studia Math. **13**, 244—276 (1953).
10 MAGNUS, W., Infinite determinants associated with Hill's equation, Pacific J. Math. **5**, Suppl. 2, 941—951 (1955).
11 MEIXNER, J.; SCHÄFKE, F. W., Mathieusche Funktionen und Sphäroidfunktionen, Springer-Verlag, Berlin-Heidelberg-New York 1954.

12 Mennicken, R., On the convergence of infinite Hill-type determinants, Arch. Rat. Mech. Analysis **30** (1), 12—37 (1968).
13 Mennicken, R.; Schmidt, D., Untersuchungen über lineare Differentialgleichungen mit sinusförmigen Koeffizienten, Arch. Rat. Mech. Analysis **31**, 304—321 (1968).
14 Mennicken, R.; Wagenführer, E., Über die Konvergenz verallgemeinerter Hillscher Determinanten, Math. Nachr. **72**, 21 bis 49 (1976).
15 Poincaré, H., Sur les déterminants d'ordre infini, Bull. Soc. math. France **14**, 77—90 (1886).
16 Ruston, A. F., Operators with a Fredholm theory, J. London Math. Soc. **29**, 318—326 (1954).
17 Schäfke, F. W.; Schmidt, D., Ein Verfahren zur Berechnung des charakteristischen Exponenten der Mathieuschen Differentialgleichung. III, Numer. Math. **8**, 68—71 (1966).
18 Sikorski, R., The determinant theory in Banach spaces; Coll. Math. **8**, 141—198 (1961).
19 Wagenführer, E., Ein Verfahren höherer Konvergenzordnung zur Berechnung des charakteristischen Exponenten der Mathieuschen Differentialgleichung, Numer. Math. **27**, 53—65 (1976).
20 Wagenführer, E., Die Determinantenmethode zur Berechnung des charakteristischen Exponenten der endlichen Hillschen Differentialgleichung, Numer. Math. **35**, 405—420 (1980).
21 Wagenführer, E., On calculating the eigenvalues of the finite Hill's differential equation, Publikation in Vorbereitung.
22 Wagenführer, E., Lang, H., Berechnung des charakteristischen Exponenten der endlichen Hillschen Differentialgleichung durch Numerische Integration, Numer. Math. **32**, 31—50 (1979).
23 Whittaker, E. T.; Watson, G. N., A Course of Modern Analysis, 4th. ed., Cambridge 1965.

Anschrift: Prof. Dr. R. Mennicken, Universität Regensburg, Fakultät für Mathematik, Universitätsstraße 31, D-8400 Regensburg, BRD

ZAMM 62, T 295 – T 297 (1982)

P. Neittaanmäki

Über die Nichtexistenz der Eigenwerte des Laplace-Operators in einigen unbeschränkten Gebieten

Wir betrachten das Eigenwertproblem für den Laplace-Operator in Gebieten $G \subset \mathbb{R}^d$, $d \geqq 2$, mit unbeschränktem Rand Γ. Es werden hinreichende Bedingungen dafür gegeben, daß der Laplace-Operator keine positiven Eigenwerte hat. Diese Bedingungen enthalten u. a. Voraussetzungen über die geometrische Struktur des Randes.

Unser Problem wird folgenderweise formuliert:

Aufgabe 1: Unter welchen Voraussetzungen an den Rand Γ hat die Aufgabe

$$\Delta u + \lambda u = 0\,, \qquad u \in H_0^1(G)\,, \qquad \lambda > 0\,, \tag{1}$$

nur die triviale Lösung $u = 0$?

Unter der Lösung u wird eine schwache Lösung verstanden. $H_0^1(G)$ bezeichnet den Unterraum des Sobolevraumes $H^1(G)$ mit Dirichletschen Randbedingungen.

Der Lösungsweg dieser Aufgabe stützt sich auf die von Rellich [3] gegebene Darstellung

$$\lambda = \frac{1}{2} \int\limits_\Gamma (n(x) \cdot x) \left| \frac{\partial}{\partial n} u \right|^2 \mathrm{d}o \tag{2}$$

der Eigenwerte λ durch Randintegrale. Hierbei ist $\partial u/\partial n = n \cdot \nabla u$ die Ableitung in die Richtung der äußeren Normalen $n(x) = (n_1(x), \dots, n_d(x))$. Nach (2) ist es dann motiviert, auf Γ die Nebenbedingung

$$n(x) \cdot x \leqq 0 \quad \text{für alle} \quad x \in \Gamma\,, \tag{3}$$

zu stellen. Diese Bedingung wird u. a. in den Arbeiten [8] von Wienholz und [1] von Finozenok benutzt. Siehe auch [6]. Abweichungen von der Bedingung (3) bedeuten die Bedingungen von Vogelsang [7]: $n(x) \cdot x \leqq \mu_0$ auf Γ (über die Abhängigkeit von μ_0 von verschiedenen Daten, siehe [7], S. 393) und Saranen [4], [5]: $n(x) \cdot \sigma(x) \leqq 0$ auf Γ, wobei $\sigma(x) = (\sigma_1(x), \dots, \sigma_d(x))$ ein gewisses Vektorfeld ist.

In dieser Arbeit wird gezeigt, wie man für die Bedingungen von Vogelsang und Saranen im Falle der Aufgabe 1 eine für allgemeinere Gebiete geeignete Form geben kann:

Bedingung 1: Das Gebiet, das einen unbeschränkten, unendlich oft differenzierbaren Rand Γ hat, erfüllt bezüglich Γ die Bedingung

$$n(x) \cdot \sigma(x) \leqq 0 \quad \text{für alle} \quad x \in \Gamma\,, \tag{4}$$

wobei $\sigma(x) = x + \gamma(x)$. Das Störungsfeld $\gamma(x) = (\gamma_1(x), \dots, \gamma_d(x))$ ist zweimal stetig differenzierbar auf $\bar{G}$ und hat die *asymptotische Eigenschaft*

$$\text{(i)} \quad \gamma(x) = O(|x|)\,, \qquad |x| \to \infty\,,$$

und die *globalen Eigenschaften*

$$\text{(ii)} \quad \left(\frac{\partial}{\partial x_i} \gamma_k(x)\right)_{i,k=1}^d \quad \text{positiv semidefinit für alle} \quad x \in G\,,$$

$$\text{(iii)} \quad \operatorname{div} \gamma(x) = \text{Konst.} \quad \text{für alle} \quad x \in G\,,$$

oder anstelle (iii) gilt mit einer positiven Konstanten C_1

$$\text{(iii)}' \quad |\nabla \operatorname{div} \gamma(x)| \leqq C_1 g_d(x) \quad \text{für alle} \quad x \in G\,,$$

wobei $g_d(x) = 1/\big((1+|x|)\ln(e+|x|)\big)$ für $d = 2$ und $g_d(x) = 1/(1+|x|)$ für $d \geqq 3$ ist.

Die Voraussetzung (iii)' in Bedingung 1 ermöglicht die Anwendung der Poincaréschen Ungleichung mit der Gewichtsfunktion g_d:

Lemma 1: *Es sei $G \subset \mathbb{R}^d$ ein beliebiges unbeschränktes Gebiet. Dann gilt mit einer von φ unabhängigen Konstanten $\gamma > 0$*

$$||g_d\varphi||_{0,G} \leqq \gamma ||\nabla\varphi||_{0,G} \quad \textit{für alle} \quad \varphi \in C_0^\infty(G)\,. \tag{5}$$

Beweis: Siehe [2], Lemma 3.1.

Nun können wir unsere Aufgabe lösen.

Satz 1: *Sei $G \subset \mathbb{R}^d$ und sei die Bedingung 1 mit (i)—(iii) oder mit (i), (ii) und (iii)' erfüllt. Dann hat die Aufgabe 1 nur die triviale Lösung $u = 0$.*

Beweis: Der Beweis wird in mehreren Schritten gegeben. Als Grundlage der Beweismethode werden die Arbeiten [3], [4] und [5] benutzt. Zuerst berechnet man die Ausdrücke $(-(\Delta+\lambda)u, u)_R$ und $(-(\Delta+\lambda)u, \sigma\cdot\nabla u)_R$ [$(\cdot,\cdot)_R := (\cdot,\cdot)_{0,G(R)}$ ist das übliche L^2-Skalarprodukt über $G(R) = \{x \in G \mid |x| < R\}$] und fügt sie dann passend zusammen. Alle vorkommenden Funktionen werden als reellwertig vorausgesetzt.

A. Wegen $(\Delta+\lambda)\,u = 0$, $u \in H_0^1(G)$, erhält man durch partielle Integration

$$0 = (-(\Delta+\lambda)\,u, u)_R = ||\nabla u||_R^2 - \lambda ||u||_R^2 + J_R(u) \tag{6}$$

und

$$0 = \left(-(\Delta+\lambda)\,u, \sigma\cdot\nabla u + \frac{d}{2}u\right)_R =$$

$$= ||\nabla u||_R^2 - \frac{1}{2}\Gamma_R(u) + \sum_{i,k=1}^{d}\int_{G(R)} \partial_i u\, \partial_i\gamma_k\, \partial_k u\, dx + \frac{1}{2}[\lambda(u, (\operatorname{div}\gamma)\,u)_R - (\nabla u, (\operatorname{div}\gamma)\nabla u)_R] + J_R(u)\,, \tag{7}$$

wobei

$$\Gamma_R(u) := \int_{\Gamma(R)} (n\cdot\sigma)\left|\frac{\partial}{\partial n}u\right|^2 do \qquad \big(\Gamma(R) := \{x \in \Gamma \mid |x| < R\}\big)\,.$$

Für das Restglied $J_R(u)$ gilt für genügend große R die Abschätzung $|J_R(u)| \leqq CR||u||_{1,S(R)}^2$ [$||\cdot||_{1,S(R)}^2$ ist die H^1-Norm über $S(R) := \{x \in G \mid |x| = R\}$] mit einer von u und R unabhängigen Konstanten $C > 0$.

B. Die Voraussetzung (iii) zusammen mit der Identität (6) impliziert

$$\lambda(u, (\operatorname{div}\gamma)\,u)_R - (\nabla u, (\operatorname{div}\gamma)\nabla u)_R = J_R(u)\,.$$

Somit gilt nach (7) und nach Voraussetzung (ii)

$$||\nabla u||_R^2 = \tfrac{1}{2}\Gamma_R(u) - \sum_{i,k=1}^{d}\int_{G(R)} \partial_i u\,\partial_i\gamma_k\,\partial_k u\, dx + J_R(u) \leqq \tfrac{1}{2}\Gamma_R(u) + J_R(u)\,. \tag{8}$$

Wählt man nun eine Folge $R_j \to \infty$ mit $J_{R_j}(u) \to 0$, so folgt aus (8) die Abschätzung

$$||\nabla u||_{0,G}^2 \leqq \frac{1}{2}\int_{\Gamma} (n\cdot\sigma)\left|\frac{\partial}{\partial n}u\right|^2 do\,. \tag{9}$$

Wegen $\sigma(x)\cdot n(x) \leqq 0$ auf Γ gilt nach (9) $\nabla u = 0$. Weil $u|_\Gamma = 0$, folgt daraus, daß $u = 0$.

C. In diesem Schritt zeigen wir, wie man die Annahme, daß die Divergenz des Feldes γ konstant sein soll, vermeiden kann.

Eine partielle Integration liefert für die Lösung $u \in H_0^1(G)$ der Gleichung (1)

$$\lambda(u, (\operatorname{div}\gamma)\,u)_R - (\nabla u, (\operatorname{div}\gamma)\nabla u)_R = (\nabla u, \nabla(\operatorname{div}\gamma)\,u)_R + J_R(u)\,. \tag{10}$$

Wählt man eine Folge $R_j \to \infty$ wie oben, so erhält man aus (7) und (10) nach (ii), (iii)' und Lemma 1

$$||\nabla u||_{0,G}^2 \leqq \tfrac{1}{2}\Gamma(u) + (\tfrac{1}{2} + \tfrac{1}{2}C_1\gamma^2)\,||\nabla u||_{0,G}^2\,.$$

Für $C_1 = \frac{1}{2}\gamma^{-2}$ impliziert diese Ungleichung $||\nabla u||_{0,G} \leqq 0$, also auch $u = 0$.

Satz 1 läßt sich auf die Eindeutigkeitsfrage des Ausstrahlungsproblems der Helmholtzschen Schwingungsgleichung anwenden. Diese Problematik werden wir in späterem Zusammenhang behandeln.

Literatur

1 Finozenok, G. N., Nature of the spectrum of the first boundary value problem for higher order equations in infinite domains. Math. Notes 1 (1967), 381—385.

2 Neittaanmäki, P., Dirichletsche und Neumannsche Randwertaufgaben in der statischen Elastizitätstheorie, Ann. Acad. Sci. Fenn., Ser. A I Math. 5 (1980), 227—236.

3 Rellich, F., Darstellung der Eigenwerte von $\Delta u + \lambda u = 0$ durch ein Randintegral, Math. Z. 46 (1940), 635—636.

4 Saranen, J., Über das Spektrum des Laplace-Operators in einigen unbeschränkten Gebieten, Manuscripta Math. **19** (1976), 47 bis 56.
5 Saranen, J., Ausstrahlungsproblem des Laplace-Operators für eine Klasse der Gebiete mit unbeschränktem Rand, Manuscripta Math. **20** (1977), 355–376.
6 Tayoshi, T., The asymptotic behavior of the solutions of $(\Delta + \lambda)\, u = 0$ in a domain with the unbounded boundary, Publ. Res. Inst. Math. Sci. **8** (1972), 375–391.
7 Vogelsang, V., Elliptische Differentialgleichungen mit variablen Koeffizienten in Gebieten mit unbeschränktem Rand, Manuscripta Math. **4** (1975), 379–401.
8 Wienholz, E., Halbbeschränkte partielle Differentialoperatoren zweiter Ordnung von elliptischen Typus, Math. Ann. **135** (1958), 50–80.

Anschrift: Dr. Pekka Neittaanmäki, Universität Jyväskylä, Mathematisches Institut, Sammonkatu 6, SF-41000 Jyväskylä 10, Finnland

ZAMM 62, T 297 – T 299 (1982)

H. Peters

Chaos in einer zeitverzögerten Differentialgleichung

I. Einleitung

Wir studieren die Gleichung

$$x'(t) = -\alpha \cdot f_\delta(x(t-1)) , \tag{1.1}$$

mit

$$f_\delta(x) = \begin{cases} \operatorname{sign} \sin(\pi x) , & \text{falls} \quad x \in [z+\delta, z+1-\delta] \\ (-1)^z\, g\left(\dfrac{x-z}{\delta}\right), & \text{falls} \quad x \in [z-\delta, z+\delta] , \qquad z \in Z , \end{cases} \tag{1.2}$$

für $\delta > 0$ und $f_0(x) = \operatorname{sign} \sin(\pi x)$. Hierbei sei $g \in C[-1, 1]$ eine ungerade, monoton wachsende Funktion mit $g(1) = 1$. Gleichung (1.1) ist Modell für eine von Furumochi untersuchte Gleichung [1]. Für eine Anfangsfunktion $\varphi \in C[0, 1]$ bezeichne x^φ die Lösung der Gleichung (1.1) zum Anfangswert φ; das Segment der Trajektorie auf dem Intervall $[t, t+1]$ werde mit x_t^φ bezeichnet. Gesucht ist nach periodischen Lösungen der Differentialgleichung (1.1). Hierzu definiert man auf der Funktionenmenge

$$M_{\alpha,\delta} := \left\{ \varphi \in C[0,1] \;\middle|\; \begin{matrix} \dot\varphi = -\alpha \text{ auf } [0, y] \\ \varphi(0) = -1+\delta; \\ \dot\varphi = +\alpha \text{ auf } \left[y + 2\dfrac{\delta}{\alpha}, 1\right] \end{matrix} \; ; 2\frac{\delta}{\alpha} \leqq y \leqq \frac{1}{4} - \frac{\delta}{4\alpha} \right\}$$

einen Verschiebeoperator $S_{\alpha,\delta}$ wie folgt:

$$\varphi \to S_{\alpha,\delta}(\varphi) := \begin{cases} -x_{z_1}^\varphi, & \text{falls } z_1 > 1 \text{ mit } x^\varphi(z_1) = -1+\delta \text{ existiert} , \\ \varphi_0 & \text{sonst} . \end{cases}$$

Dabei bezeichne φ_0 die zur Koordinate $y = 2\dfrac{\delta}{\alpha}$ gehörende Funktion aus $M_{\alpha,\delta}$. Fixpunkte des Verschiebeoperators $S_{\alpha,\delta}$ oder seiner Iterierten $S_{\alpha,\delta}^j$, $j \in N$, sind Anfangsstücke periodischer Lösungen.

II. Resultat

Vermöge der Koordinate y ist $M_{\alpha,\delta}$ homöomorph zum Intervall $I_{\alpha,\delta} := \left[2\dfrac{\delta}{\alpha}, \dfrac{1}{4} - \dfrac{1}{4}\dfrac{\delta}{\alpha}\right]$. Der auf $M_{\alpha,\delta}$ erklärte Verschiebeoperator $S_{\alpha,\delta}$ induziert eine Abbildung $\tilde S_{\alpha,\delta}$ des Intervalls $I_{\alpha,\delta}$ in sich.

Satz: *Sei* $\alpha \in \left(1, \dfrac{4}{3}\right)$, $\delta^* := \dfrac{\alpha - 1}{14}$. *Falls* $0 \leqq \delta \leqq \delta^*$, *so hat Gleichung* (1.1) *unendlich viele periodische und aperiodische Lösungen. Genauer gilt: die vom Verschiebeoperator* $S_{\alpha,\delta}$ *auf dem Intervall* $I_{\alpha,\delta}$ *induzierte Abbildung* $\tilde S := \tilde S_{\alpha,\delta}$ *verhält sich chaotisch im Sinne von* Li *und* Yorke, *das heißt*:

1. *Für alle* $n \in N$ *existiert ein periodischer Punkt der Periode* n, *d. h. ein* $y \in I_{\alpha,\delta}$ *so daß* $\tilde S^n(y) = y$ *und* $\tilde S^j(y) \neq y$ *für alle* $j < n$.

2. *Es existiert eine überabzählbare Menge* $\Sigma \subset I_{\alpha,\delta}$, *die keine periodischen Punkte enthält und so daß gilt*:

(2a) $\limsup\limits_{n\to\infty} |\tilde S^n(y) - \tilde S^n(y')| > 0$ *für alle* $y, y' \in \Sigma$;

(2b) $\liminf\limits_{n\to\infty} |\tilde S^n(y) - \tilde S^n(y')| = 0$ *für alle* $y, y' \in \Sigma$;

(2c) $\limsup\limits_{n\to\infty} |\tilde S^n(y) - \tilde S^n(p)| > 0$ *für alle periodischen Punkte* p *und alle* $y \in \Sigma$.

III. Beweisskizze

Der unstetige Fall: $\delta = 0$

Die Trajektorie x^φ zur Anfangsfunktion $\varphi \in M_{\alpha,0}$ ist stückweise linear und kann explizit berechnet werden. Die vom Verschiebeoperator $S_{\alpha,0}$ induzierte eindimensionale Abbildung $\tilde{S}_{\alpha,0}$ ist gegeben durch:

$$y \to \tilde{S}_{\alpha,0}(y) = \begin{cases} \dfrac{\alpha-1}{\alpha} - 4y, & y \in \left[0, \dfrac{\alpha-1}{4\alpha}\right], \\ 0, & y \in \left[\dfrac{\alpha-1}{4\alpha}, \dfrac{3}{8}\dfrac{\alpha-1}{\alpha}\right], \\ 8y - 3\dfrac{\alpha-1}{\alpha}, & y \in \left[\dfrac{3}{8}\dfrac{\alpha-1}{\alpha}, \dfrac{1}{2}\dfrac{\alpha-1}{\alpha}\right], \\ \dfrac{\alpha-1}{\alpha}, & y \in \left[\dfrac{1}{2}\dfrac{\alpha-1}{\alpha}, \dfrac{1}{4}\right]. \end{cases}$$

Falls $0 \leqq \alpha \leqq \frac{4}{3}$, ist $\frac{\alpha-1}{\alpha} \leqq \frac{1}{4}$. $\tilde{S}_{\alpha,0}$ ist dann eine stetige Abbildung des Intervalls $I_{\alpha,0}^{\bullet} = \left[0, \frac{1}{4}\right]$ in sich. Man verifiziert, daß $\tilde{S}^3_{\alpha,0}$ einen Fixpunkt hat $\left(\text{z. B. } y_0 = \frac{37}{257}\frac{\alpha-1}{\alpha}\right)$. Die Abbildung $\tilde{S}_{\alpha,0}$ erfüllt damit die Voraussetzungen des Satzes von Li und Yorke [2].

Der stetige Fall: $\delta > 0$

Die Trajektorie x^φ zu einer Anfangsfunktion $\varphi \in M$ ist differenzierbar und kann im allgemeinen nicht mehr explizit berechnet werden. Schränkt man die Koordinate y der Anfangsfunktion φ jedoch auf geeignete Teilintervalle von $[0, \frac{1}{4}]$ ein, so ist $S_{\alpha,\delta}(\varphi)$ wieder in $M_{\alpha,\delta}$. Die induzierte eindimensionale Abbildung $\tilde{S}_{\alpha,\delta}$ ist gegeben durch:

$$y \to \tilde{S}_{\alpha,\delta}(y) = \begin{cases} \dfrac{\alpha-1}{\alpha} - 4y, & y \in A := \left[2\dfrac{\delta}{\alpha}, \dfrac{\alpha-1}{\alpha} - \dfrac{1}{2}\dfrac{\delta}{\alpha}\right], \\ 2\dfrac{\delta}{\alpha}, & y \in B := \left[\dfrac{\alpha-1}{4\alpha} + \dfrac{\delta}{2\alpha}, \dfrac{3}{8}\dfrac{\alpha-1}{\alpha} - \dfrac{\delta}{8\alpha}\right], \\ 8y - 3\dfrac{\alpha-1}{\alpha}, & y \in C := \left[\dfrac{3}{8}\dfrac{\alpha-1}{\alpha} + \dfrac{\delta}{4\alpha}, \dfrac{\alpha-1}{2\alpha} - \dfrac{\delta}{\alpha}\right] \\ \dfrac{\alpha-1}{\alpha} - \dfrac{\delta}{\alpha}, & y \in D := \left[\dfrac{1}{2}\dfrac{\alpha-1}{\alpha} + \dfrac{\delta}{2\alpha}, \dfrac{1}{4} - \dfrac{\delta}{4\alpha}\right]. \end{cases}$$

Man überprüft, daß unter den Voraussetzungen des Satzes die Intervalle nicht leer sind. Offensichtlich geht für $\delta \to 0$ die Abbildung $\tilde{S}_{\alpha,\delta}$ in die Abbildung $\tilde{S}_{\alpha,0}$ über. Insbesondere hat $\tilde{S}^3_{\alpha,\delta}$ für hinreichend kleine δ dieselben Fixpunkte wie $\tilde{S}^3_{\alpha,0}$. Da jedoch $\tilde{S}_{\alpha,\delta}$ nicht auf dem ganzen Intervall $[0, \frac{1}{4}]$ definiert ist, ist der Satz von Li und Yorke nicht anwendbar. Allerdings läßt sich das folgende Lemma anwenden (vgl. [4]).

Lemma: *Seien A und C abgeschlossene, disjunkte Intervalle in R, h eine auf A und C stetige Abbildung. Falls $h(A) \supset A \cup C$ und $h(C) \supset A$, so verhält sich h chaotisch im Sinne von Li und Yorke.*

Es ist nämlich $\tilde{S}_{\alpha,\delta}(A) = \tilde{S}_{\alpha,\delta}(C) = \left[2\frac{\delta}{\alpha}, \frac{\alpha-1}{\alpha} - 8\frac{\delta}{\alpha}\right] \supset A \cup C$ genau dann, wenn $\delta \leqq \frac{\alpha-1}{14}$.

IV. Bemerkungen

1. Für $\alpha > \frac{4}{3}$ ist $\tilde{S}_{\alpha,\delta}$ nicht mehr Selbstabbildung des Intervalls $I_{\alpha,\delta}$. Dennoch ist das Chaos-Resultat aufgrund des Lemmas auch für Parameter $\alpha > \frac{4}{3}$ $(\alpha < 2)$ richtig (vgl. [3]).

2. Die periodischen und aperiodischen Lösungen von Gleichung (1.1), deren Existenz im Satz gezeigt wurde, sind bezüglich 0 schnell schwingend, d. h. im allgemeinen fallen mehrere Nullstellen der Trajektorie in Intervalle der Länge 1.

3. Gleichung (1.1) hat weitere periodische Lösungen: periodische Lösungen, die bezüglich 0 langsam schwingend sind, und periodische Lösungen, deren Segmente nicht in der Menge $M_{\alpha,\delta}$ liegen (vgl. [3]).

4. Der Fixpunkt $\bar{y} = \frac{\alpha-1}{\alpha} - \frac{\delta}{\alpha} \in D$ der Abbildung $\tilde{S}_{\alpha,\delta}$ ist stabil. Die in $A \cup C$ enthaltene Menge

$$R = \bigcup_{n \in N} \tilde{S}^{-n}_{\alpha,\delta}(D)$$

hat positives Lebesgue-Maß. Alle Punkte aus R werden nach endlich vielen Iterationen in die Menge D (und damit auf den Fixpunkt $\bar{y}$) abgebildet. Insbesondere müssen alle periodischen und aperiodischen Punkte in $(A \cup C)\setminus R$ liegen. Dies erklärt wenigstens teilweise die numerische Beobachtung, daß „fast alle“ Anfangswerte nach endlich vielen Iterationen in den Fixpunkt $\bar{y}$ abgebildet werden, d. h. daß das chaotische Verhalten durch einen attraktiven Fixpunkt verdeckt wird.

Diese Arbeit wurde unterstützt von der Deutschen Forschungsgemeinschaft, DFG-Projekt „Multiple Bifurkation" an der Universität Bremen.

Literatur

1 FURUMOCHI, T., Existence of periodic solutions of one-dimensional differential-delay equations, Tôhoku Math. J. 30 (1978), 13 bis 35.
2 LI, T. Y.; YORKE, J. A., Period three implies chaos, Amer. Math. Monthly 82 (1975), 985—992.
3 PETERS, H., Change of structure and chaos for solutions of $\dot{x}(t) = -f(x(t-1))$, erscheint in "Proc. Conf. ... Bremen 1980" (E. ALLGOWER/H. O. PEITGEN, eds.), Springer-Verlag, Berlin-Heidelberg-New York, Lecture Notes in Math. 878, 1981.
4 SIEGBERG, H. W., Dissertation, Bremen 1981.

Anschrift: HUBERT PETERS, Dipl. Math., Forschungsschwerpunkt 'Dynamische Systeme', Universität Bremen, Postfach 330440 D-2800 Bremen 33, BRD

ZAMM 62, T 299 – T 301 (1982)

R. RAUTMANN

Ein Polygonzugverfahren für die Wirbeltransportgleichung

Zur Aufgabenstellung

Diese Notiz beschreibt 1. für die Anfangswertaufgabe der linearen Wirbeltransportgleichung (bei vorgegebenem Geschwindigkeitsfeld) ein Polygonzugverfahren zur näherungsweisen Lösung und 2. für die entsprechende nichtlineare Anfangswertaufgabe ein Iterationsverfahren, dessen zeitlich lokale Konvergenz sich aus den unter 1. erhaltenen Normschranken ergibt.

Für eine Vektorfunktion $w(t, x) = (w^1, w^2, w^3)$, abhängig vom Zeitparameter $t \geqq 0$ und der Ortsvariablen $x = (x^1, x^2, x^3) \in R^3$, betrachten wir das Cauchyproblem

$$w_t + v \cdot \nabla w - \Delta w = w \cdot \nabla v\,, \qquad t > 0\,, \qquad w(t, x) \to 0 \quad \text{mit} \quad |x| \to \infty\,,$$
$$w = w_0 \quad \text{für} \quad t = 0\,, \quad \operatorname{div} w_0 = 0\,. \tag{1}$$

1. zu hinreichend glatt vorgegebener, divergenzfreier Vektorfunktion $v(t, x) = (v^1, v^2, v^3)$ und
2. mit der zusätzlichen Vorschrift

$$v = Kw = \int_{R^3} \operatorname{rot}_x \frac{1}{4\pi\,|x - y|}\, w(t, y)\, \mathrm{d}y \tag{2}$$

zur Bildung von v aus w.

Die Gleichung (1) mit v aus (2) entsteht durch Bilden der Rotation auf beiden Seiten der Navier-Stokesschen Gleichung. Wir können daher v als Geschwindigkeitsfeld einer zähen Strömung konstanter Dichte 1 auf dem R^3 betrachten. Die Vektorfunktion $w = \operatorname{rot} v$ ist das Wirbelfeld dieser Strömung.

Bei vorgegebenem v ist (1) ein lineares, schwach gekoppeltes parabolisches System. Der übliche Hilbertraumansatz führt, wenn v hinreichend regulär ist, unmittelbar zur (Galerkin-) Konstruktion der eindeutig bestimmten Lösung w. Als L^2-Schranke für w erhalten wir

$$|w(t, \cdot)|_{L^2}^2 \leqq |w_0|_{L^2}^2 \cdot \mathrm{e}^{c_0 \cdot c_1 t}\,, \tag{3}$$

mit einer Konstanten c_0 und der Schranke c_1 für die Supremumnorm von ∇v.

Für die tatsächliche Durchführung des theoretisch eleganten Galerkinverfahrens müßten wir allerdings zunächst ein divergenzfreies vollständiges (eventuell auch orthonormales) Funktionensystem bilden, und eine klassische Lösung würde sich erst aus einer Hilbertraum-Lösungin H_4 (d. h. mit räumlichen partiellen Ableitungen bis zur 4. Ordnung in L^2) ergeben.

Die auf den ersten Blick umständliche näherungsweise Lösung der Anfangswertaufgabe (1) mit einem Polygonzugverfahren, bei dem die parabolische Differentialgleichung innerhalb kleiner Zeitintervalle jeweils durch eine inhomogene Wärmeleitungsgleichung ersetzt wird, dürfte deshalb praktisch durchaus von Interesse sein. Es zeigt sich, daß der konvektive Term $v \cdot \nabla w$, auf dessen Orthogonalität zu w in L^2 die Eleganz der Energiemethode (und damit der E. Hopfschen Lösungskonstruktion) beruht, auch in klassischen Funktionenräumen beseitigt werden kann. Aus der Monotonie parabolischer Anfangswertaufgaben und bekannten Kompaktheitseigenschaften von Hölderräumen folgt dabei in ganz natürlicher Weise die Konvergenz des Näherungsverfahrens gegen die eindeutige klassische Lösung.

1. Das Polygonzugverfahren für die lineare Anfangswertaufgabe

Ist die gegebene Vektorfunktion v und ihr räumlicher Gradient ∇v auf $[0, \infty) \times R^3$ stetig und beschränkt, so ist jede Partikelbahn $x(t) = X(t, s, x_0)$ im Geschwindigkeitsfeld v eindeutige Lösung der Anfangswertaufgabe $\frac{\mathrm{d}}{\mathrm{d}t} x = v(t, x)$, $x = x_0$ für $t = s$. Für jedes Wertepaar $t, s \geqq 0$ vermittelt die Abbildung $X = X(t, s, \cdot)$ einen Diffeomorphismus des R^3 mit $X^{-1} = X(s, t, \cdot)$, $X(t, t, \cdot) =$ Identität. Für die Lagrangesche (oder „substantielle") Darstellung

$$\hat{w}(t, x_0) = w\big(t, X(t, s, x_0)\big) = w \circ X \tag{4}$$

einer stetig differenzierbaren Funktion w gilt $(\hat{w})_t = (w_t + v \cdot \nabla w) \circ X$ nach der Kettenregel, und natürlich

$$w(t, x) = \hat{w}\big(t, X^{-1}(t, s, x)\big) = \hat{w} \circ X^{-1} .$$

Im folgenden bezeichnet $|w(t, \cdot)|_{m,0}$ eine Supremumnorm, in der alle räumlichen partiellen Ableitungen bis zur Ordnung $m = 0, 1, \ldots$ berücksichtigt werden und $|w(t, \cdot)|_{m,\alpha}$ die entsprechende Höldernorm, die zusätzlich noch die Suprema im R^3 der Hölderquotienten zum Exponenten $\alpha \in (0, 1]$ der Ableitungen m-ter Ordnung von w enthält. Wie üblich ist $C_{m,\alpha}$ der Banachraum der m-fach stetig differenzierbaren Vektorfunktionen f auf R^3 mit endlicher Norm $|f|_{m,\alpha}$, $\alpha \in [0, 1]$. Für ein gegebenes Intervall $[0, T]$ sei schließlich $C_{0;m,\alpha}$ der Banachraum der mit ihren räumlichen partiellen Ableitungen bis zur Ordnung m auf $[0, T] \times R^3$ stetigen Vektorfunktionen f mit $||f||_{m,\alpha} = \sup_{t \in [T,0]} |f(t, \cdot)|_{m,\alpha} < \infty$.

Für die Lagrangesche Darstellung $\hat{w}$ von w erhalten wir aus (1) die entsprechende Anfangswertaufgabe mit dem parabolischen System

$$\hat{w}_t - \hat{\Delta}\hat{w} = \hat{w} \cdot \hat{\nabla} v \quad \text{für} \quad t > 0 \quad \text{mit} \quad \hat{\Delta}\hat{w} = \big(\Delta(\hat{w} \circ X^{-1})\big) \circ X . \tag{5}$$

Aus den Eigenschaften

$$\left|\frac{\partial}{\partial x^j} X^i(t, s, \cdot) - \delta^i_j\right| = O(|t - s|) , \qquad \left|\frac{\partial^2}{\partial x^j\, \partial x^k} X^i(t, s, \cdot)\right| = O(|t - s|) \tag{6}$$

(für $\delta^i_i = 1, \delta^i_j = 0, i \neq j$) der Partikelbahnenschar X folgt $\hat{w} \cdot \hat{\nabla} v = \hat{w} \cdot \nabla \hat{v} + O(|t - s|)$ und $\hat{\Delta}\hat{w} = \Delta\hat{w} + O(|t - s|)$ mit von $||\nabla v||_{0,0}$ und $||\hat{w}||_{0,0}$ bzw. $||\nabla v||_{1,0}$ und $||\hat{w}||_{2,0}$ abhängigen Schranken O. Die Vergleichssätze für parabolische Anfangswertaufgaben [9, S. 187] zeigen dann, daß für die Lösung $\hat{u}$ des parabolischen Systems

$$\hat{u}_t - \Delta\hat{u} = \hat{u} \cdot \nabla\hat{v} \quad \text{für} \quad t > 0 , \tag{7}$$

mit den Rand- und Anfangsbedingungen aus (1) die Fehlerabschätzung

$$|\hat{u} - \hat{w}|^2 = O(t^3) \tag{8}$$

gilt.

Diese Feststellung führt auf folgendes Näherungsverfahren für die Aufgabe (1):

Wir zerlegen ein beliebiges kompaktes Zeitintervall $[0, T]$ in N gleichlange Teilintervalle $[t_k, t_{k+1}]$. Die Näherung u_N für w berechnen wir sukzessiv für $k = 0, 1, \ldots, N - 1$ aus der Anfangswertaufgabe

$$(\partial_t - \Delta)\, \hat{u}_N = \hat{u}_N \cdot \nabla\hat{v} \quad \text{für} \quad t \in (t_k, t_{k+1}], \quad \hat{u}_N(t, x) \to 0 \quad \text{mit} \quad |x| \to \infty , \tag{9}$$

$$\hat{u}_N = u_N(t_k, \cdot) \quad \text{für} \quad t = t_k , \tag{10}$$

$$u_N = \hat{u}_N \circ X^{-1}(t, t_k, \cdot) \quad \text{für} \quad t \in (t_k, t_{k+1}] , \tag{11}$$

ausgehend von $u_N(0, \cdot) = w_0$. Nach (8) ist $O\left(\frac{1}{N^3}\right)$ der Fehler des Normquadrates auf jedem Teilintervall, also $O\left(\frac{1}{N^2}\right)$ der entsprechende Fehler auf $[0, T]$. Daher können wir Konvergenz der Folge (u_N) in der Supremumnorm wie $O\left(\frac{1}{N}\right)$ erwarten, wenn wir zunächst geeignete, gleichmäßig in N gültige Normschranken für die u_N bestimmen.

Wir setzen im folgenden $w_0 \in C_{2,\alpha} \cap L^2, \alpha \in (0, 1]$ voraus. Parabolische Ungleichungen auf $(t_k, t_{k+1}]$ für die Quadrate der Euklidischen Norm von $\hat{u}_N(t, x)$, $\frac{\partial}{\partial x^i} \hat{u}_N(t, x)$, $\frac{\partial^2}{\partial x^i\, \partial x^j} \hat{u}_N(t, x)$ sowie der Differenzen dieser 2. Ableitungen an zwei verschiedenen Raumstellen führen mit Rücksicht auf die Transformationsregel (10), (11) in $t = t_k$ auf

Hilfssatz 1: *Es gilt* $||u_N||_{2,\alpha} \leqq |w_0|_{2,\alpha}\, \mathrm{e}^{CT} = M$ *auf* $[0, T]$ *mit einer nur von* $||v||_{3,\alpha}$ *abhängigen Konstanten* C.

Mit Eigenschaft (6) der Partikelbahnenschar bestätigen wir leicht

Hilfssatz 2: *Es gilt* $u_N \in C_{0;2,\alpha}$.

Weiterhin betrachten wir nur noch Zerlegungen (t^n_k) von $[0, T]$, die durch fortgesetztes Halbieren entstehen, d. h. $k = 0, 1, \ldots, 2^n = N$. Zu zwei solchen Zerlegungen (t^n_k), (t^{n+l}_k), $l = 1, 2, \ldots$, ordnen wir jedem t^{n+l}_k den letzten vorangehenden Teilpunkt $t^n_{k^*} \leqq t^{n+l}_k$ in (t^n_k) zu.

Aus einer für $|\hat{u}_{l+n} - \hat{u}_n \circ X(t^n_{k^*}, t^{n+l}_k, \cdot)|^2$ auf $(t^{n+l}_k, t^{n+l}_{k+1}]$ geltenden parabolischen Ungleichung und der Transformation (10), (11) dieser Differenz in $t = t_k$ folgt

Hilfssatz 3: *Es gilt* $|u(t, x) - u_n(t, x)| \leqq \frac{c}{2^n}$. *Die Konstante c hängt allein ab von* T, $||u_n||_{2,0}$, $||v||_{3,0}$.

Wir setzen $u = \lim_{n\to\infty} u_n$, also $u \in C_0([0, T] \times R^3)$ nach den letzten beiden Hilfssätzen. Wegen der Kompaktheit der Einbettung $C_{2,\alpha}(\mathfrak{R}) \subset\subset C_{2,0}(\mathfrak{R})$ für jede kompakte Kugel $\mathfrak{R} \subset\subset R^3$, [1, S. 157], [10], und Hilfssatz 1 folgt $u_n(t, \cdot) \to u(t, \cdot)$ in $C_{2,0}(\mathfrak{R})$ sowie $|u(t, \cdot)|_{2,\alpha} \leqq M$ für jedes $t \in [0, T]$, $\mathfrak{R} \subset\subset R^3$ und schließlich $u \in C_{0;2,\alpha}$. Für u existiert also das „substantielle" Integral

$$Su = \{w_0 + \int_0^t \left((\Delta u + u \cdot \nabla v) \circ X(\tau, 0, \cdot)\right) d\tau\} \circ X(0, t, \cdot) .$$

Mit dem bisher Bewiesenen läßt sich leicht die Gleichung $u = Su$ bestätigen. Damit folgt die stetige Differenzierbarkeit von u nach t, und wir erhalten

Satz 1: *Seien* $w_0 \in C_{2,\alpha} \cap L^2$, $v \in C_{0;3,\alpha}$ *gegeben. Dann konvergiert die Folge* $(u_n) = (F_n v)$ *der Näherungslösungen aus* (11) *gegen die Lösung* $w = Fv$ *von* (1). *Es gilt* $||w - u_n||_{0,0} = O\left(\frac{1}{2^n}\right)$.

2. Zur iterativen Lösung der nichtlinearen Anfangswertaufgabe

Da die für die bisherigen Überlegungen wesentlichen Normschranken aus Hilfssatz 1 sich in einfacher Weise aus $||v||_{3,\alpha}$ berechnen, führen die bekannten potentialtheoretischen Abschätzungen für den Operator K aus (2) auf

Satz 2: *Es sei* $w_0 \in C_{2,\alpha} \cap L^2$, $\alpha \in (0, 1)$. *Dann erfüllen die Fixpunktgleichungen*

$$u = FKu \quad \textit{sowie} \quad u_n = F_n K u_n .$$

auf einem festen Zeitintervall $[0, T^*]$, $T^* > 0$, *die Voraussetzungen des Kontraktionssatzes bezüglich einer zu* $||u||_{0,\alpha} + ||u||_{L^2}$ *äquivalenten Norm, und zwar in einer bezüglich* $||u||_{2,\alpha} + ||u||_{L^2}$ *beschränkten, abgeschlossenen Teilmenge von* $C_0([0, T^*] \times R^3)$ (*mit* $||u||_{L^2} = \sup_{t\in[0,T^*]} |u(t, \cdot)|_{L^2}$).

Literatur

1 Cronin, J., Fixed Points and Topological Degree in Nonlinear Analysis, Providence R. I. 1964.
2 Hebeker, F. K., Ein Näherungsverfahren zur Lösung des Cauchy-Problems der dreidimensionalen Wirbeltransportgleichung, Dissertation Paderborn 1980.
3 Hopf, E., Über die Anfangswertaufgabe für die hydrodynamischen Grundgleichungen, Math. Nachr. 4 (1951), 213—231.
4 Kato, T., Nonstationary flows of viscous and ideal fluids in R^3, J. Funct. Analysis 9 (1972), 296—305.
5 Rautmann, R., Ein Näherungsverfahren für spezielle parabolische Anfangswertaufgaben mit Operatoren, Springer Lecture Notes in Mathematics 267 Berlin-Heidelberg-New York 1972, 187—231.
6 Rautmann, R., Das Cauchyproblem der Helmholtzschen Wirbelgleichung mit einer Differenzennäherung, in: Theoretical and Experimental Fluid Mechanics, Springer Berlin 1979, 295—308.
7 Temam, R., Local existence of C^∞ solutions of the Euler equations of incompressible perfect fluids, Springer Lecture Notes in Mathematics 565, Berlin-Heidelberg-New York 1976, 184—194.
8 Temam, R., Navier-Stokes Equations, Rev. Ed. North-Holland Publ. Comp., Amsterdam 1979.
9 Walter, W., Differential and Integral Inequalities, Springer, Berlin 1970.
10 Wloka, J., Funktionalanalysis und Anwendungen, de Gruyter, Berlin 1971.

Anschrift: Prof. Dr. R. Rautmann, Universität-Gesamthochschule Paderborn, Fachbereich Mathematik-Informatik, Warburger Straße 100, D-4790 Paderborn, BRD

ZAMM 62, T 301 – T 302 (1982)

J. Saranen

Über eine Ungleichung von Friedrichs

In einem beschränkten Gebiet $\Omega \subset \mathbb{R}^3$ sei eines ymmetrische, positiv definite, Lipschitz-stetige Matrix $\varepsilon = (\varepsilon_{ij}(x))$ erklärt. Skalarprodukt und Norm in den Räumen $L^2(\Omega)$ bzw. $L^2(\Omega)^3$ (quadratintegrable Vektorfelder) werden mit $(\cdot \mid \cdot)$ und $||\cdot||$ bezeichnet. Seien

$$H(\text{curl}) = \{u \in L^2(\Omega)^3 \mid \text{curl}\, u \in L^2(\Omega)^3\} ,$$

$$H_0(\text{curl}) = \{u \in H(\text{curl}) \mid (u \mid \text{curl}\, \varphi) = (\text{curl}\, u \mid \varphi),\ \varphi \in H(\text{curl})\} ,$$

$$X(\varepsilon) = \{u \in H_0(\text{curl}) \mid \text{div}\, \varepsilon u \in L^2(\Omega)\} .$$

Mit $(u \mid v)_{c+\text{div}\,\varepsilon} = (u \mid v) + (\text{curl}\, u \mid \text{curl}\, v) + (\text{div}\, \varepsilon u \mid \text{div}\, \varepsilon v)$ ist $X(\varepsilon)$ ein Hilbertraum. $H^k(\Omega)$ bzw. $H^k(\Omega)^3$ bezeichnet den üblichen Sobolevraum von Funktionen von Ω in $\mathbb{R}$ bzw. $\mathbb{R}^3$ mit der Norm $||\cdot||_k$.

Ist das Gebiet konvex, so wird gezeigt, daß $X(\varepsilon) \subset H^1(\Omega)^3$ mit

$$||u||_1 \leqq c(||\mathrm{curl}\, u|| + ||\mathrm{div}\, \varepsilon u||), \qquad u \in X(\varepsilon), \tag{1}$$

richtig ist. Im Falle glatter Gebiete geht (1) auf FRIEDRICHS [1] zurück. Für nichtglatte Gebiete sind Resultate nur in einigen Sonderfällen bekannt, vgl. SARANEN [5]. Wenn die Friedrichssche Ungleichung gilt, liegt die Lösung $w =: (\mathrm{div}_0(\varepsilon\nabla))^{-1} f$ des Dirichletproblems

$$w \in H_0^1(\Omega), \qquad \mathrm{div}\,(\varepsilon\nabla w) = f \in L^2(\Omega)$$

in $H^2(\Omega)$ und läßt sich durch

$$||w||_2 \leqq c\, ||f||$$

abschätzen ($H_0^1(\Omega)$: Abschluß der Testfunktionen $D(\Omega)$ in $H^1(\Omega)$). So gelangt man zu vielen Beispielen, in denen die Friedrichssche Ungleichung falsch wird, GRISVARD [2], KONDRAT'EV [4].

Wir benötigen drei Lemmata.

Lemma 1: *Sei $\Omega \subset \mathbb{R}^3$ ein beschränktes Gebiet, dann ist der Raum*

$$V(\varepsilon) = \{\varphi = \psi + \nabla w \mid w = (-\mathrm{div}_0(\varepsilon\nabla) + 1)^{-1}\,(\mathrm{div}\,\varepsilon\psi),\ \psi \in D(\Omega)^3\},$$

ein dichter Teilraum von $X(\varepsilon)$.

Beweis: Wegen $\nabla H_0^1(\Omega) \subset H_0(\mathrm{curl})$ ist $V(\varepsilon) \subset X(\varepsilon)$. Sei $u \in X(\varepsilon)$ mit

$$0 = (u \mid \psi + \nabla w)_{c+\mathrm{div}\,\varepsilon} = (\mathrm{curl}\, u \mid \mathrm{curl}\,\psi) + (\varepsilon u \mid \psi), \qquad \psi \in D(\Omega)^3.$$

Dann ist $u = 0$, da $D(\Omega)^3$ dicht in $H_0(\mathrm{curl})$ bezüglich der Norm $||u||_c = (||u||^2 + ||\mathrm{curl}\ u||^2)^{1/2}$ liegt, WEBER [6] Q. e. d.

Im folgenden verwendet man die Bezeichnungen

$$m(\varepsilon) = \inf\{\langle\xi \mid \varepsilon\xi\rangle \mid |\xi| = 1, \xi \in \mathbb{R}^3\}, \qquad M(\varepsilon) = \sup\{\langle\xi \mid \varepsilon\xi\rangle \mid |\xi| = 1,\ \xi \in \mathbb{R}^3\},$$

wobei $\langle\xi \mid \eta\rangle$ das Euklidische Skalarprodukt mit der Norm $|\cdot|$ ist.

Lemma 2: *Sei $\Omega \subset \mathbb{R}^3$ ein beschränktes konvexes Gebiet, und die Matrix ε sei konstant. Dann gilt $X(\varepsilon) \subset H^1(\Omega)^3$ mit*

$$m(\varepsilon)^2\, ||\nabla u||^2 \leqq M(\varepsilon')\, ||\mathrm{curl}\, u||^2 + ||\mathrm{div}\, \varepsilon u||^2, \qquad u \in X(\varepsilon). \tag{2}$$

Hier ist ε' die zu ε adjungierte Matrix, $\varepsilon\varepsilon' = \det \varepsilon \cdot I$.

Beweis: Wir wählen zuerst $\varepsilon = 1$. Es genügt (Lemma 1) $u = \psi + \nabla w \in V(1)$ zu betrachten. Mit Hilfe der Ungleichung $||\nabla^2 w|| \leqq ||\Delta w||$, KADLEC [3], errechnet man die Abschätzung

$$||\nabla u||^2 \leqq ||\mathrm{curl}\, u||^2 + ||\mathrm{div}\, u||^2. \tag{3}$$

Im allgemeinen Fall gibt es eine symmetrische, positiv definite Matrix γ derart, daß $\varepsilon = \gamma^2$, $\det\gamma > 0$ gilt. Die Ungleichung (1) folgt, wenn man die Abschätzung (3) auf das Feld $v(y) = \gamma u(\gamma y)$, $y \in \alpha(\Omega)$, im konvexen Gebiet $\alpha(\Omega)$, $\alpha = \gamma^{-1}$ anwendet. Q. e. d.

Unter Verwendung einer günstigen Lokalisierung — man überdeckt Ω mit Kugeln von genügend kleinem Radius und wendet Lemma 2 auf die lokalisierten Felder an — erhält man

Lemma 3: *Sei $\Omega \subset \mathbb{R}^3$ ein beschränktes konvexes Gebiet. Ferner sei $\varepsilon = (\varepsilon_{ij}(x))$ eine symmetrische, positiv definite, Lipschitz-stetige Matrix in Ω. Dann gilt die Einbettung $X(\varepsilon) \subset H^1(\Omega)^3$ mit der Ungleichung*

$$||u||_1 \leqq c(||\mathrm{curl}\, u|| + ||\mathrm{div}\, \varepsilon u|| + ||u||), \qquad u \in X(\varepsilon). \tag{4}$$

Man schließt, daß wegen der Konvexität von Ω die Aufgabe $u \in X(\varepsilon)$, $\mathrm{curl}\, u = 0$, $\mathrm{div}\,\varepsilon u = 0$ nur die triviale Lösung besitzt. Mit üblichen Schlüssen läßt sich dann in (4) der Term $||u||$ eliminieren, und man erhält als Endresultat den

Satz 1: *Mit den Voraussetzungen des obigen Lemmas gilt $X(\varepsilon) \subset H^1(\Omega)^3$ mit*

$$||u||_1 \leqq c(||\mathrm{curl}\, u|| + ||\mathrm{div}\, \varepsilon u||), \qquad u \in X(\varepsilon). \tag{5}$$

Literatur

1 FRIEDRICHS, K. O., Differential forms on Riemannian manifolds, Comm. Pure Appl. Math. 8 (1955), 551—590.
2 GRISVARD, P., Behavior of the solutions of an elliptic boundary value problem in a polygonal or polyhedral domain. In B. HUBBARD (Ed.), Numerical Solution of Partial Differential Equations III. Academic Press, New York, 1976, 207—274.
3 KADLEC, J., The regularity of the solution of the Poisson problem in a domain whose boundary is similar to that of a convex domain (Russian), Czechoslovak Math. J. 89 (1964), 386—393.
4 KONDRAT'EV, V. A., Boundary problems for elliptic equations in domains with conical or angular points, Trans. Moscow Math. Soc. 16 (1967), 227—313.
5 SARANEN, J., Über das Verhalten der Lösungen der Maxwellschen Randwertaufgabe in Gebieten mit Kegelspitzen, Math. Meth. in Appl. Sci. 2 (1980), 235—250.
6 WEBER, CH., A local compactness theorem for Maxwell's equations, Math. Meth. in Appl. Sci. 2 (1980), 12—25.

Anschrift: Dr. JUKKA SARANEN, Mathematisches Institut, Universität von Jyväskylä, Seminaarinkatu 15 SF-40100 Jyväskylä 10, Finnland

ZAMM 62, T 303 (1982)

W. A. Schlup

The Frequency Condition for Variational Solutions to Conservative Systems

A conservative mechanical system with periodic stationary solution is considered. According to Hamilton's principle, the action integral has an extremum, if the time is not varied, i.e., $\delta S = \int_0^T dt\, \delta L = 0$. This means the optimal solution for a given periodic ansatz $x(t, T, A_0, A_1, \dots, A_N)$, where $\dot{x}$ is a periodic function in t with period $T = 2\pi/\omega$, follows from $\partial S/\partial A_n = 0$, $n = 0, 1, \dots, N$. As a result, $A_n = A_n(T)$, i.e., the solution depends on the initial values $x_0 = x(0, T, A_0, \dots, A_N)$ and $\dot{x}_0 = \dot{x}(0, T, A_0, \dots, A_N)$.

Instead of varying the parameters $A_0, A_1, \dots, A_N$, also $T, A_1, \dots, A_N$ can be varied. Since the variations have to be continuous, the time has also to be varied in this case (asynchronous time). For fixed initial values, $\delta S = [-H\delta t]_{t=0}^{t=T}$ for the real motion. According to the interval chosen, the variational conditions are $\partial S/\partial t = -H(T)$ (*) and $\partial S/\partial A_n = 0$, $n = 1, 2, \dots, N$, determining the complete solution. If the initial condition is $\dot{x}_0 = 0$, equation (*) reduces to the Lur'e [1] frequency condition $\partial S/\partial T = L(0)$, since $H(T) = -L(0)$ because of periodicity. If $\dot{x}_0 \neq 0$, the general frequency condition (*) has to be used. As an example, some variational solutions to the oscillating and rotating pendulum (normal and cylindrical phase space) will be discussed.

References

1 Lur'e, L., Mécanique Analytique, Masson & Cie., Paris, 1968, p. 692, 702.

Anschrift: Dr. W. A. Schlup, Berghaldenweg 33, CH-8135 Langnau, Switzerland

ZAMM 62, T 303 – T 305 (1982)

L. Schmieder

Grundlagen und Anfänge einer Robotersprache

Die weitere Ausbreitung von Robotern erfordert die Entwicklung einer Robotersprache, die leicht und verständlich sein sollte, so daß auch Handwerker und Facharbeiter mit diesen Geräten umgehen können. Für den Ausbau eines solchen Kommunikationssystems kann man wertvolle Anregungen aus den Analogien zur menschlichen Sprache gewinnen. So entspricht der Wortschatz der Sprache dem Ensemble der Instruktionen und Anweisungen der Robotersprache, mit deren Hilfe der Mensch alle Fertigkeiten des Roboters ausnutzen kann. Die für einen ASEA-Roboter mit übergeordnetem Rechner geschaffene Sprache wird als Beispiel beschrieben.

Um einem Roboter sagen zu können, was er tun soll, braucht man ein Kommunikationssystem. Betrachtet man den Roboter als einen rechnergesteuerten Werkzeugarm zwecks Erleichterung der Arbeit, dann sind an das Kommunikationssystem 3 Forderungen zu stellen:

1. Es muß leicht verständlich und leicht zu handhaben sein,
2. alle Fähigkeiten des Roboters müssen erschöpfend beschrieben werden können,
3. das System muß für alle Weiterentwicklungen offen sein.

Genau diese Eigenschaften hat die menschliche Sprache, und ein Studium ihrer Eigenschaften wird sich immer lohnen, ehe man ein Kommunikationssystem zwischen Mensch und rechnergesteuertem Werkzeug aufbaut.

Allgemein wird die Sprache als die bisher größte Schöpfung der Menschheit angesehen. Der französische Biologe J. Monod nimmt darüber hinaus an, daß die Sprache schon in ihren ersten Anfängen auf die Hominiden einen Selektionsdruck in Richtung eines vergrößerten Gehirns ausgeübt hat, also direkt an der Schöpfung des Menschen beteiligt gewesen ist. Die Elemente der Sprache sind die Wörter. Mit Hilfe derselben vermag der Mensch die Dinge in seiner Umgebung durch Benennung zu identifizieren, Symbole zu bilden und damit im Bewußtsein ein Abbild der wirklichen Welt aufzubauen, mit dem in Gedanken experimentiert werden kann.

Die mit den Wörtern verbundenen Begriffe weisen offenbar keine hierarchische Struktur auf. So erscheint der Wald dem Bewußtsein als ein ebenso elementarer Begriff wie der Baum, obwohl doch ein Wald aus sehr vielen Bäumen besteht. Die sich hier äußernde abstrahierende Kraft der Sprache ist wahrscheinlich der Grund dafür, daß die Menschen der Urzeit der Sprache magische Kräfte zugeschrieben haben. Damit verfestigten sich Klang und Aussprache, denn bei jeder Beschwörung mußten die Wörter in genau gleicher Weise ausgesprochen werden. Mit der Verfestigung des Klangbildes standardisierten und stabilisierten sich die Begriffe, und das über Jahrtausende hinweg. Auch die modernsten Erfindungen werden mit uralten Wörtern benannt, z. B. Flugzeug und Kraftwagen.

Das Fundament der Wörter und Begriffe erweitert sich nur sehr langsam. Selbst unsere größten Dichter und Schriftsteller haben kaum neue Wörter geschaffen, z. B. Goethe „Weltliteratur", Lessing „empfindsam", Jahn „Volkstum", während „Heimat" und „Heimweh" Wortschöpfungen der späten Romantik sind.

Der schöpferischen Anwendung der Sprache hat die Starrheit des Untergrundes nicht im mindesten geschadet, wie die Tausende von geflügelten Worten beweisen, von denen wir als Beispiele nur drei zitieren wollen:

GOETHE: — es irrt der Mensch so lang er strebt;
SCHILLER: — der brave Mann denkt an sich selbst zuletzt;
SHAKESPEARE: — Schwachheit, dein Name ist Weib, — gut gebrüllt, Löwe!

Ein erstaunliches Phänomen ist die Leichtigkeit, mit der das Kleinkind seine Muttersprache erlernt. Hierzu berichtet J. MONOD bemerkenswerte Einzelheiten. Mit 18 Monaten kennt das Kind erst etwa 10 Wörter, die es zusammenhanglos ausplappert. Erst später folgt die spielerische Verbindung mehrerer Wörter nach einer Syntax, die nicht der Erwachsenensprache entnommen ist. In den folgenden zwei bis drei Jahren lernt dann das Kind mit unglaublicher Leichtigkeit, seine Muttersprache zu beherrschen. Nie wieder wird diese Fähigkeit erreicht, weshalb J. MONOD zu dem Schluß kommt, daß der ursprüngliche Spracherwerb ein epigenetischer Prozeß ist. Mit dem Erlernen der Sprache bilden sich Schaltstellen zwischen den Neuronen im Hirn. Damit ist der Erwerb der Muttersprache direkt mit der Entwicklung des Erkenntnisvermögens gekoppelt, das Kind nimmt mit den Sprachsymbolen die gesamte Kultur seiner Umwelt in sich auf.

Die Nutzanwendung dieser Beobachtungen und Erkenntnisse auf die Konstruktion einer Robotersprache läßt sich etwa so formulieren:

1. Man beginne sehr frühzeitig, spätestens beim Einüben der ersten praktischen Aufgabe, mit dem Festlegen der Wörter (bzw. Anweisungen), ihrer Eigenschaften (bzw. Parameter), und ihrer Semantik (Bedeutung).

2. Die Anweisungen der Robotersprache müssen alle Fähigkeiten des Roboters erschöpfend beschreiben. Wenn mit der Weiterentwicklung der Roboter neue Fähigkeiten auftauchen, müssen neue Anweisungen geschaffen werden. Ungeachtet dieser Tatsache sollten die einmal festgelegten Anweisungen möglichst stabil bleiben und nur geändert werden, wenn damit beträchtliche Verbesserungen möglich sind.

3. Die Syntax, das sind grammatikalische Vorschriften für die Verbindung von verschiedenen Anweisungen miteinander, sollte erst dann in Angriff genommen werden, wenn genügend praktische Erfahrungen vorliegen.

Im folgenden sind als Beispiel die Anweisungen für eine Anordnung nach Bild 1 zusammengestellt. Diese Anordnung besteht aus einem kommerziellen Roboter (ASEA), einem übergeordneten Rechner und einem Tastsensor, der in der Lage ist, die auf den Greifer ausgeübten Kräfte und Momente (insgesamt 6 Komponenten) zu messen.

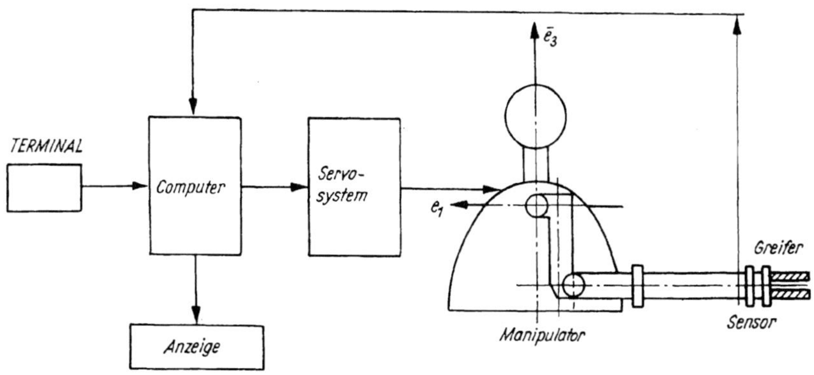

Bild 1. Anordnung Rechner-Manipulator-Sensor

Die Robotersprache ist eine Benutzersprache und wird in die Programmiersprache des übergeordneten Rechners eingebettet, mag diese nun FORTRAN, PASCAL oder eine andere höhere Programmiersprache sein. Es ist daher sinnvoll, wenn das Gerät vom ohnehin vorhandenen Terminal des übergeordneten Rechners aus geführt wird. Das den heutigen kommerziellen Robotern beigegebene Programmierbrett würde dann nur noch für das Anfahren der Punkte (teach in) gebraucht. Seine Funktionen könnten in der neuen Anordnung jedoch auch dahin erweitert werden, daß die wichtigsten der in den nachfolgenden Tabellen angegebenen Anweisungen vom Programmierbrett aus aufgerufen würden. Dadurch könnte das Einüben von Arbeitsgängen beträchtlich erleichtert werden.

In den nachfolgenden 3 Tabellen sind die vorläufigen Anweisungen für das in Bild 1 gezeigte Gerät zusammengestellt.

Tabelle 1. Anweisungen für die Programmorganisation

Aufruf	Bedeutung der Anweisungen
Programm-Anfang Programm-Ende	} ohne Parameter
Schleifen-Anfang (N)	N = Zahl der Durchgänge
Schleifen-Ende (instr A)	instr A = Nr. der ersten Schleifenanweisung
Sprung (instr Z)	instr Z = Nr. der Zielanweisung
bed. Sprung (B)	Sprünge, wenn B = ja
nach Platte (i Weg) von Platte (i Weg)	} i Weg = Nr. des files auf der Platte
nach Platte (Δi Weg) von Platte (Δi Weg)	} Δi Weg = Änderung von i Weg
Warten (i)	i = Zahl der Zehntelsekunden
Nichtstun	

Tabelle 2. Gesteuerte Bewegungen und Tätigkeiten (Auswahl)

Aufruf	Bedeutung der Anweisungen
Speich K (ifix, $\bar{X}$, A)	Eingeben der kartesischen Koordinaten $\bar{X}$ (Ortsvektor) und A (Lagematrix der Hand) und Abspeichern nach ifix. (ifix = Nr. des Punktes)
Speich T (ifix)	Anfahren eines Punktes und Abspeichern seiner Koordinaten in ifix
fahre G (ifix, iv)	Fahre zum Punkt ifix ohne die Gelenke zu koordinieren iv = Geschwindigkeit
fahre L (ifix iv)	Fahre zum Punkt ifix mit Koordination der Gelenke
Ber Weg (modus, irottr, ix)	Berechne einen Weg modus 2 Gerade 3 Kreisbogen 4 Vollkreis 5 Ellipse (mit Angabe der Scheitelpunkte) 6 allgemeine Raumkurven irottr = 1 die Hand dreht sich mit konstanter Geschwindigkeit von der Anfangs- in die Endlage ifix 1, ifix 2 sind die Nummern der Punkte, welche den Weg definieren
Exweg (modus, ipkt 1, ipkt 2)	Führe den Weg aus. Die Ausführung geschieht differentiell, der Anfangspunkt ist entweder der aktuelle Punkt, oder er wird angefahren (z. B. mittels fahre G). modus = 1 vorwärts = 2 rückwärts = 3 korrigieren = 4 geh von ipkt 1 zu ipkt 2

Tabelle 3. Bewegungen mit Rückkopplung (Auswahl)

Aufruf	Bedeutung der Anweisungen
Setz H (isetz, Psetz)	Bewege die Hand in Richtung isetz im Handsystem, bis die Reaktionskraft Psetz auftritt (isetz kann auch negativ sein)
Setz A (i1, i2, i3, Psetz)	Bewege die Hand in Richtung i1, i2, i3 (ganze Zahlen) im absoluten System, bis die Reaktionskraft Psetz auftritt
Fühle (ifühl, Xfühl, Pfühl, Bed)	Bewege die Hand in Richtung ifühl im Handsystem um die Strecke Xfühl und prüfe, ob eine Reaktionskraft $\geqq$ Pfühl auftritt. Wenn ja, dann gehe um Xfühl zurück und setzte Bed = ja, sonst Bed = nein
Eich	Miß die aktuellen Spannungen der Dehnungsmeßbrücken und nimm sie als Referenz für alle zukünftigen Messungen
Mom P	Miß die aktuellen Spannungen am Sensor nach, berechne hieraus die Kräfte und Momente (6 Komponenten im Handsystem)
Chat P (Xlech, Plech)	Gib einer äußeren Kraft, wenn sie die Schranke Plech überschreitet, um die Strecke Xlech nach
Chat M (phimom, Mlech)	Gib einem äußeren Drehmoment, wenn es die Schwelle Mlech überschreitet, um den Winkel philech nach

Anschrift: Dr. L. Schmieder, DFVLR, FB Flugmechanik/Flugführung, Institut für Dynamik der Flugsysteme, Oberpfaffenhofen, D-8031 Weßling, BRD

ZAMM 62, T 305 – T 306 (1982)

H. Sohr

Regularitätsuntersuchungen

Das Prinzip der im folgenden beschriebenen Methode besteht darin, partielle Differentialgleichungen auf gewöhnliche zurückzuführen. Grundlegend ist dabei der nachfolgende Satz, der aus Eigenschaften der einzelnen Inversen $A_1^{-1}, A_2^{-1}, \ldots, A_k^{-1}$ auf die Invertierbarkeit einer Operatorsumme $A_1 + A_2 + \ldots + A_k$ schließt. Beispiele sind die Laplace-Gleichung und die Wärmeleitungsgleichung, wo die einzelnen Summanden wie gewöhnliche Differentialoperatoren behandelt werden können. Da die erhaltenen Lösungen stärker sind als die jeweiligen schwachen Lösungen, kann die Methode zu Regularitätsuntersuchungen verwendet werden.

Im folgenden sei $\mathcal{H}$ stets ein Hilbertraum mit Skalarprodukt $(\cdot, \cdot)$ und Norm $||\cdot||$. $\mathfrak{B}(\mathcal{H})$ sei die Gesamtheit aller beschränkten, überall definierten Operatoren in $\mathcal{H}$. $D(A)$ sei der Definitionsbereich eines Operators A, I sei der Einsoperator, und A^* sei der zu A adjungierte Operator. Re bezeichne den Realteil. $A : D(A) \to \mathcal{H}$ heißt *m-akkretiv*, wenn $\mathrm{Re}(Av, v) \geqq 0$ gilt für alle $v \in D(A)$ sowie $(A + cI)^{-1} \in \mathfrak{B}(\mathcal{H})$ für ein $c > 0$. Alle betrachteten Operatoren sind linear. Der folgende Satz kann jedoch in einer anderen Formulierung und mit gewissen Einschränkungen auch auf nichtlineare m-akkretive Operatoren im Banachraum erweitert werden.

Satz: *Seien $A_1, A_2, \ldots, A_k$ m-akkretive Operatoren in $\mathcal{H}$ und sei $A_j^{-1} \in \mathfrak{B}(\mathcal{H})$ für $j = 1, 2, \ldots, k$. Es gebe Konstanten a_{ij} für $1 \leqq i < j \leqq k$ derart, daß $0 \leqq a_{ij} < (j-1)^{-1}$ und*

$$\operatorname{Re}\left((A_j^{-1})^*v, (A_i^{-1})^*v\right) + a_{ij}\|(A_i^{-1})^*v\|^2 \geqq 0$$

gilt für alle $i < j$ und $v \in \mathcal{H}$. Dann gilt $(A_1 + A_2 + \ldots + A_k)^{-1} \in \mathfrak{B}(\mathcal{H})$.

Zum Beweis: Für $k = 2$ ist der Satz in einer äquivalenten Formulierung im Anhang von [2] bewiesen. Die allgemeine Aussage folgt dann durch vollständige Induktion.

Wir betrachten einige Anwendungen und benutzen dabei die üblichen Bezeichnungen L_2, H^m, H_0^m, C^m und C_0^m.

Laplace-Gleichung $-\Delta u = f$: Sei $G \subseteq \mathbb{R}^n$ ein beschränktes Gebiet mit dem Rand ∂G, sei $\mathcal{H} := L_2(G)$ und seien $D_i := \partial/\partial x_i$, $i = 1, 2, \ldots, n$, die partiellen Ableitungen im Distributionssinn $(x = (x_1, x_2, \ldots, x_n) \in G)$. Die Dirichletsche Randwertaufgabe

$$-\Delta u = (-D_1^2 - D_2^2 - \ldots - D_n^2)\, u = f\,, \qquad u|_{\partial G} = 0\,,$$

kann dann als Operatorgleichung $(A_1 + A_2 + \ldots + A_n)\, u = f$ in $\mathcal{H}$ geschrieben werden, indem man jedes A_i als Friedrichssche Erweiterung des Operators $v \to -D_i^2 v$ $\left(v \in C_\infty^0(G)\right)$ definiert. Jedes A_i ist ein gewöhnlicher Differentialoperator, und alle Voraussetzungen des Satzes können elementar im Rahmen der Theorie gewöhnlicher Differentialgleichungen nachgeprüft werden. Damit erhält man einen einfachen Beweis für ein Ergebnis, das in der Literatur [4] einen erheblichen Aufwand erfordert:

Wenn G von der Klasse $C^{1,1}$ ist (im Sinne von [4; 1.1]) *oder wenn G ein konvexes Gebiet ist, so hat die obenstehende Randwertaufgabe für jedes $f \in L_2(G)$ eine eindeutig bestimmte Lösung $u \in \dot{H}_0^1(G) \cap H^2(G)$.*

Wesentlich ist hierbei die Quadratintegrabilität der zweiten Ableitungen von u. Dieser Regularitätsgewinn gegenüber einer schwachen Lösung ist ein grundlegender Schluß, der iteriert werden kann und damit zu weitergehenden Regularitätsaussagen führt.

Zeitabhängige Gleichungen $\partial u/\partial t - \Delta u + V(t, x)u = f$: Sei $G \subseteq \mathbb{R}^n$ ein beschränktes Gebiet, sei $T > 0$, sei $G_T := (0, T) \times G \subseteq \mathbb{R}^{n+1}$ das zugehörige Zylindergebiet und sei $\mathcal{H} := L_2(G_T)$. Sei $V \in C^1(G_T)$ und sei $V \geqq c$ für eine Konstante $c > 0$. Wir interpretieren diese Gleichung in $\mathcal{H}$ als Operatorgleichung der Form $(A_1 + A_2 + A_3)u = f$. Dabei ist A_1 ein m-akkretiver Operator, der zur Zeitableitung $D_0 := \partial/\partial t$ gehört; es ist

$$D(A_1) := \{u \in L_2(G_T) \mid D_0 u \in L_2(G_T),\ u|_{t=0} = 0\} \quad \text{und} \quad A_1 u = D_0 u\,.$$

Hier ist die sogenannte Spur $u|_{t=0}$ als Element von $L_2(G)$ wohldefiniert. A_2 sei als Friedrichssche Erweiterung des Operators $v \to -\Delta v$ $\left(v \in C_0^\infty(G_T)\right)$ definiert, und A_3 sei der Operator der Multiplikation mit V. Δ sowie der Gradient $\nabla := (D_1, D_2, \ldots, D_n)$ beziehen sich im folgenden nur auf $x = (x_1, x_2, \ldots, x_n)$. Aus dem vorigen Satz erhält man damit unmittelbar das folgende Ergebnis:

Wenn $-D_0 V^{-1} \leqq 2a$ und $|\nabla V^{-1}|^2 \leqq 4aV^{-1}$ gilt mit einer Konstanten $0 < a < 1/2$, so besitzt die obenstehende Gleichung für jedes $f \in L_2(G_T)$ eine eindeutig bestimmte Lösung $u \in D(A_1) \cap D(A_2) \cap D(A_3)$.

Gegenüber bekannten Lösungsverfahren [3] sind hier keine Voraussetzungen an die Definitionsbereiche der in $L_2(G)$ betrachteten Operatorschar $-\Delta + V(t, \cdot)$, $0 \leqq t \leqq T$, erforderlich; insbesondere die Forderung nach Zeitunabhängigkeit dieser Definitionsbereiche ist in der Literatur eine meist kritische Voraussetzung. Im Falle eines unbeschränkten Gebietes G bleibt die Aussage erhalten, wenn $-\Delta$ durch $-\Delta + dI$ mit einem $d > 0$ ersetzt wird. Diese Methode kann auch auf allgemeinere Evolutionsgleichungen von der Form $du/dt + A(t)\, u = f$ angewendet werden. Betrachtet man Skalarprodukte mit Gewichtsfaktoren, so erhält man Aussagen über das Verhalten der Lösung u für $|x| \to \infty$ und $t \to \infty$.

Gleichungen der Form $-\Delta u + Vu = f$: Wir betrachten hier nur den Fall $G = \mathbb{R}^n$. In diesem Fall wird V als Potential und $H := -\Delta + V$ als Schrödingeroperator physikalisch interpretiert. Wir nehmen an, daß $V = W + c$ gilt mit $W \in C^1(\mathbb{R}^n)$ und mit einer Konstanten $c > 0$; sei $W \geqq 0$. Wir definieren nun A_1 als Friedrichssche Erweiterung des Operators $v \to -\Delta v + (c/2)v$ $\left(v \in C_0^\infty(\mathbb{R}^n)\right)$ und A_2 als Operator der Multiplikation mit der Funktion $W + (c/2)$ im Hilbertraum $\mathcal{H} := L_2(\mathbb{R}^n)$. In diesem Fall gilt $D(A_1) = H^2(\mathbb{R}^n)$. Damit erhalten wir die Operatorgleichung $(A_1 + A_2)u = f$ in $\mathcal{H}$. Der obenstehende Satz führt zu folgendem Ergebnis:

Wenn $|\nabla W|^2 \leqq 4a(W + c/2)^3$ gilt mit einer Konstanten $0 \leqq a < 1$, dann existiert zu jedem $f \in L_2(\mathbb{R}^n)$ eine eindeutig bestimmte Lösung $u \in H^2(\mathbb{R}^n) \cap D(A_2)$ der Gleichung $-\Delta u + Wu + cu = f$.

Wesentlich ist hierbei die Regularitätsaussage $u \in H^2(\mathbb{R}^n)$. Bekannte Kriterien für Schrödingeroperatoren liefern eine solche Regularitätsaussage nur im speziellen Fall $D(A_2) \supseteq D(A_1)$. Mit der gleichen Methode können Bedingungen an W angegeben werden so, daß die weitergehende Regularitätsaussage

$$(-\Delta + V)^{-1}\, H^m(\mathbb{R}^n) \subseteq H^{m+2}(\mathbb{R}^n)$$

erfüllt ist. Auf diese Weise erhält man auch Bedingungen an V für die Invarianz $(-\Delta + V)^{-1}\, S(\mathbb{R}^n) \subseteq S(\mathbb{R}^n)$ des Raumes $S(\mathbb{R}^n)$ von Schwartz.

Das obenstehende Ergebnis ist auf die Beispiele $W(x) := b|x|^q$, $b > 0$, $q > 1$, anwendbar. Der allgemeinere Fall $W \in C^1(\mathbb{R}_+^n)$ mit $\mathbb{R}_+^n := \mathbb{R}^n \setminus (0, 0, \ldots, 0)$ kann ebenfalls mit dieser Methode untersucht werden; damit können die Fälle $q < -2$ erfaßt werden.

Literatur

1 Kato, T., Perturbation Theory for Linear Operators, Springer-Verlag, Berlin-Heidelberg-New York 1966.
2 Sohr, H., Über die Existenz von Wellenoperatoren für zeitabhängige Störungen, Monatsh. f. Math. 86 (1978), 63–81.
3 Yosida, K., Functional Analysis, Springer-Verlag, Berlin-Göttingen-Heidelberg 1965.
4 Morrey, C. B., Multiple Integrals in the Calculus of Variations, Springer-Verlag, New York Inc. 1966.

Anschrift: Prof. Dr. Hermann Sohr, Mathematisches Institut der Universität-Gesamthochschule D-4790 Paderborn, Warburger Straße 100, BRD

ZAMM 62, T 307 – T 308 (1982)

W. Stork

Subharmonische und Synchronisation via „Alternative Method"

Die Differentialgleichung eines feedback-oscillators, die den Sättigungseffekt im Gitter der Triode respektiert, hat die Form

$$u''(t) + qu'(t) + g(u'(t)) + \omega_0^2 u(t) = f(t) ,$$

wobei die nichtlineare Funktion $g: \mathbb{R} \to \mathbb{R}$ beschränkt ist ([1] S. 154). Von Interesse sind Bedingungen für die Existenz subharmonischer Lösungen und für Synchronisation bei periodischer Erregungsfunktion $f(t)$.

Dabei heißt eine Lösung *subharmonisch von der Ordnung k*, wenn sie periodisch ist und die kleinste in ihrer Fourierentwicklung vorkommende Frequenz der k-te Teil der kleinsten in der Fourierentwicklung von f vorkommenden Frequenz ist ([2] Chapter 19, S. 462).

Von *Synchronisation* spricht man, wenn die angegebene Differentialgleichung eine Lösung u_0 mit der Periode $2\pi/\omega_0$ bzw. $2\pi k/\omega_0$ hat und für die Familie $u'' + qu' + g(u') + \lambda u = f$ von Differentialgleichungen für $\lambda \in (\omega_0 - \delta, \omega_0 + \delta)$ bzw. $(\omega_0/k - \delta, \omega_0/k + \delta)$ eine stetige Schar u_λ von Lösungen mit derselben Periode und $u_{\omega_0} = u_0$ existiert ([2] Chapter 18, S. 439, Chapter 19, S. 474).

Mittels eines unter dem Namen „*alternative method*" bekannten, funktionalanalytischen Zugangs von L. Cesari, A. Ambrosetti, G. Mancini [3], [4] et al., kann man hinreichende Bedingungen für die Existenz subharmonischer Lösungen der Ordnung k und das Vorliegen von Synchronisation bei der angegebenen van der Pol-Differentialgleichung entwickeln.

Man erklärt im reellen Hilbertraum $L_2(0, 2\pi k/\omega)$ einen *linearen Operator* T durch

$$D(T) = \{u \in W_2^2(0, 2\pi k/\omega): u(0) = u(2\pi k/\omega), u'(0) = u'(2\pi k/\omega)\} \quad \text{und} \quad Tu = u'' + \omega_0^2 u$$

und einen *nichtlinearen Operator* $N: D(T) \to L_2(0, 2\pi k/\omega)$ durch $(Nu)(t) = qu'(t) + g(u'(t))$.

Der Operator T hat diskretes Spektrum $\sigma(T) = \sigma_d(T) = \{\omega_0^2 - \omega^2 j^2/k^2 = \lambda_j : j = 0, 1, \ldots\}$ mit zugehörigen Eigenfunktionen

$$\varphi(\lambda_0, t) = (\omega/2\pi k)^{1/2} \quad \text{und} \quad \varphi_1(\lambda_j, t) = (\omega/4\pi k)^{1/2} \sin(j\omega t/k) , \quad \varphi_2(\lambda_j, t) = (\omega/4\pi k)^{1/2} \cos(j\omega t/k) .$$

Unter der zusätzlichen Voraussetzung, daß g stetig differenzierbar ist mit $\sup\{|q + g'(r)| : r \in \mathbb{R}\} = q_1 < \infty$, kann man durch Wahl einer geeigneten Norm $\|\cdot\|^\sim$ auf $D(T)$ die Lösung des Problems $Tu + Nu = f$ in ein äquivalentes Problem in einem endlich dimensionalen Raum $\mathbb{R}^{2n+1}$ überführen, und zwar hat dann $Tu + Nu = f$ genau so viele Lösungen in $D(T)$ wie eine bestimmte Abbildung $\Gamma_f: \mathbb{R}^{2n+1} \to \mathbb{R}^{2n+1}$ Nullstellen hat, bzw. wie die Abbildung $\Gamma_f - t$ mit $t \in \mathbb{R}^{2n+1}$, $t = (0, 0, \ldots, t_{2n+1})$, Nullstellen hat.

Falls $(\omega/k)^2 > (2\omega_0^2 + q_1^2)/4$ gilt, dann hat die Abbildung $\Gamma_f: \mathbb{R}^3 \to \mathbb{R}^3$ die Form

$$\Gamma_f(s) = \begin{pmatrix} \omega_0^2 & 0 & 0 \\ 0 & \omega_0^2 - (\omega/k)^2 & q\omega/k \\ 0 & -q\omega/k & \omega_0^2 - (\omega/k)^2 \end{pmatrix} \begin{pmatrix} s_0 \\ s_{1,1} \\ s_{1,2} \end{pmatrix} + \begin{pmatrix} \langle g(u_f'(s)), \varphi(\lambda_0) \rangle \\ \langle g(u_f'(s)), \varphi_1(\lambda_1) \rangle \\ \langle g(u_f'(s)), \varphi_2(\lambda_1) \rangle \end{pmatrix},$$

dabei ist $u_f(s)$ der Fixpunkt der Abbildung

$$T^{-1}(I - P)\left(-N(\cdot) + f\right) + s_0\varphi(\lambda_0) + s_{1,1}\varphi_1(\lambda_1) + s_{1,2}\varphi_2(\lambda_1) \quad \text{in} \quad \left(D(T), \|\cdot\|^\sim\right),$$

P die orthogonale Projektion auf die lineare Hülle

$$L\{\varphi(\lambda_0), \varphi_1(\lambda_1), \varphi_2(\lambda_1)\} \quad \text{und} \quad s = (s_0, s_{1,1}, s_{1,2}) .$$

Wie groß die Dimension des endlich-dimensionalen Raums zu wählen ist, kann man immer aus ω_0, q_1 und ω/k bestimmen. Die Abbildung Γ_f heißt die „*Alternativ*-Gleichung".

Für den Fall $\Gamma_f: \mathbb{R}^3 \to \mathbb{R}^3$ gelten folgende Tests:

Satz: *Falls* $\langle g(u_f'(0), \varphi_1(\lambda_1)\rangle^2 + \langle g(u_f'(0), \varphi_2(\lambda_1)\rangle^2 \neq 0$ *ist, dann gibt es eine subharmonische Lösung der Ordnung k.*

Satz: *Falls g dreimal stetig differenzierbar und* $g''(0) \neq 0$ *ist, falls* $f = \sum_{j=2}^{m} \gamma_j \varphi_1(\lambda_j)$ *ist mit* $\gamma_j > 0$ *und*

$$\langle f^2, \varphi_1(\lambda_1)\rangle^2 + \langle f^2, \varphi_2(\lambda_1)\rangle^2 \neq 0 ,$$

dann gibt es ein $\varepsilon > 0$, *so daß für* αf *mit* $|\alpha| < \varepsilon$, $\alpha \neq 0$, *eine subharmonische Lösung der Ordnung k existiert.*

Ein Beispiel unter den angegebenen Voraussetzungen an ω_0, q_1 und ω ist $f(t) = \sin(\omega t) + \sin((k+1)\,\omega t/k)$.

Falls $\Gamma_f: \mathbb{R}^{2n+1} \to \mathbb{R}^{2n+1}$ mit $n > 1$ zu wählen ist, kann man ebenfalls Tests angeben, die aber nur die Existenz einer subharmonischen oder ultrasubharmonischen Lösung garantieren, d. h. einer Lösung, deren kleinste Frequenz in ihrer Fourierreihe ein rationales Vielfaches kleiner als Eins der kleinsten Frequenz in der Fourierreihe von f ist.

Um die van der Pol-Differentialgleichung auf Synchronisation zu untersuchen, betrachtet man in $L_2(0, 2\pi k/\omega_0)$ die Schar von Operatoren $T + N_\lambda$, wobei T in $L_2(0, 2\pi k/\omega_0)$ wie zuvor erklärt ist und $N_\lambda: D(T) \to L_2(0, 2\pi k/\omega_0)$ für $\lambda \in (\omega_0/k - \varepsilon, \omega_0/k + \varepsilon)$ durch $N_\lambda u = qu' + g(u') + \lambda u$ erklärt wird.

Die Reduktion auf ein endlich-dimensionales Problem führt hier auf eine Abbildung

$$\Gamma_f: (\omega_0/k - \varepsilon, \omega_0/k + \varepsilon) \times \mathbb{R}^{2n+1} \to \mathbb{R}^{2n+1} .$$

Man kann zeigen, daß die Abbildung Γ_f so oft stetig differenzierbar ist wie die Funktion g [5]. Damit ist der Satz über implizite Funktionen auf Γ_f anwendbar und damit auch auf $T + N_\lambda$, und es gilt:

Satz: *Sei* $\Gamma_f(\omega_0/k, s_0) = 0$ *bzw.* $\Gamma_f(\omega_0/k, s_0) = t$ *und sei* $(\omega_0/k, s_0)$ *ein regulärer Punkt, dann gibt es eine stetige Funktion* $u\colon (\omega_0/k - \delta, \omega_0/k + \delta) \to (D(T), \|\cdot\|^\sim)$ *mit* $Tu(\lambda) + N_\lambda u(\lambda) = f$ *und* $u(\omega_0/k) = u_f(\omega_0/k, s_0)$. *Wenn* $u(\omega_0/k, s_0)$ *eine subharmonische Lösung ist, dann ist auch* $u(\lambda)$ *für* $\lambda \in (\omega_0/k - \delta', \omega_0/k + \delta')$, $\delta' \leqq \delta$, *eine subharmonische Lösung.*

Falls nicht feststellbar ist, ob der Punkt $(\omega_0/k, s_0)$ regulär ist, kann man sich mit dem Theorem von SARD behelfen, das aussagt, daß bis auf eine Menge vom Lebesgue-Maß Null alle Elemente im Wertebereich von $\Gamma_f(\omega_0/k, \cdot)$ reguläre Werte sind. Das bedeutet, daß $(\omega_0/k, s_0)$ fast sicher ein regulärer Punkt ist. In diesem Sinn ist Synchronisation „fast sicher".

Literatur

1 CESARI, L., Asymptotic Behavior and Stability Problems in Ordinary Differential Equations, Springer, Berlin-Göttingen-Heidelberg 1959.
2 MINORSKY, N., Nonlinear Oscillations, D. van Nostrand Comp., Toronto-New York-London 1962.
3 CESARI, L., Functional analysis and Galerkin's method, Mich. Math. J. **11** (1964), 385–414.
4 AMBROSETTI, A.; MANCINI, G., Existence and multiplicity results for nonlinear elliptic problems with linear part at resonance. The case of the simple eigenvalue, J. Diff. Eqs. 28 (1978), 220–245.
5 STORK, W., On a Theorem by H. SHAW and P. J. MCKENNA Concerning Solution Sets of Some Nonlinear Boundary Value Problems, Preprint.

Anschrift: Dr. phil. nat. WERNER STORK, Fachbereich Mathematik, J. W. GOETHE-Universität, Postfach 111932, D-6000 Frankfurt/Main, BRD

ZAMM 62, T 308 – T 309 (1982)

P. TOLKSDORF

On a Quasilinear Boundary Value Problem in a Domain with Corners or Conical Points

We consider solutions of the differential equation

$$-\sum_{j=1}^{n} \frac{\partial}{\partial x_j} \{a(|\nabla u|^2) \cdot u_{x_j} + b_j(\nabla u)\} = f. \tag{1}$$

The functions $a_j(\eta) = a(|\eta|^2) \cdot \eta_j + b_j(\eta)$ are measurable and bounded on compact subsets of $\mathbb{R}^n$. The right hand side f is defined and measurable on some open bounded subset Ω of $\mathbb{R}^n$ The function a satisfies the limit condition

$$\lim_{t\to\infty} \frac{a'(t) \cdot t}{a(t)} = q = \frac{p-2}{2} > -\frac{1}{2}. \tag{2}$$

The b_j-terms are dominated by a in the sense that

$$\lim_{|\eta|\to\infty} \left|\frac{\partial b_j}{\partial \eta_i}(\eta)\right| \Big/ a(|\eta|^2) = 0. \tag{3}$$

The derivatives of a and b_j are assumed to be measurable for large t and η, respectively. The solution u of (1) is bounded and belongs to one of the Sobolev spaces $H^{1,r}(\Omega)$ satisfying

$$\int_\Omega a(|\nabla \varphi|^2) \cdot |\nabla \varphi|^2 \, dx < \infty, \quad \text{for all} \quad \varphi \in H^{1,r}(\Omega). \tag{4}$$

Our assumptions are satisfied by the following examples:

$$\operatorname{div} \{(c + |\nabla u|^2)^q \cdot \nabla u\} = f, \tag{5}$$

$$\sum_{j=1}^{n} \frac{\partial}{\partial x_j} \left\{ \sum_{i=1}^{k} c_i \cdot |\nabla u|^{p_i - 2} \cdot u_{x_j} \right\} = f, \tag{6}$$

$$\operatorname{div} \{|\nabla u|^{p'-2} \cdot \nabla u\} + \sum_{i,j=1}^{n} a_{ij} \cdot u_{x_i x_j} = f, \tag{7}$$

($c \geqq 0$; $c_i \in \mathbb{R}$, $c_k > 0$, $1 < p_1 < \ldots < p_{k-1} < p_k = p$; $p' = p > 2$, $a_{ij} \in \mathbb{R}$). The condition (4) holds with $r = p$.

Given $\theta_0 \in [\pi/2, \pi)$, there exists a $\lambda = \lambda(\theta_0)$ and a positive function $g \in H^{2,\infty}(-\theta_0, \theta_0)$ such that

$$-\frac{\partial}{\partial \theta} \{(\sin \theta)^{n-2} \cdot g' \cdot (\lambda^2 g^2 + g'^2)^q\} = \lambda \cdot \{\lambda(p-1) + p - n\} \cdot (\sin \theta)^{n-2} \cdot g \cdot (\lambda^2 g^2 + g'^2)^q \tag{8}$$

in $(-\theta_0, \theta_0)$, and

$$g(\theta_0) = g(-\theta_0) = 0. \tag{9}$$

We state some properties of the function λ. It depends continuously on θ_0 and is strictly decreasing with respect to θ_0. For $\theta_0 \in [\pi/2, \pi)$, it satisfies the inequality

$$\max\{0, (p-n)/(p-1)\} < \lambda(\theta_0) \leqq 1 .$$

In the case $\theta_0 = \pi/2$, $\lambda(\theta_0) = 1$ and $g(\theta) = \cos\theta$. If $n = 2$, $\lambda_1 \leqq \lambda \leqq \lambda_2$, where the functions λ_1 and λ_2 are given by

$$\lambda_1(\theta_0) = \begin{cases} \dfrac{\theta_0(p-2) + \sqrt{\pi^2(p-1)(2p-3) + \theta_0^2(p-2)^2}}{2\cdot\theta_0\cdot(2p-3)}, & \text{if } p \neq 3/2, \\ \pi^2/(4\theta_0^2), & \text{if } p = 3/2, \end{cases}$$

$$\lambda_2(\theta_0) = \frac{\theta_0(p-2) + \sqrt{\pi^2(p-1) + \theta_0^2(p-2)^2}}{2\cdot\theta_0\cdot(p-1)} .$$

We say that *the domain Ω satisfies an exterior cone condition with opening angle $\theta_0 \in (0,\pi)$ at $x_0 \in \partial\Omega$*, if there is an $r_0 > 0$ and an orthogonal transformation Q such that

$$Q(\{x - x_0 \mid x \in \Omega\}) \cap \{x \mid |x| < r_0, x_n > |x| \cdot \cos\theta\} = \emptyset .$$

Theorem 1: *Suppose that Ω satisfies an exterior cone condition with opening angle $\theta_0 \in [\pi/2, \pi)$ at $x_0 \in \partial\Omega$. Further, assume that there is a constant c such that*

$$|u(x) - u(x_0)| \leqq c \cdot |x - x_0|^{\lambda(\theta_0)} \quad on\ \partial\Omega ,$$

$$|f(x)| \leqq c \cdot |x - x_0|^{(p-1)(\lambda(\theta_0)-1)-1} \quad in\ \Omega .$$

Then, the solution u does not grow much faster than $|x - x_0|^{\lambda(\theta_0)}$ near x_0. More precisely, given $\delta > 0$, there is a constant k_δ such that

$$|u(x) - u(x_0)| \leqq k_\delta \cdot |x - x_0|^{\lambda(\theta_0)-\delta} \quad in\ \Omega .$$

Theorem 2: *Suppose that Ω is the cone $\{x \mid |x| < 1, x_n > |x| \cdot \cos\theta_0\}$ with opening angle $\theta_0 \in [\pi/2, \pi)$. Let $u(0) = 0$, and $u \geqq 0$ on $\partial\Omega$. Moreover, assume that*

$$u \geqq k \cdot |\theta - \theta_0| \quad on\ \partial\Omega \cap S^{n-1} ,$$

$$f \geqq -c \cdot r^{(p-1)(\lambda(\theta_0)-1)-1+\delta_0} \quad in\ \Omega ,$$

($\cos\theta = x_n/|x|$, $r = |x|$), *for some positive constants k, c and δ_0.*

Then, if k is large enough, the solution u grows almost as fast as $r^{\lambda(\theta_0)}$, near the origin. More precisely, given $\delta > 0$, there is a positive constant k_δ such that

$$u \geqq k_\delta \cdot r^{\lambda(\theta_0)+\delta} \cdot |\theta - \theta_0| \quad in\ \Omega .$$

Let Ω be as in Theorem 2. For the equation (5), there really exist solutions that grow almost as fast as $r^{\lambda(\theta_0)}$ though their boundary values and the right hand sides f are smooth. The same is true for every equation of the type (1) provided that the solvability of the Dirichlet problem is guaranteed.

The proofs of Theorem 1 and Theorem 2 are based on the observation that functions of the form $b(r, \theta) = k \cdot g(\theta)\, r^\lambda$ are useable as barriers, where g is a solution of the suitably perturbed problem (8) and (9). The complete proof concerning the existence of these functions g, the properties of the function λ and the theorems will be given in [2].

Finally, we give gradient estimates. They follow from Theorem 1 and the analysis carried out in [1]. For this, we need some additional assumptions. The functions a_j belong to $C^1(\mathbb{R}^n)$ and satisfy the ellipticity and growth conditions

$$\sum_{i,j=1}^{u} \frac{\partial a_j}{\partial \eta_i}(\eta)\, \xi_i \xi_j \geqq \gamma \cdot (1 + |\eta|)^{p-2} \cdot |\xi|^2 ,$$

$$\sum_{i,j=1}^{n} \left|\frac{\partial a_j}{\partial \eta_i}(\eta)\right| \leqq \Gamma \cdot (1 + |\eta|)^{p-2} ,$$

for some positive constants γ and Γ. The right hand side f is bounded. The region Ω satisfies an exterior cone condition with opening angle $\theta_0 \in [\pi/2, \pi)$ at $x_0 \in \partial\Omega$. Moreover, for every $x \in \partial\Omega$, there is a ball B with radius $r \geqq c \cdot |x - x_0|$ satisfying $\overline{B} \cap \overline{\Omega} = \{x\}$, for some positive constant c independent of x. Finally, there is a constant g_0 such that the boundary values of u can be extended to a function $g \in H^{2,\infty}_{\mathrm{loc}}(\Omega)$ satisfying

$$|g(x) - g(x_0)| + |x - x_0| \cdot |\nabla g(x)| + |x - x_0|^2 \cdot |\nabla^2 g(x)| \leqq g_0 \cdot |x - x_0|^{\lambda(\theta_0)} \quad \text{in } \Omega .$$

Theorem 3: *The assumptions cited above imply that, given $\delta > 0$, there is a constant k_δ such that, in Ω,*

$$|u(x) - u(x_0)| \leqq k_\delta \cdot |x - x_0|^{\lambda(\theta_0)-\delta} ,$$

$$|\nabla u(x)| \leqq k_\delta \cdot |x - x|^{\lambda(\theta_0)-1-\delta} .$$

Reference

1 Tolksdorf, P., On quasilinear boundary value problems in domains with coners, Nonlinear Analysis 5, 721–735 (1981).
2 Tolksdorf, P., On the behaviour near the boundary of solutions of quasilinear equations, Nonlinear Analysis, to appear.

Anschrift: P. Tolksdorf, Inst. f. Angew. Analysis, Beringstr. 6, D-5300 Bonn 1, BRD

ZAMM 62, T 310 – T 311 (1982)

R. Trostel

Variationsprinzip für die nichtlineare hyperbolische Wärmeleitungsgleichung

Startet man vom 1. Hauptsatz für ruhende Medien $\boldsymbol{v} = 0$:

$$\varrho \frac{\partial u}{\partial t} = - \operatorname{div} q \tag{1}$$

und von dem verallgemeinerten Maxwell-Cattaneo-Ansatz:

$$\tilde{q} := \tau_q \dot{q} + q = \frac{\partial \Phi(\nabla \Theta)}{\partial \nabla \Theta}, \tag{2}$$

wobei Φ die verallgemeinerte Dissipations- und Θ

$$\Theta := \int^{1/T} \varphi\left(\frac{1}{T}\right) \mathrm{d}\left(\frac{1}{T}\right),$$

die verallgemeinerte Kirchhoff-Funktion ist, so erhält man in üblicher Weise nach Differentiation von (1) und anschließender Addition mit (1) und ferner mit (2) die nichtlineare hyperbolische Wärmeleitungsgleichung

$$\tau_q \varrho (\tilde{C} \ddot{\Theta} + \tilde{C}' \dot{\Theta}^2) + \varrho \tilde{C} \dot{\Theta} = - \operatorname{div} \frac{\partial \Phi}{\partial \nabla \Theta}, \tag{3}$$

wobei die „innere Energie“ wie folgt behandelt wurde:

$$\mathrm{d}u = \mathrm{d}u\left(\frac{1}{T}\right) = C \cdot \mathrm{d}\left(\frac{1}{T}\right) = \frac{C\left(\frac{1}{T}\right)}{\varphi\left(\frac{1}{T}\right)} \varphi\left(\frac{1}{T}\right) \mathrm{d}\left(\frac{1}{T}\right) = \tilde{C}(\Theta)\, \mathrm{d}\Theta .$$

Für (3) gibt es nur unter Zuhilfenahme von Zusatzfeldern ein exaktes Variationsprinzip [1], was sich für schnelle analytische Approximationsverfahren als Nachteil auswirkt. Im Sinne von Djukić und Vujanović, die für die nichtlineare parabolische Wärmeleitungsgleichung die folgende Parameter-Lagrangedichte angegeben haben [2]

$$S_\lambda[\Theta] = \int \mathrm{d}\tau\, \mathrm{d}t \left\{\tfrac{1}{2} (\nabla \Theta)^2 + \lambda \tfrac{1}{2} \varrho \tilde{C} \dot{\Theta}^2\right\} \mathrm{e}^{t/\lambda}, \tag{4}$$

setze ich eine ähnliche Parameter-Lagrangedichte für den hyperbolischen Fall nach folgenden Konstruktionsvorschriften an:

A: $S_\lambda[\Theta] := \int \mathrm{d}\tau\, \mathrm{d}t\, L(\Theta, \nabla\Theta, \dot{\Theta}, \ldots, \lambda)\, \mathrm{e}^{t/\lambda} = \int \mathrm{d}\tau\, \mathrm{d}t\, \mathscr{L}$,

$$\frac{\delta S_\lambda[\Theta]}{\delta \Theta} =: \mathrm{e}^{t/\lambda}\, \Psi(\Theta, \nabla\Theta, \ldots, \lambda) = 0 .$$

B: Die Ordnung der Zeitableitung in L geht bis zur höchsten in der physikalischen Gleichung auftretenden Ordnung. Hier also

$$L = L(\Theta, \nabla\Theta, \dot{\Theta}, \ddot{\Theta}, \lambda) .$$

C: Die Ausdrücke L und Ψ sind bei $\lambda = 0$ regulär und taylorentwickelbar:

$$L = \sum_{n=0}^{\infty} \lambda^n l_n(\Theta, \nabla\Theta, \dot{\Theta}, \ddot{\Theta}) , \qquad \Psi = \sum_{n=0}^{\infty} \lambda^n \Psi_n(\Theta, \nabla\Theta, \dot{\Theta}, \ddot{\Theta}, \ldots) .$$

D: Und schließlich

$$\Psi_0 = 0 ,$$

ist mit der physikalischen Gleichung zu identifizieren.

Da man für den stationären Fall

$$0 = - \operatorname{div} \frac{\partial \Phi}{\partial \nabla \Theta} \Leftrightarrow \delta S_{\mathrm{STAT}} = \delta \int \mathrm{d}\tau\, \Phi = 0$$

hat, setze ich nun die Parameter-Lagrangedichte gemäß A–D wie folgt an:

$$S_\lambda[\Theta] = \int \mathrm{d}\tau\, \mathrm{d}t \left(\Phi + \sum_{n=0}^{\infty} \lambda^n f_n(\Theta, \dot{\Theta}, \ddot{\Theta})\right) \mathrm{e}^{t/\lambda}. \tag{5}$$

Die Euler-Lagrangegleichungen nach λ sortiert ergeben:

$$\Psi_{-2} = \frac{\partial f_0}{\partial \ddot{\Theta}} \stackrel{!}{=} 0 , \qquad \Psi_{-1} = - \frac{\partial f_0}{\partial \dot{\Theta}} + \frac{\partial f_1}{\partial \ddot{\Theta}} + 2 \frac{\partial}{\partial t}\left(\frac{\partial f_0}{\partial \ddot{\Theta}}\right) \stackrel{!}{=} 0 , \tag{6), (7}$$

$$\Psi_0 = -\nabla \cdot \frac{\partial \Phi}{\partial \nabla \Theta} + \frac{\partial f_0}{\partial \Theta} - \frac{\partial f_1}{\partial \dot{\Theta}} - \frac{\partial}{\partial t}\left(\frac{\partial f_0}{\partial \dot{\Theta}}\right) + \frac{\partial f_2}{\partial \ddot{\Theta}} + 2 \frac{\partial}{\partial t}\left(\frac{\partial f_1}{\partial \ddot{\Theta}}\right) + \frac{\partial^2}{\partial t^2}\left(\frac{\partial f_0}{\partial \ddot{\Theta}}\right). \tag{8}$$

Somit ergibt sich:

$$f_0 = f_0(\Theta, \dot{\Theta}), \qquad f_1 = \ddot{\Theta}\frac{\partial f_0}{\partial \dot{\Theta}} + \tilde{f}_1(\Theta, \dot{\Theta}), \tag{9), (10}$$

$$\Psi_0 = -\nabla \cdot \frac{\partial \Phi}{\partial \nabla \Theta} + \frac{\partial f_0}{\partial \Theta} - \frac{\partial f_1}{\partial \dot{\Theta}} + \frac{\partial}{\partial t}\left(\frac{\partial f_0}{\partial \dot{\Theta}}\right) + \frac{\partial f_2}{\partial \ddot{\Theta}}, \tag{11}$$

$$f_i\{i \geqq 3\} = f_i(\Theta, \dot{\Theta}, \ddot{\Theta}) .$$

Vergleicht man (3) mit (11), so erkennt man sofort, daß man drei Funktionen zur Verfügung hat, um sie mit (3) zu identifizieren. Diese Willkür ist aber nur scheinbar, da man die „Eichäquivalenz" und „Projektionstransformationsäquivalenz" dieser Parameter-Lagrangedichten mitzuberücksichtigen hat, mit deren Hilfe sich f_0, f_1 wegeichen lassen. Die Eichtransformationen lauten:

$$L' \, e^{t/\lambda} = L \, e^{t/\lambda} + \frac{\partial}{\partial t}\{H(\lambda, \Theta, \dot{\Theta}) \, e^{t/\lambda}\}, \qquad H = \sum_{n=0}^{\infty} h_n(\Theta, \dot{\Theta}) \lambda^n, \qquad h_0 = 0,$$

$$f_0' = f_0 + h_1(\Theta, \dot{\Theta}), \qquad f_n' = f_n + h_{n+1}(\Theta, \dot{\Theta}) + \frac{\partial}{\partial t} h_n(\Theta, \dot{\Theta}). \tag{12}$$

Sie lassen trivialerweise die Euler-Lagrangegleichung unberührt, wohingegen zwei „projektionstransformationsäquivalente" Lagrangedichten mindestens zur Unberührtheit der 0.-ten Ordnung in λ der sich ergebenden Euler-Lagrangegleichungen führen sollen. Mit Hilfe von (9) und (12) sowie von (10) mit (12) erhalte ich:

$$f_0' = f_0(\Theta, \dot{\Theta}) + h_1(\Theta, \dot{\Theta}) \stackrel{!}{=} 0, \qquad h_1 := -f_0, \qquad f_1' \stackrel{!}{=} 0, \qquad h_2(\Theta, \dot{\Theta}) := \dot{\Theta}\frac{\partial f_0}{\partial \Theta} - \tilde{f}_1(\Theta, \dot{\Theta})$$

und schließlich die wichtige Beziehung:

$$\frac{\partial f_2'}{\partial \ddot{\Theta}} = \frac{\partial f_0}{\partial \Theta} - \frac{\partial f_1}{\partial \dot{\Theta}} + \frac{\partial}{\partial t}\left\{\frac{\partial f_0}{\partial \dot{\Theta}}\right\} + \frac{\partial f_2}{\partial \ddot{\Theta}}. \tag{13}$$

Damit erkennt man mit (11):

$$\Psi_0 = -\operatorname{div} \frac{\partial \Phi}{\partial \nabla \Theta} + \frac{\partial f_2'}{\partial \ddot{\Theta}}. \tag{14}$$

Vergleich mit (3) liefert endlich:

$$f_2' = -(\tau_q \varrho(\tilde{C} \tfrac{1}{2} \ddot{\Theta}^2 + \tilde{C}' \dot{\Theta}^2 \ddot{\Theta}) + \varrho \tilde{C} \dot{\Theta} \ddot{\Theta}), \qquad \mathcal{L} = e^{t/\lambda}[\Phi - \lambda^2(\tau_q \varrho(\tilde{C} \tfrac{1}{2} \ddot{\Theta}^2 + \tilde{C} \dot{\Theta}^2 \ddot{\Theta}) + \varrho \tilde{C} \dot{\Theta} \ddot{\Theta})],$$

$$\mathcal{L}^{\text{äqui}} = e^{t/\lambda}[\Phi + \lambda \tfrac{1}{2} \varrho \tilde{C} \dot{\Theta}^2 - \lambda^2 \tau_q \varrho(\tilde{C} \tfrac{1}{2} \ddot{\Theta}^2 + \tilde{C}' \dot{\Theta}^2 \ddot{\Theta})],$$

zwei zueinander äquivalente Parameter-Lagrangedichten für (3). Der Grenzübergang von $\mathcal{L}^{\text{äqui}}$ bzgl. $\tau_q \to 0$ liefert sofort das Resultat (4) von DJUKIĆ und VUJANOVIĆ [2].

Literatur

1 LEBON, A new variational principle for the nov-linear unsteady heat-conduction problem, Quart. J. Mech. appl. Math. 29, Pt.4 (1976), 499–509.

2 VUJANOVIĆ; DJUKIĆ, On one variational principle of Hamilton's type for non-linear heat transfer problem, Internat. J. Heat Mass Transfer 15 (1972), 1111–1123.

Anschrift: Dipl.-phys. ROBERT TROSTEL, Technische Universität Berlin, Institut für theoretische Physik, Sekr. HAD 1, Hardenbergstraße 4–5, Berlin-West 12

ZAMM 62, T 311 – T 312 (1982)

F. WILLE

Über eine Vermutung von Hopf zur Lösbarkeit nichtlinearer Gleichungssysteme

Es werden stetige Abbildungen betrachtet, die eine gewisse Trennungsbedingung erfüllen und daher nichtverschwindenden Abbildungsgrad besitzen. Daraus werden Nullstellensätze hergeleitet.

Es sei $f\colon M \to X$ eine stetige Abbildung eines metrischen Raumes M in einen topologischen Raum X. Zu f existiere eine positive reelle Zahl α mit der Eigenschaft

$$(x_1, x_2 \in M \text{ und } d(x_1, x_2) = \alpha) \Rightarrow f(x_1) \neq f(x_2) \tag{1}$$

(d bezeichne die Metrik in M). Wir sagen, eine Abbildung dieser Art *trennt den Abstand* α, oder kurz, sie ist *α-trennend.*

Wir betrachten folgenden Fall: $M = M^n$ sei eine kompakte, zusammenhängende, orientierte n-dimensionale Mannigfaltigkeit mit Riemannscher Metrik d. Ferner sei α eine positive reelle Zahl mit der Eigenschaft: Je zwei Punkte $x_1, x_2 \in M^n$ mit $d(x_1, x_2) = \alpha$ besitzen eine eindeutig bestimmte geodätische Verbindungskurve mit minimaler Länge. Mit $S^n = \{x \in \mathbb{R}^{n+1} \mid |x| = 1\}$ bezeichnen wir die n-dimensionale euklidische Sphäre. Damit gilt folgender Satz (s. [8]):

Satz 1: *Jede α-trennende Abbildung f: $M^n \to S^n$ hat nichtverschwindenden Abbildungsgrad*: $\deg f \neq 0$.

Der Satz wurde von Heinz Hopf [3, S. 136–137] im Jahre 1945 als Frage formuliert. Er wies darauf hin, daß das Ergebnis selbst für den Fall $M^n = S^n$ ($n \geqq 2$) unbekannt sei. Der Fall $n = 1$, $M^1 = S^1$, dagegen ist trivial, und seine Richtigkeit gab zu der Vermutung Anlaß. In den Arbeiten [1, 2, 4, 5, 6, 7] wurden Teilergebnisse erzielt, wobei ein weitreichendes Ergebnis in [1] zu finden ist. Die vollständige Lösung des oben formulierten Hopfschen Problems ist in [8] wiedergegeben.

Der hauptsächlich interessierende Fall ist $M^n = S^n$, wobei wir die verwendete euklidische Norm $|\cdot|$ nach [4] auch zu einer beliebigen Norm $||\cdot||$ auf $\mathbb{R}^n$ verallgemeinern dürfen. Wir wollen diesen Spezialfall gesondert formulieren. Es sei $K_r^n = \{x \in \mathbb{R}^n \mid ||x|| \leqq r\}$ $(r > 0)$ eine Kugel in $\mathbb{R}^n$ bzgl. dieser Norm und ∂K_r^n ihr Rand.

Satz 2: *Es sei f: $K_r^n \to \mathbb{R}^n$ stetig, und es existiere eine Zahl $\alpha \in (0, 2r]$ mit*

$$(x_1, x_2 \in \partial K_r^n \text{ und } ||x_1 - x_2|| = \alpha) \Rightarrow f(x_1) \neq t f(x_2) \quad \text{für alle} \quad t \geqq 0 . \tag{2}$$

Daraus folgt $\deg(f, K_r^n, 0) \neq 0$ *und somit die Lösbarkeit von* $f(x) = 0$.

Im rechtwinkligen Fall läßt sich das folgende, schärfere Ergebnis erzielen, wobei S^n wieder die euklidische Sphäre ist, eingebettet in $\mathbb{R}^{n+1}$, [7].

Satz 3: *Es sei f: $S^n \to S^n$ stetig. Ferner existiere ein $p_0 \in S^n$ mit $f(p_0) = f(-p_0)$, sowie eine Kurve p: $[0, 1] \to S^n$, die p_0 und $-p_0$ verbindet, wobei folgendes erfüllt ist:*

$$f(x_1) \neq f(x_2) .$$

(a) *für alle $x_1 = p(t)$ und $x_2 \in S^n$ mit $x_1 \cdot x_2 = 0$, und*

(b) *für alle $x_1, x_2 \in S^n$ mit $x_1 \cdot x_2 = 0$ und $p(t_0) = \lambda x_1 + \mu x_2$ ($\lambda \geqq 0$, $\mu \geqq 0$), wobei $p(t_0)$ ein fester Kurvenpunkt ist.*

Damit folgt:

$$\deg f \equiv 2 \pmod 4 .$$

Folgerung: *Ist F: $K_r^n \to \mathbb{R}^n$ stetig (euklidische Norm vorausgesetzt), ferner $F(x) \neq 0$ für alle $x \in \partial K_r^n$, und erfüllt $f(x) = F(rx)/|F(rx)|$ auf S^{n-1} die Voraussetzungen des Satzes 3, so ist $F(x) = 0$ lösbar.*

Die Aussage gilt ebenfalls für vollstetige Operatoren im Hilbertraum. Entsprechend läßt sich Satz 2 auf Banachräume übertragen, [8].

Beispiel zur Folgerung: Im $\mathbb{R}^3$ hat folgendes Gleichungssystem eine Lösung $x = (x_1, x_2, x_3)$:

$$x_1^6 - x_2^6 + 3x_1x_2^4 - x_3 - 7 = 0 , \qquad 9x_1^3x_2^3 - 5x_1x_2 + 7x_3x_1^2 + 15 = 0 , \qquad x_3^5 - 12 = 0 .$$

Man fasse die linken Seiten auf als $f(x)$ und spalte f auf in $f = g + h$ mit $g(x) = (x_1^6 - x_2^6, 9x_1^3x_2^3, x_3^5)$. Für genügend großes $r > 0$ gilt dann $|g(x)| > |h(x)|$, falls $|x| = r$, so daß auf Grund der Homotopieinvarianz des Abbildungsgrades die Abbildungsgrade von g und f (bzgl. K_r^3 und 0) gleich sind. g erfüllt aber in K_r^3 die Voraussetzungen der obigen Folgerung, wobei $p(t) = r(\cos t, \sin t, 0)$ und $p_0 = p(0)$ gewählt wird.

Mit den gleichen Überlegungen lassen sich Gleichungssysteme $f(x) = (f_1(x), \ldots, f_n(x)) = 0$ im $\mathbb{R}^n$ behandeln, bei denen f_1, f_2 Polynome in n-Variablen sind, deren Ordnung $\equiv 2 \pmod 4$ ist, und wobei $f_3, \ldots, f_n$ Polynome ungerader Ordnung sind.

Literatur

1 Dieck, T. tom; Smith, L., On coincidence points of maps from manifolds into spheres, Indiana Univ. Math. J. 28 (1979), 251–255.
2 Hirsch, G., A propos d'un problème de Hopf sur les représentations des variétés, Annals of Math. 50 (1949), 174–179.
3 Hopf, H., Eine Verallgemeinerung bekannter Abbildungs- und Überdeckungssätze, Portug. Math. 4 (1945), 129–139.
4 Seemann, R., Verallgemeinerung von Sätzen der Abbildungsgradtheorie auf Sphären mit strikt konvexer Norm und Riemannsche Mannigfaltigkeiten, Diss., FB Math., Univ. Kassel 1981.
5 Wille, F., Ein neuer Fixpunktsatz, ZAMM 56 (1976), T 269.
6 Wille, F., Über eine Vermutung von H. Hopf zur Abbildungsgradtheorie, Preprint, FB Math, Univ. Kassel 1976.
7 Wille, F., Ein Analogon zum Borsukschen Antipodensatz für rechtwinklige Punktepaare, Preprint, FB Math, Univ. Kassel 1978.
8 Wille, F., On a conjecture of Hopf for α-seperating maps from manifolds into spheres, in Proc. Conf. Fixed Point Theory, Sherbrooke, Québec 1980, Lecture Notes in Math., Vol. 886, Springer-Verlag, Berlin-Heidelberg-New York 1981.

Anschrift: Prof. Dr. F. Wille, FB Math. der Universität Kassel, Heinrich-Plett-Str. 40, D-3500 Kassel, BRD

SEKTION NUMERISCHE ANALYSIS

SECTION NUMERICAL ANALYSIS

ZAMM 62, T 313 – T 314 (1982)

M. SAMIR ABOU EL-SEOUD

Diskretisierung quasilinearer Randwertprobleme und Monotone Iterationen

1. Einleitung

Es wird untersucht, welche Diskretisierungen des Variationsproblems

$$I[u] := \int_{\Omega} f(u_x^2 + u_y^2)\, d\Omega = \min\,, \qquad u = u_0 \quad \text{auf} \quad \partial\Omega\,, \tag{1.1}$$

mit $f \in C^2[[0, \infty)]$ auf ein im allgemeinen nichtlineares Gleichungssystem führen, dessen Funktionalmatrix nicht nur symmetrisch und positiv definit, sondern darüber hinaus eine M-Matrix ist. Das Gleichungssystem kann dann mit komponentenweise monoton einschließend konvergenten Iterationsverfahren zuverlässig gelöst werden [1], [2]. Eine Reihe wichtiger nichtlinearer Differentialgleichungen der Physik läßt sich aus (1.1) mit einer bestimmten Funktion $f(s)$ herleiten.

2. Diskretisierung

Mit $p := u_x$, $q := u_y$ ersetzen wir (1.1) durch ein diskretes Analogon

$$Q_h[u_h] := h^2 \sum_{x_{ij} \in \Omega_h} f(p_{ij}^2 + q_{ij}^2) = \min\,. \tag{2.1}$$

Satz 1: *Mit* $p_{ij} = \frac{1}{h}(u_{i+1,j} - u_{i,j})\,, \qquad q_{ij} = \frac{1}{h}(u_{i,j+1} - u_{i,j})\,,$

führt die Minimalforderung von (2.1), *nämlich* $T_h[u_h] = (t_{ij}^h[u_h]) = \left(\frac{\partial Q_h}{\partial u_{ij}}\right)[u_h] = 0; \qquad i, j = 1, 2, \dots, n\,,$

auf ein System von nichtlinearen Differenzengleichungen, für welches das Maximum-Minimum-Prinzip gilt. Ferner sei:

i) $f \in C^2\,, \quad f'(s) > 0\,, \quad f''(s) < 0\,,$

ii) $pq \geqq 0$ bzw. $\operatorname{sign}(p) = \operatorname{sign}(q)\,,$

iii) $f'(s) + 2(p^2 + pq)\, f''(s) > 0$ und $f'(s) + 2(q^2 + pq)\, f''(s) > 0\,.$

Dann ist die stets symmetrische und positiv-definite Funktionalmatrix

$$dT_h[u_h] = (\partial_{rs}\, t_{ij}^h[u_h]) = \left(\frac{\partial^2 Q_h}{\partial u_{rs}\, u_{ij}}\right)[u_h]\,, \qquad (x_r, y_s), (x_i, y_j) \in \Omega_h\,, \tag{2.2}$$

eine M-Matrix, also auch eine Stieltjes-Matrix.

Beweisskizze: Es läßt sich nachweisen, daß die Funktionalmatrix (2.2) folgende Eigenschaften besitzt:
a) (2.2) hat L-Struktur, nämlich

1 $\partial_{i-1,j+1}\, t_{i,j}^h[u_h] = 4 f''_{i-1,j} \cdot (pq)_{i-1,j} \leqq 0\,,$

2 $\partial_{i,j+1}\, t_{i,j}^h[u_h] = -2(f'_{i,j} + 2(q^2 + pq)_{i,j}\, f''_{i,j}) < 0\,,$

3 $\partial_{i-1,j}\, t_{i,j}^h[u_h] = -2(f'_{i-1,j} + 2(p^2 + pq)_{i-1,j}\, f''_{i-1,j}) < 0\,,$

4 $\partial_{i+1,j}\, t_{i,j}^h[u_h] = -2(f'_{i,j} + 2(p^2 + pq)_{i,j}\, f''_{i,j}) < 0\,,$

5 $\partial_{i,j-1}\, t_{i,j}[u_h] = -2(f'_{i,j-1} + 2(q^2 + pq)_{i,j-1}\, f''_{i,j-1}) < 0\,,$

6 $\partial_{i+1,j-1}\, t_{i,j}^h[u_h] = 4 f''_{i,j-1} \cdot (pq)_{i,j-1} \leqq 0\,,$

7 $\partial_{i,j}\, t_{i,j}^h[u_h] = 2[(f' + 2p^2 f'')_{i-1,j} + 2(f' + 2(p+q)^2 f'')_{i,j} + (f' + 2q^2 f'')_{i,j-1}] > 0\,.$

b) $dT_h[u_h]$ ist irreduzibel diagonal-dominant.

Daher ist $dT_h[u_h]$ in der Tat eine M-Matrix.

Entsprechend Satz 1 gilt dann

Satz 2: *Ersetzt man in Satz 1 die Voraussetzungen* i) *und* ii) *durch*

i)′ $f \in C^2\,, \quad f'(s) > 0\,, \quad f''(s) > 0\,,$

ii)′ $pq \leqq 0$ bzw. $\operatorname{sign}(p) = -\operatorname{sign}(q)\,,$

so bleiben die Aussagen richtig.

In [2] wurde gezeigt:

Satz 3: *Es sei $T: \mathbb{R}^N \to \mathbb{R}^N$ eine M-Funktion. Ferner mögen Punkte $x^{(0)}$, $y^{(0)}$ so existieren, daß $x^{(0)} \leqq y^{(0)}$, $Tx^{(0)} \leqq 0 \leqq Ty^{(0)}$ gilt. Die mit dem NSOR- und dem NJOR-Verfahren für $\omega_\nu \in (0, 1]$ berechneten Folgen $\{y^{(\nu)}\}$, $\{x^{(\nu)}\}$ mit Startpunkten $y^{(0)}$, $x^{(0)}$ sind dann eindeutig bestimmt, und es gilt*

$$y^{(\nu)} \swarrow y^* , \qquad x^{(\nu)} \nearrow x^* , \qquad \nu \to \infty , \qquad x^* \leqq y^* , \qquad Tx^* = Ty^* = 0 .$$

In [1] finden sich Vorschläge zur Berechnung der Startnäherungen $x^{(0)}$, $y^{(0)}$.

Literatur

1 Törnig, W., Monoton einschließend konvergente Iterationsprozesse vom Gauss-Seidel-Typ zur Lösung nichtlinearer Gleichungssysteme im $\mathbb{R}^N$ und Anwendungen, Math. Meth. in the Appl. Sci. 2 (1980), 489–503.
2 Törnig, W., Monoton konvergente Iterationsverfahren zur Lösung nichtlinearer Differenzen-Randwertprobleme, Beiträge zur Numerischen Mathematik 4 (Hrsgb. F. Kuhnert, J. W. Schmidt), Oldenbourg, München 1975.

Anschrift: Dr. rer. nat. Samir Abou El-Seoud, Fachbereich Mathematik (AG 8), TH Darmstadt, Schloßgartenstraße 7, D-6100 Darmstadt, BRD

ZAMM 62, T 314 – T 316 (1982)

E. L. Allgower / N. A. Quesenberry

Automatic Triangulations of Bounded Regions in $\mathbb{R}^2$

Our aim is to generate triangulations (which are computationally implementable) of regions of the form

$$G_1 = \{(x, y) \in \mathbb{R}^2 \mid g_1(x, y) \leqq 0\}$$

or

$$G_m = \{(x, y) \in \mathbb{R}^2 \mid g_i(x, y) \leqq 0 , \quad i = 1, \dots , m\} ,$$

where the g_i's are smooth mappings of $\mathbb{R}^2$ into $\mathbb{R}^1$ and the interior of $G_m \neq \emptyset$ is connected.

Such triangulations have important applications in numerical integration and finite element methods. Normally, the triangulations used for these applications require the storing of all of the vertices of the triangles [3]. Often this is unnecessary if the triangles can be generated independently, since the contribution of a triangle to the process for which it is needed (e.g. to an integral sum or a stiffness matrix) can be accumulated at the moment it is generated, and thereafter the triangle can be discarded. Our goal, therefore, is to generate a triangulation of G_m which: (i) approximates G_m closely e.g. from inside; (ii) requires only a small amount of computer storage and computational effort; and (iii) possesses uniformity properties.

To begin, we define a class $\mathfrak{M}$ of triangles $T \subset \mathbb{R}^2$ as a *triangulation of a set* $K \subset \mathbb{R}^2$ if

(i) $K = \bigcup_{T \in \mathfrak{M}} T$.

(ii) If $K \supset A \neq \emptyset$ and A is compact, then $A \cap T \neq \emptyset$ holds for only finitely many $T \in \mathfrak{M}$.

(iii) For T_1, $T_2 \in \mathfrak{M}$, $T_1 \cap T_2$ is either empty, a common vertex, or a common side.

A triangle T with vertices v^0, v^1, v^2 may be denoted by $T = [v^0, v^1, v^2] = \text{co}\{v^0, v^1, v^2\}$ and its edges by $[v^0, v^1]$, $[v^0, v^2]$, $[v^1, v^2]$. Basic to our algorithm is the concept of reflecting a vertex of T. To formulate this, define for $v^i \in T$:

$$v^{i+} = v^{i+1} \ (\text{mod } 3) \quad (\text{cyclically right neighbor of } v^i) ,$$

$$v^{i-} = v^{i-1} \ (\text{mod } 3) \quad (\text{cyclically left neighbor of } v^i) .$$

The *reflection* of v^i across $[v^{i-}, v^{i+}]$ is given by $\tilde{v}^i = v^{i+} + v^{i-} - v^i$.

Our algorithm is based upon the following result [1]: *Let $T_1 = [v^0, v^1, \dots , v^n]$ be a simplex in $\mathbb{R}^N$. Then the set $\mathcal{R}(T_1)$ of all simplices which can be generated from T_1 with finitely many reflections generates a triangulation of $\mathbb{R}^N$.*

We now describe the essential steps for generating a triangulation of G_1.

Setting up: Choose a k such that for every $p \in G_1$ if the ball $B_{2^{-k}}(P)$ intersects ∂G_1, then $B_{2^{-k}}(P) \cap \partial G_1$ is connected. This can be done since int G_1 is connected and the curvature of ∂G_1 is bounded. Now choose a *starting triangle* $T_1(\delta) = [v^0, v^1, v^2]$ so that:

(i) $v^0 \in G_1$ has binary components.

(ii) At least one of the following two points lies outside G_1:

$$v^1 = v^0 + \delta e^1 , \qquad v^2 = v^0 + \delta(e^1 + e^2) \qquad \text{where } \delta = 2^{-k} \text{ and } e^1 = (1, 0) , \ e^2 = (0, 1) .$$

Other choices instead of e^1, e^2 are possible e.g.

$$u^1 = (1, 2)\,, \qquad u^2 = (-1, 2)\,.$$

Starting: To each $p \in \mathbb{R}^2$ a label λ can be assigned by

$$\lambda(p) = \begin{cases} 0 & \text{if} \quad p \in G_1\,, \\ 1 & \text{if} \quad p \notin G_1\,. \end{cases}$$

If $\lambda(v^0) = \lambda(v^1) = 0$ or $\lambda(v^1) = \lambda(v^2) = 1$, reflect v^1.
If $\lambda(v^0) = \lambda(v^2) = 0$, reflect v^0.

General reflection step: Suppose $T_j(\delta) = [w^0, w^1, w^2]$ has been generated and w^ν is the vertex which has been reflected in. Then there is exactly one w^α such that $\lambda(w^\alpha) = \lambda(w^\nu)$. Form $T_{j+1}(\delta)$ by reflecting w^α.

In the preceding process a sequence of triangles $\{T_j(\delta)\}_{j=1}^\infty$ is generated for which the following properties hold:

(i) $T_j(\delta) \cap \partial G_1 \neq \emptyset$ is connected since $\delta = 2^{-k}$ is sufficiently small.

(ii) There is a minimal n such that $T_n(\delta) = T_1(\delta)$ since $\{T_j(\delta)\}_{j=1}^\infty \subset (T_1(\delta))$ and $\partial G_1 \cap T_j(\delta) \neq \emptyset$ for all j and ∂G_1 is compact.

(iii) $\bigcup_{j=1}^{n} T_j(\delta) \supset \partial G_1$, for otherwise $T_j(\delta) \cap \partial G_1$ would not be connected for at least one $j \in \{1, \dots, n\}$.

For G_m, $m > 1$, narrow pieces of G_m e.g. corners might be cut off in the preceding process because the condition that $T_j(\delta) \cap \partial G_m$ be connected can perhaps not be satisfied.

Now that ∂G_1 has been covered by $\{T_j(\delta)\}_{j=1}^n$, it remains to cover the polygon $P = G_1 - \bigcup_{j=1}^{n} T_j(\delta)$. For this purpose it is necessary to store the vertices of P. These vertices can be stored in the counter-clockwise order as the $T_j(\delta)$'s were generated. The sides of P can only consist of line segments which are parallel to the sides of $T_1(\delta)$. Hence it follows that P can be expressed as a union of strips $p = \bigcup_{i=1} S_i(\delta)$ where each $S_i(\delta) = \text{co}\,\{v_i^1, v_i^2, v_i^3, v_i^4\}$ has width δ and the sides $[v_i^1, v_i^2]$, $[v_i^2, v_i^3]$, $[v_i^3, v_i^4]$, $[v_i^4, v_i^1]$ are parallel to the sides of $T_1(\delta)$. Thus each $S_i(\delta)$ can easily be triangulated by reflections.

Hence a class $C(\delta)$ of triangles has been generated such that

$$\bigcup_{T \in C(\delta)}^{\mu} T = \left(\bigcup_{j=1}^{n} T_j(\delta)\right) \cup P \supset G_1\,.$$

(For G_m, $m > 1$, narrow pieces might not be covered.)

It now remains to adjust the triangular covering $C(\delta)$ to ∂G_m. There are numerous ways of accomplishing this. We give an example which is simple, fits inside G_m, and does not admit extremely thin triangles having very small angles. We now restrict our attention to triangles $T(\delta) \in C(\delta)$ such that $T(\delta) = [u, v, w] \cap \partial P \neq \emptyset$ and $T(\delta) \subset G_m$.

We shall furthermore assume that $\delta > 0$ is sufficiently small so that for at least one vertex, say v,

$$v \pm e^i \in G_m\,, \qquad i = 1, 2 \quad \text{holds}\,.$$

Then $T(\delta)$ has at least one vertex (say u) for which one of $u \pm e^i$, $i = 1, 2$, is not in G_m. The vertex u is then stretched to ∂G_m according to the following rules of precedence:

1. If $u + \delta e^1 \notin G_m$, then $u \to u^* = u + \delta^* e^i \in \partial G_m$. The point u^* is found by solving $g_j(u^*) = g_j(u_1 + \delta^*, u_2) = 0$ where $g_j(u) \leqq 0$ and $g_j(u + \delta e^1) > 0$. The number $\delta^* > 0$ can either be found to a desired accuracy either by direct solving, or by bisection.

The remaining cases are analogous.

2. If $u + \delta e^1 \in G_m$, but $u - \delta e^1 \notin G_m$, then $u \to u^* = u - \delta^* e^i$ where $g_j(u^*) = 0$ and $g_j(u) \leqq 0$, $g_j(u - \delta e^1) > 0$.
3. If $u \pm \delta e^1 \in G_m$, but $u + \delta e^2 \notin G_m$, then $u \to u^* + \delta^* e^2$ where $g_j(u^*) = 0$.
4. If $u \to \delta e^1 \in G_m$, $u + \delta e^2 \in G_m$, but $u - \delta e^2 \notin G_m$, then $u \to u^* - \delta^* e^2$ where $g_j(u^*) = 0$.
5. If $u \pm \delta e^1 \in G_m$, $u \to u$.
6. If $\|u^* - v^*\| < \delta$, identify u^*, v^* with $(u^* + v^*)/2$.

Finally, $T = [u, v, w] \to T^* = [u^*, v^*, w^*]$.

For this particular stretching, it can easily be seen that $\|u - v\| \leqq \|u^* - v^*\| \leqq 2\|u - v\|$ for any two corresponding edges $[u, v]$, $[u^*, v^*]$, and for any interior angle θ in T^*, we have $18.4^\circ < \theta < 135^\circ$. A computer implementation of the preceding has been made in [4].

Occasionally it is wished to refine a triangulation in a particular subregion. This can easily be done for any triangle by splitting it into strips and triangulating the strips by reflections.

This research was supported in part by the U.S. Air Force Contract FY 1456-81-00870.

References

1 Allgower, E. L.; Georg, K., Generation of triangulations by reflections, Utilitas Math. **16** (1979), 123–129.
2 Allgower, E. L.; Georg, K., Triangulations by reflections with applications to approximations ISNM **42** (1977), 10–32.

3 BRAKHAGEN, F., Interaktive Triangulierung zweidimensionaler Gebiete in der Methode der finiten Elemente, Bonner Math. Schriften 77 (1975), 103–114.
4 QUESENBERRY, N. A., Automatic Triangulations of Circles and Ellipses. M. S. Thesis, Colorado State University, Ft. Collins, CO, 1980.

Anschriften: Dr. E. L. ALLGOWER; Dr. N. A. QUESENBERRY, Department of Mathematics, Colorado State University, Fort Collins, Colorado 80523, U.S.A.

ZAMM 62, T 316 – T 317 (1982)

H.-P. BLATT

Fehlerabschätzung bei der Tschebyscheff-Approximation

Sei B ein kompakter Raum, $C(B)$ die Menge der auf B stetigen reellwertigen Funktionen, versehen mit der Tschebyscheff-Norm $\|\cdot\|$. Zu einem n-dimensionalen Unterraum $V \subset C(B)$ und $f \in C(B)$ sucht man eine Minimallösung $v^* \in V$, d. h.

$$\|f - v^*\| = \min_{v \in V} \|f - v\| .$$

Existiert eine Zahl $\gamma > 0$ mit

$$\|f - v\| \geqq \|f - v^*\| + \gamma\|v - v^*\| , \tag{1}$$

für alle $v \in V$, so spricht man von *strenger Eindeutigkeit* der Minimallösung v^*. Ist V ein Haarscher Unterraum, so ist $\gamma = \gamma(f) > 0$ für alle $f \in C(B)$. Eine Modifikation der Ungleichung (1) kann man benutzen, um Abschätzungen für die exakte Lösung anzugeben, wenn eine Näherung v und eine geeignete H-Menge für die zugehörige Fehlerfunktion $f - v$ bekannt sind (SCHABACK [5]). Wir betrachten hier Erweiterungen von H-Mengen, die auch ohne Haarsche Bedingung zu praktikablen Fehlerabschätzungen führen (siehe auch [3]).

Definition: R heißt *H-Menge* bezüglich V, wenn $R \subset S_{V^*}$ und der Nullpunkt von V^* in der konvexen Hülle von R liegt.

Hier ist V^* der zu V gehörende Dualraum und S_{V^*} die Einheitskugel von V^*.

Satz 1: *Es sei* $R = \{L_1, L_2, \dots, L_m\}$ *eine H-Menge und* $\sum_{i=1}^{m} \lambda_i L_i \in V$, $\lambda_i \geqq 0$, $\sum_{i=1}^{m} \lambda_i = 1$. *Dann gilt für die Minimallösung* v^* *zu* f *bezüglich* V *und für jedes* $v \in V$

$$\|f - v^*\| \geqq \min_{1 \leq i \leq m} L_i(f - v) + \gamma\|v - v^*\|_R , \tag{2}$$

mit $\gamma = \lambda/(1 - \lambda)$ *und* $\lambda = \min_{1 \leq i \leq m} \lambda_i$.

Dabei verstehen wir unter $\|\cdot\|_R$ *die diskrete Halbnorm*

$$\|v \cdot v^*\|_R = \max_{1 \leq i \leq m} |L_i(v - v^*)| .$$

Vom praktischen Standpunkt sind solche H-Mengen wichtig, die zu einem positiven λ und zu einer Norm $\|\cdot\|_R$ bezüglich V führen. Aus (2) läßt sich dann sofort eine Abschätzung für $v - v^*$ angeben, wenn R und v gegeben sind.

Betrachtet man in V eine Zerlegung in eine direkte Summe

$$V = [R]^\perp \oplus W ,$$

wobei $[R]$ den von R in V^* erzeugten Unterraum darstellt, so ergibt sich für die entsprechenden Zerlegungen

$$v = v_1 + w_1 , \qquad v^* = v_2 + w_2$$

mit $v_i \in [R]^\perp$ und $w_i \in W$ $(i = 1, 2)$ aus der Ungleichung (2):

$$\|f - v^*\| \geqq \min_{1 \leq i \leq m} L_i(f - v) + \gamma\|w_1 - w_2\|_R . \tag{3}$$

Hier ist $\|\cdot\|_R$ eine Norm im Unterraum W, und man kann zu einer Näherung v abschätzen, um wieviel sich die Anteile w_1, $w_2 \in W$ für diese Näherung v und die Minimallösung v^* unterscheiden.

Um zu einer Abschätzung für den gesamten Raum V zu gelangen, führte SCHABACK [5] H_s-Mengen ein. Wir schlagen eine Modifizierung dieser H_s-Mengen vor, die den Vorteil besitzt, daß einmal solche Mengen in natürlicher Weise bei Algorithmen vom Remez-Typ (CARASSO, LAURENT [2], RUFFER-BEEDGEN [4]) auftreten und sie zum anderen zu schärferen Fehleraussagen führt.

Definition: $R \subset S_{V^*}$ heißt *H_s-Menge*, wenn $\dim R = n$ ist und zu jedem $L_i \in R$ eine Zahl $0 < \lambda_i < 1$ und ein $\tilde{L}_i \in \operatorname{conv}(R)$ existiert mit

$$\lambda_i L_i + (1 - \lambda_i) \tilde{L}_i \in V^\perp . \tag{4}$$

Satz 2: $R = \{L_1, L_2, \ldots, L_m\}$ *sei eine* H_s*-Menge. Dann gilt die Ungleichung* (2) *mit* $\lambda = \min(1, \lambda/(1-\lambda))$ *und* $\lambda = \min_{1 \leq i \leq m} \lambda_i$ (λ_i wie in (4)).

Wir verweisen für Anwendungsbeispiele auf [1].

Literatur

1 Blatt, H.-P., Strenge Eindeutigkeitskonstanten und Fehlerabschätzungen bei linearer Tschebyscheff-Approximation, erscheint in L. Collatz, G. Meinardus, H. Werner: Numerische Methoden der Approximationstheorie, Tagung Oberwolfach 1981, Birkhäuser Verlag.

2 Carasso, C.; Laurent, P. J., An algorithm of successive minimization in convex programming, R.A.I.R.O., Analyse numérique (1978), 377–400.

3 Collatz, L., Approximation von Funktionen bei einer und bei mehreren unabhängigen Veränderlichen, ZAMM **36** (1956), 198 bis 211.

4 Ruffer-Beedgen, B., Der Rémez-Algorithmus ohne Haarsche Bedingung, Diplomarbeit, Universität Mannheim 1981.

5 Schaback, Bemerkungen zur Fehlerabschätzung bei linearer Tschebyscheff-Approximation, in L. Collatz, G. Meinardus, H. Werner: Numerische Methoden der Approximationstheorie, Band 5, ISNM 52, Basel, Birkhäuser Verlag 1980, 255–276.

Anschrift: Prof. Dr. H.-P. Blatt, Universität Mannheim, Fakultät für Mathematik und Informatik, Seminargebäude A 5, D-6800 Mannheim 1, BRD

ZAMM 62, T 317 – T 320 (1982)

G. Boese

Einschluß sämtlicher Nullstellen von Exponentialpolynomen mit konstanten Koeffizienten

1. Aufgabenstellung und Motivation

Ziel der Arbeit ist, einfache aber doch realistische Nullstelleneinschlüsse für Exponentialpolynome f in der komplexen Variablen $z \in \mathbb{C}$

$$f(z) := A_1 \exp(a_1 z) + A_2 \exp(a_2 z) + \ldots + A_n \exp(a_n z), \tag{1.1}$$

mit komplexen, konstanten, nicht verschwindenden Koeffizienten $A_k \in \mathbb{C}$ und mit komplexen, voneinander verschiedenen Exponentenpunkten $a_k \in \mathbb{C}$ für $n \in 1 + \mathbb{N}$ anzugeben. Die einschließenden Mengen sollen gut zu überblicken und aufwandarm zu berechnen sein.

Die charakteristischen Gleichungen zu über $\mathbb{R}$ erklärten Differenzen-Differential-Gleichungen oder Systemen von ihnen sind Exponentialpolynome mit reellen Exponentenpunkten und polynomialen Koeffizienten $A_k \in \mathbb{C}[z]$. In der Lösungs- und Stabilitätstheorie zur genannten Gleichungsklasse benötigt man Kenntnisse über die Lage der Nullstellen der charakteristischen Gleichung bzw. der Systemdeterminante. Unter Verzicht auf große Genauigkeit lassen sich polynomiale Koeffizienten (in nicht ganz trivialer Weise) auf den Fall konstanter Koeffizienten zurückführen. Bei Diskretisierung von ebenen Problemen, etwa partiellen Differentialoperatoren in $\mathbb{R}^2$, wird man im Zuge der Analyse numerischer Verfahren auf Exponentialpolynome mit komplexen, auch nicht kollinear liegenden Exponentenpunkten geführt, deren Nullstellen zu bestimmen sind. Schließlich tritt der Gleichungstyp $f(z) = w, w \in \mathbb{C}$, auch zu anderen Gelegenheiten auf, etwa bei Eigenwertaufgaben. Die Aufgabe ist so gelöst, daß ihr auch ein Beitrag zur Frage nach der Abhängigkeit der Lage der Nullstellen von den Exponentenpunkten zu entnehmen ist. In der umfangreichen Literatur zum Thema scheinen Einschlüsse aller Nullstellen, von Spezialfällen abgesehen, nicht bekannt zu sein. Die Exponentenpunkte fassen wir zur Menge $Q := \{a_1, a_2, \ldots, a_n\}$ zusammen und zerlegen sie mittels der konvexen Hülle conv (Q) von Q in drei Teilmengen

$$Q := \operatorname{int}(Q) \cup \partial Q \cup \partial^2 Q, \qquad \operatorname{int}(Q) := Q \cap (\operatorname{conv}(Q) \backslash \partial \operatorname{conv}(Q)), \qquad \partial Q := Q \cap (\partial \operatorname{conv}(Q) \backslash \partial^2 Q). \tag{1.2}$$

Dabei ist $\partial^2 Q$ die Menge der Eckpunkte des Randpolygons ∂ conv (Q) von conv (Q).

Umlaufen wir das Randpolygon ∂ conv (Q) im Gegenuhrzeigersinn, so treten die Eckpunkte in einer bestimmten Reihenfolge auf. Die Menge $\partial^2 Q$, in dieser Reihenfolge aufgeschrieben, bezeichnen wir als *Eckpunktzyklus* $V(Q) := (a, b, c, \ldots, d, e)$. Der Nachfolger von e in V ist a. Die konvexe Hülle conv $(\bar{Q})$, wobei $\bar{Q}$ das Spiegelbild von Q an der reellen Achse ist, heißt *Indikatordiagramm zu* f.

2. Ein polygonal berandeter Einschluß aller Nullstellen

Polygonal berandete Einschlußmengen erfüllen die erhobene Forderung nach geometrischer Durchsichtigkeit und guter Berechenbarkeit. Diese Vorteile werden mit einer beschränkten Genauigkeit erkauft. Von Vorteil ist weiterhin die Allgemeingültigkeit der Einschließung. Für jeden Koeffizientensatz und jede Exponentenpunktmenge Q, die den eingangs erhobenen Forderungen $A_1A_2 \dots A_n \neq 0$ und $(a_1 - a_2) \dots (a_{n-1} - a_n) \neq 0$ mit $n \in 1 + \mathbb{N}$ genügen, wird eine Einschlußmenge geliefert. Nachfolgend werden die Koeffizienten mit den Exponentenpunkten, zu denen sie Koeffizienten sind, indiziert.

Satz 2.1: *Die Nullstellen von f mit durch*

$$\sum_{a \in Q} |A_a| = 1 \tag{2.1}$$

normierten Koeffizienten liegen im Streifensystem

$$S := \bigcap_{a \in \partial^2 Q} S_a\,, \qquad S_a := \{z \in \mathbb{C} \mid \arg(z) = \arg(\varepsilon), F(|z|, r_a(\varepsilon), L_a) \geq 0, |\varepsilon| = 1\}\,,$$

$$F(|z|, r_a(\varepsilon), L_a) := \begin{cases} r_a(\varepsilon) - |z|\,, & L_a \leq 0\,, \\ |z| - r_a(\varepsilon)\,, & L_a > 0\,, \end{cases} \quad r_a(\varepsilon) := \begin{cases} R_a(\varepsilon)\,, & R_a(\varepsilon) \geqq 0\,, \\ +\infty\,, & R_a(\varepsilon) < 0\,, \end{cases} \tag{2.2}$$

$$R_a(\varepsilon) := L_a/\max\{\mathrm{Re}((b-a)\,\varepsilon) : b \in Q_a\}\,, \qquad L_a := \ln\left(|A_a|/(1 - |A_a|)\right), \qquad Q_a := Q \setminus \{a\}\,.$$

Ist b der rechte Nachbar von a im Eckpunktzyklus $V(Q)$, so enthält S einen maximalen, rechteckig abgeschlossenen Halbstreifen $H_{a,b}$, dessen Streifenbreite

$$d_{a,b} := |L_a + L_b|/|b - a| \tag{2.3}$$

beträgt und dessen Mittelhalbgerade auf der Geraden $g_{a,b}$ mit der Gleichung

$$z = z(t) := (L_a - L_b + it)/(b - a)\,, \qquad t \in \mathbb{R}\,, \qquad i := \sqrt{-1}\,, \tag{2.4}$$

liegt. Für genügend große positive t durchläuft $z(t)$ Punkte von $H_{a,b}$. Die Mittelgerade $g_{a,b}$ steht senkrecht zur Seite $\mathrm{conv}(\{\bar a, \bar b\})$ *des Randpolygons des Indikatordiagramms.*

Vor dem Beweis zu Satz 2.1 illustrieren wir die von ihm erwirkte Einschließung durch einige Bilder. Die Mittelpunkte der Nullkreise sind jeweils die Punkte von $\bar Q$. Weiter ist das Randpolygon des Indikatordiagramms und der Rand ∂S dargestellt. Der Ursprung $z = 0$ gehört in den Bildern zu S. Wie im Satz beschrieben, läuft S asymptotisch für $|z| \to \infty$ in eine Vereinigung von parallelen Halbstreifen aus. Zu jeder Seite des Randes des Indikatordiagramms gibt es einen Halbstreifen konstanter Breite, der sich in Richtung der Außennormale zur Seite nach ∞ erstreckt. Von Pólya [1] weiß man, daß eine Nullstellenfolge für $|z| \to \infty$ sogar gegen die Streifenmitte konvergiert, falls auf der zugehörigen Seite des Indikatordiagramms außer den beiden Eckpunkten keine weiteren Punkte aus $\bar Q$ vorkommen. Die Bilder 1 bis 3 zeigen die Nullstelleneinschlüsse für die Mittag-Leffler-Funktionen

$$ML_n(z) := (\exp(a_1 z) + \dots + \exp(a_n z))/n\,, \qquad a_k := \exp(i2\pi k/n)\,, \qquad k = 0(1)(n-1)\,, \tag{2.5), (2.6}$$

für $n = 3, 4, 8$. Es ist bekannt, vgl. Pólya [2], daß alle Nullstellen der ML_n auf den Streifenmitten der Streifen, durch die sie von Satz 2.1 eingeschlossen werden, liegen. Man sieht, daß mit wachsendem n die Einschlüsse ineffizienter werden.

Bild 4 zeigt ein Indikatordiagramm mit inneren Punkten. Die inneren Punkte haben die Koeffizienten 1/6, die Eckpunkte 1/12.

In Bild 5 sind Koeffizienten und Exponentenpunkte zufällig gewählt, und es gibt daher einen Eindruck vom allgemeinen Fall.

Beweis: Wir wählen einen Eckpunkt $a \in \partial^2 Q$ aus. In bezug auf die getroffene Auswahl schreiben wir die Nullstellengleichung

$$f = 0$$

mit $Q_a := Q \setminus \{a\}$ in einer Form, aus der für jede Nullstelle z folgt

$$L_a \leqq |z|\, M_a(\varepsilon)\,, \qquad M_a(\varepsilon) := \max\{\mathrm{Re}((b-a)\,\varepsilon) : b \in Q_a\}\,. \tag{2.8}$$

Ist $L_a \leqq 0$ und die Richtung ε so gewählt, daß $M_a(\varepsilon) \geqq 0$ ausfällt, so gehört der ganze Strahl $\arg(z) = \arg(\varepsilon)$ zur Lösungsmenge von (2.8). Für $M_a(\varepsilon) < 0$ gehört nur das Anfangsstück $|z| \leqq L_a/M_a(\varepsilon)$ dazu. Bei $L_a > 0$ ist $|A_a| > 1/2$, und es kann allenfalls ein Eckpunkt a mit einem solchen Koeffizienten vorkommen. Bei $M_a(\varepsilon) > 0$ gehört nur die Halbgerade $|z| \geqq L_a/M_a(\varepsilon)$ des Strahles mit der Richtung von ε zur Lösungsmenge. Für $M_a(\varepsilon) \leqq 0$ ist der gesamte Strahl lösungsfrei, also nullstellenfrei. Die Lösungsmenge S_a von (2.8) erlaubt demnach die im Satz angegebene Darstellung durch Polarkoordinaten. Der für $L_a > 0$ auftretende Fall der Unlösbarkeit wurde dabei in die Form $|z| > +\infty$ gekleidet.

Ist z Nullstelle von f, so gilt $z \in S_a$ für alle $a \in \partial^2 Q$. Also gilt $z \in S$, wobei S der Durchschnitt der S_a ist. Wir bestimmen die asymptotische Ausprägung von S für große $|z|$. Sei b rechter Nachbar von a im Eckpunktzyklus $V(Q)$. Die Randpolygone ∂S_a und ∂S_b sind durch

$$L_a = \max\{\mathrm{Re}((c-a)\,z) : c \in Q_a\}\,, \qquad L_b = \max\{\mathrm{Re}((c-b)\,z) : c \in Q_b\} \tag{2.9}$$

definiert. Im Kegel C_a, der von den positiven Linearkombinationen der Vektoren $c - a$, $c \in Q_a$, aufgespannt wird, ist $b - a$ Randvektor. In C_b ist $a - b$ Randvektor. Das führt dazu, daß Halbgeraden der Geraden

$$L_a = \mathrm{Re}((b-a)\,z)\,, \qquad L_b = \mathrm{Re}((a-b)\,z) \tag{2.10}$$

zu ∂S_a bzw. ∂S_b gehören. Beide Geraden verlaufen parallel im Abstand $d_{a,b}$ und haben die durch $z(t)$ definierte Gerade $g_{a,b}$, wie angegeben, zur Mittelgeraden. Klarerweise verläuft $g_{a,b}$ senkrecht zur Seite $\mathrm{conv}(\{a, b\})$. Die Außennormale zu dieser Seite ist $(b - a)/i$. Nach Spiegelung an der reellen Achse bekommen wir, daß $i/(b - a)$ und $\mathrm{conv}(\{\bar a, \bar b\})$ zueinander senkrecht stehen. Da die Außennormalen zu den Seiten des Randes des Indikatordiagramms alle voneinander verschiedene Richtungen haben, kann keiner der Halbstreifen bei der Durchschnittsbildung wegfallen.

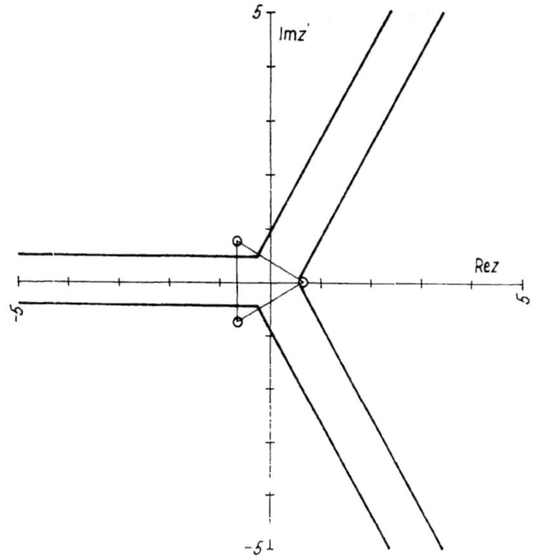

Bild 1. Nullstelleneinschluß für ML_3

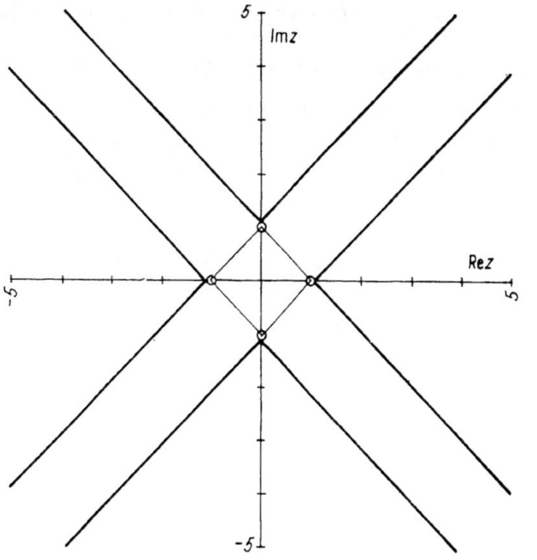

Bild 2. Nullstelleneinschluß für ML_4

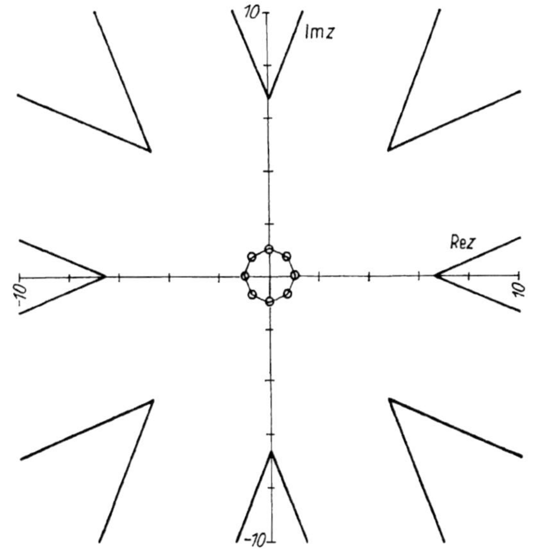

Bild 3. Nullstelleneinschluß für ML_8

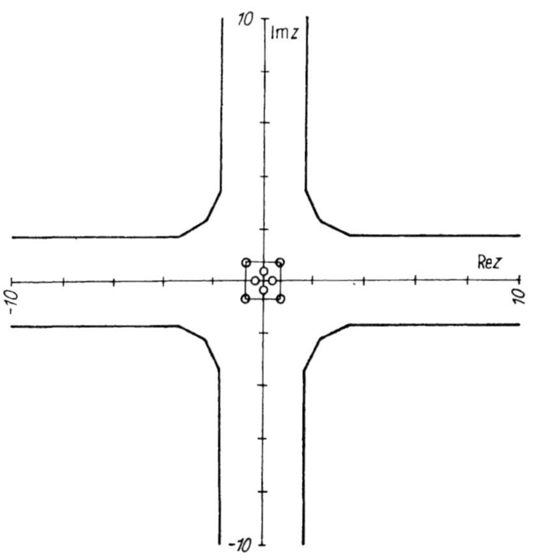

Bild 4. Nullstelleneinschluß für ein Q mit 8 Punkten, innere Punkte haben doppeltes Gewicht der Eckpunkte

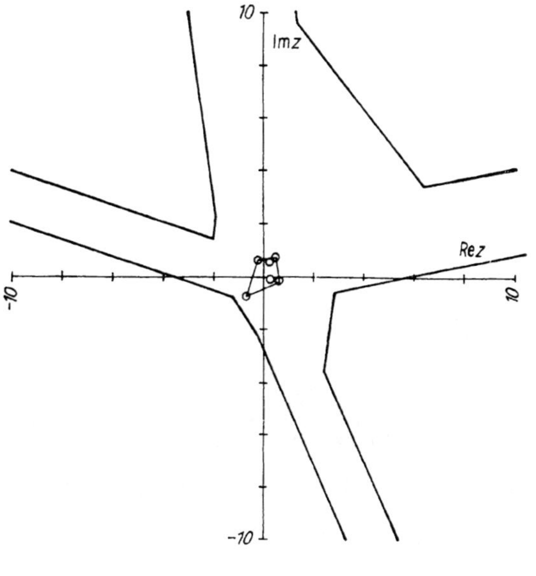

Bild 5. Nullstelleneinschluß für ein Exponentialpolynom mit zufälligen Koeffizienten und zufälligen Exponentenpunkten

3. Ein verbesserter Vertikalstreifen im Falle reeller Exponentenpunkte

Die reellen Exponentenpunkte numerieren wir aufsteigend,

$$a_1 < a_2 < \dots < a_n \,. \tag{3.1}$$

Satz 2.1 liefert bei normierten Koeffizienten den Vertikalstreifen

$$S := \{z \in \mathbb{C} \mid A \leqq \operatorname{Re}(z) \leqq B\}\,,$$
$$A := -\ln\big((1 - |A_n|)/|A_n|\big)/(a_n - a_{n-1})\,, \qquad B := \ln\big((1 - |A_1|)/|A_1|\big)/(a_2 - a_1)\,. \tag{3.2}$$

Um (3.2) zu verbessern, ist näher auf die Verteilung der Koeffizienten und der Exponentenpunkte einzugehen. Normierung der Koeffizienten aus $\mathbb{C}$ wird nicht mehr verlangt.

Satz 3.1: *Die Nullstellen von f liegen im Streifen* (3.2) *mit*

$$\left.\begin{aligned}
&A := \big(2d(1) - \ln(|A_n/A_1|)\big)/(a_n - a_1)\,, \qquad B := \big(-2d(-1) - \ln(|A_n/A_1|)\big)/(a_n - a_1)\,,\\
&d(\sigma) := \left[(p/2)^p \sum_{k=2}^{n-1} |B_k|\,\big(p/(1 - \sigma b_k)\big)^p\right]^{1/p} \Big/ e\,,\\
&B_k := A_k \exp\big(-b_k \ln(A_n/A_1)\big)\sqrt{A_n A_1}\,, \qquad b_k := (a_k - a_1 + a_k - a_n)/(a_n - a_1)\,,\\
&p := e\left(2 + \sum_{k=2}^{n-1} |B_k|\,(1 - \sigma b_k)\right)\Big/\left(2 + \sum_{k=2}^{n-1} |B_k|\right).
\end{aligned}\right\} \tag{3.3}$$

Statt des in (3.3) *angegebenen p kann auch jedes beliebige $p \in \mathbb{R}_+$ gewählt werden.*

Beweis: Die Nullstellengleichung schreiben wir in der Form

$$A_1 \exp(a_1 z) + A_n \exp(a_n z) = -\sum_{k=2}^{n-1} A_k \exp(a_k z)\,. \tag{3.4}$$

Mittels der konformen Abbildung

$$2w = (a_n - a_1)\,z + \ln(A_n/A_1) \tag{3.5}$$

übertragen wir (3.4) in die w-Ebene und erhalten dort

$$2\operatorname{ch}(w) = -\sum_{k=2}^{n-1} B_k \exp(b_k w) \tag{3.6}$$

mit den in (3.3) angegebenen neuen Koeffizienten B_k und Exponentenpunkten b_k. Die w-Ebene beziehen wir auf kartesische Koordinaten $w := u + iv$. Nach Betragsabschätzung gelangen wir mit $\sigma := \operatorname{sgn}(u)$ zu

$$1 - \exp(-2|u|) \leqq \sum_{k=2}^{n-1} |B_k| \exp\big(-|u|\,(1 - \sigma b_k)\big)\,. \tag{3.7}$$

Durch (3.7) veranlaßt, wird

$$1 \leqq \sum_{k=1}^{m} C_k \exp(-tc_k)\,, \qquad \sum_{m}^{k=1} c_k < 1, \tag{3.8}$$

mit $C_k, c_k \in \mathbb{R}_+$ und $m \in \mathbb{N}$ betrachtet und majorant nach t aufgelöst. Dazu schreiben wir (3.8) mit $p \in \mathbb{R}_+$ in der Form

$$t^p \leqq (p/e)^p \sum_{k=1}^{m} C_k[\exp(1 - tc_k/p)\, tc_k/p]^{pc_k - p}\,. \tag{3.9}$$

Es gilt $x \exp(1 - x) \leqq 1$ für $x \in \mathbb{R}_+$. Diese Abschätzung in (3.9) verwandt, ergibt

$$t \leqq \left[\sum_{k=1}^{m} C_k (p/c_k)^p\right]^{1/p} \Big/ e =: L(p)\,, \qquad t \leqq \min\{L(p) : p \in \mathbb{R}_+\}\,. \tag{3.10}$$

Als Näherung für die p, die $L(p)$ minimieren, wird

$$p = e\left(\sum_{k=1}^{m} C_k c_k\right)\Big/\left(\sum_{k=1}^{m} C_k\right)$$

gewählt. Schließlich werden die C_k und c_k so genommen, daß (3.7) und (3.8) termweise übereinstimmen und mit (3.5) in die z-Ebene rückübertragen.

Auf genauere Einschlüsse mit exponentiell abnehmender Streifenbreite, auf dazu (fast) orthogonale Einschlüsse sowie fast alle Nullstellen trennende Einschlüsse und ihren Gültigkeitsbereich kann nicht eingegangen werden.

Literatur

1 Pólya, G., Geometrisches über die Verteilung der Nullstellen gewisser transzendenter Funktionen, Sitz.-Ber. Bayer. Akad. Wiss., München **1920**, 285–290.

2 Pólya, G., Bemerkungen über die Mittag-Lefflerschen Funktionen $E_\alpha(z)$, Tohôku Math. J. **19** (1921), 241–248.

Anschrift: Dr. Günter Boese, Am Radenhölzl 8, D-8000 München 70, BRD

ZAMM 62, T 321 – T 322 (1982)

H. Brass

Eine Bemerkung zur numerischen Differentiation

Die Aufgabe der numerischen Differentiation besteht darin, aus den vorgegebenen Werten $f(x_i)$, $i = 1, 2, \dots, n$, einen Schätzwert für $f'(u)$ zu ermitteln. Üblicherweise geht man so vor, daß man das Interpolationspolynom intpol $(x_1, \dots, x_n)$ $[f]$ zu den Stützstellen $x_1, \dots, x_n$ ermittelt, dieses differenziert und an der Stelle u auswertet. Der hierbei begangene (Verfahrens-) Fehler ist

$$R[f] := f'(u) - \text{intpol}\,(x_1, \dots, x_n)\,[f]'\,(u)\,.$$

Satz 1: *Unter der Voraussetzung $x_1 < x_2 < \dots < x_n$; $x_1 \leqq u \leqq x_n$ und mit der Bezeichnung*

$$w(x) = \prod_{\nu=1}^{n} (x - x_\nu)\,,$$

gilt

$$R[f] = \frac{w'(u)\,(u - x_1) - w(u)}{x_n - x_1} \frac{f^{(n)}(\xi_1)}{n!} - \frac{w'(u)\,(u - x_n) - w(u)}{x_n - x_1} \cdot \frac{f^{(n)}(\xi_2)}{n!}$$

mit zwei Zahlen $\xi_1, \xi_2 \in [x_1, x_n]$.

Zum Beweis schreibt man R in der Form

$$R[f] = f'(u) - \sum_{\nu=1}^{n} a_\nu f(x_\nu)$$

und beachtet, daß R auf allen Polynomen $(n-1)$-ten Grades Null ist. Somit ist mit

$$g := f - \text{intpol}\,(u, u, x_2, \dots, x_{n-1})\,[f] \quad \text{(Hermite-Interpolation bei } u)$$

$$R[f] = R[g] = -a_1 g(x_1) - a_n g(x_n) =$$

$$= -a_1 (x_1 - u)^2 \prod_{\nu=2}^{n-1} (x_1 - x_\nu) \frac{g^{(n)}(\xi_1)}{n!} - a_n (x_n - u)^2 \prod_{\nu=2}^{n-1} (x_n - x_\nu) \frac{g^{(n)}(\xi_2)}{n!}\,,$$

wenn man von der Standard-Formel für den Rest bei der Hermite-Interpolation Gebrauch macht. Beachtet man $f^{(n)} = g^{(n)}$ und setzt für a_1, a_n die durch Differentiation der Lagrange-Formel zu erhaltenden Ausdrücke ein, so folgt Satz 1.

Folgerung: *Ist*

$$[w'(u)\,(u - x_1) - w(u)]\,[w'(u)\,(u - x_n) - w(u)] \leqq 0\,, \tag{1}$$

so ist

$$R[f] = w'(u) \frac{f^{(n)}(\xi)}{n!}\,. \tag{2}$$

Das ist ein Resultat von Schönhage [1], das so in einfacher Weise bewiesen ist. Es ist lange bekannt und aus (1) leicht abzulesen, daß (2) sicher dann gilt, wenn u eine der Stützstellen ist. Hier soll darauf aufmerksam gemacht werden, daß es noch einen anderen Fall von einigem praktischen Interesse gibt, in dem (1) und damit (2) gilt. Es handelt sich um die numerische Differentiation in einer Tabelle. Hier hat man

Satz 2: *Ist $n = 2m - 1$; $x_{\nu+1} - x_\nu = h$ für $\nu = 1, \dots, 2m - 2$ und $|u - x_m| \leqq \frac{h}{2}$, so gilt* (2).

Da (1) sicher für $u = x_m$ erfüllt ist, genügt zum Nachweis von (1) die Feststellung, daß

$$p(u) := w'(u)\,(u - x_1) - w(u)\,,$$

auf $\left]x_m - \frac{h}{2}, x_m + \frac{h}{2}\right[$ keine Nullstelle hat, denn der zweite Faktor von (1) läßt sich durch Symmetrieargumente auf den ersten zurückführen. Es ist

$$\frac{p(u)}{u - x_1} = w'(u) - \frac{w(u)}{u - x_1} = (u - x_1)\,\tilde{w}'(u)$$

mit

$$\tilde{w}(u) = \prod_{\nu=2}^{n} (u - x_\nu)\,.$$

Nach dem Satz von Rolle hat $\tilde{w}'$ auf $]x_{m-1}, x_m[$ und auf $]x_m, x_{m+1}[$ je eine Nullstelle, die eine liegt bei $x_m + \frac{h}{2}$, denn $\tilde{w}$ ist gerade bezüglich dieses Punktes. Die andere ist $< x_m - \frac{h}{2}$, es ist nämlich

$$\text{sgn}\,\tilde{w}'(x_m) = \text{sgn}\,\tilde{w}'\left(x_m - \frac{h}{2}\right)$$

wegen

$$\operatorname{sgn} \tilde{w}'(x_m) = \operatorname{sgn} \prod_{\substack{\nu=2 \\ \nu \neq m}}^{2m-1} (x_m - x_\nu) = (-1)^{m-1},$$

$$\operatorname{sgn} \tilde{w}'\left(x_m - \frac{h}{2}\right) = \operatorname{sgn} \left\{ \prod_{\nu=2}^{2m-1} \left(x_m - \frac{h}{2} - x_\nu\right) \sum_{\nu=2}^{2m-1} \frac{1}{x_m - \frac{h}{2} - x_\nu} \right\} =$$

$$= (-1)^m \operatorname{sgn} \sum_{\nu=2}^{2m-1} \frac{2}{2m - 2\nu - 1} = (-1)^m \operatorname{sgn} \left[-\frac{2}{2m-3} - \frac{2}{2m-1} \right] = (-1)^{m-1}.$$

Literatur

1 Schönhage, A., Optimale Punkte für Differentiation und Integration, Numer. Math. 5 (1963), 303–331.

Anschrift: Prof. Dr. Helmut Brass, Lehrstuhl E für Mathematik, TU Braunschweig, D-3300 Braunschweig, Pockelsstr. 14, BRD

ZAMM 62, T 322 – T 323 (1982)

B. Brosowski

Zur Stabilität von Näherungsverfahren für die Potentialgleichung

Bekanntlich kann man mit Hilfe der linearen Optimierung Näherungslösungen für gewisse Randwertaufgaben und ebenso Fehlerschranken für diese Näherungslösungen numerisch berechnen (vgl. z. B. L. Collatz [3], L. Collatz, W. Krabs [4]). Ein derartiges Näherungsverfahren heißt *stabil*, wenn die Näherungslösung oder genauer gesagt die Menge der Näherungslösungen stetig von den Randwerten abhängt. Im folgenden werden wir im Falle des Dirichlet-Problems der Potentialgleichung untersuchen, unter welchen Bedingungen die oben genannten Näherungsverfahren stabil sind.

Wir betrachten dazu das folgende Dirichlet-Problem: Bestimme eine Funktion u in $C^2(B) \cap C(\bar{B})$, die der Gleichung $\Delta u = 0$ in der offenen Menge B des $\mathbb{R}^n$ und der Randbedingung $u_{|\partial B} = b$ genügt. Dabei ist b eine gegebene stetige Funktion auf dem als kompakt vorausgesetzten Rand ∂B. Zur näherungsweisen Lösung seien Funktionen $v_1, v_2, \dots, v_{N-1}$ gegeben, die in B der Potentialgleichung genügen. Eine näherungsweise Lösung des Dirichlet-Problems erhält man, indem man das folgende Minimierungsproblem löst:
(MP): Minimiere die lineare Funktion

$$p(x_1, x_2, \dots, x_N) := x_N,$$

unter den Nebenbedingungen

$$\underset{s \in \partial B}{\forall} \; |b(s) - \sum_{\nu=1}^{N-1} x_\nu v_\nu(s)| \leqq x_N.$$

Diese Minimierungsaufgabe ist äquivalent der folgenden linearen semi-infiniten Optimierungsaufgabe
(MP'): Minimiere die lineare Funktion

$$p(x_1, x_2, \dots, x_N) := x_N,$$

unter den Nebenbedingungen

$$\underset{(\eta,s) \in \{-1,1\} \times \partial B}{\forall} \; \eta \sum_{\nu=1}^{N-1} x_\nu v_\nu(s) - x_N \leqq \eta b(s).$$

Jede Lösung $(x_1, x_2, \dots, x_N)$ dieses Minimierungsproblems definiert durch

$$\bar{v}(s) := \sum_{\nu=1}^{N-1} = x_\nu v_\nu(s)$$

in der Menge $\bar{B}$ eine Näherungslösung des Dirichlet-Problems. Mit Hilfe des Maximumsprinzips kann der Fehler in der Menge $\bar{B}$ durch x_N abgeschätzt werden.

Wir nennen das oben beschriebene Näherungsverfahren *stabil*, wenn die im allgemeinen mengenwertige Abbildung $b \to P_b$ (Menge der Lösungen von (MP')) stetig, d. h. sowohl unterhalb als auch oberhalb stetig ist. Dabei haben wir zur Vereinfachung angenommen, daß die Optimierungsaufgabe (MP') für alle b aus $C(\partial B)$ lösbar ist. Die Oberhalbstetigkeit der Abbildung $b \to P_b$ folgt aus einem Ergebnis von R. Colgen und K. Schnatz [2]. Der folgende Satz gibt ein notwendiges und hinreichendes Kriterium für die Unterhalbstetigkeit im Falle eines zusammenhängenden Randes ∂B.

Satz 1: *Die Menge ∂B sei zusammenhängend. Dann ist die Abbildung $b \to P_b$ genau dann unterhalbstetig, wenn das Optimierungsproblem* (MP') *für jedes b aus $C(\partial B)$ eindeutig lösbar ist.*

Beweis:

(1) Im Falle der eindeutigen Lösbarkeit fallen Stetigkeit, Oberhalb- und Unterhalbstetigkeit zusammen.

(2) Wenn die Abbildung $b \to P_b$ unterhalb stetig ist, so ist nach theorem 2.7 des Verfassers [1] die abgeschlossene Menge

$$\mathcal{H}_b := \bigcap_{x \in P_b} \{(\eta, s) \in \{-1, 1\} \times \partial B \mid \eta \sum_{\nu=1}^{N-1} (x_\nu - x_\nu^0)\, v_\nu(s) = 0\}$$

ebenfalls offen. Dabei bezeichnet $x^0 = (x_1^0, x_2^0, \dots, x_N^0)$ ein beliebiges Element aus P_b. Da $\{-1, 1\} \times \partial B$ disjunkte Vereinigung der zusammenhängenden Mengen $\{-1\} \times \partial B$ und $\{1\} \times \partial B$ ist, muß die abgeschlossene und offene Menge $\mathcal{H}_b$ gleich einer der folgenden Mengen sein:

$$\{-1\} \times \partial B\,, \qquad \{+1\} \times \partial B \quad \text{oder} \quad \{-1, 1\} \times \partial B\,.$$

In jedem der drei Fälle rechnet man leicht nach, daß die Menge P_b einpunktig ist.

Nach einem Satz von Mairhuber [5] ist im Falle $n \geqq 3$ das Optimierungsproblem (MP') für $N \geqq 3$ für jede Wahl der Funktionen $u_1, u_2, \dots, u_{N-1}$ im allgemeinen nicht eindeutig lösbar, d. h. das oben beschriebene Näherungsverfahren ist nicht stabil. Im Falle $n = 2$ lassen sich für gewisse Mengen B Funktionen $u_1, u_2, \dots, u_{N-1}$ so bestimmen, daß das Optimierungsproblem (MP') eindeutig lösbar und somit das Näherungsverfahren stabil wird.

Das Ergebnis des Satzes 1 bleibt auch richtig, wenn man die Randwerte auf differenzierbare Funktionen beschränkt.

Satz 2: *Die Menge ∂B sei zusammenhängend. Dann ist die Abbildung $b \to P_b$, s-mal stetig differenzierbar, genau dann unterhalb stetig, wenn das Optimierungsproblem* (MP') *für jedes b aus $C^s(\partial B)$ eindeutig lösbar ist, $1 \leqq s \leqq \infty$.*

Der Beweis ist ähnlich dem des Satzes 1. Man benutzt in diesem Fall: Die Unterhalbstetigkeit von $b \to P_b$ impliziert, daß die abgeschlossene Menge der doppelten Nullstellen

$$\mathcal{D}_b := \bigcap_{x \in P_b} \{(\eta, s) \in \mathcal{H}_b \mid \eta \sum_{\nu=1}^{N-1} (x_\nu - x_\nu^0) \operatorname{grad} v_\nu(s) = 0\}\,,$$

auch offen ist, (vgl. theorem 2.9 in [1]).

Im Gegensatz zu dem Fall stetiger Funktionen gibt es hier auch im Fall $n \geqq 3$ lineare Teilräume

$$\operatorname{span}(v_1, v_2, \dots, v_{N-1}) \subset C^s(\partial B)\,,$$

mit $N \geqq 3$, so daß das Optimierungsproblem (MP') eindeutig lösbar ist. Ein einfaches Beispiel ist:

$$v_1 = 1\,, \qquad v_2 = t_1\,, \qquad v_3 = t_2, \qquad \dots, \qquad v_{n+1} = t_n\,.$$

In diesem Fall hängt die Näherungslösung stetig von den Randwerten ab. Es wäre interessant, sämtliche Teilräume von $C^s(\partial B)$ zu bestimmen, für die das Optimierungsproblem (MP') für alle b aus $C^s(\partial B)$ eindeutig lösbar ist.

Literatur

1 Brosowski, B., Parametric Semi-Infinite Optimization, Verlag Peter Lang, Frankfurt/Main, Bern 1982.
2 Colgen, R.; Schatz, Parametric optimization and an application to optimal control theory, in Numerical Methods in Approximation Theory, Vol. 6 (L. Collatz; G. Meinardus; H. Werner, eds.), Birkhäuser-Verlag, Basel 1982, pp. 80–84.
3 Collatz, L., Application of multivariate approximation to the solution of boundary value problems, in Multivariate Approximation (ed. D. C. Handscomb), Academic Press 1978, pp. 13–29.
4 Collatz, L.; Krabs, W., Approximationstheorie, B. G. Teubner-Verlag, Stuttgart 1973.
5 Mairhuber, J., On HAAR's theorem concerning Chebyshcff problems having unique solutions, Proc. Amer. Math. Soc. 7, 609–615 (1956).

Anschrift: Prof. Dr. Bruno Brosowski, J. W. Goethe-Universität Frankfurt, Fachbereich Mathematik, Robert Mayer-Str. 6–10, D-6000 Frankfurt/Main, BRD

ZAMM 62, T 323 – T 325 (1982)

H. W. Engl

Notwendige und hinreichende Bedingungen für die Konvergenz von Regularisierungsverfahren zur Lösung linearer Operatorgleichungen erster Art

Es seien X, Y reelle Hilberträume, $A: X \to Y$ ein beschränkter linearer Operator, dessen Wertebereich nicht abgeschlossen ist; mit A^+ bezeichnen wir seine Moore-Penrose-Inverse (siehe etwa [2]). Das Problem, A^+y zu berechnen, ist dann schlecht gestellt in dem Sinn, daß die Lösung nicht für alle $y \in Y$ zu existieren braucht und auch nicht stetig von y abhängt, da ja $D(A^+) = R(A) + R(A)^\perp \neq Y$ gilt und A^+ unbeschränkt ist. Es sei bemerkt, daß für $y \in D(A^+)$ das Element A^+y die „bestapproximierende Lösung" von $Ax = y$ ist, d. h., das Element minimaler Norm unter allen Vektoren, die das Defektfunktional $x \to \|Ax - y\|$ minimieren.

Falls, was in praxi ja stets der Fall ist, statt der exakten Daten y gestörte Daten y_δ vorliegen, ist A^+y keine geeignete Approximation für das gesuchte A^+y_δ, ja, A^+y_δ muß nicht einmal berechenbar sein, falls $y_\delta \notin D(A^+)$. Zur Approximation von A^+y verwendet man sogenannte *Regularisierungsverfahren* (RV):

Es sei $U: (0, +\infty) \times [0, +\infty) \to \mathbb{R}$ so, daß für alle $x \neq 0$ gilt: $\lim_{\alpha\to 0} U(\alpha, x) = x^{-1}$, und daß ein $C > 0$ existiert so, daß für $x \geqq 0$, $\alpha > 0$: $|xU(\alpha, x)| \leqq C$. Ferner sei $\alpha: [0, +\infty) \to [0, +\infty)$ stetig und monoton mit $\alpha(0) = 0$. Durch (U, α) ist ein RV in folgender Weise gegeben: Für gestörte Daten y_δ mit $\|y - y_\delta\| \leqq \delta$ berechnet man die *regularisierte Lösung*

$$x_\alpha := U(\alpha, A^*A)\, A^*y_\delta\,.$$

Man verlangt, daß diese regularisierte Lösung gegen A^+y konvergiert, falls das Fehlerniveau δ gegen 0 geht und die Parameterwahlstrategie $\alpha = \alpha(\delta)$ gewählt wird. Genauer:

Definition 1: Das durch (U, α) gegebene Regularisierungsverfahren heißt

a) *stark konvergent,* falls für alle $y \in D(A^+)$ gilt:

$$\lim_{\delta\to 0} \left(\sup \{\|U(\alpha(\delta), A^*A)\, A^*y_\delta - A^+y\| / \|y - y_\delta\| \leqq \delta\}\right) = 0\,.$$

b) *schwach konvergent,* falls für alle $y \in D(A^+)$, $(\delta_n) \to 0$ und (y_n) mit $\|y - y_n\| \leqq \delta_n$ gilt:

$$U(\alpha(\delta_n), A^*A)\, A^*y_n \rightharpoonup A^+y\,.$$

Durch obere und untere Abschätzungen von $\|U(\alpha, A^*A)\, A^*\|$ mit Mitteln der Spektraltheorie gelingt der Beweis des folgenden Konvergenzsatzes. Dabei sind $g_U(\alpha) := \sup \{|U(\alpha, x)| / x \geqq 0\}$ und

$$h_U(\alpha) := [\sup \{U(\alpha, x)^2 \cdot x / x \geqq 0\}]^{1/2}\,.$$

Satz 2: *Seien A, (U, α) wie oben. Dann gilt:*

a) *Falls* $\lim_{\delta\to 0} (\delta^2 g_U(\alpha(\delta))) = 0$, *so ist das durch (U, α) gegebene RV stark konvergent.*

b) *Falls* $\limsup_{\delta\to 0} (\delta h_U(\alpha(\delta))) < +\infty$, *so ist das durch (U, α) gegebene RV schwach konvergent.*

c) *Falls $f: [0, +\infty) \to [0, +\infty)$ stetig, monoton mit $f(0) = 0$ und $f(x) > 0$ für $x > 0$ existiert so, daß*

$$\liminf_{\delta\to 0} [\delta \{f(\alpha(\delta))\}^{1/2} \cdot U(\alpha(\delta), f(\alpha(\delta)))] > 0\,,$$

dann ist das durch (U, α) gegebene RV nicht stark konvergent.

d) *Falls f wie in* c) *existiert so, daß*

$$\lim_{\delta\to 0} [\delta \{f(\alpha(\delta))\}^{1/2} \cdot U(\alpha(\delta), f(\alpha(\delta)))] = +\infty\,,$$

dann ist das durch (U, α) gegebene RV nicht schwach konvergent.

Durch geeignete Wahl von U und f gelingt es nun, für viele konkrete RV scharfe notwendige und hinreichende Bedingungen für beide Konvergenzarten zu erhalten. Wir geben zwei Beispiele an.

Beispiel 3 (Tychonoff-Regularisierung): $U(\alpha, x) := (x + \alpha)^{-1}$. Die regularisierte Lösung ist also gegeben durch

$$x_\alpha := (\alpha I + A^*A)^{-1}\, A^*y_\delta\,.$$

Dann sind folgende Bedingungen

	starke Konvergenz	schwache Konvergenz
hinreichend für	$\lim_{\delta\to 0} [\delta^2\alpha(\delta)^{-1}] = 0$.	$\limsup_{\delta\to 0} [\delta^2\alpha(\delta)^{-1}] < +\infty$
notwendig für	$\liminf_{\delta\to 0} [\delta^2\alpha(\delta)^{-1}] = 0$	$\liminf_{\delta\to 0} [\delta^2\alpha(\delta)^{-1}] < +\infty$

Beispiel 4 (Methode von Schulz): Hier handelt es sich um Regularisierung durch abgebrochene Iteration: Es wird bis zu einem durch das Fehlerniveau δ bestimmten Index $n(\delta)$ iteriert nach folgender Vorschrift:

$$A_0 := \lambda I \ (\text{mit } 0 < \lambda < 2 \cdot \|A\|^{-2})\,, \qquad A_{n+1} := A_n \cdot (2I - A^*AA_n)\,, \qquad x_n := A_nA^*Ay_\delta\,.$$

Dieses Verfahren kann durch folgende Setzungen in das allgemeine Konzept eingefügt werden:

$$\alpha = n^{-1}\,, \qquad U(0, x) := \lambda\,, \qquad U(n+1, x) := U(n, x) \cdot [2 - xU(n, x)]$$

sowie stetige Ergänzung von U. Durch Anwendung von Satz 2 erhalten wir:

Folgende Bedingungen sind

	starke Konvergenz	schwache Konvergenz
hinreichend für	$\lim_{\delta\to 0} [\delta^2 \cdot 2^{n(\delta)}] = 0$	$\limsup_{\delta\to 0} [\delta^2 \cdot 2^{n(\delta)}] < +\infty$
notwendig für	$\liminf_{\delta\to 0} [\delta^2 \cdot 2^{n(\delta)}] = 0$	$\liminf_{\delta\to 0} [\delta^2 \cdot 2^{n(\delta)}] < +\infty$

Hier ist bemerkenswert, daß man den Regularisierungsparameter im Vergleich zu anderen Verfahren nur langsam vergrößern darf. Andererseits ist diese Methode bei Vorliegen exakter Daten schneller als diese anderen Methoden.

Für weitere Beispiele sowie eine ausführliche Diskussion der Resultate und deren Beweise siehe [1].

Literatur

1 ENGL, H. W., Necessary and sufficient conditions for convergence of regularization methods for solving linear operator equations of the first kind, Numer. Funct. Anal. Opt. 3 (1981), 201–222
2 NASHED, M. Z., Generalized Inverses and Applications, Academic Press, New York 1976.

Anschrift: Prof. Dr. HEINZ ENGL, Institut für Mathematik, Kepler-Universität, A-4040 LINZ, Österreich

ZAMM 62, T 325 – T 327 (1982)

K.-J. FÖRSTER

Über Monotonie und Stoppregeln bei den Verfahren von Gauss und Lobatto

Einleitung

In der Praxis ist es üblich, ein Quadraturverfahren dann abzubrechen, wenn die Differenz zweier aufeinanderfolgender Quadraturwerte betragsmäßig kleiner als eine vorgegebene Toleranz ε wird. Dieses geschieht in der Erwartung, daß der Fehler des letzten Quadraturwertes durch ε beschränkt ist. Die Gültigkeit solcher Stoppregeln ist bisher nur für wenige Quadraturverfahren – die zusammengesetzten Newton-Cotes-Verfahren [7] und das Romberg-Verfahren [6] – unter der Voraussetzung der ständigen Verdopplung der Stützstellenanzahl und der Nichtnegativität bestimmter Ableitungen der zu integrierenden Funktion nachgewiesen worden.

Hier soll am Beispiel des Lobatto-Verfahrens aufgezeigt werden, daß entsprechende Stoppregeln auch bei der Interpolationsquadratur möglich sind. Der Beweis wird durch Verschärfung eines Monotonie-Ergebnisses von BRASS [2] erlangt. Für das Gauß-Verfahren und andere offene Verfahren wird anschließend begründet, warum unter gleichen Voraussetzungen solch ein Abbruchkriterium nicht gelten kann.

Ergebnisse

Eine *Quadraturformel* Q_n ist ein lineares Funktional der Art (vergl. im folgenden etwa [3])

$$Q_n[f] = \sum_{\nu=1}^{n} a_{\nu,n} f(x_{\nu,n}), \qquad \int_{-1}^{1} f(x)\, dx = Q_n[f] + R_n[f]. \tag{1}$$

Q_n heißt *Interpolationsquadraturformel*, falls $R_n[p] = 0$ für alle Polynome p der Ordnung $(n-1)$ gilt. Unter allen Interpolationsquadraturformeln Q_n läßt sich die Gauß-Formel Q_n^{G} dadurch kennzeichnen, daß nur sie exakt für Polynome der Ordnung $(2n-1)$ ist. Die Gauß-Formel ist eine offene Formel, d. h. alle Stützstellen x_ν sind in $(-1, 1)$ enthalten. Fordert man den maximalen Exaktheitsgrad unter der zusätzlichen Bedingung $x_1 = -1$, $x_n = 1$, so erhält man die *Lobatto-Formel* Q_n^{Lo}, die für alle Polynome der Ordnung $(2n-3)$ den richtigen Wert ergibt.

Für den Fall, daß $f \in C^{2n-2}[-1, 1]$ und $f^{(2n-2)} \geqq 0$ erfüllt ist, haben BRASS [2] bzw. BRASS und SCHMEISSER [4] die folgenden Ungleichungen bewiesen:

$$R_n^{Lo}[f] \leqq R_{n+1}^{Lo}[f] \leqq R_{n-1}^{G}[f] \leqq -R_n^{Lo}[f]. \tag{2}$$

Der folgende Satz verschärft die beiden ersten obigen Ergebnisse.

Satz 1: *Sei* $f \in C^{2n-2}[-1, 1]$ *und* $f^{(2n-2)} \geqq 0$. *Es gilt*

1) $R_n^{Lo}[f] \leqq \dfrac{n+1}{n-1} R_{n+1}^{Lo}[f]$ *für* $n \geqq 2$,

2) $R_{n+1}^{Lo}[f] \leqq \dfrac{n-1}{n+1} R_{n-1}^{G}[f]$ *für gerades* n.

Beweis: Die Lobatto-Formel Q_n^{Lo} hat die Randgewichte $a_{1,n}^{Lo} = a_{n,n}^{Lo} = \dfrac{2}{n(n-1)}$ (siehe etwa [3]). Daher besitzt die Quadraturformel $\tilde{Q} = \frac{1}{2}\{(n+1)\, Q_{n+1}^{Lo} - (n-1)\, Q_n^{Lo}\}$ insgesamt $(2n-3)$ Stützstellen und ist exakt für Polynome der Ordnung $(2n-3)$. Wegen der Positivität der Lobatto-Gewichte hat $\tilde{Q}$ genau $(n-1)$ positive

Gewichte. Nach [5] gilt aber für eine Interpolationsformel mit dieser minimalen Anzahl positiver Gewichte, daß ihr Rest $\tilde{R}[f]$ größer ist als der Rest der Gauß-Formel Q_{n-1}^{G}. Damit ergibt sich aus

$$(n+1)\, R_{n+1}^{\mathrm{Lo}}[f] - (n-1)\, R_n^{\mathrm{Lo}}[f] \geqq 2 R_{n-1}^{\mathrm{G}}[f] \geqq 0 \tag{3}$$

Teil 1) der obigen Behauptung.

Für den zweiten Teil betrachten wir $\bar{Q} = (n+1)\, Q_{n+1}^{\mathrm{Lo}} - n Q_{n-1}^{\mathrm{G}}$. Vergleicht man das Lobatto-Gewicht $a_{(n+2)/2,n+1}^{\mathrm{Lo}}$ mit dem Gauß-Gewicht $a_{n/2,n-1}^{\mathrm{G}}$, so ergibt sich nach kurzer Rechnung $(n+1)\, a_{(n+2)/2,n+1}^{\mathrm{Lo}} = n a_{n/2,n-1}^{\mathrm{G}}$. $\bar{Q}$ besitzt daher $2n-2$ Stützstellen und genau n positive Gewichte. Da auch die Randgewichte positiv sind, folgt wie oben nach [5]

$$(n+1)\, R_{n+1}^{\mathrm{Lo}}[f] - n R_{n-1}^{\mathrm{G}}[f] \leqq R_n^{\mathrm{Lo}}[f]$$

und hieraus mit (2) die Behauptung.

Anmerkung: Mit der Restdarstellung von Peano (s. u.) erhält man die Unverbesserbarkeit der Ungleichung 1) in Satz 1 in dem Sinn, daß die Konstante $(n+1)/(n-1)$ unter obigen Voraussetzungen durch keine größere ersetzt werden kann. Mit der gleichen Methode kann man desweiteren für ungerades n unter obigen Voraussetzungen

$$(n-1)\, R_n^{\mathrm{Lo}}[f] \leqq n R_n^{\mathrm{G}}[f]\,, \qquad (n-1)\,(n+1)\, R_n^{\mathrm{Lo}}[f] \leqq n(n+2)\, R_{n+2}^{\mathrm{Lo}}[f]$$

nachweisen.

Aus Satz 1 läßt sich das folgende Abbruchkriterium herleiten:

Satz 2: *Für $k \geqq 1$ festes und alle $s \in \{0, 1, \dots, k-1\}$ sei $f \in C^{2n+2k-4}[-1, 1]$ und $f^{(2n+2s-2)} \geqq 0$. Dann gilt*

$$|R_{n+k}^{\mathrm{Lo}}[f]| \leqq \frac{n}{k}\,\frac{n-1}{2n+k-1}\,\{Q_n^{\mathrm{Lo}}[f] - Q_{n+k}^{\mathrm{Lo}}[f]\}\,. \tag{4}$$

Beweis: Durch wiederholte Anwendung von Satz 1 erhält man

$$(n+k)\,(n+k-1)\, R_{n+k}^{\mathrm{Lo}}[f] \geqq n(n-1)\, R_n^{\mathrm{Lo}}[f]\,.$$

Hieraus folgt

$$\{(n+k)\,(n+k-1) - n(n-1)\}\, R_{n+k}^{\mathrm{Lo}}[f] \geqq n(n-1)\, \{Q_{n+k}^{\mathrm{Lo}}[f] - Q_n^{\mathrm{Lo}}[f]\}\,. \tag{5}$$

Entsprechend ergibt sich mit (2) und (3) für $k \geqq 2$

$$\begin{aligned} -n(n-1)\, R_n^{\mathrm{Lo}}[f] &\geqq -(n+k-2)\,(n+k-3)\, R_{n+k-2}^{\mathrm{Lo}}[f] \\ &\geqq -(n+k-2)\,(n+k-1)\, R_{n+k-1}^{\mathrm{Lo}}[f] + 2(n+k-2)\, R_{n+k-2}^{\mathrm{G}}[f] \\ &\geqq (n+k-2)\,(n+k+1)\, R_{n+k}^{\mathrm{Lo}}[f]\,. \end{aligned}$$

Es gilt daher

$$\{(n+k-2)\,(n+k+1) + n(n-1)\}\, R_{n+k}^{\mathrm{Lo}}[f] \leqq n(n-1)\, \{Q_n^{\mathrm{Lo}}[f] - Q_{n+k}^{\mathrm{Lo}}[f]\}\,. \tag{6}$$

Für $k = 1$ erhält man unter Verwendung von (2) $R_{n+1}^{\mathrm{Lo}}[f] \leqq \frac{1}{2}\, \{Q_n^{\mathrm{Lo}}[f] - Q_{n+1}^{\mathrm{Lo}}[f]\}$. Dies ist mit (5) und (6) die Behauptung.

Anmerkung: Im Gegensatz zu [6] und [7] erhält man mit Satz 2 eine Stoppregel, die nicht eine Verdoppelung der Stützstellenanzahl voraussetzt. Die sich für den Fall $n = k$ ergebende Abschätzung enthält eine um den Faktor 3 bessere Konstante als die vergleichbaren Stoppregeln in [6] und [7].

Daß für das Gauß-Verfahren und andere offene Verfahren ein (4) entsprechendes Abbruchkriterium — das nur die Nichtnegativität einzelner Ableitungen der zu integrierenden Funktion voraussetzt — nicht gelten kann, zeigt der folgende Satz:

Satz 3: *Seien Q_n und $\tilde{Q}_m$ Quadraturformeln, die exakt sind für Polynome der Ordnung d und deren Stützstellen in $[-1, 1)$ liegen. Für beliebiges $l \in \mathbb{N}$ und $A \in \mathbb{R}$ existiert eine Funktion $f \in C^{d+l}[-1, 1]$ mit*

1) $f^{(d+s)} \geqq 0$ *für* $s \in \{1, \dots, l\}$,
2) $Q_n[f] = \tilde{Q}_m[f]$,
3) $R_n[f] = A$.

Beweis: Sei ε so gewählt, daß in $[1-\varepsilon, 1]$ keine Stützstelle von Q_n oder $\tilde{Q}_m$ liegt. $\tilde{f}$ sei wie folgt definiert: $\tilde{f} \equiv 0$ in $[-1, 1-\varepsilon]$, $\tilde{f}(x) = (x+1-\varepsilon)^l$ in $(1-\varepsilon, 1]$. Für ein f mit $f^{(d+1)} \equiv \tilde{f}$ ergibt sich aus der Restdarstellung von Peano (s. [3], S. 39)

$$R_n[f] = \int_{-1}^{1} f^{(d+1)}(x)\, K_{d+1}(x)\, dx\,, \qquad \tilde{R}_m[f] = \int_{-1}^{1} f^{(d+1)}(x)\, \tilde{K}_{d+1}(x)\, dx\,. \tag{7}$$

Für die Peanokerne gilt hier aber

$$K_{d+1}(x) = \tilde{K}_{d+1}(x) = \frac{1}{(d+1)!}\,(1-x)^{d+1}\,, \qquad x \in [1-\varepsilon, 1]\,.$$

Zusammen mit (7) ergibt dies nach Multiplikation von f mit einer geeigneten Konstanten die Behauptung.

Beispiel

Sei zu berechnen $\int_1^2 \frac{e^x}{x}\,dx$. Für $m \in \mathbb{N}$ gilt $f^{(2m)}(x) \geqq 0$ für $0 < x < \infty$ (s. [1]). Mit dem Lobatto-Verfahren erhält man folgende Werte:

$$Q_2^{\mathrm{Lo}}[f] = 3{,}2064050\,, \quad Q_3^{\mathrm{Lo}}[f] = 3{,}0606635\,, \quad Q_4^{\mathrm{Lo}}[f] = 3{,}05915153\,,$$
$$Q_5^{\mathrm{Lo}}[f] = 3{,}05911752\,, \quad Q_6^{\mathrm{Lo}}[f] = 3{,}05911660\,, \quad Q_7^{\mathrm{Lo}}[f] = 3{,}05911648\,.$$

Aus dem Vergleich von $Q_7^{\mathrm{Lo}}[f]$ mit $Q_6^{\mathrm{Lo}}[f]$ erhält man mit Satz 2 die Fehlerabschätzung $|R_7^{\mathrm{Lo}}[f]| < 3 \cdot 10^{-7}$. Die ersten Quadraturwerte des Romberg-Verfahrens für f findet man in [1]. Wendet man hieraus die Stoppregeln aus [6] und [7] an — die ersten drei Spalten des Romberg-Schemas enthalten Werte von zusammengesetzten Newton-Cotes-Quadraturen — so erhält man bis neun Stützstellen bestenfalls eine Fehlerabschätzung von $2 \cdot 10^{-5}$. Eine Fehlerabschätzung, deren Wert kleiner als $3 \cdot 10^{-7}$ ist, wird erst bei der Verwendung von 33 Stützstellen erreicht.

Literatur

1 ALBRECHT, J., Intervallschachtelungen beim Romberg-Verfahren, ZAMM **52** (1972), 433—435.
2 BRASS, H., Monotonie bei den Quadraturverfahren von Gauß und Newton-Cotes, Numer. Math. **30** (1978), 349—354.
3 BRASS, H., Quadraturverfahren, Vandenhoeck und Ruprecht, Göttingen 1977.
4 BRASS, H.; SCHMEISSER, G., Error estimates for interpolature quadrature formulae, Numer. Math. **37** (1981), 371—386
5 FÖRSTER, K.-J., Vergleich der Quadraturformeln vom Gauß- und vom Newton-Cotes-Typ, ZAMM **61** (1981), T 279—T 280.
6 FÖRSTER, K.-J., Fehlerschranken bei der Romberg-Quadratur, ZAMM **62** (1982), 133—137.
7 ROWLAND, J. H.; MIEHL, G. J., Exit criteria for Newton-Cotes quadrature rules, SIAM J. Numer. Analysis **14** (1977), 1145—1150.

Anschrift: Dipl.-Math. Dipl.-Inf. KLAUS-JÜRGEN FÖRSTER, Lehrstuhl E für Mathematik, Technische Universität Braunschweig, Pockelsstraße 14, D-3300 Braunschweig, BRD

ZAMM 62, T 327 – T 329 (1982)

W. HANKE

Die optimale Sektion bei adaptiven Integrationsverfahren mit globaler Strategie

Das *Problem der numerischen Integration* besteht darin, für

$$If = \int_0^1 f(x)\,dx$$

bei vorgegebener *Genauigkeit* E einen *Näherungswert* $T_E f$ so anzugeben, daß

$$|T_E f - If| = G \leqq E\,. \tag{1}$$

Dabei ist G die *erreichte Genauigkeit*. Eine Abfrage nach (1) ist aber nicht durch ein Programm zu realisieren, da ja gerade If bestimmt werden soll. Vom Programm werden daher zwei Näherungen $T_E f$ und $\tilde{T}_E f$ berechnet; das Programm ist beendet, sobald

$$|T_E f - \tilde{T}_E f| \leqq E \tag{2}$$

ist. Wie häufig dann $G \leqq E$ ist, ergibt ein Maß für die *Verläßlichkeit des Programmes*.

Bei globaler Strategie wird in jedem Iterationsschritt die Summe E_N der Fehler ε_i aller N Teilintervalle H_i berechnet. Falls

$$E_N = \sum_{i=1}^{N} \varepsilon_i > E\,, \tag{3}$$

wird nur das Intervall H_j mit dem größten Fehler $\varepsilon_j = \max_i \varepsilon_i$ weiter unterteilt.

Man spricht von *p-Sektion*, wenn das betreffende Intervall in p (meist gleiche) Teile unterteilt wird. Dadurch erhöht sich die Anzahl der berechneten Intervalle um p, während die Anzahl der Intervalle, die zum Fehler E_N beitragen, um $p - 1$ anwächst. Die entstandenen Intervallängen sind $p^{-\nu}$, $\nu = 1, \ldots, L$, wobei ν *Stufe* genannt wird. Dieser Prozeß wird wiederholt, bis

$$E_N < E$$

ist. Der so erhaltene Näherungswert $T_E f$ wird dann als Integralwert If akzeptiert.

Heute übliche Verfahren verwenden als Unterteilung die Bisektion ($p = 2$). Hier soll gezeigt werden, daß die Trisektion ($p = 3$) besser ist, d. h. schneller Ergebnisse liefert.

Wird mit A_p die Anzahl aller verwendeten Funktionswerte bezeichnet, unabhängig davon, ob sie zum Integral beitragen oder nicht, so ist A_p ein Maß für den Aufwand bei p-Sektion. Nun ist A_p abhängig von der Fehlervorgabe, aber auch von der Fehlerordnung r der verwendeten Basisformel. Ist r so groß, daß ein Iterationsschritt zur Berechnung des Integrals genügt, so ist A_p unabhängig von p, d. h. zum Beispiel

$$A_2 = A_3 .$$

Ist r gerade so, daß nach einer Unterteilung die geforderte Genauigkeit erreicht ist, so ist $A_p = 1 + p$, also

$$A_2 < A_3 .$$

Ist jedoch die Fehlervorgabe gerade so, daß zwei Iterationsschritte bei Trisektion genügen, bei Bisektion aber drei Schritte notwendig sind, so ist

$$A_2 > A_3 .$$

Um also zu allgemeinen Aussagen zu kommen, sind vereinfachende Annahmen nötig. Es sind dies:

a) die Anzahl der Funktionsaufrufe wächst kontinuierlich mit der Fehlervorgabe,

b) die Ergebnisse bei vollen Stufen sind auch für die Zwischenwerte maßgebend,

c) immer weiter fortschreitende Iteration führt zu gleichen Aufwandsrelationen wie normale Programmbeendigung.

Diese Annahmen sind insgesamt unrealistisch, da a) die Anzahl der Funktionsaufrufe in Sprüngen ansteigt, b) bei nicht vollen Stufen die Ordnung r der Basisintegration die Ergebnisse beeinflußt und c) bei Programmbeendigungen mit endlichem Funktionsaufwand die Sektionen mit kleinem p begünstigt sind. Aber sie führen zu Ergebnissen.

Bei 3 verschiedenen Intervallunterteilungen wird jetzt die Bisektion mit der Trisektion verglichen:

1) Sofern auf jeder Stufe nur eine Unterteilung stattfindet, spricht man von singulärer Unterteilung (etwa bei peaking functions). Wenn das Intervall der höchsten Stufe den Hauptanteil des Fehlers liefert, erhält man

$$A_p \sim \frac{p}{\ln p}. \tag{4}$$

Das ergibt $A_2 > A_3$ und $\frac{A_2 - A_3}{A_3} \approx 5{,}3\%$.

2) Das andere Extrem ist die gleichmäßige Unterteilung (etwa bei stark oszillierenden Funktionen), wenn nämlich nur Intervalle zweier benachbarter Stufen existieren. Dann ist

$$A_p \sim \frac{p}{p - 1}. \tag{5}$$

Daraus folgt $A_2 > A_3$ und $\frac{A_2 - A_3}{A_3} \approx 25\%$.

3) Wenn bei beliebiger Unterteilung der Intervalle die weiterführende Unterteilung jedes Intervall je Stufe nur einmal weiterteilt, wenn also lokal eine singuläre Unterteilung entsteht, ergibt sich

$$A_p \sim \frac{p^2}{(p - 1) \ln 2p}. \tag{6}$$

Damit wird $A_2 > A_3$ und $\frac{A_2 - A_3}{A_3} \approx 14{,}9\%$. Insgesamt erhält man jedesmal $A_2 > A_3$.

Um dies numerisch zu bestätigen und auch um Angaben über die Qualität der gemachten Voraussetzungen zu erhalten, sind zwei Programme entwickelt worden:

ANITA (Algorithm for Numerical Integration by Trisection Adaptively)

und

GABI (General Algorithm for Bisection Integration)

mit jeweils Gauß-Kronrod-Formeln 10. Grades [2, 3] als Basisintegration.

Die Tests sind durchgeführt worden für die Genauigkeiten $10^{-2}, 10^{-3}, 10^{-4}, \ldots, 10^{-13}$ (bei 16-stelliger Rechnung machten sich bei 10^{-14} Rundefehler bemerkbar) und mit den Testfunktionen nach Casaletto, Pickett und Rice [1] (mit geänderten Funktionen f_{45} und f_{50}). Einen Teil der Ergebnisse gibt Tab. 1 wieder.

Der durch die Trisektion erreichte Vorteil von $\approx 9\%$ wird auch durch andere Testfunktionen bestätigt. Daß p-Sektionen mit $p \geqq 4$ wieder schlechtere Ergebnisse liefern, soll hier nur erwähnt, nicht aber belegt werden.

Für singuläre und gleichmäßige Unterteilungen ergeben sich praktische Ergebnisse von ca. 5% bzw. 16,% (vgl. (4) und (5)). Damit sind auch die vorher gemachten Voraussetzungen in etwa gerechtfertigt.

Wenn man berücksichtigt, daß die Quadratur auf dem Softwaremarkt ein fast abgeschlossenes Gebiet darstellt, auf dem sich in letzter Zeit nur noch geringfügige Verbesserungen ergaben, und wenn man bedenkt, daß die Trisektion kein neues Verfahren darstellt, sondern eine Strategie ist, die in fast alle vorhandenen Programme eingebaut werden kann, so sind die Ergebnisse durchaus beachtenswert.

Tab. 1: Vergleich des Aufwandes bei Bisektion (B) und Trisektion (T).

Genauigkeit	Funktionsaufrufe		Intervalle		Abweichung
	B	T	B	T	%
10−3	4809	4179	229	199	15,08
10−6	9177	9156	437	436	0,23
10−9	15141	14196	721	676	6,66
10−12	22113	17850	1053	850	23,88
Mittelwert			610	540,25	12,9
Mittelwert über alle Genauigkeiten			620	568,5	9,06

Literatur

1 CASALETTO, J.; PICKETT, M.; RICE, J., A comparison of some numerical integration programs, Signum Newsletter 4 (1969), 30—40.
2 KRONROD, A. S., Nodes and Weights of Quadrature Formulas, Consultants Bureau. New York 1965.
3 PIESSENS, R., An algorithm for automatic integration, Angewandte Informatik 9 (1973), 339—401.

Anschrift: Dr. WALTER HANKE, Fachhochschule für Technik, D-7000 Stuttgart, BRD

ZAMM 62, T 329 – T 330 (1982)

J. HASLINGER

Numerical Realization of Contact Problems with Friction

In practice we often meet problems, in which one deformable body comes into contact with another. The present paper deals with the numerical realization of contact problems by finite elements, taking into account friction. Two models involving friction are discussed.

Contact problems without friction have been studied by many authors ([1], [2], [3] etc.). Clearly, the frictionless problem is a certain simplification of a real situation, so that the involvement of friction is desirable. In [4] an algorithm for the approximation of unilateral contact problems with friction has been studied. The aim of what follows is to propose another effective algorithm for the approximation of the same problem, which is mathematically justified and which can be very easily realized on computers.

For the sake of simplicity we restrict ourselves to the study of contact problems for one plane elastic body, unilateraly supported by a rigid foundation (the so called *Signorini problem*). We shall discuss two models with friction: (α) a model with "a given friction" (ß) a model with friction, obeying classical Coulomb's law.

Let $\Omega \subset R_2$ be a bounded domain, with the Lipschitz boundary $\partial\Omega = \overline{\Gamma}_u \cup \overline{\Gamma}_K$. On Γ_u displacements are prescribed, while on Γ_K unilateral conditions are defined.

Let

$$V = \{v \in (H^1(\Omega))^2; v_i = 0 \text{ on } \Gamma_u, i = 1, 2\}, \qquad K = \{v \in V; v_n \leqq 0 \text{ on } \Gamma_K\},$$

$$\mathcal{J}(v) = \tfrac{1}{2} \int_\Omega \tau_{ij}(v)\, \varepsilon_{ij}(v)\, dx + j(v) - \int_\Omega f_i v_i\, dx,$$

where

$$j(v) = \int_{\Gamma_K} g|v_t|\, ds,$$

with $g \geqq 0$ bounded, measurable, $f \in (L^2(\Omega))^2$ and v_n normal displacements on Γ_K. A *variational solution of* (α) is defined as a function $u \in K$ such that

$$\mathcal{J}(u) \leqq \mathcal{J}(v) \quad \text{for all} \quad v \in K. \tag{1}$$

It is easy to prove that *there exists a unique solution of* (1).

A direct application of the finite element method to (1) however leads to a *nondifferentiable* optimization problem. In order to overcome this difficulty, the duality technique will be applied. Clearly

$$j(v) = \sup_{\lambda \in \Lambda_2} \int_{\Gamma_K} g\lambda v_t\, ds,$$

where $\Lambda_2 = \{v \in L^2(\Gamma_K), |v| \leqq 1 \text{ a.e. on } \Gamma_K\}$. The constraint $v \in K$ will be relaxed by introducing another set Λ_1 of Lagrange multipliers, containing all non-negative functionals over the set of traces $v \in K$. Finally, let

$$\mathcal{L}(v, \mu_1, \mu_2) = \tfrac{1}{2} \int_\Omega \tau_{ij}(v)\, \varepsilon_{ij}(v)\, dx + \langle \mu_1, v_n \rangle + \langle \mu_2 g, v_t \rangle - \int_\Omega f_i v_i\, dx$$

be the Lagrangian defined on $V \times \Lambda_1 \times \Lambda_2$, where $\langle , \rangle$ is the extension of the scalar product in $L^2(\Gamma_K)$. By *a mixed formulation* $(\mathcal{P})$ of (1) we call any saddle-point of $\mathcal{L}$ on $V \times \Lambda_1 \times \Lambda_2$. It can be proved ([5]) that there exists a unique saddle-point $(w, \lambda_1, \lambda_2)$ and $w = u$, $\lambda_1 = -T_n(u)$, $g\lambda_2 = -T_t(u)$, where u is the solution of (1) and $T_n(u)$, $T_t(u)$ are normal, tangential components of stresses, corresponding to u.

The approximation of the Signorini problem with a given friction will be defined, starting from $(\mathcal{P})$. This approach has several advantages: (i) $\mathcal{L}$ is smooth in all components; (ii) it becomes possible to approximate Lagrange multipliers, having a good physical meaning, (iii) it enables one to use the effective algorithm for its realization on computers.

Let $\{\mathcal{T}_h\}$, $h \to 0+$, be a regular family of triangulations of $\bar{\Omega}$. To every $\mathcal{T}_h$ we associate a triple $(V_h, \Lambda_{1h}, \Lambda_{2h})$. V_h contains all piecewise linear functions on $\bar{\Omega}$ vanishing on Γ_u. Λ_{1h} (resp. Λ_{2h}) is the set of all piecewise constant functions over the partition of Γ_K, given by boundary nodes of $\mathcal{T}_h$ containing all non-negative functions (resp. functions the absolute value of which is from $\langle -1, 1 \rangle$). The *approximation* $(\mathcal{P}_h)$ of $(\mathcal{P})$ is defined as the problem of finding a saddle-point $(w_h, \lambda_{1h}, \lambda_{2h})$ of $\mathcal{L}$ on $V_h \times \Lambda_{1h} \times \Lambda_{2h}$. The relation between the solutions of $(\mathcal{P})$ and its approximation $(\mathcal{P}_h)$ is studied in [5].

In order to approximate a saddle-point $(w_h, \lambda_{1h}, \lambda_{2h})$ the classical Uzawa method (cf. [6]) will be applied: Let $(\lambda_{1h}^{(k)}, \lambda_{2h}^{(k)}) \in \Lambda_{1h} \times \Lambda_{2h}$ be known. We define $w_h^{(k)} \in V_h$ as the solution of

$$\mathcal{L}(w_h^{(k)}, \lambda_{1h}^{(k)}, \lambda_{2h}^{(k)}) \leqq \mathcal{L}(v_h, \lambda_{1h}^{(k)}, \lambda_{2h}^{(k)}) \quad \text{for all} \quad v_h \in V_h\,, \tag{3}$$

after which we replace $(\lambda_{1h}^{(k)}, \lambda_{2h}^{(k)})$ by $(\lambda_{1h}^{(k+1)}, \lambda_{2h}^{(k+1)})$:

$$\lambda_{1h}^{(k+1)} = P_1(\lambda_{1h}^{(k)} + \varrho w_{hn}^{(k)})\,, \qquad \lambda_{2h}^{(k+1)} = P_2(\lambda_{2h}^{(k)} + \varrho g w_{ht}^{(k)})\,, \tag{4}$$

where $\varrho > 0$, P_1 (resp. P_2) is the projection on Λ_{1h} (resp. Λ_{2h}).

It is well-known ([6]) that for $(\lambda_{1h}^{(0)}, \lambda_{2h}^{(0)}) \in \Lambda_{1h} \times \Lambda_{2h}$ arbitrarily and $\varrho > 0$ appropriately choosen, $w_h^{(k)} \to w_h$, for $k \to \infty$. If some additional assumptions are satisfied (cf. [7]), then $\lambda_{1h}^{(k)} \to \lambda_{1h}$, $\lambda_{2h}^{(k)} \to \lambda_{2h}$, $k \to \infty$. (3) *represents the finite element approximation of an elastic problem with prescribed normal and tangential tractions along Γ_K, which are successively modified by* (4). Clearly, all unconstrained variables (displacements in internal nodes of $\mathcal{T}_h$) can be eliminated and (3), (4) can be realized with considerably smaller number of unknowns.

(ß) Now we shall define the variational solution of the Signorini problem with friction, obeying Coulomb's law. To this end let us consider (1), in which a function g is replaced by $\mathcal{F}g$, where $\mathcal{F}$ denotes the coefficient of Coulomb's friction and $g \in \Lambda_1$ (defined above). The corresponding solution of (1), depending on g, will be denoted by $u(g)$. It is easy to see that $-T_n(u(g)) \in \Lambda_1$. Hence a mapping $\Phi\colon \Lambda_1 \to \Lambda_1$ can be defined as follows

$$\Phi(g) = -T_n\big(u(g)\big)\,. \tag{5}$$

By a *variational solution of* (ß) we mean any fixed point of Φ in Λ_1. It can be shown that for $\mathcal{F}$ small, there exists a solution of (ß) (cf. [8]). Taking into account this definition, the method of successive approximations seems to be natural for its approximation. To each iterative step which is of the type (α) the iterative procedure (3), (4) can be applied. Numerical experiments confirm the efficacy of the proposed method.

References

1 Bufler, H., Zur Herleitung der Variationsgleichungen des elastischen Kontaktproblems, ZAMM **62** (1982), T 118—T 120.
2 Frémond, M., Solid resting on a stratified medium, Proc. 1972 Conf. Variational Meth. in Engineering, Vol. II, Southhampton Univ. Press 1973.
3 Oden, J. F.; Kikuchi, N., Contact problems in elasticity, TICOM Report 78-9, university of Texas at Austin, July 1979.
4 Panagiotopoulos, P. D., A nonlinear programming approach to the unilateral contact and friction boundary value problem in the theory of elasticity, Ing. Arch. **44** (1975), H 6, 421—432.
5 Haslinger, J.; Hlaváček, I., Approximation of the Signorini problem with friction by a mixed finite element method, to be published in J. Math. Analysis Appl.
6 Ekeland, I.; Temam, R., Analyse convexe et problèmes variationnelles, Dunod, Paris 1974.
7 Haslinger, J., On the approximation of the Signorini problem with friction, to be published in Proceedings of Banach Center Seminar of Numerical Analysis, Warsaw.
8 Nečas, J.; Jarušek, J.; Haslinger, J., On the solution of the variational inequality to the Signorini problem with friction, Boll. Un. Mat. Ital., Ser. 5 **17-B** (1980), 796—811.

Anschrift: dr. Jaroslav Haslinger, CSc, KAM MFF UK, Malostranské 2/25, 11800 Praha 1, Czechoslovakia

ZAMM 62, T 331 – T 332 (1982)

J. HERZBERGER

Multipoint-Iterationsformeln hoher Ordnung zur Einschließung von reellen Nullstellen

Wir betrachten im Folgenden numerische Verfahren zur iterativen Verbesserung von gegebenen Einschließungsintervallen $X^{(0)} = [x_1^{(0)}, x_2^{(0)}]$ für die einfache reelle Nullstelle ξ der Funktion f einer reellen Veränderlichen. Das bedeutet, daß gilt

$$f(\xi) = 0 \quad \text{mit} \quad \xi \in X^{(0)} \in I(\mathbb{R}) .$$

Betrachtet werden Iterationsformeln $X^{(k+1)} = \Phi(X^{(k)})$, $k \geqq 0$, welche Folgen von Intervallen $\{X^{(k)}\}_{k=0}^{\infty}$ erzeugen mit den Eigenschaften:

1. $\xi \in X^{(k)}$ für $k \geqq 0$,

2. $X^{(0)} \supset X^{(1)} \supset X^{(2)} \supset \dots$ mit $\lim\limits_{k\to\infty} X^{(k)} = \xi$,

oder die Folge kommt nach endlich vielen Schritten auf dem Punktintervall $[\xi, \xi]$ zum Stillstand.

3. Die Folge der zugehörigen Durchmesser der Einschließungsintervalle $\{\mathrm{d}(X^{(k)})\}_{k=0}^{\infty} = \{(x_2^{(k)} - x_1^{(k)})\}_{k=0}^{\infty}$ konvergiert von möglichst hoher Ordnung gegen Null.

Als Beispiel für ein derartiges Iterationsverfahren kann das bekannte intervallmäßige Newton-Verfahren von R. E. MOORE ([6]) gelten. Wir wollen hier jedoch solche Verfahren betrachten, bei welchen nur Funktionswerte bzw. Einschließungen dafür benutzt werden. Bei der Konstruktion dieser Methoden machen wir Gebrauch von den üblichen Bezeichnungsweisen und Begriffen der reellen Intervallrechnung (siehe [1] und [6]).

Ausgangspunkt unserer Überlegungen sind die sogenannten Interpolationsmethoden ([4]), von denen ein Spezialfall hier kurz beschrieben werden soll.

I. Wir gehen hier wie in [4] vor. Vorausgesetzt werden:
ein ganzzahliger Parameter $r \in \mathbb{N}$;
Schrankenintervalle für $f'(x) \in H$, $x \in X^{(0)}$ mit $0 \notin H$ und $f^{(r+1)}(x) \in K$, $x \in X^{(0)}$;
$r + 1$ Näherungswerte $x^{(k)}, x^{(k-1)}, \dots, x^{(k-r)}$, welche alle paarweise verschieden sind;
$X^{(k)} = [x^{(k)} - \varepsilon^{(k)}, x^{(k)} + \varepsilon^{(k)}]$ mit $\varepsilon^{(k)} > 0$;
$\xi \neq x_1^{(0)}$ und $\xi \neq x_2^{(0)}$.

Die Berechnung des $k + 1$-ten Einschließungsintervalles erfolgt dann durch Ausführung der folgenden Schritte:

Schritt 1: Berechnung des eindeutigen Lagrange-Interpolationspolynoms $p(x; x^{(k)}, \dots, x^{(k-r)})$, welches an den Stellen $(x^{(i)}, f(x^{(i)}))$, $i = k - r, \dots, k$ interpoliert. Berechnung eines verbesserten Einschließungsintervalles durch Ausführung eines Schrittes des vereinfachten intervallmäßigen Newton-Verfahrens

$$Z^{(k)} = \left\{x^{(k)} - \frac{f(x^{(k)})}{H}\right\} \cap X^{(k)} .$$

Schritt 2: Bestimmung einer reellen Nullstelle $y^{(k)}$ des Interpolationspolynoms aus Schritt 1 im Intervall

$$[x^{(k)} - 2\varepsilon^{(k)}, x^{(k)} + 2\varepsilon^{(k)}] \cap X^{(0)} .$$

Existiert eine solche nicht, so wird mit $\tilde{X}^{(k+1)} = Z^{(k)}$ direkt zu Schritt 5 übergegangen.

Schritt 3: Berechnung eines Einschließungsintervalles $F^{(k)}$ für den Funktionswert $f(y^{(k)})$ mit Hilfe des Intervallausdrucks

$$F^{(k)} = \frac{K}{(r+1)!} \cdot \prod_{j=0}^{r} (y^{(k)} - x^{(k-j)}) .$$

Schritt 4: Berechnung der verbesserten Einschließung

$$\tilde{X}^{(k+1)} = \left\{y^{(k)} - \frac{F^{(k)}}{H}\right\} \cap Z^{(k)} .$$

Schritt 5: $X^{(k+1)} = \tilde{X}^{(k+1)}$ und $x^{(k+1)} = (\tilde{x}_1^{(k+1)} + \tilde{x}_2^{(k+1)})/2$.

Die hierdurch berechnete Iterationsfolge $\{X^{(i)}\}_{i=0}^{\infty}$ hat die Eigenschaften 1. und 2. Außerdem gilt

4. $$d(X^{(k+1)}) \leqq c \cdot \prod_{j=0}^{r} d(X^{(k-j)}) ,$$

was zur Folge hat, daß die Konvergenzordnung des Verfahrens mindestens gleich s ist, mit s als eindeutiger positiver Wurzel der Gleichung

$$p(s) = s^{r+1} - \sum_{j=0}^{r} s^{r-j} = 0 .$$

II. Analog zu den Verfahren aus I. lassen sich auch ganz entsprechende inverse Interpolationsverfahren angeben (vergleiche dazu [2]). Sie haben den Vorteil, daß anstelle einer Polynomnullstelle nur der Polynomwert an der Stelle 0 zu berechnen ist. Auch diese inversen Interpolationsverfahren haben die Eigenschaften 1., 2. und 4.

III. Nach H. CORNELIUS in [3] lassen sich mit Hilfe der Newtonschen Interpolationsformeln explizite Interpolationsverfahren angeben, welche dividierte Differenzen zur Berechnung benutzen. Hier werden in der Voraussetzung allerdings Schrankenintervalle $S^{(i)}$ mit

$$f^{(i)}(x) \in S^{(i)}, \quad x \in X^{(0)}, \quad 1 \leqq i \leqq r+1, \quad \text{wobei} \quad 0 \notin S^{(1)},$$

benützt. Diese Verfahren haben ebenfalls die erwähnten Eigenschaften 1., 2. und 4.

Wir haben in I.—III. nun mehrere Möglichkeiten von Interpolationsverfahren zur iterativen Verbesserung einer Nullstelleneinschließung kennengelernt, welche in etwa ähnliche Voraussetzungen benutzen und auch gleiche Eigenschaften haben. Ihre allgemeine Darstellung läßt sich wie folgt angeben:

$$5. \quad X^{(k+1)} = \Phi(X^{(k)}; x^{(k)}, x^{(k-1)}, \dots, x^{(k-r)}),$$
$$x^{(k+1)} = m(X^{(k+1)}).$$

Mit deren Hilfe wollen wir nun die folgenden Multipoint-Verfahren konstruieren.

IV. Als Voraussetzungen benötigen wir Schrankenintervalle $S^{(i)}$ mit den gleichen Eigenschaften wie in III. Dann betrachten wir den $k+1$-ten Schritt dieser Methoden

$$X^{(k,0)} = X^{(k)}, \quad x^{(k,0)} = m(X^{(k)}),$$
$$X^{(k,1)} = \left\{x^{(k,0)} - \frac{f(x^{(k,0)})}{S^{(1)}}\right\} \cap X^{(k,0)}, \quad x^{(k,1)} = m(X^{(k,1)}),$$
$$X^{(k,i+1)} = \Phi(X^{(k,i)}; x^{(k,i)}, x^{(k,i-1)}, \dots, x^{(k,0)}),$$
$$x^{(k,i+1)} = m(X^{(k,i+1)}) \quad \text{für} \quad 1 \leqq i \leqq n-1,$$
$$X^{(k+1)} = X^{(k,n)}.$$

Bei diesem Verfahren wird die Berechnung der n Funktionswerte

$$f(x^{(k,0)}), f(x^{(k,1)}), \dots, f(x^{(k,n-1)})$$

benötigt, wobei die Vorschrift Φ eines der Verfahren von I.—III. bedeutet. Das Verfahren IV. hat offensichtlich die Eigenschaften 1. und 2. Aufgrund der Durchmesserabschätzungen der Verfahren Φ gilt

$$d(X^{(k,i+1)}) \leqq c^{(i+1)} \cdot \prod_{j=0}^{i} d(X^{(k,j)}),$$

woraus mit Hilfe eines einfachen Induktionsbeweises folgt, daß die Ordnung des Verfahrens in IV. mindestens 2^{n-1} ist (siehe auch [5]).

Literatur

1 ALEFELD, G.; HERZBERGER, J., Einführung in die Intervallrechnung, Bibliographisches Institut, Mannheim-Wien-Zürich 1974.
2 CORNELIUS, H., Inverse Interpolation zur global-konvergenten Nullstellenbestimmung, Beiträge zur Numer. Math. (erscheint).
3 CORNELIUS, H., Ableitungsfreie Iterationsverfahren zur global-konvergenten Nullstelleneinschließung, Beiträge zur Numer. Math. **11** (erscheint).
4 HERZBERGER, J., Global konvergente Interpolationsmethoden zur Nullstelleneinschließung, Beiträge zur Numer Math. 7, 65—74 (1979).
5 KUNG, H. T.; TRAUB, J. F., Optimal order of one-point and multipoint Iteration, J. ACM **21**, 643—651 (1974).
6 MOORE, R. E., Interval Analysis, Prentice-Hall Inc., Englewood Cliffs 1966.

Anschrift: Prof. Dr. J. HERZBERGER, Fachbereich IV, Universität Oldenburg, D-2900 Oldenburg, Postfach 2503, BRD

ZAMM 62, T 332 – T 334 (1982)

R. JELTSCH / O. NEVANLINNA

Über das Erhöhen der Fehlerordnung von Mehrschrittverfahren zum Lösen von Anfangswertproblemen

DAHLQUIST [2] hat gezeigt, daß die Fehlerordnung eines A-stabilen k-Schrittverfahrens nie größer als 2 ist. Eine analoge Schranke für die Fehlerordnung expliziter linearer Mehrschrittverfahren wurde von JELTSCH und NEVANLINNA [5] angegeben: Enthält das Stabilitätsgebiet S die Kreisscheibe $D_1 = \{\mu \mid |\mu + 1| \leqq 1\}$, so ist die Fehlerordnung nie größer als 1. Der Hauptsatz dieses Berichts erlaubt es, die Ordnung eines linearen Mehrschrittverfahrens zu erhöhen, ohne daß sich das Stabilitätsgebiet wesentlich ändert. Damit können obige Schranken in dem Sinne gebrochen werden, daß nach Abschwächung der Stabilitätsbedingung, z. B. Ersetzen von A-Stabilität durch $A(\alpha)$-Stabilität, sofort eine beliebig hohe Ordnung möglich ist. Die bereits bekannten Resultate in [1], [3], [4], [5], [7] sind leichte Folgerungen aus dem Hauptsatz. Die ausführlichen Beweise und zusätzliche Bemerkungen findet man in Abschnitt 3 von [6].

Ein *lineares k-Schrittverfahren* sei auf die übliche Weise durch seine charakteristischen Polynome

$$\varrho(\zeta) = \sum_{i=0}^{k} \alpha_i \zeta^i, \qquad \sigma(\zeta) = \sum_{i=0}^{k} \beta_i \zeta^i$$

mit der Normierung $\sigma(1) = 1$ gegeben. S sei das Stabilitätsgebiet und

$$\Gamma = \{\mu \in \overline{\mathbb{C}} \mid \mu = \varrho(e^{it})/\sigma(e^{it}),\ t \in [0, 2\pi]\}$$

die Spur der Einheitswurzeln. D_R bezeichne die Kreisscheibe $\{\mu \mid |\mu + R| \leqq R\}$.

Hauptsatz: *Es sei ein lineares k-Schrittverfahren ϱ, σ mit Fehlerordnung p und einem Stabilitätsgebiet S mit $D_R \subset S$ für ein $R > 0$ gegeben. Es gibt zu jedem $K \in \mathbb{N}$, $r \in [0, R)$ und jeder abgeschlossenen Menge $\Omega \subset \operatorname{Int} S \subset \overline{\mathbb{C}}$ ein lineares $(k + K)$-Schrittverfahren $\tilde{\varrho}$, $\tilde{\sigma}$ der Fehlerordnung $p + K$ mit $D_r \subset \tilde{S}$ und $\Omega \subset \operatorname{Int} \tilde{S}$.*

Zudem gilt: Ist das Verfahren ϱ, σ explizit, so kann auch das Verfahren $\tilde{\varrho}$, $\tilde{\sigma}$ explizit gewählt werden.

Es ist zu beachten, daß $D_R \subset S$ für implizite k-Schrittverfahren $p \leqq k + 1$ und für explizite Verfahren $p \leqq k$ bewirkt. Dieser Hauptsatz gestattet es nun, Schranken vom eingangs erwähnten Typ zu „durchbrechen". Man nimmt einfach ein Verfahren niedrigerer Ordnung, das den Schranken genügt, und wendet den Hauptsatz an. Wir betrachten z. B. das θ-Verfahren

$$\varrho_\theta(\zeta) = \zeta - 1; \qquad \sigma_\theta(\zeta) = \theta\zeta + 1 - \theta, \qquad \theta \in \mathbb{R}.$$

Es hat die Fehlerordnung

$$p_\theta = \begin{cases} 1 & \text{falls } \theta \neq 1/2, \\ 2 & \text{falls } \theta = 1/2 \text{ (Trapezregel)} \end{cases}$$

und das Stabilitätsgebiet

$$S = \begin{cases} D_{1/(1-2\theta)} & \text{falls } \theta < 1/2, \\ \overline{\mathbb{C}}^- = \{\mu \mid \operatorname{Re} \mu \leqq 0\} & \text{falls } \theta = 1/2, \\ \overline{\mathbb{C}} \setminus \{\mu \mid |\mu - 1/(2\theta - 1)| < 1/(2\theta - 1)\} & \text{falls } \theta > 1/2. \end{cases}$$

Wendet man den Hauptsatz auf die Trapezregel an, d. h. $\theta = 1/2$, so erhält man

Korollar 1: *Zu $k \in \mathbb{N}$, $R > 0$ gibt es ein lineares k-Schrittverfahren der Ordnung $p = k + 1$ und $D_R \subset S$.*

Stetter hat in [7] ein qualitativ ähnliches Resultat angegeben. Um $\infty \in \operatorname{Int} S$ zu erhalten, muß man bekanntlich die Ordnung auf $p \leqq k$ reduzieren.

Korollar 2: *Zu $k \in \mathbb{N}$, $R > 0$ und $\varepsilon > 0$ gibt es lineare Mehrschrittverfahren der Ordnung $p = k$, so daß $D_R \subset S$ und $\overline{\mathbb{C}} \setminus S \subset \{\mu \mid |\mu| \leqq \varepsilon\}$.*

Man beweist das Korollar, indem man den Hauptsatz auf das θ-Verfahren mit $\theta > 1/2$ und $1/(2\theta - 1) < \varepsilon$ anwendet. Korollar 2 enthält den Satz von Grigorieff und Schroll [3] über $A(\alpha)$-Stabilität. Zu $\alpha < \pi/2$ und $\varepsilon > 0$ wähle man $R = \varepsilon/2 \cos \alpha$. Ebenso erhält man das Resultat von Jeltsch [4] über steife Stabilität, indem man zu $D > 0$ und $R > 0$ einfach $\varepsilon < D$ wählt. Wendet man den Hauptsatz auf das Eulerverfahren, d. h. $\theta = 0$, an, so erhält man

Korollar 3 (Jeltsch und Nevanlinna [5]): *Zu $k \in \mathbb{N}$, $r < 1$ gibt es ein explizites lineares k-Schrittverfahren der Ordnung $p = k$ mit $D_r \subset S$.*

Ebenso erhält man durch Anwenden des Hauptsatzes auf das Verfahren

$$\varrho_\delta = \delta^{-2}(\zeta - 1)(\zeta - 1 + \delta^2); \qquad \sigma_\delta = \delta^{-1}(\zeta - 1 + \delta)$$

mit geeignetem $\delta > 0$ das

Korollar 4 (Jeltsch und Nevanlinna [5]): *Zu $k \in \mathbb{N}$, $\alpha < \pi/2$, $R > 0$ gibt es ein explizites lineares k-Schrittverfahren der Ordnung $p = k - 1$, so daß*

$$\{\mu \in \mathbb{C} \mid |\mu| \leqq R,\ |\arg(-\mu)| \leqq \alpha\} \subset S$$

gilt.

Der Beweis des Hauptsatzes ist konstruktiv in dem Sinne, daß Verfahren explizit angegeben werden, die die Behauptungen erfüllen. Um die Beweisidee darlegen zu können, nehmen wir vereinfachend an, daß $\varrho(\zeta)/(\zeta - 1)$ keine Wurzeln vom Betrag 1 hat. Es seien σ_1, σ_2 zwei Polynome, so daß $\sigma = \sigma_1 \cdot \sigma_2$, $\sigma_1(1) = 1$ und σ_2 hat exakt den Grad $p - 1$. Es gibt ein Polynom $P \in \Pi_{p+K-1}$ so, daß das Verfahren

$$\varrho_\varepsilon(\zeta) := \varrho(\zeta)(\zeta - 1 + \varepsilon)^K; \qquad \sigma_\varepsilon(\zeta) := \sigma_1(\zeta)\, P(\zeta - 1)$$

die Fehlerordnung $p + K$ hat. Die Koeffizienten von P hängen polynomial von ε ab. Man zeigt mit Hilfe einer Abschätzung für

$$\left|\frac{\sigma_\varepsilon}{\varrho_\varepsilon}(\zeta) - \frac{\sigma}{\varrho}(\zeta)\right|,$$

daß Γ_ε nach Γ strebt für $\varepsilon \to 0$. Für ε genügend klein liefert dies das gewünschte Resultat.

Da $P(\zeta - 1) = \sigma_2(\zeta)(\zeta - 1 + \varepsilon)^K + O(\varepsilon)$ ist, kann man für ε klein im Quotienten $\varrho_\varepsilon/\sigma_\varepsilon$ den Faktor $(\zeta - 1 + \varepsilon)^K$ beinahe kürzen. $\varrho_\varepsilon/\sigma_\varepsilon$ approximiert somit ϱ/σ mit kleiner werdendem ε immer besser, und man kann nicht erwarten, daß das zugehörige Verfahren genauere Resultate liefert als das ursprüngliche. In der Tat wird die künstlich erzwungene Erhöhung der Fehlerordnung durch sehr große Fehlerkonstanten wieder wettgemacht. Dieses Resultat bedeutet auch, daß es nicht genügt, die Genauigkeit eines Verfahrens nur mit der Fehlerordnung zu messen. In Abschnitt 4 in [6] wird die Genauigkeit durch die L_1-Norm des Peanokerns des Fehlerfunktionals beschrieben. Dabei werden untere Schranken für die L_1-Norm in Abhängigkeit der Größe der Stabilitätsgebiete angegeben.

Literatur

1 CRYER, C. W., A new class of highly-stable methods: A_0-stable methods, BIT 13, 153—159 (1973).
2 DAHLQUIST, G., A special stability problem for linear multistep methods, BIT 3, 27—43 (1963).
3 GRIGORIEFF, R. D.; SCHROLL, J., Über $A(\alpha)$-stabile Verfahren hoher Konsistenzordnung, Computing 20, 343—350 (1978).
4 JELTSCH, R., Stiff stability and its relations to A_0- and $A(0)$-stability, SIAM J. Numer. Analysis, 13, 8—17 (1976).
5 JELTSCH, R.; NEVANLINNA, O., Stability of explicit time discretizations for solving initial value problems. Numer. Math. 35, 61—91 (1981).
6 JELTSCH, R.; NEVANLINNA, O., Stability and accuracy of time discretizations for initial value problems, to appear.
7 STETTER, H. J., Improved absolute stability of predictor-corrector schemes, Computing 3, 286—296 (1968).

Anschriften: Prof. Dr. ROLF JELTSCH, Institut für Geometrie und Praktische Mathematik, RWTH Aachen, Templergraben 55, D-5100Aachen, BRD; Prof. Dr. OLAVI NEVANLINNA, Institut of Mathematics, Helsinki: University of Technology, SF-02150 Otaniemi, Finland

ZAMM 62, T 334 – T 336 (1982)

W. MACKENS

A Mixed Newton-Picard-Iteration for the Solution of Nonlinear Two-Point Boundary-Value Problems

1. The Problem

We consider the boundary-value problem:

(BVP) Find $y \in C^n[0, 1]$, such that

$$\Lambda y(t) = f(t, y(t)), \qquad t \in [0, 1] \text{ and } U_i y = \alpha_i, \qquad 1 \leqq i \leqq n,$$

where Λ is a differential operator of the form

$$\Lambda := D^n + \sum_{k=0}^{n-1} a_k(\cdot) D^k, \qquad a_k \in C^k[0, 1], \qquad D := \frac{\mathrm{d}}{\mathrm{d}t}, \qquad n > 1,$$

$U_1, \dots, U_n$ are linearly independent boundary functionals of the form

$$U_i y := \sum_{k=0}^{n-1} M_{ik} y^{(k)}(0) + N_{ik} y^{(k)}(1), \qquad M_{ik}, N_{ik} \in \mathbb{R}, \qquad 1 \leqq i \leqq n,$$

the nonlinearity f satisfies $f, f_y \in C([0, 1] \times \mathbb{R})$, and — without loss of generality — we put $\alpha_i = 0$, $1 \leqq i \leqq n$.

Assume that the associated linear problem (LBVP) (f independent of y) is uniquely solvable for all data. Then (BVP) is equivalent to the Hammerstein equation

$$\text{(H)} \qquad y(t) = \int_0^1 G(t, s) f(s, y(s)) \,\mathrm{d}s,$$

where $G(t, s)$ denotes Green's function for (LBVP). A simple tool for the approximation of a solution y is the fixed-point-iteration

$$\text{(PIC)} \qquad y_{n+1}(t) := \int_0^1 G(t, s) f(s, y_n(s)) \,\mathrm{d}s,$$

for (H), known as Picard's iteration for (BVP) (cf. [1], e.g.).

Unfortunately — depreciating its simplicity of definition and application — Picard's iteration has the disadvantage of converging scarcely. As a rule of thumb, if there is more than one solution to (BVP), (PIC) converges locally towards but one of these, usually called the stable solution. Moreover, even if one has convergence, the convergence rate is often very bad. In such cases more complicated and expensive methods have to be used.

The question is: Can one speed up the convergence of a convergent Picard iteration and — even more — can one urge Picard's iteration to converge locally towards unstable solutions?

2. Heuristics

From a mechanical point of view it seems reasonable that "every system should be stabilizable by fixing it at sufficiently many points". As an example, the unstable second mode of a buckling beam can be made observable as follows: Fix the midpoint of the beam during the process of buckling by use of an additional support. Adjust the position of the support such that there is no reacting force on it. — This is what we shall try to do with (BVP) in the following way:

(i) Define a modified problem (BVP_Δ) with additional inner supports. Allow the solutions to have jumps of the $(n-1)$-st derivative at the support points, thus modelling the point-forces of the supports.

(ii) Find that Picard's iteration for this problem has the desired convergence properties.

(iii) Adjust the support data (by Newton's method) such that the discontinuities of the $(n-1)$-st derivative at the supports vanish.

3. The supported problem

Given a mesh $\Delta: 0 = x_0 < x_1 < \dots < x_N < x_{N+1} = 1$, we define C_Δ^n to be the space of all functions

$y \in C^n([0, 1] \setminus \{x_1, \dots, x_N\}) \cap C^{n-2}[0, 1]$ such that $y^{(k)}(x_j+)$ and $y^{(k)}(x_j-)$ exist for $k = n-1, n$, $1 \leq j \leq N$. Then the *Δ-supported problem (BVP)* with *support values* $\beta_1, \dots, \beta_N$ is given by:

$$\text{Find } y \in C_\Delta^n, \text{ such that}$$

$$(\mathrm{BVP}_\Delta) \quad Ay(t) = f(t, y(t)), \quad t \in [0, 1] \setminus \{x_1, \dots, x_N\},$$
$$U_i y = 0, \quad 1 \leq i \leq n, \quad \text{and} \quad y(x_j) = \beta_j, \quad 1 \leq j \leq N.$$

For $z \in C_\Delta^n$ let $\{z\}_j := z^{(n-1)}(x_j+) - z^{(n-1)}(x_j-)$, $1 \leq j \leq N$. Then, clearly, a solution y of (BVP_Δ) is a solution of (BVP) as well iff $(\{y_1\}, \dots, \{y\}_N) = 0$.

4. Convergence of Picard's iteration for the supported problem

To be brief we shall make the following global (restrictive) assumptions (cf. Section 6c, however):

A1: The order n of the differential operator A is even, $n = 2m$.

A2: The mesh Δ is uniform, H denotes the mesh width.

A3: The main parts U_i^m of the boundary functionals U_i satisfy

$$U_1^m y = y(0), \quad U_2^m y = y(1)$$

and one of the following three conditions:

$$\text{(i)} \quad U_i^m y = y^{(i-2)}(0) + \gamma y^{(i-2)}(1), \quad 3 \leq i \leq 2m, \quad \gamma \neq 0;$$
$$\text{(ii)} \quad U_{2i+1}^m y = y^{(2i)}(0), \quad U_{2i+2}^m y = y^{(2i)}(1), \quad 1 \leq i \leq m-1;$$
$$\text{(iii)} \quad U_{2i+1}^m y = y^{(2i-1)}(0), \quad U_{2i+2}^{(m)} y = y^{(2i-1)}(1), \quad 1 \leq i \leq m-1.$$

Then one can show all the following results (proofs of all theorems will be given elsewhere [7]).

Theorem 1: *There is an $H_0 > 0$ such that for all meshes with $H \leq H_0$ we have:*
(i) *The supported linear boundary value problem*

$$(\mathrm{LBVP}_\Delta) \quad Ay = g, \quad y \in C_\Delta^n; \quad U_i y = \alpha_i, \quad 1 \leq i \leq n; \quad y(x_j) = \beta_j, \quad 1 \leq j \leq N,$$

is uniquely solvable for all data $g \in C[0, 1]$, $\alpha_i, \beta_j \in \mathbb{R}$.

(ii) *There is a Green's function $G_\Delta(t, s)$ for* ($LBVP_\Delta$).

(iii) *If $I(\alpha_1, \dots, \alpha_n; \beta_1, \dots, \beta_N)$ denotes the solution of* ($LBVP_\Delta$) *for $g = 0$, then* (BVP_Δ) *is equivalent to the Hammerstein equation*

$$(\mathrm{H}_\Delta) \quad y(t) = \int_0^1 G_\Delta(t, s) f(s, y(s)) \, ds + I(0; \beta_1, \dots, \beta_N)(t).$$

Picard's iteration for (BVP_Δ) thus reads:

$$(\mathrm{PIC}_\Delta) \quad y_{n+1}(t) := \int_0^1 G_\Delta(t, s) f(s, y_n(s)) \, ds + I(0; \beta_1, \dots, \beta_N).$$

Its convergence follows from

Theorem 2: *There is a constant $C > 0$, such that for all meshes with $H \leq H_0$ we have*

$$\varrho(G_\Delta) \leq CH^n,$$

where $\varrho(G_\Delta)$ denotes the spectral radius of the linear integral operator $G_\Delta: C[0, 1] \to C[0, 1]$ associated with the kernel $G_\Delta(t, s)$.

From this theorem it is clear, that — at the price of additional supports — convergence rates of Picard's iteration can be improved and the Hammerstein operator of (PIC_Δ) can be made locally contractive for every nonlinearity of the considered form (actually one can even cope with nonlinearities incorporating derivatives of the solution, but we do not dwell here upon this fact).

5. Adjustment of the support values

For sufficiently fine meshes we now have for every vector $\beta = (\beta_1, \dots, \beta_N)$ of support values from an appropriate region $R \subset \mathbb{R}^N$ a locally unique Picard approximable solution y_β of (BVP_Δ), whereby the mapping

$$J: \begin{cases} R \to \mathbb{R}^N \\ \beta \to (\{y_\beta\}_1, \{y_\beta\}_2, \dots, \{y_\beta\}_N) \end{cases}$$

is defined. The support vector β^* with $J(\beta^*) = 0$, which determines the desired solution of (BVP), may be computed by Newton's method, as is made precise in our last theorem.

Theorem 3: *Let $\bar{y}$ be an isolated solution of* (BVP). *Let*

$$K_\nu := \{\beta \mid |\beta_j - \bar{y}(x_j)| \leqq \nu, 1 \leqq j \leqq N\} \quad \text{and} \quad B_\mu := \{y \in C[0,1] \mid \|y - \bar{y}\|_\infty \leqq \mu\}.$$

Then there are $H_1 = H_1(\bar{y}) \leqq H_0$ and $\mu \geqq \nu > 0$, such that for all meshes Δ with $H \leqq H_1$ we have:

(i) *For each $\beta \in K_\nu$ there is a unique solution $y_\beta \in B_\mu$ to problem* (BVP_Δ) *with support vector β.*

(ii) (PIC_Δ) *converges uniformly with respect to $\beta \in K_\nu$.*

(iii) *$J \in C^1(K_\nu)$ and the Jacobian $J'(\bar{y}(x_1), \bar{y}(x_2), \dots, \bar{y}(x_N))$ is nonsingular. Thus Newton's method for $J(\beta) = 0$ converges locally towards $(\bar{y}(x_1), \dots, \bar{y}(x_N))$.*

6. Concluding remarks

a. At the first glance the whole iteration looks like multiple shooting. Notice, however, that in contrast to multiple shooting only the function values at the supports have to be determined by Newton's method.

b. Boundary value problems of the form ($LBVP_\Delta$) can already be found in [2]. A typical assumption of [2], that $G(t, s)$ be an oscillation kernel, implies the existence of $G_\Delta(t, s)$. Concerning Theorem 2 compare the results in [2] on the spectrum of G_Δ. For the case of selfadjoint problems see [3], e.g. For disconjugate Λ compare [4], e.g.

c. The assumptions A2 and A3 can be weakened to

A2* Δ is quasiuniform, H denotes the maximal mesh width.

A3* For $I(\dots;\dots)$ (see Theorem 1 (iii)) we have: $I(\dots;\dots)$ exists for all $H \leqq H_0$ and

$$\|I(U_1^m y, \dots, U_n^m y; y(x_1), \dots, y(x_N)) - y\|_\infty \leqq CH^n \|\Lambda y\|_\infty \quad \text{for all} \quad y \in C^n[0,1].$$

For the case of uniform meshes there is a simple characterization of all boundary functionals leading to A3* ([6]).

d. $I(\dots;\dots)$ is a Λ-spline interpolator. The proof of Theorem 2 interprets $G_\Delta(t, s)$ as being an interpolation error of $I(\dots;\dots)$ applied to the Cauchy resolvent kernel of Λ. Furthermore it makes use of local convergence properties of $I(\dots;\dots)$ ([5]).

References

1 Bailey, P. B.; Shampine, L. F.; Waltman, P. E., Nonlinear Two Point Boundary Value Problems, Academic Press, New York and London 1968.

2 Gantmacher, F. R.; Krein, M. G., Oszillationsmatrizen, Oszillationskerne und kleine Schwingungen mechanischer Systeme, Akademie-Verlag, Berlin 1960.

3 Jerome, J. W., Linear self-adjoint multipoint boundary value problems and related approximation schemes, Numer. Math. **15** (1970), 433–449.

4 Karlin, S., Total Positivity, Stanford University Press, Stanford 1968.

5 Mackens, W., On the Equivalence of Local and Maximal-Order Convergence of Λ-Spline Interpolants, Bericht Nr. 3, Institut für Geometrie und Praktische Mathematik der RWTH Aachen, 1980.

6 Mackens, W., A Simple Necessary and Sufficient Condition for Existence with Maximal-Order Convergence of Λ-Spline Interpolants, Bericht Nr. 4, Institut für Geometrie und Praktische Mathematik der RWTH Aachen, 1980.

7 Mackens, W., A Method of Virtual Supports for the Solution of Nonlinear Two Point Boundary Value Problems, Bericht, Institut für Geometrie und Praktische Mathematik der RWTH Aachen, in preparation.

Anschrift: Dr. Wolfgang Mackens, RWTH Aachen, Institut für Geometrie und Praktische Mathematik, Templergraben 55, D-5100 Aachen, BRD

ZAMM 62, T 337 – T 338 (1982)

W. METZLER

Ein stochastisches Modell für die Rundungsfehlerfortpflanzung bei Anfangswertproblemen

Es wird ein stochastisches Rundungsfehlerfortpflanzungsmodell für Gleitkommaarithmetik angegeben. Mit diesem Modell wird das asymptotische Verhalten des akkumulierten Rundungsfehlers untersucht.

1. Rundungsfehlerfortpflanzung

Zugrundegelegt wird ein Anfangswertproblem

$$y'(x) = f(x, y(x)), \qquad y(a) = y_0, \qquad x \in [a, b]. \tag{1}$$

Es sei eindeutig lösbar.

Auf einer Gleitkommamaschine liefere ein durch eine Funktion $\Phi(x, y; h)$, h die Schrittweite, definiertes Einschrittverfahren für vorgegebenes $x_0 \in [a, b]$ mit der Schrittweite $h_n = (x_0 - a)/n$, $n \in \mathbb{N}$, Näherungslösungen (vgl. [1]):

$$\begin{aligned} y^*_{n0} &= y_0, \\ y^*_{nk} &= \mathrm{gl}\left(y^*_{n,k-1} + \mathrm{gl}(h_n \cdot \mathrm{gl}(\Phi(x_{n,k-1}, y^*_{n,k-1}; h_n)))\right), \\ x_{nk} &= a + k \cdot h_n, \qquad k = 1, \dots, n. \end{aligned} \tag{2}$$

Die Gleichungen

$$y^*_{nk} = y^*_{n,k-1} + h_n \cdot \Phi(x_{n,k-1}, y^*_{n,k-1}; h_n) + \varepsilon_{nk}, \qquad k = 1, \dots, n, \tag{3}$$

definieren die *lokalen Rundungsfehler* ε_{nk}, $k = 1, \dots, n$.

Der *akkumulierte* (Gesamt-) *Rundungsfehler* besitzt nach [2] die im wesentlichen lineare Darstellung

$$r_n = r_n^{(1)} + r_n^{(2)}, \qquad r_n^{(1)} = \sum_{k=1}^{n} d_{nk}\varepsilon_{nk}, \tag{4}$$

aus den lokalen Fehlern. In der stochastischen Theorie wird $r_n^{(2)}$ wie eine Konstante behandelt ([2], S. 92).

2. Ein stochastisches Modell

Vorbereitung: Nimmt man in (2) an, daß

$$|\mathrm{gl}(h_n \cdot \Phi^*_{n,k-1})| < |y^*_{n,k-1}|, \qquad \Phi^*_{n,k-1} := \mathrm{gl}(\Phi(x_{n,k-1}, y^*_{n,k-1}; h_n)),$$

gilt und daß der Rundungsfehlereinfluß in erster Linie durch den Additionsfehler bestimmt wird, d. h.

$$\varepsilon_{nk} := \mathrm{gl}(y^*_{n,k-1} + \mathrm{gl}(h_n \cdot \Phi^*_{n,k-1})) - (y^*_{n,k-1} + \mathrm{gl}(h_n \cdot \Phi^*_{n,k-1})),$$

so besitzt ε_{nk} die Darstellung

$$\varepsilon_{nk} = u_{nk} b^{e(y^*_{n,k-1}) + \iota_{nk}} \qquad (b \text{ die Basis}, \; e(y^*_{n,k-1}) := [\log_b |y^*_{n,k-1}| + 1]).$$

u_{nk} ist der *Mantissenrundungsfehler der normalisierten* (exakten) *Summe*

$$z_{nk} := y^*_{n,k-1} + \mathrm{gl}(h_n \cdot \Phi^*_{n,k-1})$$

und

$$\iota_{nk} := e(z_{nk}) - e(y^*_{n,k-1})$$

die *Änderung des Exponenten im k-ten Rechenschritt*, bedingt durch Auslöschung ($\iota_{nk} < 0$), Mantissenüberlauf ($\iota_{nk} = 1$), oder $\iota_{nk} = 0$ ($e(z_{nk})$ sei analog definiert). Mit $e(y_0) = 0$ (o. B. d. A.) und

$$\tau_{nk} := e(y^*_{nk}) - e(y^*_{n,k-1})$$

gilt:

$$\varepsilon_{nk} = u_{nk} b^{\sum_{i=1}^{k-1} \tau_{ni} + \iota_{nk}}, \qquad k = 1, \dots, n. \tag{5}$$

τ_{nk} berücksichtigt zusätzlich Nachnormalisierung, bedingt durch Rundung.

Im stochastischen Modell für die Rundungsfehlerfortpflanzung nehmen wir an, daß die in der Darstellung (5) der lokalen Rundungsfehler auftretenden Größen u_{nk}, ι_{nk} und τ_{nk} Zufallsvariablen sind über einem geeigneten Wahrscheinlichkeitsraum, die für jedes $n \in \mathbb{N}$ den folgenden Bedingungen genügen (vgl. [3]):

(G1) Die zufälligen Vektoren $(u_{nk}, \iota_{nk}, \tau_{nk})$, $k = 1, \dots, n$, sind unabhängig.

(G2) Für $k = 1, \dots, n$ sind die Zufallsvariablen u_{nk} und ι_{nk} unabhängig.

(G3) Die Variablen u_{nk}, $k = 1, \dots, n$, sind gleichmäßig verteilt im Fehlerintervall $[-\frac{1}{2}u_n, \frac{1}{2}u_n]$, $u_n = b^{-t_n}$, t_n die Mantissenlänge.

(G4) ι_{nk} bzw. τ_{nk}, $k = 1, \dots, n$, sind identisch diskret verteilt mit Werten in

$$T_n = \{-t_n, -(t_n - 1), \dots, -1, 0, 1\}.$$

Bemerkungen:

1. In (G3) wird Standardrundung zur nächstgelegenen Maschinenzahl (symmetrische Rundung) angenommen. Die Mantissenlänge t_n sei für gegebene Schrittweite h_n immer so gewählt, daß der berechnete Zuwachs $\mathrm{gl}(h_n \cdot \Phi^*_{n,k-1})$ noch einen signifikanten Einfluß auf die vorherige Näherung $y^*_{n,k-1}$ hat, somit: $t_n \to \infty$ für $n \to \infty$.

2. Die Modellannahmen implizieren im allgemeinen nicht die Unabhängigkeit der lokalen Fehler ε_{nk}, $k = 1, \dots, n$ (vgl. [3]).

3. Zur Grenzverteilung des akkumulierten Rundungsfehlers

(G1) bis (G4) seien erfüllt. $\varepsilon_{n1}, \dots, \varepsilon_{nn}$ $(n \in \mathbb{N})$ seien stochastisch unabhängig. Dann gilt für die Folge (r_n), $r_n = \sum_{k=1}^{n} d_{nk}\varepsilon_{nk}$, der zentrale Grenzwertsatz:

Satz: *Genügen die Einflußkoeffizienten d_{nk} in* (4) *der Bedingung*

$$\max_{1 \leq k \leq n} d_{nk} \Big/ \left(\sum_{i=1}^{n} d_{ni}^2\right)^{1/2} = O(h_n^{1/2}), \tag{6}$$

besitzen die Variablen ι_{nk} in (5) *für hinreichend kleine Schrittweite h_n einen positiven Erwartungswert:*

$$\mathsf{E}(\iota_{nk}) \geqq 0 \quad \textit{für} \quad n \geqq n_0 \tag{7}$$

und gilt für die Wahrscheinlichkeit, daß Mantissenüberlauf eintritt,

$$\mathsf{P}\{\tau_{nk} = 1\} = O(h_n), \tag{8}$$

dann ist r_n asymptotisch normalverteilt.

Beweis: Nachgewiesen wird die Ljapunov-Bedingung, d. h. mit der Varianz $s_n^2 := \mathsf{V}(r_n) = \sum_{k=1}^{n} d_{nk}^2 \mathsf{V}(\varepsilon_{nk})$ und mit $\delta > 0$:

$$\lim_{n\to\infty} \frac{1}{s_n^{2+\delta}} \sum_{k=1}^{n} \gamma_{nk} = 0 \quad \text{mit} \quad \gamma_{nk} := \mathsf{E}(|d_{nk}\varepsilon_{nk}|^{2+\delta}) < \infty. \tag{9}$$

Aus (9) folgt die Behauptung (vgl. [4]).

Mit (7) gilt aufgrund der Modellannahmen:

$$s_n^2 \geqq \sigma_n^2 \sum_{k=1}^{n} d_{nk}^2, \qquad \sigma_n^2 := \mathsf{V}(u_{nk}).$$

Nach [2] ist $d_{nk} \geqq 0$ für hinreichend kleines h_n, also

$$\gamma_{nk}/s_n^{2+\delta} \leqq d_{nk}^{2+\delta} \Big/ \left(\sum_{i=1}^{n} d_{ni}^2\right)^{1+\delta/2} \cdot \mathsf{E}(|\varepsilon_{nk}|^{2+\delta})/\sigma_n^{2+\delta}. \tag{10}$$

Wegen (6) ist der erste Faktor auf der rechten Seite von der Ordnung $h_n^{1+\delta/2}$. Der zweite ist beschränkt, denn mit $p_n := \mathsf{P}\{\tau_{nk} = 1\}$ und (7) gilt:

$$\mathsf{E}(|\varepsilon_{nk}|^{2+\delta})/\sigma_n^{2+\delta} \leqq \mathsf{E}(|u_{nk}|^{2+\delta})/\sigma_n^{2+\delta} \cdot \left(\mathsf{E}(b^{(2+\delta)\tau_{nk}})\right)^n \leqq \text{const} \cdot \left(1 + (b^{2+\delta} - 1)\, p_n\right)^n = O(1) \quad (\text{wegen } (8)).$$

Summation über k in (10) ergibt

$$\frac{1}{s_n^{2+\delta}} \cdot \sum_{k=1}^{n} \gamma_{nk} = (x_0 - a)\, O(h_n^{\delta/2}) \text{ und somit } (9).$$

Als Spezialfall $(\iota_{nk}, \tau_{nk} \equiv 0)$ erhält man ein bekanntes Resultat für Festkommaarithmetik ([2], S. 57):

Korollar: *Sind für beliebiges n die lokalen Rundungsfehler $\varepsilon_{n1}, \dots, \varepsilon_{nn}$ unabhängig und gleichmäßig verteilt in* $[-\frac{1}{2}u_n, \frac{1}{2}u_n]$ *und gilt* (6), *dann ist r_n asymptotisch normalverteilt.*

Literatur

1 Stoer, J.; Bulirsch, R., Einführung in die Numerische Mathematik. II, Springer-Verlag, Berlin-Heidelberg-New York 1978 (2. Aufl.).

2 Henrici, P., Discrete Variable Methods in Ordinary Differential Equations, Wiley & Sons Inc., New York-London-Sydney 1962.

3 Metzler, W., Grenzwertsätze für den akkumulierten Rundungsfehler in Einschrittverfahren bei Gleitkommarechnung, Dissertation, Gesamthochschule Kassel 1980.

4 Chung, K. L., A Course in Probability Theory, Academic Press, New York-London 1974 (2. Aufl.).

Anschrift: Dr. W. Metzler, Interdisziplinäre Arbeitsgruppe Mathematisierung, Gesamthochschule Kassel, Heinrich-Plett-Str. 40, D-3500 Kassel, BRD

ZAMM 62, T 339 – T 340 (1982)

P. W. Meyer

Fehlerabschätzungen beim modifizierten Newton-Verfahren

Am Beispiel eines Satzes über das modifizierte Newton-Verfahren soll auf die Bedeutung verallgemeinerter normierter Räume für die Analyse von Iterationsverfahren hingewiesen werden. Eine verallgemeinerte Norm ist eine Abbildung eines linearen Raums X in einen halbgeordneten Raum E mit den typischen Eigenschaften einer Norm. In der Literatur sind Verfahren in solchen Räumen etwa in [2] und in jüngerer Zeit in [3] untersucht worden. Hier werden darüber hinaus vor allem optimale Fehlerabschätzungen angegeben. Wir fassen zunächst die für eine praktikable Theorie zweckmäßigen Eigenschaften von E zusammen.

Definition 1: Ein *halbgeordneter Banachraum* ist ein Tripel $(E, K, \|\cdot\|_E)$, wobei

a) $(E, \|\cdot\|_E)$ ein reeller Banachraum ist,
b) $K \subset E$ ein abgeschlossener Kegel ist, der eine Halbordnung definiert: $e \leqq f :\Leftrightarrow f - e \in K$ (vgl. [1]),
c) $\|\cdot\|_E$ monoton ist, d. h. für $e, f \in K$ gilt: $e \leqq f \Rightarrow \|e\|_E \leqq \|f\|_E$.

Definition 2: Ein *verallgemeinerter normierter Raum* ist ein Tripel $(X, E, //\cdot//)$ mit einem linearen Raum X über $\mathbb{R}$ oder $\mathbb{C}$, einem halbgeordneten Banachraum $E = (E, K, \|\cdot\|_E)$ und einer Abbildung $//\cdot//: X \to E$ mit folgenden Eigenschaften:

N1) für $x \in X$: $//x// \geqq 0$ und $//x// = 0 \Leftrightarrow x = 0$,
N2) für $m \in \mathbb{R}$ $(\mathbb{C})$, $x \in X$: $//mx// = |m| \, //x//$,
N3) für $x, y \in X$: $//x + y// \leqq //x// + //y//$.

Die Bedingung c) der Definition 1 ermöglicht folgende wichtige Vereinbarung: Alle topologischen Begriffe beziehen sich auf den Raum $(X, \|\cdot\|^I)$, wobei die reelle Norm durch $\|x\|^I := \|//x//\|_E$ für $x \in X$ definiert ist. Für die Analyse von Iterationsverfahren benötigt man noch eine Verallgemeinerung des Begriffs der verträglichen Operatornorm.

Definition 3: $(X, E_X, //\cdot//_X)$ und $(Y, E_Y, //\cdot//_Y)$ seien verallgemeinerte normierte Räume. Für $A \in L(X^n, Y)$ (Raum der multilinearen stetigen Operatoren von X^n nach Y) wird die *Schrankenmenge* $S(A)$ definiert durch:

$$S(A) := \{P \in L(E_X^n, E_Y) \mid \text{i) für } e_i \in E_X,\ e_i \geqq 0: P(e_1, \dots, e_n) \geqq 0 \text{ und ii) für } x_i \in X: //A(x_1, \dots, x_n)//_Y \leqq P(//x_1//_X, \dots, //x_n//_X)\}.$$

Es seien nun $(X, E, //\cdot//)$ und $(Y, E_Y, //\cdot//_Y)$ verallgemeinerte Banachräume, $X_F \subset X$. Gesucht sei eine Nullstelle eines Operators $F: X_F \to Y$. Für $x_0 \in X_F$ und $A \in L(Y, X)$ werde die Folge $\langle x_n \rangle$ mit $x_{n+1} := x_n - AF(x_n)$ definiert. Dazu gilt der

Satz: *Unter den Voraussetzungen*

(V1) *X_F ist offen, $F: X_F \to Y$ ist zweimal stetig Fréchet-differenzierbar. Es existieren $L \in S(I - AF'(x_0))$ und $M \in S(AF''(x))$ für $x \in X_F$.*

(V2) *Es existiert $r \in E$, $r \geqq 0$:*

$$R_0(r) := Lr + 0.5Mr^2 + //AF(x_0)// \leqq r .$$

(V3) *Der Spektralradius von $(L + Mr)$ ist kleiner als* 1.

(V4) $B(x_0, r) := \{x \in X \mid //x - x_0// \leqq r\} \subset X_F$.

gilt:

(B1) *Das Verfahren ist ausführbar, d. h. $x_n \in X_F$. $\langle x_n \rangle$ konvergiert gegen die in $B(x_0, r)$ eindeutige Nullstelle x^* von F.*

(B2) *Durch $s_0 := r$, $s_{n+1} := Ls_n + 0.5Ms_0^2 - 0.5M(s_0 - s_n)^2$ wird eine a-priori-Abschätzung für $\langle x_n \rangle$ definiert.*

(B3) *Durch $R_n: E \to E$ mit*

$$R_n(r) := Lr + 0.5Mr^2 + M//x_0 - x_n// \, r + //AF(x_n)//$$

wird eine a-posteriori-Einschließung für $\langle x_n \rangle$ definiert, d. h. für jedes $n \in \mathbb{N}$ existiert eine Lösung $r_n \geqq 0$ der Ungleichung $R_n(r) \leqq r$, und für jede solche Lösung gilt $//x_n - x^*// \leqq r_n$.

Es sind also sowohl für die Voraussetzung (V2) als auch für die Berechnung von Abschätzungen Ungleichungen in E zu lösen. Für den Fall reeller Normen reduziert sich (V2) auf die übliche Konvergenz-Bedingung und (B3) auf die bekannte optimale a-posteriori-Fehlerabschätzung.

Als Beispiel sei eine Nullstelle des Operators $F: \mathbb{R}^2 \to \mathbb{R}^2$ mit $F(x, y) := (3x^2y + y^3 - 1, x^4 + xy^3 - 1)$ zu bestimmen (vgl. [3]). In der folgenden Tabelle werden für das modifizierte Newton-Verfahren mit $A := F'^{-1}(x_0, y_0)$ und $(x_0, y_0) := (0.98, 0.32)$ bzw. $(x_0, y_0) := (0.98, 0.27)$ Fehlerabschätzungen für (x_n, y_n) mit $n = 0, 1, 2$ mit dem tatsächlichen Fehler verglichen. Die erste Zeile gibt jeweils die Abschätzung bezüglich der sup-Norm an, die zweite die Abschätzung im verallgemeinerten normierten Raum $(\mathbb{R}^2, (\mathbb{R}^2, \mathbb{R}^2_+, \|\cdot\|_\infty), |\cdot|)$ mit $|(x, y)| := (|x|, |y|)$ und die dritte den Fehler in den einzelnen Komponenten. Die Werte sind mit den angegebenen Faktoren zu multiplizieren.

$n = 0$		$n = 1$		$n = 2$		
120	120	226	226	822	822	$(x_0, y_0) =$
117	79	222	101	808	249	(0.98, 0.32)
111	74	205	86	747	202	
1012	1012	2928	2928	2640	2640	$(x_0, y_0) =$
137	629	1096	2247	927	2051	(0.98, 0.27)
111	573	879	1728	744	1621	
10^{-4}		10^{-6}		10^{-8}		Faktor

Die Abschätzung mit der verallgemeinerten Norm gibt also die unterschiedliche Größenordnung der einzelnen Fehlerkomponenten realistisch wieder. Der angegebene Satz wurde der Dissertation „Fehlerabschätzungen bei Iterationsverfahren in verallgemeinerten normierten Räumen" des Verfassers entnommen, die demnächst erscheint.

Literatur

1 Bohl, E., Monotonie: Lösbarkeit und Numerik bei Operatorgleichungen, Springer Verlag, Berlin-Heidelberg-New York 1974.
2 Schröder, J., Nichtlineare Majoranten beim Verfahren der schrittweisen Näherung, Arch. der Math. 7 (1956), 471—484.
3 Yamamoto, T., Componentwise error estimates of non-linear equations, J. Inf. Proc. 2 (79), 121—126.

Anschrift: Dipl.-Math. Peter W. Meyer, Universität Duisburg-Gesamthochschule, Fachbereich 11/Mathematik, Lotharstraße 65, D-4100 Duisburg, BRD

ZAMM 62, T 340 – T 342 (1982)

H. N. Mülthei

Maximale Konvergenzordnung bei der numerischen Behandlung von gewöhnlichen Differentialgleichungen mit Splines

Es sei das Anfangswertproblem

$$y' = f(x, y)\,, \qquad y(0) = y_0\,, \qquad x \in [0, 1]\,, \tag{1}$$

betrachtet. Ferner sei $x_k := kh$, $h := n^{-1}$, $n \in \mathbb{N}$, $k = 0(1)\,n$. Jedem Teilintervall $J_k := [x_k, x_{k+1}]$, $k = 0(1)\,n-1$, seien $p - 1$ sogenannte Zwischenknoten

$$x_{ki} := x_k + t_i h\,, \qquad t_i \neq 0, 1\,, \qquad i = 1(1)\,p-1\,, \qquad p \in \mathbb{N}\,,$$

zugeordnet, wobei die t_i paarweise verschieden und von h unabhängig sein sollen. Weiterhin seien p natürliche Zahlen d_i, $i = 1(1)\,p$, gegeben. Die Lösung y von (1) wird nun durch einen polynomialen Spline aus der Klasse

$$K_{mq} := \{s \in C^q[0, 1]: s_k: = s|_{J_k} \in \Pi_m,\ k = 0(1)\,n-1\}$$

mit $d := d_1 + d_2 + \dots + d_p = m - q$, $q \in \mathbb{N}_0$, angenähert. Hierbei wird zur Konstruktion eines approximierenden Splines s das folgende in [2] rekursiv definierte Verfahren V verwandt:

$$s_{-1}^{(i)}(0) := y^{(i)}(0)\,, \qquad i = 0(1)\,q\,,$$

$$s_k(x) := \sum_{j=0}^{q} s_{k-1}^{(j)}(x_k)\,\frac{(x - x_k)^j}{j!} + \sum_{j=1}^{d} \frac{a_{kj}}{(q + j)!}\left(\frac{x - x_k}{h}\right)^{q+j}, \quad x \in J_k\,,$$

$$s(x) := s(x; h) := s_k(x)\,, \qquad x \in J_k\,, \qquad k = 0(1)\,n-1\,,$$

wobei die Koeffizienten a_{kj} jeweils durch das Gleichungssystem

$$s_k^{(j)}(x_{ki}) = g^{(j-1)}(x_{ki}, s_k(x_{ki}))\,, \qquad i = 1(1)\,p\,, \qquad j = 1(1)\,d_i\,, \tag{2}$$

mit $x_{kp} := x_{k+1}$ bzw. $t_p := 1$ und die Funktionen $g^{(i)}$ rekursiv durch

$$g^{(0)} := f\,, \qquad g^{(i)} := g_x^{(i-1)} + g_y^{(i-1)} f$$

definiert seien. Für hinreichend glatte Funktionen f und genügend kleine Schrittweiten h ist nach [2], Satz 1, durch V eindeutig ein approximierender Spline $s \in K_{mq}$ bestimmt.

Das Verfahren V habe die (Mindest-)*Konvergenzordnung* $\mu \in \mathbb{N}$, wenn für alle hinreichend glatten Funktionen f und alle $y_0 \in \mathbb{R}$ gilt:

$$\|y - s(\cdot\,; h)\|_\infty = O(h^\mu),\ h \to 0\,.$$

Hieraus folgt nach [4], Folgerung 2, für $y \in C^{\mu+1}[0, 1]$, $\mu \geqq m$,

$$\|y^{(i)} - s^{(i)}(\cdot\,; h)\|_\infty = O(h^{\mu-i})\,, \qquad h \to 0\,, \qquad i = 0(1)\,\mu\,, \tag{3}$$

wobei für $i > q$ gelte: $s^{(i)}(x_k; h) := s_{k-1}^{(i)}(x_k)$, $k = 1(1)\,n-1$. Da (3) mit $\mu > m + 1$ und $i = m + 1$ für beliebige hinreichend glatte Funktionen y nicht gelten kann, erhält man unmittelbar den

Satz 1: *Das Verfahren V hat höchstens die Konvergenzordnung $m + 1$.*

Die Konvergenz selbst bzw. Divergenz von V ist in [2] und [3] ausführlich behandelt. Es stellt sich nun noch die Frage, wie sich die maximale Konvergenzordnung $m + 1$ in Abhängigkeit von allen Verfahrensparametern charakterisieren läßt. Hierbei hilft die Aussage aus [3], S. 422, weiter, daß sich V unter Berücksichtigung von (2) für hinreichend kleines h durch ein vektorwertiges Einschrittverfahren von folgendem Typ charakterisieren läßt:

$$S_{k+1} = AS_k + hF(S_{k+1}, S_k; x_k, h)\,, \qquad k = 0(1)\,n-1\,, \tag{4}$$

mit

$$A = \begin{pmatrix} A_1 & A_{12} \\ 0 & A_2 \end{pmatrix}, \qquad A_1 = \begin{pmatrix} 00\ldots01 \\ 00\ldots01 \\ \ldots\ldots\ldots \\ 00\ldots01 \end{pmatrix} \in \mathbb{R}^{p,p}\,,$$

$$A_{12} \in \mathbb{R}^{p,r}\,, \qquad A_2 \in \mathbb{R}^{r,r}\,, \qquad r := \text{Max}\,(0, q - d_p)\,.$$

Hierbei ist $S_k := \big(s(x_{k-1,i}), h^j s^{(j)}(x_k)\big)^\mathrm{T} \in \mathbb{R}^{p+r}$, $i = 1(1)\,p$, $j = d_p + 1(1)\,q$, $k = 0(1)\,n$, mit $s(x_{-1,i}) := 0$, $i = 1(1)\,p - 1$, $s(x_{-1,p}) := y_0$ und $s^{(j)}(0) := y^{(j)}(0)$, $j = d_p + 1(1)\,q$. F und A sind in [3] explizit angegeben. Ersetzt man in (4) s durch die Lösung y von (1), so erhält man nach [4] für $y \in C^{m+2}[0, 1]$ den *Abschneidefehler*

$$y^{(m+1)}(x_k)\,h^{m+1}Z + O(h^{m+2}) \in \mathbb{R}^{p+r}\,, \qquad k = 0(1)\,n - 1\,,$$

d. h. das Einschrittverfahren (4) hat die Konsistenzordnung m. $Z = (Z_1, Z_2)^\mathrm{T}$ mit $Z_1 \in \mathbb{R}^p$ ist ebenfalls in [3] explizit angegeben. Es sei nun

$$\tilde{A} := \begin{pmatrix} 1, \alpha_p \\ 0 \quad A_2 \end{pmatrix}, \qquad \tilde{Z} := \begin{pmatrix} z_{1_p} \\ Z_2 \end{pmatrix},$$

wobei α_p die p-te Zeile von A_{12} und z_{1_p} die p-te Komponente von Z_1 bedeuten. Ferner sei mit $\tilde{A}_Z$ die Matrix bezeichnet, die man aus $(\tilde{A} - I, \tilde{Z})$ durch Streichen der ersten Spalte erhält. I sei hier die Einheitsmatrix. Dann gilt der

Satz 2: *Für $q > d_p$ gelte für die Eigenwerte λ_i von $\tilde{A}$:*

$$\lambda_i = 1\,, \quad i = 1(1)\,l\,, \quad \lambda_i = -1\,, \quad i = l + 1(1)\,l^*\,, \quad |\lambda_i| < 1\,, \quad i = l^* + 1(1)\,q - d_p + 1\,,$$

wobei die Elementarteiler von $\tilde{A}$ zu den Eigenwerten vom Betrage 1 jeweils linear seien.

Dann hat das Verfahren V genau dann die maximale Konvergenzordnung $m + 1$, wenn die Ordnungsbedingung

$$\text{Rang}\,\tilde{A}_Z = \text{Max}\,(0, q - d_p) + 1 - l \tag{5}$$

erfüllt ist. Für $q \leqq d_p$ ist insbesondere (5) mit der Bedingung

$$\int_0^1 \prod_{i=0}^p (z - t_i)^{d_i} \mathrm{d}z = 0 \tag{6}$$

mit $t_0 := 0$ und $d_0 := q$ äquivalent.

Der Beweis ist in [4] mit einer Verallgemeinerung des Korollars 4.5.7 aus [1] geführt. Bei gegebenen d_i hat man also $p - 1$ Parameter t_i, um die Voraussetzung von Satz 2 und die Ordnungsrelation (5) bzw. (6) zu realisieren. Andererseits ist dies nicht immer möglich, z. B. für $t_i \in (0, 1)$, $i = 1(1)\,p-1$, $p \geqq 2$, und $q > d$, wo V nach [2], Satz 8, divergent ist.

Dem Integranden aus (6) und damit V läßt sich bekanntlich in natürlicher Weise die interpolatorische Turansche Quadraturformel T_h mit

$$T_h(F) := \sum_{i=0}^{p} \sum_{j=0}^{d_i-1} h^{j+1} c_{ij} F^{(j)}(t_i h) \approx \int_0^h F(z)\,\mathrm{d}z$$

zuordnen. Vgl. hierzu [4]. Es läßt sich nach [4], Korollar 3, in den Hauptknoten von V die maximale Konvergenzordnung unter gewissen Voraussetzungen noch übertreffen.

Korollar: *Sei für $q \leqq d_p$, $p \geqq 2$, die Ordnungsbedingung (6) erfüllt. Dann hat das Verfahren V die maximale Konvergenzordnung $m + 1$, d. h. die Abschätzungen (3) sind mit $\mu = m + 1$ erfüllt. In den Hauptknoten von V gilt ferner für genügend glatte Funktionen f die Fehleraussage*

$$y^{(j)}(x_k) - s^{(j)}(x_k; h) = O(h^\nu)\,, \qquad j = 0(1)\,d_p\,, \qquad k = 1(1)\,n\,, \qquad h \to 0\,,$$

wobei $\nu \in [m + 1, m + p - 1]$ die Ordnung der V zugeordneten Turanschen Quadraturformel T_h ist.

Was konkrete Beispiele angeht, so sei auf [4] verwiesen, wo einige Spezialfälle von V mit Hilfe von Satz 2 hinsichtlich maximaler Konvergenzordnung untersucht sind.

Literatur

1 ALBRECHT, P., Die numerische Behandlung gewöhnlicher Differentialgleichungen, Carl Hanser Verlag, München-Wien 1979.
2 MÜLTHEI, H. N., Numerische Lösung gewöhnlicher Differentialgleichungen mit Splinefunktionen, Computing 25 (1980), 317—335.
3 MÜLTHEI, H. N., Zur numerischen Lösung gewöhnlicher Differentialgleichungen mit Splines in einem Sonderfall, Math. Meth. in the Appl. Sci. 2 (1980), 419—428.
4 MÜLTHEI, H. N., Maximale Konvergenzordnung bei der numerischen Lösung von Anfangswertproblemen mit Splines, erscheint demnächst.

Anschrift: Prof. Dr. HEINRICH N. MÜLTHEI, Fachbereich 17 (Mathematik), Johannes Gutenberg-Universität, Saarstraße 21, D-6500 Mainz, BRD

ZAMM 62, T 342 – T 344 (1982)

G. OPFER

Computation of T-Approximations by Complex Planar Splines

Let $B \subset \mathbb{C}$ be a compact set which can be partitioned into simple configurations e.g. triangles or rectangles. The triangles or rectangles will be called *meshes* and their vertices *grid points*. Let us assume that a partition of B into meshes is given and fixed.

By $C(B)$ we understand the space of continuous functions on B with values in $\mathbb{C}$ endowed with the uniform norm $||\ldots||_\infty$. A *complex planar spline* is a function $w \in C(B)$ which is defined piecewise on B using the given partition of B. The restriction of such a spline w to a mesh m in B will be called an *element* of w. For typical partitions of B, (e.g. triangles, rectangles) examples of complex planar splines and some of their properties are given in [2], [3].

Let $W \subset C(B)$ be a space of complex planar splines and $f \in C(B)$ given, $f \notin W$. Let $B_N = \{z_1, z_2, \ldots, z_N\}$ be the set of grid points of B. The space W will be called *interpolatory* if the interpolation problem $w(z_j) = w_j$, $j = 1, 2, \ldots, N$, has a solution in W where w_j, $j = 1, 2, \ldots, N$, are arbitrary complex numbers and $z_j \in B_N$. We treat

Problem A: *Find $\hat{w} \in W$ with*

$$||f - \hat{w}||_\infty \leqq ||f - w||_\infty \quad \textit{for all} \quad w \in W\,. \tag{1}$$

Let W be n-dimensional and $W = \langle w_1, w_2, \ldots, w_n \rangle$, $w_j = u_j + iv_j$, $j = 1, 2, \ldots, n$, $f = r + is$ with real u_j, v_j, r, s.

Theorem 1: *Problem* A *is equivalent to*

Problem B: *Find* $2n + 1$ *real numbers* $a_0, a_1, a_2, \ldots, a_{2n}$ *with*

$$a_0 + \sum_{j=1}^{n} a_j(\cos\varphi\, u_j(z) + \sin\varphi\, v_j(z)) + \sum_{j=1}^{n} a_{j+n}(\sin\varphi\, u_j(z) - \cos\varphi\, v_j(z)) \geqq \tag{2a}$$

$$\geqq \cos\varphi\, r(z) + \sin\varphi\, s(z) \quad \textit{for all} \quad z \in B\,, \qquad \varphi \in [0, 2\pi[$$

and

$$a_0 = \min! \tag{2b}$$

Proof: Problem A is equivalent to $|f(z) - w(z)| \leqq a_0$ for all $z \in B$ with $a_0 = \min!$ This problem can be reformulated into (2a), (2b) by means of the equation ($r \geqq 0$ given)

$$D(r) = \{z \in \mathbb{C}: |z| \leqq r\} = \{z \in \mathbb{C}: \operatorname{Re} \alpha z \leqq r \text{ for all } \bar{\alpha} \in \mathbb{C} \text{ with } |\alpha| = 1\}\,. \quad \text{Q.e.d.} \tag{3}$$

Problem B is a typical example of a *semi-infinite* optimization problem (cf. [1]). The dual of problem B is also of importance and related to the maxima of $|f(z) - w(z)|$. In most cases W will be spanned by real functions w_j, $j = 1, 2, \ldots, n$. In this case $v_j(z) = 0$ for all $z \in B$ and (2a) can be simplified accordingly.

In a first approach Problem B can be solved approximately by discretization. That means we select finitely many points $z_j \in B$, $j = 1, 2, \ldots, M_1$, and finitely many angles α_j, $j = 1, 2, \ldots, M_2$, $0 \leqq \alpha_1 < \alpha_2 < \ldots < \alpha_{M_2} < 2\pi$ and replace B in Problem B by $\{z_1, z_2, \ldots, z_{M_1}\}$ and $[0, 2\pi[$ by $\{\alpha_1, \alpha_2, \ldots, \alpha_{M_2}\}$. This results in an ordinary linear programming problem with $2n + 1$ real unknowns and $M = M_1 \cdot M_2$ restrictions.

It should be noticed that the set $\{z_1, z_2, \ldots, z_{M_1}\}$ usually includes the set B_N of grid points previously fixed in B, but is in general not identical with this set. We have

Theorem 2: *If the space W is interpolatory and in* (2a) *B is replaced by B_N then the solutions of* (2a), (2b) *are* $a_0 = 0$,

$$w(z) = \sum_{j=1}^{n} (a_j + i a_{j+n})\, w_j(z) = f(z) \tag{4}$$

where z varies in the set B_N.

Proof: The left side of (2a) can be written as $a_0 + \cos\varphi \operatorname{Re} w(z) + \sin\varphi \operatorname{Im} w(z)$. Therefore (2a) is satisfied by (4) for any $a_0 \geqq 0$ and regardless of φ. Q.e.d.

This theorem is useful for testing purposes. The following lemma implies that under certain conditions the discretization points $z_1, z_2, \dots, z_{M_1} \in B$ should be chosen only on the edges of the meshes which define the partition of B.

Lemma: *Let R be a region in $\mathbb{C}$, f holomorphic in $z \in R$, g holomorphic in $\bar{z} \in R$. If $\psi(z) = f(z) + g(\bar{z})$ is not constant, then $|\psi|$ does not admit a maximum in R.*

Proof: cf. [2].

By restricting φ in (2a) to certain values Problem B is equivalent to certain special approximation problems.

Theorem 3: *Let W be spanned by a real base w_j, $j = 1, 2, \dots, n$, and φ restricted to certain sets $\Phi \subset [0, 2\pi]$. Then Problem B is equivalent to*

a) $\Phi = \{0, \pi\}$: *real approximation of* $\operatorname{Re} f$ *by* $\langle w_1, w_2, \dots, w_n\rangle$ *as a space over* $\mathbb{R}$;

b) $\Phi = \left\{\frac{\pi}{2}, \frac{3}{2}\pi\right\}$: *real approximation of* $\operatorname{Im} f$ *by* $\langle w_1, w_2, \dots, w_n\rangle$ *as a space over* $\mathbb{R}$;

c) $\Phi = \left\{0, \frac{\pi}{2}, \pi, \frac{3}{2}\pi\right\}$: *complex approximation of f in the norm*

$$||g|| = \max_{z \in B} \max\,(|\operatorname{Re} g(z)|, |\operatorname{Im} g(z)|);$$

d) $\Phi = \left\{\frac{\pi}{4}, \frac{3}{4}\pi, \frac{5}{4}\pi, \frac{7}{4}\pi\right\}$: *complex approximation of f in the norm*

$$||g|| = \max_{z \in B}\,(|\operatorname{Re} g(z)| + |\operatorname{Im} g(z)|)$$

where in the latter two cases the assumption that w_j, $j = 1, 2, \dots, n$, are real can be dropped.

Proof: Follows from (3).

Examples: Let $f_1(z) = \exp(-z^2)$ and $f_2(z) = 1/\Gamma(z)$ and $B = \{z \in \mathbb{C}: 0 \leqq \operatorname{Re} z, \operatorname{Im} z \leqq 1\}$. Partition of B into little squares of sidelength $h = 1/4$, hence $N = 25$. The space W is spanned by

$$w_j(z) = \begin{cases} 1 & \text{for} \quad z = z_j\,, \\ 0 & \text{for} \quad z = z_k\,, \quad \text{for all} \quad k \neq j\,, \end{cases}$$

$j = 1, 2, \dots, 25$, where $B_{25} = \{z_1, z_2, \dots, z_{25}\}$ is the grid in B and the elements of W are of the form $p(z) = a + bz + c\bar{z} + d(z^2 - \bar{z}^2)$. In this case dim $W = 25$. As discretization points for solving Problem B approximately, we selected the points in B_{25} and in addition, the midpoints of all edges of the little squares in B. As discretization with respect to the angle φ, we selected the cases listed in Theorem 3 and the case $\varphi = j \cdot \pi/8$, $j = 0, 1, \dots, 15$. The results are condensed in Figure 1 where $\hat{w}$ is always the best approximation of f_1 or f_2 in the appropriate case.

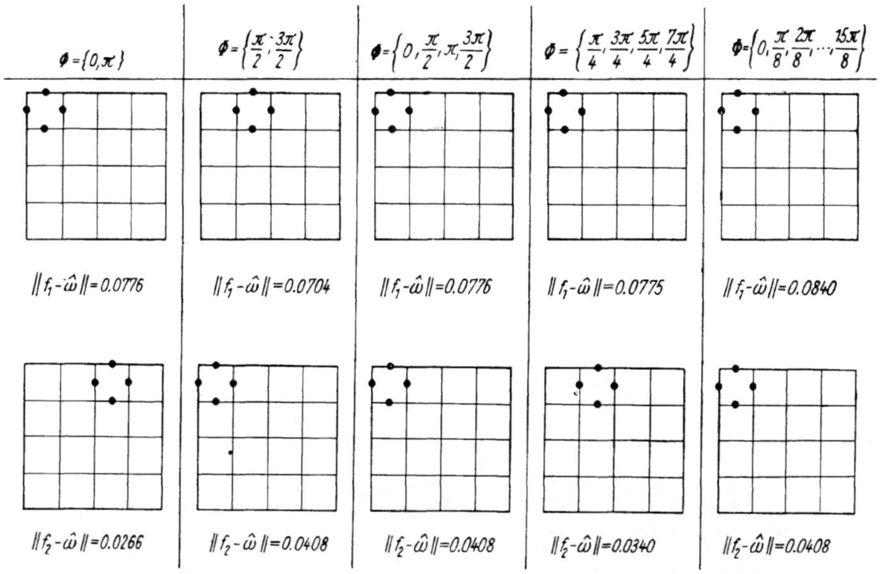

Fig. 1. Extreme points of $|f_j(z) - \hat{w}(z)|$ and norms $||f_j - \hat{w}||$, $j = 1, 2$, for five discretizations with respect to the angle $\varphi \in \Phi$, $f_1(z) = \exp(-z^2)$, $f_2(z) = 1/\Gamma(z)$

References

1 GLASHOFF, K.; GUSTAFSON, S.-Å., Einführung in die Lineare Optimierung; Wissenschaftliche Buchgesellschaft, Darmstadt 1978.
2 OPFER, G.; PURI, M. L., Complex planar splines, J. Approximation Theory **31** (1981), 383–402.
3 OPFER, G.; SCHOBER. G., On convergence and quasiregularity of interpolating complex planar splines, to appear.

Anschrift: Professor Dr. GERHARD OPFER, Universität Hamburg, Institut für Angewandte Mathematik, Bundesstraße 55, D-2000Hamburg 13, BRD

ZAMM 62, T 344 – T 345 (1982)

D. B. POPOVSKI / P. B. POPOVSKI

Some New One-Point Iteration Functions of Order Three for Solving Equations

Many one-point iteration functions of order three for solving the equation $f(x) = 0$ can be found in the literature: Halley's [1], Euler's [1], Cauchy's [1], Laguerre's [2, Appendix 0], Ostrowski's [2, Ch. 15], HANSEN-PATRICK [3], POPOVSKI [4, 5, 6] and MILOVANOVIĆ and DJORDJEVIĆ [7]. The oldest, simplest and, as the numerical examples show, most effective is Halley's iteration function

$$h = u/(uA_2 - 1)\,, \qquad h = x_{i+1} - x_i\,, \qquad u = f(x_i)/f'(x_i)\,, \qquad A_n = f^{(n)}(x_i)/[n!f'(x_i)]\,. \tag{1}$$

In this paper we will describe two ways for generating one-point iteration functions of order three some of which are more effective than those mentioned.

The first, which we shall call the *method of neglecting*, is very simple: in some one-point iteration function of order higher than three we set $f^{(n)}(x_i) = 0$, $n = 3, 4, \ldots$ (see table 1).

Table 1: Some new one-point iteration functions of order three obtained by the method of neglecting

Source iteration function: $h =$	Name	Def.	Obtained iteration function: $h =$	
$-[(2uA_2 + 1)\,uA_2 + 1 - u^2A_3]\,u$	EULER	[1]	$-[(2uA_2 + 1)\,uA_2 + 1]\,u$	(A)
$-[(uA_2 - 1)\,A_2 - uA_3]\,u/[(2uA_2 - 1)\,A_2 - uA_3]$	TRAUB	[1]		
$-(uA_2 - 1\,u/(2uA_2 - 1 - u^2A_3)$	KISS	[1]	$-(uA_2 - 1)\,u/(2uA_2 - 1)$	(B)
$u/[(uA_2 + 1)\,uA_2 - 1 - u^2A_3]$	TRAUB	[1]	$u/[(uA_2 + 1)\,uA_2 - 1]$	(C)
$(2uA_2 - 1 - 6u^2A_3)\,u/[(uA_2 - 3)\,uA_2 + 1 + 6u^2A_3 - u^3A_4]$	NOUREIN	[8]	$(2uA_2 - 1)\,u/[(uA_2 - 3)\,uA_2 + 1]$	(D)

The second way, which we shall call the *method of replacement*, is based on the one-point polynomial approximation of second degree:

$$0 = u + h + A_2h^2\,. \tag{2}$$

Solving (2), we obtain Cauchy's iteration function

$$h = -2u/[1 + (1 - 4uA_2)^{1/2}]\,, \tag{3}$$

which requires the evaluation of a square root. Rewrite (2) as

$$0 = u + h + A_2(h)\,\{h\}\,. \tag{4}$$

Letting $(h) = h$ and $\{h\} = -u$ (Newton's iteration function), TRAUB [1] obtained Halley's iteration function (1). Similarly, for $(h) = \{h\} = -u$, he obtained Euler's iteration function

$$h = -(uA_2 + 1)\,u\,. \tag{5}$$

But, these are not all the possibilities by which equation (4) can be linearized: (h) and/or $\{h\}$ can be replaced by any one one-point iteration function. Some examples are given in table 2.

Table 2: Some new one-point iteration functions of order three obtained by the method of replacement

(h)	$\{h\} =$	Obtained iteration function: $h =$	
h	(1)	(B)	(B)
h	(5)	(C)	(C)
h	(B)	(D)	(D)
h	(D)	$-[(uA_2 - 3)\,uA_2 + 1]\,u/(3[uA_2 - 4)\,uA_2 + 1]$	(E)
$-u$	(B)	$-[(uA_2 + 1)\,uA_2 - 1]\,u/(2uA_2 - 1)$	(F)
$-u$	(C)	$\{uA_2/[(uA_2 + 1)\,uA_2 - 1] - 1\}\,u$	(G)
$-u$	(D)	$[(uA_2 + 2)\,uA_2 - 1]\,u/[(uA_2 - 3)\,uA_2 + 1]$	(H)
(1)	(1)	$-[uA_2/(uA_2 - 1)^2 + 1]\,u$	(I)
(1)	(5)	$[(uA_2)^2 + 1]\,u/(uA_2 - 1)$	(J)

To examine the effectiveness of all above mentioned one-point iteration functions of order three, many numerical experiments were carried out. Our experience shows that iteration function (*B*) i.e.

$$x_{i+1} = x_i + \frac{f(x_i)}{f'(x_i)} \left[\frac{0.5 \dfrac{f(x_i)}{f'(x_i)} f''(x_i)}{\dfrac{f(x_i)}{f'(x_i)} f''(x_i) - f'(x_i)} - 1 \right] \tag{6}$$

is the most effective (it consumes the least computing time).

References

1 TRAUB, J. F., Iterative Methods for the Solution of Equations, Prentice-Hall, Englewood Cliffs 1964, Ch. 5.
2 OSTROWSKI, A. M., Solution of Equations in Euclidean and Banach Spaces, third ed. of Solution of Equations and Systems of Equations, Academic Press, New York and London 1973.
3 HANSEN, E.; PATRICK, M., A family of root finding methods, Numer. Math. **27** (1977), 257—269.
4 POPOVSKI, D. B., Solution of equations on the basis of one-point logarithmic approximation, Proc. 14th Yug. Int. Symp. on Information Processing — Informatic 79, Bled 1.—6. October 1979, 3/202.
5 POPOVSKI, D. B., Numerical solution of equations on the basis of approximation by the curve $(x - p_1)[y(x) - p_2]^2 - p_3 = 0$, Internat. J. numer. Meth. Engng. **14** (1979), 1574.
6 POPOVSKI, D. B., A family of one-point iteration formulae for finding roots, Internat. J. Computer Math. 8 (1980), Sec. B, 85—88.
7 MILOVANOVIĆ, G. V.; DJORDEVIĆ, DJ. R., The solution of nonlinear equations using iterative processes derived from exponential appproximation (Serbo-Croatian), Proc. 4th Bos.-Herc. Sypm. on Informatics — Jahorina 80, Jahorina 24.—28. March 1980, Vol. 2, 465/1—465/5.
8 NOUREIN, A. W. M., Root determination by use of Padé approximants, BIT **16** (1976), 291—297.

Anschriften: D. B. POPOVSKI, Department of Engineering, University of Bitola, 97000 Bitola, P. O. Box 99, Yugoslavia; P. B. POPOVSKI, Department of Mechanical Engineering, University of Skopje, 91000 Skopje, P. O. Box 464, Yugoslavia

ZAMM 62, T 345 – T 346 (1982)

M. PRÜFER

Alternating Approximations for Solutions of Nonlinear Problems

In [3] an algorithm is discussed which approximates a zero of an M-function by alternating sub- and supersolutions. The aim of this note is to extend some ideas from [3] to more general nonlinear problems.

Let $F\colon D \to R^n$ be a continuous mapping, D open in R^n, and assume that F has a unique zero z^* in D. Furthermore let $\{c_i\}_{1 \leq i \leq n} \subset R^n$ be a set of linearly independent vectors with the following property:

For each $x \in D$ the mapping $\varphi_{i,j}(t) = F_i(x + tc_j)$ is
— strictly monotonically increasing, if $i = j$,
— monotonically decreasing, if $i \neq j$. (1)

An M-function [2, 3, 4] has property (1) since one can take as $\{c_i\}$ the standard basis of R^n. Define $K^- = \{x \in D \mid F(x) \leqq 0\}$, $K^+ = \{x \in D \mid F(x) \geqq 0\}$. For $x \in D, \delta > 0$, $\{c_i\}_{1 \leqq i \leqq n}$ any set of linearly independent vectors, define

$$V(x, \delta, \{c_i\}) = \{x + \delta \sum_{i=1}^{n} \alpha_i c_i \mid \alpha_i \in Z\},$$

$$V^+(x, \delta, \{c_i\}) = \{x + \delta \sum_{i=1}^{n} \alpha_i c_i \mid \alpha_i \in Z, \alpha_i \geqq 0\},$$

$$V^-(x, \delta, \{c_i\}) = \{x - \delta \sum_{i=1}^{n} \alpha_i c_i \mid \alpha_i \in Z, \alpha_i \geqq 0\}.$$

For $y = x + \delta \sum_{i=1}^{n} \alpha_i c_i \in V^+(x, \delta, \{c_i\})$ we define the *order interval*

$$\langle x, y\rangle = \{x + \delta \sum_{i=1}^{n} \beta_i c_i \mid \beta_i \in Z, 0 \leqq \beta_i \leqq \alpha_i\}.$$

For $y \in V^-(x, \delta, \{c_i\})$ an order interval $\langle y, x\rangle$ is defined analogously.

Starting from an arbitrary $x \in D$ we want to locate elements in K^- and K^+, resp. The algorithm described in the following flow-chart will be a basic ingredient for our forthcoming discussion:

$$\left.\begin{array}{ll} \text{INPUT:} \quad x \in D\,, \qquad \delta > 0\,, & (2.1) \\ \text{If} \quad x \in K^+ \quad \text{then go to (2.6).} & (2.2) \\ \text{Choose a nonempty set} \quad J \subset I = \{i \mid F_i(x) < 0\}\,. & (2.3) \\ x \leftarrow x + \delta \sum_J c_j\,. & (2.4) \\ \text{Go to (2.2).} & (2.5) \\ \text{OUTPUT:} \quad x. & (2.6) \end{array}\right\} \tag{2}$$

The following lemma generalizes a result from [3]:

Lemma 1: *Let $x \in D$, $\delta > 0$, and assume that $y \in K^+ \cap V^+(x, \delta, \{c_i\})$. Then the sequence $\{x^k\}$ generated by our strategy* (2) *with x and δ cannot leave the order interval $\langle x, y\rangle$.*

Proof: Let $y = x + \delta \sum_{i=1}^{n} \alpha_i c_i, \alpha_i \geqq 0$, and assume that $x^k = x + \delta \sum_{i=1}^{n} \beta_i c_i, 0 \leqq \beta_i \leqq \alpha_i$ for $1 \leqq i \leqq n, \beta_r = \alpha_r$. Then (1) implies that $F_r(x^k) \geqq F_r(y) \geqq 0$. Hence $r \notin I$ in (2.3) and this completes the proof.

If one modifies (2) by systematically interchanging "+" with "−", "<" with ">" (except for $\delta > 0$ in the input) one obtains a strategy with dual properties:

Lemma 2: *Let $x \in D$, $\delta > 0$, and assume that $y \in K^- \cap V^-(x, \delta, \{c_i\})$. Then the sequence $\{x^k\}$ generated by our strategy* (2) *with x and δ and modified as stated above cannot leave the order interval $\langle y, x\rangle$.*

With lemma 1 and lemma 2 we are able to locate in a finite number of steps elements in K^- and K^+, provided

$$K^- \cap V^-(x, \delta, \{c_i\}) \neq \emptyset \neq K^+ \cap V^+(x, \delta, \{c_i\}) \quad \text{for a suitable} \quad x \in D\,.$$

Therefore, by an alternate application of our strategy in the form (2) and modified as stated above we obtain a sequence alternating between K^- and K^+. If the sequence $\{\delta_k\}$ of steplengths involved tends to zero, we have convergence of the process if we make the following additional assumption:

$$K^+ \subset z^* + L\,, \qquad K^- \subset z^* - L\,, \quad \text{where } L \text{ is the cone spanned by the } \{c_i\}\,. \tag{3}$$

We obtain componentwise inclusions of z^*, if we know a priori that K^+ and K^- lie in opposite orthants of R^n emanating from z^*. If F is an operator of monotone kind [1], for instance, we have that $K^- \subset z^* - R^n_+$, $K^+ \subset z^* + R^n_+$. In any case, the determination of a set $\{c_i\}_{1 \leqq i \leqq n}$ of n-vectors with the property (1) and matching the hypothesis (3) might be a difficult problem for a concrete nonlinear operator. If F is differentiable the following strategy might provide candidates for $\{c_i\}_{1 \leqq i \leqq n}$, at least: Choose $x \in D$ such that $A = DF(x)$ is regular and A^{-1} easily accessible (hopefully). Try $c_i = A^{-1}b_i$, where b_i is chosen such that $(b_i)_i > 0$, $(b_i)_j \leqq 0$ for $i \neq j$. The only nonlinear problems that are trivially subsumed in our discussion seem to be M-functions — problems of monotone kind where, as mentioned earlier, the standard basis of R^n is a suitable choice for $\{c_i\}_{1 \leqq i \leqq n}$. The resulting process in that case is close in spirit to a combinatorial search algorithm suggested by W. C. Rheinboldt and C. K. Mesztenyi [4]. Their algorithm provides monotone approximations for a zero of an M-function.

References

1 Collatz, L., Aufgaben monotoner Art, Arch. der Math. 3 (1952), 365–376.

2 Ortega, J. M.; Rheinboldt, W. C., Iterative Solution of Nonlinear Equations in Several Variables, Academic Press, New York 1970.

3 Prüfer, M., A combinatorial algorithm providing alternating approximations for a zero of an M-function, to appear in SIAM J. Num. Analysis.

4 Reinboldt, W. C.; Mesztenyi, C. K., A combinatorial search process for M-functions, Beiträge zur numerischen Mathematik 4 (1975), 171–177.

Anschrift: Dr. Michael Prüfer, Forschungsschwerpunkt „Dynamische Systeme", Fachbereich Mathematik, Universität Bremen, Postfach 330440, D-2800 Bremen 33, BRD

ZAMM 62 T, 346 – T 348 (1982)

R. Rannacher

Discretization of the Heat Equation with Singular Initial Data

The initial-boundary value problem for the heat equation[1])

$$\begin{aligned} &u_t - a\Delta u = 0 \quad \text{in} \quad (0, \infty) \times \Omega\,, \\ &u|_{\partial\Omega} = 0\,, \qquad u|_{t=0} = u^0\,, \end{aligned} \tag{1}$$

[1]) The results presented in this note are based on ideas developed in a subsequent paper [4] by M. Luskin and the author for more general problems of type (1).

has the "smoothing property", i.e., the solution $u(t)$ is *smooth* for positive time even if the initial data u^0 is singular. The error in the spatial discretization of (1) by the finite element Galerkin method reflects this smoothing behavior (see [2], [3]),

$$||u(t) - u_h(t)|| \leqq Ch^m t^{-m/2} ||u^0|| , \qquad t > 0 , \tag{2}$$

provided the discrete initial data u_h^0 is chosen appropriately, e.g., as L^2-projection of u^0 on the trial space. For time discretization the situation is more complicated. It is known (see [1], [6]), that for a large class of single step methods based on rational approximations to the exponential e^{-x}, estimates of the form

$$||u_h(t_n) - U_h^n|| \leqq Ck^q t_n^{-q} ||u_h^0|| , \qquad t_n = nk > 0 , \tag{3}$$

hold, provided the time step k is appropriately related to the spatial mesh size h. A counter example in [5] shows that this result does not generally carry over to the case of time-dependent coefficients. For the schemes based on "diagonal" Padé approximations to e^{-x}, as for example the popular Crank-Nicolson (C.-N.) scheme ($q = 2$), the step size condition amounts to

$$k \sim h^2 . \tag{4}$$

This restriction seems to make these methods very unattractive for approximating problem (1). The "subdiagonal" Padé schemes, for example the backward Euler (b.E.) scheme ($q = 1$), admit the smoothing estimate (3) without any restriction on k (see [1], [3]).

For the following, let Ω be a bounded domain in R^ν, $\nu \geqq 1$, with sufficiently smooth boundary $\partial\Omega$. By $||\cdot||$, we denote the L^2-norm over Ω, and by C a positive generic constant varying with the context but always independent of h, k, and t_n. Let A_h denote the discrete analogues of the spatial operator $-a\Delta$, with eigenvalues $0 < \lambda_1^h \leqq \leqq \ldots \leqq \lambda_N^h$, $N = N(h)$, and corresponding orthonormal systems $\{w_1^h, \ldots, w_N^h\}$ of eigenfunctions. Usually, the maximum eigenvalue $\Lambda = \lambda_N^h$ behaves like $\Lambda \sim h^{-2}$. Using this notation the b.E. scheme and the C.-N. scheme can be written as follows:

$$U_h^n = (I_h + kA_h)^{-1} U_h^{n-1} \quad \text{(b.E.)} , \qquad U_h^n = \left(I_h + \frac{k}{2} A_h\right)^{-1} \left(I_h - \frac{k}{2} A_h\right) U_h^{n-1} \quad \text{(C.-N.)} . \tag{5), (6}$$

That the step size condition (4) is unavoidable for the C.-N. scheme is indicated by the following simple consideration:

Let W_h^n denote the component of the C.-N. solution corresponding to the highest frequency Λ, $W_h^n = \left(\frac{1 - k\Lambda/2}{1 + k\Lambda/2}\right)^n W_h^0$. In the case $k < \frac{2}{\Lambda}$, i.e., if (4) is satisfied, we obviously have $W_h^n \sim e^{-\delta n}$, for some $\delta > 0$, so that W_h^n is damped out very rapidly as $n \to \infty$, uniformly in h. On the other hand, if only $k \sim h$, then $W_h^n \sim (-1)^n e^{-hn}$, and for small h, W_h^n is of considerable size even for large n. In the case of smooth initial data, a factor Λ^2 can be compensated and thus, the oscillatory term is damped by the factor $\Lambda^{-2} \sim h^4$.

The damping of highly oscillatory components in the error guaranteed by condition (4) can also be achieved by other less restrictive procedures. The considerations above suggest combining the C.-N. scheme (6) with a finite number p of b.E. steps (5) producing an additional factor $(1 + k\Lambda)^{-p}$ of order h^p, if $k \sim h$. Since the local order of (5) is $q = 2$, the quadratic convergence of the C.-N. scheme would be preserved.

Theorem: *If the Crank-Nicolson scheme is combined with four backward Euler steps, then the "smoothing estimate"*

$$||u_h(t_n) - U_h^n|| \leqq ck^2 t_n^{-2} ||u_h^0|| , \qquad t_n = nk > 0 , \tag{7}$$

holds without any restriction on the time step k.

Since the model problem (1) has time independent coefficients, the numerical values obtained at $t_n > 4k$ are the same whether the b.E. steps are carried out at once at the beginning or arbitrarily distributed at some later times $t_l < t_n$. If only $1 \leqq s < 4$ b.E. steps are added, then (7) holds with the order $k^{s/2} t_n^{-s/2}$. For the general problem with time dependent coefficients, which may be considered as a model for the non-linear case, it will be shown in [4] that (7) remains valid, provided the b. E. steps are appropriately distributed over the time interval $0 \leqq t \leqq t_n$.

Proof: Let $u_h^0 = \sum \alpha_i^h w_i^h$, $i = 1, \ldots, N$, be the eigenfunction expansion of the discrete initial data. Then $u_h(t)$ is given by

$$u_h(t_n) = \exp(-t_n A_h)\, u_h^0 = \sum_{i=1}^{N} \alpha_i^h \exp(-nk\lambda_i^h)\, w_i^h . \tag{8}$$

Correspondingly, adding four b.E. steps (5) to the C.-N. scheme (6), the fully discrete solution U_h^n can be written as follows:

$$U_h^n = \sum_{i=1}^{N} \alpha_i^h \left(\frac{1 - k\lambda_i^h/2}{1 + k\lambda_i^h/2}\right)^{n-4} \left(\frac{1}{1 + k\lambda_i^h}\right)^4 w_i^h . \tag{9}$$

Thus, for $n > 4$,

$$||u_h(t_n) - U_h^n||^2 = \sum_{i=1}^{N} (\alpha_i^h)^2 (\sigma_{i,n}^h)^2 , \tag{10}$$

where, setting $r = k\lambda_i^h$,

$$\sigma_{i,n}^h = \left| e^{-nr} - \left(\frac{1 - r/2}{1 + r/2}\right)^{n-4} \left(\frac{1}{1 + r}\right)^4 \right| =$$
$$= \left| \left(\frac{1}{1+r}\right)^4 \left(e^{-r} - \frac{1 - r/2}{1 + r/2}\right) \sum_{j=0}^{n-5} e^{-jr} \left(\frac{1 - r/2}{1 + r/2}\right)^{n-5-j} + e^{-(n-4)r} \left(e^{-r} - \frac{1}{1+r} \sum_{j=0}^{3} e^{-jr} \frac{1}{1+r}\right)^{3-j} \right|. \tag{11}$$

To estimate $\sigma_{i,n}^h$, we note that, for $x \geqq 0$,

$$\left| e^{-x} - \frac{1 - x/2}{1 + x/2} \right| \leqq C \frac{x^3}{1 + x/2}, \qquad \left| e^{-x} - \frac{1}{1 + x} \right| \leqq C \frac{x^2}{1 + x}. \tag{12}$$

For $0 < r \leqq 2$, we have $|(1 - r/2)(1 + r/2)^{-1}| \leqq e^{-r/2}$, and consequently

$$\sigma_{i,n}^h \leqq C \left\{ r^3 e^{-nr/2} \frac{1 - e^{-(n-4)r/2}}{1 - e^{-r/2}} + e^{-(n-4)r} r^2 \right\}.$$

Since $(1 - e^{-mx})(1 - e^{-x}) \leqq Cm$, $m \in N$, we obtain

$$\sigma_{i,n}^h \leqq C\{nr^3 e^{-nr/2} + r^2 e^{-nr}\} \leqq Cn^{-2}. \tag{13}$$

For $r \geqq 2$ we have $|(1 - r/2)(1 + r/2)^{-1}| \leqq e^{-2/r}$, and hence

$$\sigma_{i,n}^h \leqq C \left\{ \left(\frac{1}{1 + r}\right)^4 \frac{r^3}{1 + r/2} e^{-2n/r} \frac{1 - e^{-2n/r}}{1 - e^{-2/r}} + e^{-nr} \frac{r^2}{1 + r} \right\}.$$

Thus,

$$\sigma_{i,n}^h \leqq C\{r^{-2} e^{-2n/r} + r^2 e^{-nr}\} \leqq Cn^{-2}, \qquad r \geqq 2. \tag{14}$$

Using (14) and (13) in (10), we obtain the desired estimate

$$\|u_h(t_n) - U_h^n\|^2 \leqq Cn^{-4} \sum_{i=1}^{N} (\alpha_i^h)^2 = Ck^4 t_n^{-4} \|u_h^0\|^2.$$

Numerical test: The one-dimensional model problem (1) with $\Omega = (0, 1)$, $a = \pi^{-2}$, is approximated using piecewise linear finite elements for the spatial discretization. In order to emphasize the smoothing behavior of the scheme, we choose the highly singular δ-function at $x = .5$ as initial data and the natural step size relation $k = 2h$. For $h = .1 \cdot 2^{-j}$, $j = 0, \ldots, 4$, we find for U_h^n at $(t, x) = (1, .5)$ the following values:

j	no b.E. steps	2 b.E. steps	4 b.E. steps
0	.1363	.7484	.8092
1	2.0487	.7572	.7545
2	3.3938	.7429	.7406
3	6.0696	.7385	.7371
4	11.4126	.7370	.7362
order	—	~1.7	= 2

References

1 Baker, G. A.; Bramble, J. H.; Thomée, V., Single step Galerkin approximation for parabolic problems, Math. Comput. **31**, 818–847 (1977).

2 Bramble, J. H.; Schatz, A. H.; Thomée, V.; Wahlbin, L. B., Some convergence estimates for Galerkin type approximations for parabolic equations, SIAM J. Numer. Analysis **14**, 218–241 (1977).

3 Luskin, M.; Rannacher, R., On the smoothing property of the Galerkin method for parabolic equations, to appear in SIAM J. Numer. Analysis.

4 Luskin, M.; Rannacher, R., On the smoothing property of the Crank-Nicolson scheme, preprint.

5 Sammon, P.; Approximations for parabolic equations with time dependent coefficients, Ph. D. Thesis, Cornell University 1978.

6 Thomée, V., Some convergence results for Galerkin methods for parabolic boundary value problems, in Mathematical Aspects of Finite Element in Partial Differential Equations (C. de Boor, Ed.) Academic Press, New York 1974, pp. 55–88.

Anschrift; Prof. Dr. R. Rannacher, Institut für Angewandte Mathematik, Universität Erlangen-Nürnberg, Martensstr. 3, D-8520 Erlangen, BRD

ZAMM 62, T 349 – T 350 (1982)

G. Rieder

Ein Spline veränderlicher Biegesteifigkeit für nicht äquidistante Stützstellen

Die üblichen, nach der Extremalaufgabe

$$\int y''^2\,dx = \text{Min}\,, \qquad y(x_i) = y_i\,, \tag{1}$$

bestimmten kubischen Splines, die physikalisch der linearisierten Biegung eines Balkens („Latte") konstanter Biegesteifigkeit entsprechen, neigen zum „Überschießen". Für ein extremes Beispiel halten wir $y_{-1} = y_1 = 0$ und $y_0 > 0$ fest, während wir den Punkt x_1 an x_0 heranrücken lassen (Fig. 1). In der Grenze ergibt dies einen Sprung der Stützwerte, wobei die Spline-Funktion im Intervall (x_{-1}, x_0) ins Unendliche abwandert. In den Punkten x_{-1} und x_1 sei hierbei die Krümmung gleich Null gesetzt, beim Modellbalken entsprechend verschwindendem Biegemoment.

Dieses Überschießen läßt sich vermeiden, wenn man statt (1) die Extremalaufgabe

$$\sum_i a_i^2 \int_{x_{i-1}}^{x_i} y''^2\,dx = \text{Min}\,, \qquad y(x_i) = y_i\,, \qquad a_i = x_i - x_{i-1}\,, \tag{2}$$

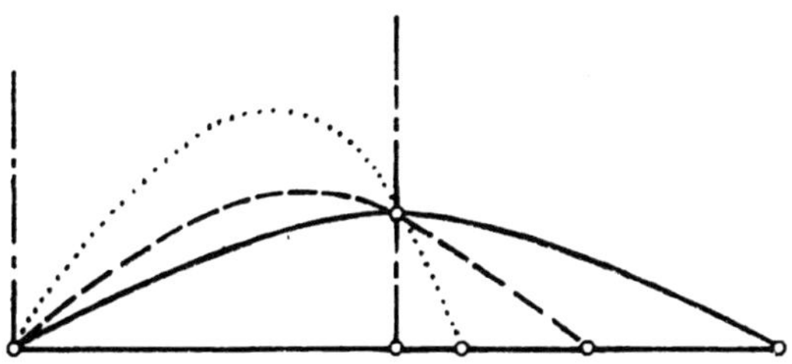

Fig. 1

zugrunde legt. Beim Modellbalken entspricht dies einer abschnittsweise konstanten Biegesteifigkeit, jeweils direkt proportional dem Quadrat der Abschnittslänge. Mechanische Überlegungen zeigen leicht, daß dann dasselbe konstante Biegemoment in jedem Abschnitt für kleine Krümmungen und Durchbiegungen eine dem Quadrat des Stützstellenabstands umgekehrt proportionale Krümmung und damit eine dem Stützstellenabstand selbst umgekehrt proportionale Winkeländerung hervorruft. Bei großen Durchbiegungen und Steigungen tritt an ihre Stelle die Differenz der zweiten Ableitungen bzw. der Steigungen. Verschwindet dann an einem Ende des Abschnitts die Steigung und am anderen die Krümmung, so bedeutet dies beim Heranrücken von x_1 an x_0 eine affine Stauchung der Kurve in Richtung der Abszisse, während sich im linken Abschnitt von x_{-1} bis x_0 überhaupt nichts ändert, da das bei x_0 übertragene Biegemoment unverändert bleibt (Fig. 2). Beim Grenzübergang $x_1 \to x_0$ wird somit der Sprung der Funktion richtig wiedergegeben. Man nimmt damit freilich in Kauf, daß die Krümmung an der Grenze verschieden langer Abschnitte springt, da diese im Balkenmodell Abschnitte verschiedener Steifigkeit bei konstantem Biegemoment darstellen. Doch wird man dies wohl in den weitaus meisten Fällen in Kauf nehmen können.

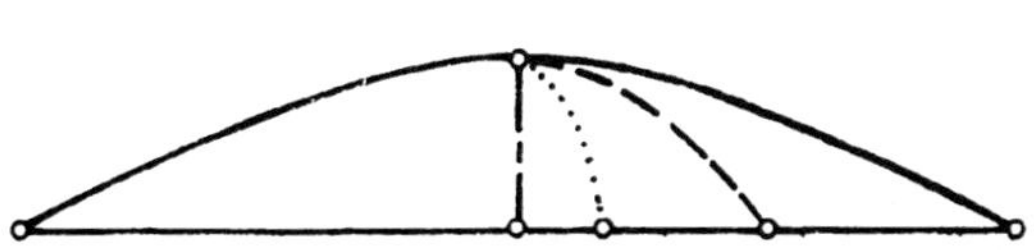

Fig. 2

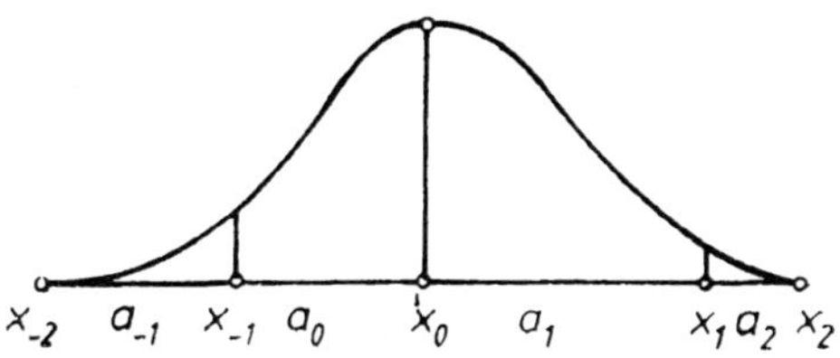

Fig. 3

Beim Fundamentalspline wird $y(x_{-2}) = y(x_2) = 0$, $y'(x_{-2}) = y'(x_2) = 0$, $y_0 \neq 0$ vorgeschrieben; die Werte y_{-1} und y_1 werden dieser Bedingung angepaßt. Man erhält dann

$$y_1 = \frac{1}{2}\frac{a_2}{a_1 + a_2}\,y_0\,, \qquad y_{-1} = \frac{1}{2}\frac{a_{-1}}{a_{-1} + a_0}\,y_0\,, \tag{3}$$

wenn man (2) zugrunde legt (Fig. 3).

Auch Knicke der Spline-Kurve kann man vorschreiben, beispielsweise durch den Wert

$$f_i = (y'_{i+} - y'_{i-}) \Big/ \left(\frac{1}{a_i} + \frac{1}{a_{i+1}}\right), \tag{4}$$

wo y'_{i+} und y'_{i-} die Steigungen rechts und links von x_i bedeuten. Kleine Winkel dürfen dabei mit dem Tangens verwechselt werden. Als *Fundamentalknick* bezeichnen wir dann denjenigen Spline, für den $f_0 \neq 0$ und $y_0 = 0$ ist während er sonst denselben Bedingungen wie ein Fundamentalspline genügt. Es ist dann (Fig. 4)

$$y_1 = \frac{1}{6}\frac{a_2}{a_1 + a_2}\,f_0\,, \qquad y_{-1} = \frac{1}{6}\frac{a_{-1}}{a_{-1} + a_0}\,f_0\,. \tag{5}$$

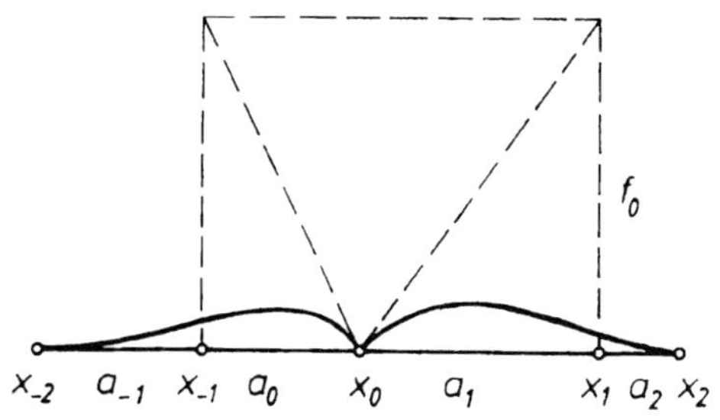

Fig. 4

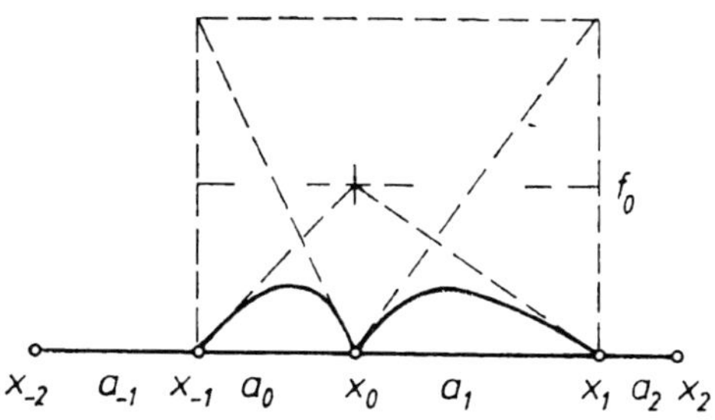

Fig. 5

Beim Fundamentaldreiknick schließlich werden in x_1 und x_{-1} Knicke derart angebracht, daß dort das Biegemoment des Modellbalkens verschwindet, so daß die Spline-Funktion außen in und zwischen den Stützstellen gleich Null ist. Wir begnügen uns hier mit einer zeichnerischen Darstellung des Ergebnisses (Fig. 5).

Literatur

1 Selle, G., Splineinterpolation der Lösungsfunktion einer Integralgleichung der Elastizitätstheorie unter Berücksichtigung von Unstetigkeiten des Gradienten und der Randkurvenkrümmung, Dissertation, Aachen 1975.

2 Rieder, G., Mechanik, Umdruck zur Vorlesung, zu beziehen über R. Frankenne, Schreibwaren, Templergraben 48, D-5100 Aachen.

Anschrift: Prof. Dr. rer. nat. Georg Rieder, Institut für Technische Mechanik der Technischen Hochschule Aachen, D-5100 Aachen, Templergraben 64, BRD

ZAMM 62, T 350 – T 351 (1982)

D. Saupe

Topologische Perturbationen zum Wechsel der Triangulierung in PL-Algorithmen

Stückweise lineare (PL) Methoden kommen zum Einsatz z. B. im numerischen Studium von nichtlinearen Eigenwert- und Verzweigungsproblemen. Die stetige Abbildung $F\colon \mathbb{R}^{n+1} \to \mathbb{R}^n$, deren Nullstellen zu bestimmen sind, wird hierbei durch $F_T\colon \mathbb{R}^{n+1} \to \mathbb{R}^n$ ersetzt. F_T ist *die zu F und einer Triangulierung T des* $\mathbb{R}^{n+1}$ *gehörige* PL-*Abbildung*: F_T stimmt mit F auf den Ecken von T überein und ist linear in den Simplexen von T. Mit Hilfe eines Pivotverfahrens werden Ketten sogenannter vollständig bewerteter n-Simplexe berechnet. Diese enthalten Nullstellen von F_T als Approximationen der Nullstellen von F (siehe [3]). In [4] ist ausgeführt, wie man mit einem Prädiktor/Korrektor-Verfahren diese Ketten bestimmt ohne sie selbst vollständig zu berechnen. In den PL-Verfahren ist es erstrebenswert, mit Triangulierungen verschiedener Maschenweite arbeiten zu können. Eine feinere Maschenweite ist angebracht, um z. B. einen Verzweigungs- oder Umkehrpunkt in $F^{-1}(0)$ genauer aufzulösen, während eine gröbere Maschenweite zwar die Güte der Approximation vermindert, dafür aber den Algorithmus „schneller" macht. Der in [4] dargestellte Korrektorschritt kann leicht zu dem Zweck der Änderung der Triangulierung benutzt werden.

Seien T und T_0 Triangulierungen des $\mathbb{R}^{n+1}$ und sei $\sigma_0 \in T_0$ eine bezüglich F vollständig bewertete n-Seite des $(n+1)$-Simplexes $\tau_0 \in T_0$. Gesucht ist also ein vollständig bewertetes Simplex in T und in der Nähe von σ_0. Es gibt ein $x_0 \in \sigma_0$ mit $F_{T_0}(x_0) = 0$, und wir wählen $t \in \mathrm{R}^{n+1}\backslash\{0\}$ aus dem Kern der auf τ_0 eingeschränkten Abbildung F_{T_0}. Sei H die senkrecht zu t liegende Hyperebene durch x_0, d. h. $H = \gamma^{-1}(0)$ mit $\gamma(x) = (x - x_0)^t t$. Sei weiterhin für kleine $\varepsilon > 0$

$$\Gamma_\varepsilon^\pm = \{x \in \mathbb{R}^{n+1};\ \pm\gamma(x) \geqq \varepsilon\}\,,$$

$$G_\varepsilon\colon \mathbb{R}^{n+1} \to \mathbb{R}^n\,,$$

$$G_\varepsilon(x) = \begin{cases} F(x) & \text{falls } x \in \Gamma_\varepsilon^+\,,\\ -d & \text{falls } x \in \Gamma_\varepsilon^-\,,\\ \dfrac{\gamma(x)+\varepsilon}{2\varepsilon}\,F(x) + \dfrac{\gamma(x)-\varepsilon}{2\varepsilon}\,d & \text{sonst}\,. \end{cases}$$

Damit ist eine *topologische Perturbation* im Sinne von [2] erklärt. Aus diesen Definitionen ergibt sich der folgende Hilfssatz.

Hilfssatz: *Sei $x \in \mathbb{R}^{n+1}$ und $G_\varepsilon(x) = 0$. Dann ist entweder $x \in \Gamma_\varepsilon^+$ und $F(x) = 0$, oder es ist $|\gamma(x)| \leqq \varepsilon$ und $F(x) = rd$ für ein $r \geqq 0$.*

Wählen wir $d = F(x_0)$, so ist $G_\varepsilon(x_0) = 0$ mit $r = 1$. Wir können erwarten, daß x_0 auf einem Kontinuum von Nullstellen von G_ε liegt, welches den Streifen $|\gamma(x)| \leqq \varepsilon$ in der Nähe von x_0 mit einer Nullstelle von F (mit $r = 0$) verläßt. Im regulären Fall, d. h. wenn F stetig differenzierbar in der Nähe von x_0 ist und dort die Ableitung maximalen Rang hat, und wenn d klein ist, folgt dies aus dem Satz über implizite Funktionen.

Zu G_ε definieren wir eine PL *Approximation* G_T mittels

$$G_T(v) = \begin{cases} F(v) & \text{falls} \quad \gamma(v) > 0 \\ -d & \text{sonst} \end{cases}; \qquad v \text{ Ecke von } T.$$

Die Ketten der bezüglich G_T vollständig bewerteten Simplexe approximieren die Nullstellen von G_ε, und es ist eine solche bei x_0 zu finden und in der geeigneten Richtung zu verfolgen, bis ein vollständig bewertetes Simplex in Γ_ε^+ gefunden ist. Durch eine geringfügige und unwesentliche Änderung von γ und d läßt es sich erreichen, daß diese Kette durch ein $(n + 1)$-Simplex $\tau \in T$ mit $x_0 \in \tau$ geht.

Hilfssatz: *Sei $\gamma(x) \geqq 0$ für alle $x \in \tau$ und $H \cap \tau = \{v_j\}$. Bezeichne σ^j die v_j gegenüberliegende n-Seite von τ, und sei d im Inneren von $G_T(\sigma^j)$. Dann hat τ genau zwei bezüglich G_T vollständig bewertete n-Seiten.*

Der Beweis ergibt sich daraus, daß O im Inneren von $G_T(\tau)$ ist und daß $G_T(\tau) = G_T(\partial\tau)$ gilt. Die erste Voraussetzung kann man i. a. mit einer Addition einer kleinen Konstanten zum Funktional γ erfüllen. Die zweite Voraussetzung ist oft schon von selbst erfüllt, ansonsten genügt eine nur kleine Änderung von d.

Somit ist der Start für eine Kette vollständig bewerteter Simplexe bei x_0 gefunden, und es bleibt die Richtung, in der die Kette durch τ zu verfolgen ist, zu bestimmen. Diese ergibt sich aus den Orientierungen $\mathrm{or}(\sigma, \tau)$ der vollständig bewerteten Simplexe $\sigma \subset \tau$. (Zu Orientierungen siehe [1, 3].) Hierzu sei o. E. d. A. noch vorausgesetzt, daß $\mathrm{or}(\sigma_0, \tau_0) = +1$ und daß $\tau_0 \cap \{x + rt;\, x \in \sigma_0 \text{ und } r \geqq 0\} \neq \emptyset$. Wenn σ_1 und σ_2 die vollständig bewerteten n-Seiten von τ bezeichnen und $\mathrm{or}(\sigma_1, \tau) = +1$, $\mathrm{or}(\sigma_2, \tau) = -1$ gilt, dann ist die Kette der vollständig bewerteten Simplexe $\sigma_1, \sigma_2, \ldots, \sigma_k$ zu berechnen. Damit ist sichergestellt, daß die Kette in T_0 durch τ_0 und in Richtung von t denselben Orientierungssinn hat wie die Kette in T durch τ. Dies ist notwendig, da schließlich beide Ketten dieselben Nullstellen von F approximieren sollen. Das in T gesuchte, bezüglich F vollständig bewertete Simplex ist gegeben durch das erste σ_k obiger Kette mit $\sigma_k \cap H = \emptyset$. Das folgende Bild veranschaulicht das hier beschriebene Verfahren.

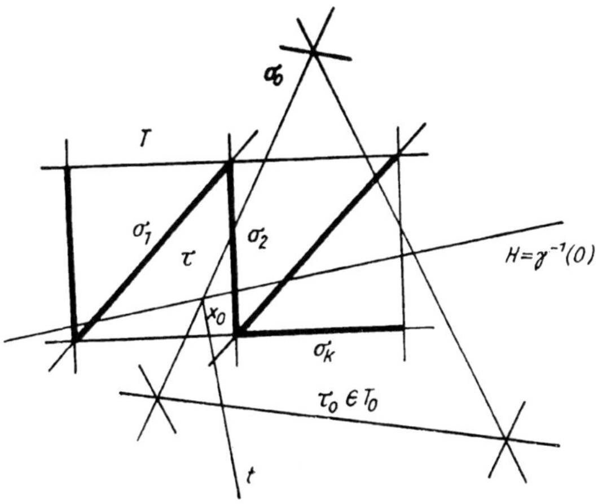

Bild 1

Es sei noch erwähnt, daß man sich mit Hilfe anderer PL-Verfahren einen Algorithmus für denselben Zweck konstruieren kann (siehe z. B. [2]). Die hier beschriebene Methode ist in Zusammenhang mit dem Prädiktor/Korrektor-Verfahren aus [4] interessant, da sie eine mit nur geringem Aufwand zu programmierende Ergänzung ist.

Literatur

1 Eaves, B. C., A short course in solving equations with PL-homotopies, SIAM-AMS Proceedings 9 (1976), 73–143.

2 Jürgens, H.; Peitgen, H.-O.; Saupe, D., Topological perturbations in the numerical study of nonlinear eigenvalue and bifurcation problems. In: Robinson, S. M. (Ed.), Analysis and Computation of Fixed Points, New York: Academic Press 1980, S. 139–181.

3 Peitgen, H.-O.; Prüfer, M., The Leray-Schauder continuation method is a constructive element in the numerical study of nonlinear eigenvalue and bifurcation problems. In: Peitgen, H.-O.; Walther, H. O. (Ed.), Functional Differential Equations and Approximation of Fixed Points, Berlin-Heidelberg-New York, Springer-Verlag, Lecture Notes 1979, S. 326–409.

4 Saupe, D., On accelerating PL continuation algorithms by predictor corrector methods, erscheint in Math. Program.

Anschrift: Dietmar Saupe, Forschungsschwerpunkt Dynamische Systeme, Fachbereich Mathematik, Universität Bremen, D-2800 Bremen 33, BRD

ZAMM 62, T 352 – T 353 (1982)

W. Schönauer / K. Raith / G. Glotz

SLDGL: Ein Programmpaket zur selbstadaptiven Lösung von nichtlinearen Systemen von elliptischen und parabolischen Differentialgleichungen im Rechteckgebiet

Das SLDGL (*selbstadaptive Lösung von Differentialgleichungen*)-Programmpaket enthält eine Anzahl von Unterprogrammen zur Lösung von nichtlinearen Systemen von gewöhnlichen Differentialgleichungen (Dgln) [Anfangswertproblem (AWP) und Randwertproblem (RWP)] sowie von elliptischen und parabolischen Dgln im Rechteckgebiet. Eine Übersicht über die Hauptteile ist in Bild 1 gegeben, eine ausführliche Beschreibung findet man in [1, 2, 5]. Der allgemeinste in dem Programm auftretende Dgl-Operator P bzw. das System der n Dgln ist

$$Pu \equiv P(t, x, y, z, u, u_t, u_x, u_y, u_z, u_{xx}, u_{yy}, u_{zz}) = 0\,, \tag{1}$$

wobei t eine AW-Koordinate, x,y,z RW-Koordinaten bedeuten. Hierzu gehört ein RW-Operator G mit denselben Argumenten, bei dem x, y, z auf dem Rand eines Rechteckgebietes liegen. P, G und u haben n Komponenten. Einfachere Operatoren ergeben sich als Sonderfälle von P, siehe Bild 1, gemischte Ableitungen können durch Hilfsvariable behandelt werden (z. B. $v = u_x$, $u_{xy} = v_y$, $u_{xz} = v_z$).

Mit Hilfe eines Newton-Ansatzes

$$u \Leftarrow u^{(\nu+1)} = u^{(\nu)} + \Delta u^{(\nu)} \tag{2}$$

mit dem Iterationsindex ν (im folgenden weggelassen) erhält man aus (1) eine lineare Dgl für Δu

$$Q\Delta u \equiv -\frac{\partial P}{\partial u}\Delta u - \dots - \frac{\partial P}{\partial u_{zz}}\Delta u_{zz} = P(t, x, y, z, u, \dots)\,. \tag{3}$$

Wenn u_φ, $u_{\varphi,d}$, d_φ Ableitung, Differenzenformel und Schätzung des Diskretisierungsfehlers bedeuten, ersetzen wir in (3) Ableitungen durch (Index d heißt diskretisiert)

$$u_\varphi \Leftarrow u_{\varphi,d} + d_\varphi\,. \tag{4}$$

Die *Schätzung des Diskretisierungsfehlers* erfolgt aus der Differenz von Differenzenformeln höherer (II) und aktueller (I) Ordnung von Familien von Differenzenformeln:

$$d_\varphi = u_{\varphi,d}(\mathrm{II}) - u_{\varphi,d}(\mathrm{I})\,. \tag{5}$$

Einsetzen von (4) in (3) und Linearisieren in den Fehlertermen ergibt die *Fehlergleichung*

$$\Delta u_d = \Delta u_{Pu} + \Delta u_{D_t} + \Delta u_{D_x} + \Delta u_{D_y} + \Delta u_{D_z} = Q_d^{-1}[(Pu)_d + D_t + D_x + D_y + D_z] \tag{6}$$

mit

$$D_t = \frac{\partial P}{\partial u_t} d_t\,; \qquad D_x = \frac{\partial P}{\partial u_x} d_x + \frac{\partial P}{\partial u_{xx}} d_{xx}\,, \quad \text{analog } D_y, D_z\,. \tag{7}$$

Q_d ist im allgemeinen Fall eine Block-Bandmatrix mit $n \times n$-Blöcken. Für eine effiziente numerische Lösung müssen der Defektvektor $(Pu)_d$ und die Diskretisierungsfehlerterme D_i alle etwa gleich groß sein, da der größte Term die Genauigkeit bestimmt und Terme, die viel kleiner sind, nur Rechenzeit verschwenden. Der *Gesamtfehler* Δu_d soll einer gegebenen Genauigkeitsforderung genügen. Das versucht die Selbststeuerung zu erreichen. Aus (7) ergibt sich auch das lineare Gleichungssystem zur Berechnung der *Newton-Korrektur* Δu_{Pu}

$$Q_d \Delta u_{Pu} = (Pu)_d\,. \tag{8}$$

Der Abbruch der Newton-Iteration wird durch den Diskretisierungsfehler gesteuert.

Für das gewöhnliche RWP (siehe Bild 1) verwenden wir die Familie der äquidistanten (äqu) oder nichtäquidistanten (näqu) „zentralen" Differenzenformeln, die im Randbereich in einseitige Formeln übergehen. Die Optimierung von Gitter und Ordnung q wird wie folgt durchgeführt: Für gegebenes Anfangsgitter und Anfangsordnung q_a wird eine Basislösung berechnet. Hiermit wird für steigende Ordnung q die Schrittweite Δx (äqu) berechnet, bis Δx mit q wieder abnimmt oder maximales q erreicht ist. Im näqu Fall werden lokale Schrittweiten berechnet und zu einem Gitter zusammengesetzt. Für neues Gitter und neue Ordnung q werden Lösung und Fehlerschätzung berechnet, eventuell wieder neues Gitter und neue Ordnung bestimmt, bis die geforderte relative Genauigkeit erreicht ist.

Diese „Basismethode" für RWP kann sofort auf 2-D elliptische Dgln (siehe Bild 1) erweitert werden. Man trägt über x die Maxima aller auf den zur x-Achse parallelen Gitterlinien y_k = const auftretenden x-Diskretisierungsfehler auf und wendet obige Methode an. Dann führt man dasselbe für die y-Achse durch und erhält somit unabhängige Schrittweiten Δx, Δy und Ordnungen qx, qy. Während jedoch im 1-D Fall die Matrix Q_d ein dichtes Band von Diagonalen enthält, liegen im 2-D Fall die Diagonalen weit auseinander. Wegen des „Auffüllens" ist für Probleme der Praxis eine direkte Lösung von (8) mit dem Gauß-Algorithmus nicht möglich. Es wird daher wahlweise eine semiiterative Methode (teilweises Auffüllen) oder eine iterative Methode (alternating direction line iteration) verwendet, um die Newton-Korrekturen Δu_d zu berechnen. Der Abbruch der inneren Iteration wird durch die Größe der Newton-Korrektur gesteuert. Für 3-D elliptische Probleme gibt es nur eine Version mit geg. Gitter und Ordnungen qx, qy, qz, da Probleme der Praxis nur auf Vektorrechnern lösbar sind.

Die Methode zur Lösung des gewöhnlichen AWP (siehe Bild 1) wurde in [3] beschrieben. Wir verwenden die Familie der rückwärts genommenen Differenzenquotienten der Ordnung $p \leqq 5$ (aus Stabilitätsgründen). Die Schrittweite Δt wird einer Genauigkeitsforderung angepaßt. Die Ordnung p wird durch Vergleich der Diskretisierungsfehler der Ordnungen p sowie $p \pm 1$ gesteuert. Wahlweise wird eine Schätzung des globalen Fehlers mitberechnet. Diese Methode ist die Basis-Lösungsmethode für die t-Richtung.

Die parabolischen Dgln haben eine AW-Koordinate t, für die die Lösungsmethode des gewöhnlichen AWP verwendet wird, und 1, 2 oder 3 RW-Koordinaten, für die die Lösungsmethoden des gewöhnlichen RW-Problems bzw. der 2-D und 3-D elliptischen Dgln verwendet werden, siehe Bild 1. Die resultierenden Differenzensterne sind voll implizit. Jeder t-Schritt bedeutet die Lösung eines entsprechenden RWP. Das Gitter und die Ordnung in den RW-Koordinaten wird für $t = t_0$ bestimmt und dann für $t > t_0$ festgehalten. Der t-Diskretisierungsfehler wird an das Maximum aus dem Diskretisierungsfehler der RW-Koordinaten und einer gegebenen Genauigkeitsforderung angepaßt und damit ein effizienter Fehlerabgleich erreicht.

Für 2-D elliptische Dgln gibt es auch eine nichtselbststeuernde Version, bei der der RW-Operator G auf einem beliebigen Gebiet vorgegeben werden kann. Hierbei werden im Randbereich „Flächenformeln" verwendet, siehe [4].

Als Beispiel zu SL2E soll die Lösung der Dgl

$$Pu \equiv u_{xx}^2 + u_{yy}^2 + u_x u_y - D(x, y) = 0 \tag{9}$$

im Einheitsquadrat mit gegebenen RW für u auf der x- und y-Achse und u_x für $x = 1$, u_y für $y = 1$ berechnet werden. D und die RW werden so gewählt, daß gilt

$$u_{\text{exakt}} = \sin\left[\pi\left(\frac{x}{2} + \frac{1}{4}\right)\right] \cdot \sin\left[\pi\left(\frac{y}{2} + \frac{1}{4}\right)\right]. \tag{10}$$

Es wird eine relative Genauigkeit tol $= 10^{-4}$ verlangt. Das Anfangsgitter ist ein 10×10-Gitter, die Anfangsordnungen sind $q_a = qx_a = qy_a = 1$, die Ausgangslösung ist $2 \cdot u_{\text{exakt}}$. Die Basislösung hat einen relativen Fehler $79 \cdot 10^{-4}$. Die Steuerung strebt tol/3 an und ergibt in x- und y-Richtung gleiche Werte. Mit m als Zahl der Gitterlinien ergibt die Ordnungssteuerung für $q = 1/3/5$ die Werte $m = 2366/25/15$. Der Wert $q = 5$ ist die Maximalordnung für $m = 10$. Die lokale Schrittweitensteuerung wählt für $q = 5$ das äquidistante Minimalgitter mit $m = 9$, wodurch eine höhere als die verlangte Genauigkeit erreicht wird. Der maximale relative Fehler wird auf $5{,}9 \cdot 10^{-6}$ geschätzt, der exakte Fehler ist $10 \cdot 10^{-6}$. Hier wird nicht nach der Güte der Lösung sondern nach der Güte der Fehlerschätzung gefragt. Dies ist eine „Qualitätsstufe" höher als bei üblichen Differenzenverfahren. In Bild 2 sind der geschätzte und exakte relative Fehler aufgezeichnet. Es werden 82 CPU-Sek auf einer BURROUGHS 7700 benötigt.

Diese Arbeit wurde mit Unterstützung der Stiftung Volkswagenwerk durchgeführt. Das SLDGL Programm ist für Interessenten verfügbar.

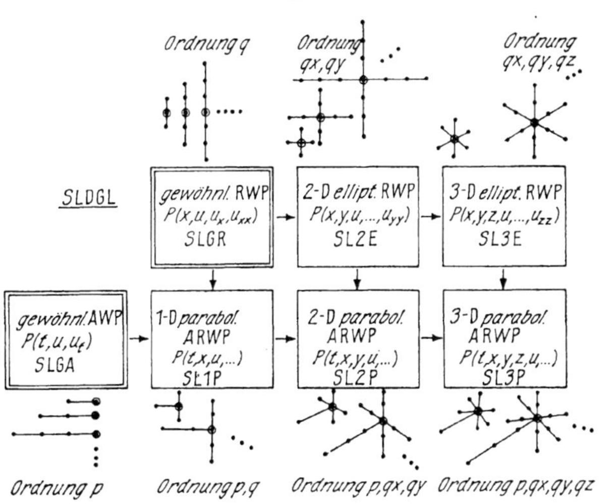

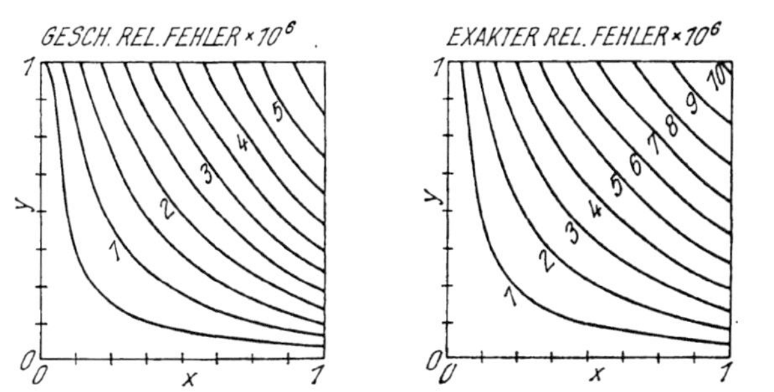

Bild 2. Höhenlinien für $10^6 \cdot |$relativer Fehler$|$, geschätzt und exakt für die Lösung von Gl. (9). Die „Skalenstriche" zeigen das Differenzengitter

◀ Bild 1. Übersicht über das SLDGL-Programmpaket mit den wichtigsten Programm-Moduln und Beispielen möglicher Differenzensterne zu den einzelnen Moduln

Literatur

1 Schönauer, W.; Raith, K.; Glotz, G., The principle of the difference of difference quotients as a key to the selfadaptive solution of nonlinear parital differential equations, Computer Methods in Applied Mechanics and Engineering **28** (1981), 327–359

2 Schönauer, W.; Raith, K., Skizze der Arbeitsweise des SLDGL-Programmpakets, Interner Bericht Nr. 18/80 des Rechenzentrums der Universität Karlsruhe (1980).

3 Schönauer, W.; Raith, K.; Glotz, G., Ein selbststeuerndes Lösungsverfahren für große Systeme von gewöhnlichen Differentialgleichungen, wie sie zum Beispiel aus der Linienmethode resultieren, ZAMM **59**, T 79–T 81 (1979).

4 Raith, K.; Schönauer, W.; Glotz, G., Ein Differenzenverfahren zur Lösung zweidimensionaler elliptischer Randwertprobleme auf allgemeinen Gebieten, ZAMM **61**, T 307–T 309 (1981).

5 Schönauer, W.; Raith, K.; Glotz, G., The SLDGL-programm package for the selfadaptive solution of nonlinear systems of elliptic and parabolic PDE's, Advances in Computer Methods for Partial Differential Equations – IV, edited by R. Vichnevetsky and R. S. Stepleman, IMACS 1981, S. 117–125.

Anschriften: Prof. Dr.-Ing. W. Schönauer, Dipl.-Math. K. Raith, Rechenzentrum der Universität, Zirkel 2, Postfach 6380, D-7500 Karlsruhe 1, BRD; Dr.-Ing. G. Glotz, Dellestr. 2, D-4000 Düsseldorf-Unterbach, BRD

ZAMM 62, T 354 – T 355 (1982)

H. SPÄTH

On Discrete Linear Orthogonal L_p-Approximation

Let be given $X = (x_{ik})$ $(i = 1, \dots, m; k = 1, \dots, n \leqq m)$ with rank $(X) = n$ and $y \in \mathbb{R}^m$. Then discrete linear approximation tries to find the coefficients $a \in \mathbb{R}^n$ of a plane $f(x_1, \dots, x_n) = a_1x_1 + \dots + a_nx_n$ such that $y_i \approx f(x_{i1}, \dots, x_{in})$ for $i = 1, \dots, m$. Since Gauß the sum of squared distances

$$R_2(a) = \sum_{i=1}^{m} (a_1x_{i1} + \dots + a_nx_{in} - y_i)^2 = ||Xa - y||_2^2 \tag{1}$$

is minimized to get some a. A more robust estimator in the sense that large deviations do not influence so heavily the resulting value of a is

$$R_p(a) = ||Xa - y||_p^p \to \min \quad (1 \leqq p \leqq \infty) \tag{2}$$

for values of p with $1 \leqq p < 2$.

On the other hand, when not only the values y_i of the dependent variable but also those of the independent variables, i.e. of x_{ik}, are contamined by errors, then it is to be preferred to minimize the sum of squared orthogonal distances, i.e.

$$S_2(a) = \sum_{i=1}^{m} \frac{(a_1x_{i1} + \dots + a_nx_{in} - y_i)^2}{1 + a_1^2 + \dots + a_n^2} = ||Xa - y||_2^2/(1 + ||a||_2^2). \tag{3}$$

The reason is that dependent and independent variables are no longer distinguishable and that the result is not changed, when y and some column of X are interchanged. This can be seen by substituting $b_k = a_k/b_{n+1}$ $(k = 1, \dots, n)$ with $b_{n+1} \neq 0$ and setting $Z = (X, -y)$. Then from (3) we have

$$S_2(b) = \sum_{i=1}^{m} \frac{(b_1z_{i1} + \dots + b_nz_{in} + b_{n+1}z_{i,n+1})^2}{b_1^2 + \dots + b_n^2 + b_{n+1}^2} = \frac{||Zb||_2^2}{||b||_2^2} = \frac{b^TZ^TZb}{b^Tb} \tag{4}$$

to be minimized for $b \in \mathbb{R}^{n+1}$.

Combining the two above advantages we obtain the objective function

$$S_p(b) = \sum_{i=1}^{m} \frac{|b_1z_{i1} + \dots + b_{n+1}z_{i,n+1}|^p}{(b_1^2 + \dots + b_{n+1}^2)^{p/2}} \to \min \quad (1 \leqq p \leqq \infty). \tag{5}$$

The solution of $S_2(b) \to \min$ is unique iff the smallest eigenvalue of Z^TZ is single. For practical data this assumption will usually be fulfilled. Otherwise we would have an infinity of solutions. Hence, in the following we will always assume the uniqueness of that smallest eigenvalue. Then the corresponding eigenvector b can be found by the inverse power method via

$$b^{(t+1)} = (Z^TZ)^{-1} b^{(t)}, \qquad b^{(t+1)} = b^{(t+1)}/||b^{(t+1)}||_\infty, \qquad t = 1, 2, \dots. \tag{6}$$

This iteration will converge for every suitable starting vector $b^{(0)} \neq 0$ to the desired solution. Practically one will form a QR-decomposition of Z and perform the first part of the iteration (6) through

$$R^Td = b^{(t)}, \qquad Rb^{(t+1)} = d \qquad (t = 1, 2, \dots).$$

Now if we consider (5) for $p \neq 2$, we see that we can write

$$S_p(b) = \frac{b^T(W(b)\,Z)^T\,(W(b)\,Z)\,b}{b^Tb} = \frac{||W(b)\,Zb||_2^2}{||b||_2^2}, \tag{7}$$

where

$$W(b) = \operatorname{diag}\,(w_1(b), \dots, w_m(b)) \quad \text{with}$$

$$w_i(b) = |b_1z_{i1} + \dots + b_{n+1}z_{i,n+1}|^{p-2}/(b_1^2 + \dots + b_{n+1}^2)^{p/2-1}. \tag{8}$$

Thus (5) can be seen as a (nonlinear) problem of type (4) wherein variable-dependent weights $w_i(b)$ have been introduced. Formally Z is replaced by $W(b)\,Z$.

Following a method successfully [1, 2] used for minimizing (2) for p with $1 \leqq p < 2$ this suggests the following algorithm for trying to minimize (7):

Step 1 (INITIALIZATION): $t := 0$, $W(b^{(0)}) = I$. Choose $\varepsilon_{\text{inner}}, \varepsilon_{\text{outer}} > 0$, $t_{\max}$ and some $b^{(0)}$ with $||b^{(0)}||_\infty = 1$, e.g. $b^{(0)} = (0, \dots, 0, 1)^T$.

Step 2 (INNER ITERATION): $c^{(0)} := b^{(t)}$, $Z^{(t)} := W(b^{(t)})\,Z$, $Z^{(t)} = Q^{(t)}R^{(t)}$. For $s = 0, 1, 2, \dots$ iterate by $R^{(t)T}R^{(t)}c^{(s+1)} = c^{(s)}$, $c^{(s+1)} := c^{(s+1)}/||c^{(s+1)}||_\infty$ until, say, $||c^{(s+1)} - c^{(s)}||_1 < \varepsilon_{\text{inner}}||c^{(s+1)}||_1$. Denote the number of performed iterations by $s_{\max}$. (Note that these iterations will always converge if the smallest eigenvalue of $Z^{(t)T}Z^{(t)}$ is single. This is called the *eigenvalue assumption*).

Step 3 (OUTER ITERATION): $b^{(t+1)} := c^{(s_{\max})}$. If, say, $||b^{(t+1)} - b^{(t)}||_1 < \varepsilon_{\text{outer}}||b^{(t+1)}||_1$ then STOP else set $t := t + 1$. If $t > t_{\max}$ then STOP else calculate $W(b^{(t)})$ via (8). If for p with $1 \leqq p < 2$ this calculation breaks down then go to EMERGENCY EXIT else go to Step 2.

Note that for $b^{(0)} = (0, \dots, 0, 1)^T$ as starting value, $c^{(1)}$ will be the solution of (1) and $b^{(1)}$ that one of (4). Other starting values will result in the same $b^{(1)}$.

Performing this algorithm with a lot of actual examples we have empirically found the following facts:

1. *The 'Eigenvalue Assumption' is fulfilled for all practical cases, but perhaps not for constructed ones like* $X = (-1, 0, 1)^T$, $y = (1, 0, 1)^T$.

2. *For* $p = 1$, *because of the usual tendency that some points are chosen such that* $y_i = f(x_{i1}, \dots, x_{in})$, *sometimes the 'Emergency Exit' is used. Nevertheless, if* ε_{inner} *and* ε_{outer} *are not chosen too small, you get an approximate numerical solution of the problem.*

3. *For* $1 < p < 2$, *the interesting case, the 'Emergency Exit' is never used for practical cases and the algorithm always converges to a solution of* (5).

4. *For* $p = 2$, *of course, we have only one 'Outer Iteration' and always convergence for some suitable starting value.*

5. *For* $p > 2$ (practically not so interesting) *we have convergence to the solution of* (5) *only up to some* $p' \in (\approx 2.7, \approx 2.9)$ *whose value depends on Z. For* $p > p'$ *we have cyclic divergence, i.e. for some t we have* $b^{(t-1)} = b^{(t+1)} = b'$ *and* $b^{(t)} = b^{(t+2)} = b''$ *with* $b' \neq b''$.

6. *Choosing* $\varepsilon_{inner} \gg \varepsilon_{outer}$ *or even* $s_{max} = 1$ (a new method) *does not destroy convergence nor avoid divergence. The overall computing time* (more QR-decompositions as against fewer 'Inner Iterations') *is not very much influenced by such modifications.*

As the considerations in [3] and the proofs in [4] for the related theoretical (avoiding an EMERGENCY EXIT) method for (2) have shown, a convergence proof will be far from being trivial. It ought to be even harder in the above case. The theoretical possibility of cyclic divergence, remaining open in the global convergence proof in [4], does appear in the above case.

References

1 Merle, G.; Späth, H., Computational experiences with discrete L_p-approximation, Computing 12, 315—321 (1974).
2 Späth, H., Algorithmen für multivariable Ausgleichsmodelle, R. Oldenbourg-Verlag, München-Wien 1974.
3 Watson, G. A., On two methods for discrete L_p-approximation, Computing 18, 263—266 (1977).
4 Wolfe, J. M., On the convergence of an algorithm for a discrete L_p-approximation, Numer. Math. 32, 439—459 (1979).

Anschrift: Prof. Dr. Helmuth Späth, Fachbereich 6, Universität Oldenburg, Postfach 2503, D-2900 Oldenburg, BRD

ZAMM 62, T 355 – T 357 (1982)

F. Stummel

Optimal Error Estimates for Gaussian Elimination in Floating-Point Arithmetic

A forward error analysis, based on the linearization method, yields optimal componentwise and pointwise error bounds for perturbed or computed solutions of linear algebraic systems by means of new condition numbers. Superposition and cancelation of error effects, structure and sparsity of coefficient matrices are taken completely into account by this method. In addition, new fundamental a priori stability theorems and a posteriori computable error estimates are obtained. No vector or matrix norms, no matrix condition numbers are needed. The optimal error bound for the unknown x_i uses only the i-th row, not all of the inverse coefficient matrix. Relative rounding condition numbers, relative data condition numbers with respect to relatively uniformly bounded data perturbations, and associated stability constants are scaling-invariant.

1. The solutions x_i of regular linear algebraic systems

$$Ax = y: \quad \sum_{k=1}^{n} a_{ik} x_k = y_i, \qquad i = 1, \dots, n, \tag{1.1}$$

are analyzed under perturbations of the data a_{ik}, y_i and under rounding errors of a floating-point arithmetic. Main results of the error analysis are estimates

$$|\Delta x_i| \leqq \sigma_i \eta + O(\eta^2), \qquad |y_i - \sum_{k=1}^{n} a_{ik} \bar{x}_k| \leqq \tau_i \eta + O(\eta^2) \tag{1.2}$$

of the errors $\Delta x_i = \bar{x}_i - x_i$ of perturbed or computed approximate solutions $\bar{x}_i$ and of the associated residuals. It is readily seen that under relatively uniformly bounded data perturbations

$$|\Delta a_{ik}| \leqq |a_{ik}| \eta_D, \qquad |\Delta y_i| \leqq |y_i| \eta_D, \qquad i, k = 1, \dots, n, \tag{1.3}$$

the errors of the solutions $\bar{x}_i$ of the perturbed linear system (1.1) are bounded optimally by (1.2) with $\eta = \eta_{\mathrm{D}}$ and the vectors of data and residual condition numbers

$$\sigma^{\mathrm{D}} = |A^{-1}|\,\tau^{\mathrm{D}}\,, \qquad \tau^{\mathrm{D}} = |A|\,|x| + |y|\,. \tag{1.4}$$

Under absolutely uniformly bounded data perturbations

$$|\Delta a_{ik}| \leqq ||A||_0\,\eta_{\mathrm{D}}\,, \qquad |\Delta y_i| \leqq ||y||_\infty\,\eta_{\mathrm{D}}\,, \qquad i, k = 1, \dots, n\,, \tag{1.5}$$

where $||A||_0 = \max |a_{ik}|$, $||y||_\infty = \max |y_i|$, the errors and residuals are bounded optimally by (1.2) using the vectors of condition numbers

$$\sigma^{\mathrm{D}} = |A^{-1}|\,\tau^{\mathrm{D}}\,, \qquad \tau^{\mathrm{D}} = (||A||_0\,||x||_1 + ||y||_\infty)\,. \tag{1.6}$$

Condition numbers $\sigma_i^{\mathrm{R}}, \tau_j^{\mathrm{R}}$ for perturbations by rounding errors in arithmetic floating-point operations will be presented in the next sections. The associated backward stability constants $\omega_i = \sigma_i^{\mathrm{R}}/\sigma_i^{\mathrm{D}}$ measure the stability of an algorithm for the computation of the solution x_i in the sense of Wilkinson (1963). The residual stability constants $\psi_j = \tau_j^{\mathrm{R}}/\tau_j^{\mathrm{D}}$ provide tolerances of data perturbations in the sense of Oettli and Prager (1964).

2. The solutions of regular triangular linear systems

$$Ux = z: \quad \sum_{k=i}^{n} u_{ik}x_k = z_i\,, \qquad i = 1, \dots, n\,, \tag{2.1}$$

are computed recursively by

$$z_i^{n+1} = z_i\,, \qquad z_i^k = z_i^{k+1} - u_{ik}x_k\,, \qquad k = n, \dots, i+1\,, \qquad x_i = \frac{z_i^{i+1}}{u_{ii}}\,, \tag{2.2}$$

for $i = n, \dots, 1$. Using the linearization method, one easily determines first order approximations of the errors of approximate solutions $\bar{x}_i$, computed in a floating-point arithmetic. The associated condition numbers $\sigma_i^{\mathrm{R}}, \tau_j^{\mathrm{R}}$ yield optimal error bounds in (1.2). In this case, the accuracy constant $\eta = \eta_{\mathrm{R}}$ is a bound for the relative local rounding errors. These condition numbers have, in vector notation, the representation

$$\sigma^{\mathrm{R}} = |U^{-1}|\,\tau^{\mathrm{R}}\,, \qquad \tau^{\mathrm{R}} = |U|\,|x| + w\,, \tag{2.3}$$

where

$$w = (w_1, \dots, w_n)\,, \qquad w_i = \sum_{k=i+1}^{n} |z_i^k|\,, \qquad i = 1, \dots, n\,.$$

The data and residual condition numbers with respect to relatively uniformly bounded data perturbations are given by $\sigma^{\mathrm{D}} = |U^{-1}|\,\tau^{\mathrm{D}}, \tau^{\mathrm{D}} = |U|\,|x| + |z|$, in accordance with (1.4). The following Theorems 2.1 and 2.2 correspond to results of Wilkinson (1961, 1963).

Theorem 2.1: *The solutions x_i of regular triangular systems are both backward and residual stable, in particular,*

$$\omega_i = \frac{\sigma_i^{\mathrm{R}}}{\sigma_i^{\mathrm{D}}} \leqq \frac{1}{2}(n+2-i)\,, \qquad \psi_j = \frac{\tau_j^{\mathrm{R}}}{\tau_j^{\mathrm{D}}} \leqq \frac{1}{2}(n+2-j)\,, \qquad i, j = 1, \dots, n\,.$$

Theorem 2.2: *If U is an M-matrix and the right-hand side $z \geqq 0$, the relative data and rounding condition numbers of the solutions x_i are bounded by*

$$\varrho_i^{\mathrm{D}} = \frac{\sigma_i^{\mathrm{D}}}{|x_i|} \leqq 2(n+1-i)\,, \qquad \varrho_i^{\mathrm{R}} = \frac{\sigma_i^{\mathrm{R}}}{|x_i|} \leqq 3(n-i)+1 \quad (x_i \neq 0)\,.$$

Theorem 2.3: *Let U be diagonally dominant, then*

$$\frac{\max_i \sigma_i^{\mathrm{D}}}{\max_i |x_i|} \leqq 4n\,, \qquad \frac{\max_i \sigma_i^{\mathrm{R}}}{\max_i |x_i|} \leqq 2n^2\,.$$

3. We assume in our error analysis that rows and columns of the linear system have been interchanged already in such a way that pivoting can be neglected. Let $\hat{A}_1$ denote the $n \times (n+1)$ matrix (A, y). Forward elimination then computes the matrices $\hat{A}_{t+1} = (a_{ik}^{t+1})$ from

$$l_{it} = \frac{a_{it}^t}{a_{tt}^t}\,, \qquad a_{ik}^{t+1} = a_{ik}^t - l_{it}a_{tk}^t\,, \qquad \begin{matrix} i = t+1, \dots, n\,, \\ k = t+1, \dots, n+1\,, \end{matrix} \tag{3.1}$$

for $t = 1, \dots, n-1$. The unknowns $x_1, \dots, x_n$ are subsequently computed as solutions of the triangular system (2.1) with $u_{ik} = a_{ik}^i$, $z_i = a_{i,n+1}^i$ by back substitution according to (2.2). Under rounding errors of a floating-point arithmetic, assuming exact data, the forward error analysis yields the vector of residual condition numbers: $\tau^{\mathrm{R}} = \tau^0 + \tau^1$,

$$\tau_0 = \sum_{r=2}^{n} |\hat{A}_r|\,|\hat{x}| + |L_0|\,|\hat{U}|\,|\hat{x}|\,, \qquad \tau^1 = |L|\,\{|U|\,|x| + w\}\,, \tag{3.2}$$

where $\hat{A}_{r+1} = (a_{ik}^{r+1})$ and $a_{ik}^{r+1} = 0$ for i or $k \leqq r$, L, U are the factors of the triangular decomposition of A,

$$L_0 = \begin{pmatrix} 0 & & & 0 \\ l_{21} & \ddots & & \\ \vdots & \ddots & \ddots & \\ l_{n1} & \dots & l_{nn-1} & 0 \end{pmatrix}, \qquad \hat{U} = \begin{pmatrix} u_{11} & \dots & u_{1n} & z_1 \\ & \ddots & \vdots & \vdots \\ 0 & & u_{nn} & z_n \end{pmatrix},$$

and $\hat{x} = (x_1, \dots, x_n, -1)$. The associated rounding condition numbers become:

$$\sigma^{R} = \sigma^0 + \sigma^1 ,$$

$$\sigma^0 = |A^{-1}|\,\tau^0 , \qquad \sigma^1 = |U^{-1}|\,\{|U|\,|x| + w\} . \tag{3.3}$$

The terms σ^0, τ^0 are due to errors in forward elimination and σ^1, τ^1 to errors in back substitution. From $A = LU$ and (3.2), (3.3) it follows immediately that

$$\sigma^{R} \leqq |A^{-1}|\,\tau^{R} \leqq \max \psi_k |A^{-1}|\,\tau^{D} = \max \psi_k \sigma^{D} \tag{3.4}$$

and hence *residual stability implies backward stability of Gaussian elimination.*

4. The forward error analysis yields explicit representations of first order approximations of the residuals of computed solutions $\bar{x}_i$. By virtue of these representations, the following results can be proved.

Theorem 4.1: *The computed approximate solution vector $\bar{x}$ satisfies the perturbed linear system $(A + F)\,\bar{x} = y + O(\eta_R^2)$ where*

$$F_{ik} = \sum_{r=1}^{i-1} \{a_{ik}^{r+1}(e_{rik}^{-} - e_{rin+1}^{-}) + l_{ir}u_{rk}(e_{rik}^{0} - e_{rin+1}^{0})\} - \sum_{i=1}^{i} l_{ir}u_{rk}(e_{rk}^{0} + \sum_{j=k+1}^{n} e_{rj}^{-}) , \qquad i, k = 1, \dots, n,$$

and the local rounding errors $e_{rik}^{-}, \dots, e_{rj}^{-}$ of forward elimination and back substitution are bounded in absolute value by η_R.

Theorem 4.2: *Let $g = \max_{t,i,k} |a_{ik}^t|$, then*

$$||y - A\bar{x}||_\infty \leqq \left\{\binom{n+2}{3} + 2(n^2 - 1)\right\} g\eta_R\, ||\bar{x}||_\infty + O(\eta_R^2) .$$

Note that the constant on the right-hand side of the residual estimate in Theorem 4.2 is smaller than the constant $n^3 + 2.005n^2$ in the corresponding estimate of WILKINSON (1963). The above Theorem 4.1 further implies an error and residual estimate of SAUTTER (1971/78) in the form

Theorem 4.3:

$$|F| \leqq 2n|L|\,|U|\,\eta_R , \qquad \tau^{R} \leqq 2n|L|\,|U|\,|x| , \qquad \sigma^{R} \leqq 2n|A^{-1}|\,|L|\,|U|\,|x| .$$

5. The explicit representations of the condition numbers $\sigma_i^{D}, \tau_j^{D}, \sigma_i^{R}, \tau_j^{R}$ in Sections 1 and 3 can be used in order to derive fundamental a priori backward stability and residual stability theorems. Typical results read as follows.

Theorem 5.1: *Let the stability constants ω_i, ψ_j be defined by means of (1.4). For totally nonnegative or sign-regular coefficient matrices A then the stability estimates $\omega_i \leqq 2n$, $\psi_j \leqq 2n$, hold. If A is an M-matrix, $\omega_i \leqq 4n^2$, and if, additionally, the right-hand side y of (1.1) is non-negative, one has $\omega_i \leqq \frac{1}{2}(5n - 3)$, $\psi_j \leqq 2n^2$.*

Theorem 5.2: *Let the stability constants be formed by means of (1.6). If A is positive definite, the stability constants are bounded by $\omega_i \leqq 2n$, $\psi_j \leqq 2n$. When A is diagonally dominant, $\omega_i \leqq 4n^2$, $\psi_j \leqq 4n^2$. Finally, for regular coefficient matrices A and partial pivoting, the following stability estimate is valid:*

$$\omega_i \leqq \max_{j=1,\dots,n} \psi_j \leqq 2n^2 \frac{\max\limits_{t,j,k} |a_{jk}^t|}{\max\limits_{j,k} |a_{jk}|} .$$

Anschrift: Prof. Dr. F. STUMMEL, FB Mathematik der Universität, Robert-Mayer-Straße 10, D-6000 Frankfurt am Main, BRD

ZAMM 62, T 357 – T 359 (1982)

H. G. WEBER

Numerische Berechnung permanenter Schwerkraftwellen

Wir untersuchen eine Methode zur numerischen Berechnung von permanenten Schwerkraftwellen in einem Kanal unendlicher Tiefe, der eine ideale, inkompressible, homogene und wirbelfrei strömende Flüssigkeit enthält. Betrachtet man dieses Problem in einem mitgeführten x-y-Koordinatensystem, so erhält man ein freies Randwertproblem für eine holomorphe Funktion, siehe [6]. Die Oberfläche $y_0(x)$ der Flüssigkeit ist dabei unbekannt und wird als freier Rand bezeichnet. Mit Hilfe der Methode von LEVI-CIVITA (vgl. [3], [6]), also durch eine konforme Abbildung, wird dieses Problem in eine Aufgabenstellung mit festem Rand transformiert: gesucht ist eine in $E = \{z \in \mathbb{C}, |z| < 1\}$ holomorphe Funktion

$$\omega(z) = \theta(z) + i\tau(z) ,$$

die auf dem Rand $|z| = 1$ stetig differenzierbar ist, und eine reelle Zahl p ($p > 0$), so daß die Randrelationen

$$\frac{d\tau}{d\sigma} = pe^{-3\tau} \sin\theta , \quad |z| = 1 ; \qquad \theta(e^{-i\sigma}) = -\theta(e^{i\sigma}), \tau(e^{-i\sigma}) = \tau(e^{i\sigma}) ; \qquad \omega(0) = 0 \tag{1); (2); (3}$$

erfüllt sind ($z = \varrho e^{i\sigma}$). Ist eine Lösung (ϑ, τ, p) dieser Aufgabe bekannt, so ergibt sich der freie Rand in der Parameterdarstellung

$$x(t) = -\frac{\lambda}{2\pi}\int_0^t e^{-\tau(s)}\cos\theta(s)\,ds\,, \qquad y_0(t) = -\frac{\lambda}{2\pi}\int_0^t e^{-\tau(s)}\sin\theta(s)\,ds + y_0(0)\,,$$

wobei $y_0(0)$ durch

$$\int_{-\lambda/2}^{\lambda/2} y_0(x)\,dx = 0\,,$$

festgelegt ist und $p = g\lambda/(2\pi c^2)$ gilt, g Schwerkraft, λ Wellenlänge, c Ausbreitungsgeschwindigkeit.

Im Fall eines Kanals endlicher Tiefe h erhält man ein ähnliches Randwertproblem auf einem Kreisring $E_q = \{z \in \mathbb{C}, 0 < q < |z| < 1\}$, wobei $q \to 0$ für $h \to \infty$, vgl. [6]. Dieses Problem läßt sich mit der hier beschriebenen Methode ebenfalls behandeln, wobei natürlich statt $e^{-3\tau}\sin\theta$ auch eine andere Nichtlinearität zugelassen ist.

Linearisierung von (1) führt auf

$$\frac{d\tau}{d\sigma} = p\theta\,, \qquad |z| = 1\,. \tag{4}$$

Damit ergeben sich die Eigenwerte $p = p_n = n$, $n \in \mathbb{N}$, und Eigenfunktionen $\theta_n = \varrho^n \sin(n\sigma)$, $\tau_n = -\varrho^n\cos(n\sigma)$, $n \in \mathbb{N}$, des linearisierten Problems.

Satz 1: *Die Punkte $p_n = n$, $n \in \mathbb{N}$, sind einfache Verzweigungspunkte des Problems* (1—3).

Zum Beweis vergleiche man [3], [6].

Ein Potenzreihenansatz für ω ergibt nun unter Berücksichtigung von (2) und (3) folgende, im wesentlichen äquivalente (siehe [5]) Aufgabenstellung: Man bestimme $x = (x_1, x_2, x_3, \ldots)$ und $p \in \mathbb{R}$, so daß

$$x_n - \frac{p}{n}x_n - \frac{p}{2\pi n}\left\langle \sin(n\sigma), N\left(\sum_{i=1}^{\infty} x_i\sin(i\sigma), -\sum_{i=1}^{\infty} x_i\cos(i\sigma)\right)\right\rangle = 0\,, \qquad n = 1, 2, 3, \ldots. \tag{5}$$

Dabei ist $\langle f(\sigma), g(\sigma)\rangle = \int_0^{2\pi} f(\sigma)\,g(\sigma)\,d\sigma$, $N(\theta, \tau) = e^{-3\tau}\sin\theta - \theta$.

Zur numerischen Lösung von (5) verwenden wir das natürliche Projektionsverfahren: Gesucht ist $x^M = (x_1, x_2, \ldots, x_M)$ und $p \in \mathbb{R}$, so daß

$$x_n - \frac{p}{n}x_n - \frac{p}{2\pi n}\left\langle \sin(n\sigma), N\left(\sum_{i=1}^{M} x_i\sin(i\sigma), -\sum_{i=1}^{M} x_i\cos(i\sigma)\right)\right\rangle = 0, \qquad n = 1, 2, \ldots, M\,. \tag{6$_M$}$$

Die Gleichungssysteme (5) und $(6)_M$ werden als Operatorgleichungen im Banachraum (c_0) aller Nullfolgen mit der Maximumnorm betrachtet.

Satz 2: *Die Punkte $p_n = n$, $n \in \mathbb{N}$, sind einfache Verzweigungspunkte von* (5) *und* $(6)_M$. *Die dort abzweigenden Lösungen $(x^M(\varepsilon), p^M(\varepsilon))$ von $(6)_M$ konvergieren gleichmäßig für $|\varepsilon| < \varepsilon_0$ gegen die entsprechenden Lösungen $(x(\varepsilon), p(\varepsilon))$ von* (5).

Beweis: Wesentlich geht ein Ergebnis aus [4] ein. Für Einzelheiten sei auf [5] verwiesen.

Zur numerischen Lösung von $(6)_M$ verwenden wir (o. B. d. A. sei $p = p_1 = 1$) den Ansatz (vgl. [1], [2])

$$x(\varepsilon) = \left(\varepsilon, \varepsilon^2 a_2(\varepsilon), \ldots, \varepsilon^2 a_M(\varepsilon)\right)\,, \qquad p(\varepsilon) = p_1 + \varepsilon\eta(\varepsilon)\,. \tag{7}$$

Einsetzen in $(6)_M$ und Vereinfachen führt zu folgendem Iterationsschema:

$$\left.\begin{aligned}
&\eta^{[0]} := 0\,, \qquad a_2^{[0]} := a_3^{[0]} := \ldots = a_M^{[0]} := 0\,.\\
&\text{Für } i = 0, 1, 2, \ldots\text{:} \quad x^{[i]}(\varepsilon) := (\varepsilon, \varepsilon^2 a_2^{[i]}, \ldots, \varepsilon^2 a_M^{[i]})\,,\\
&\eta^{[i+1]} := -\frac{1}{2\pi\varepsilon^2}(p_1 + \varepsilon\eta^{[i]})\langle \sin\sigma, \hat{N}(x^{[i]}(\varepsilon))\rangle\,,\\
&a_n^{[i+1]} := \frac{1}{n - p_1}\left[\varepsilon\eta^{[i]}a_n^{[i]} + \frac{1}{2\pi\varepsilon^2}(p_1 + \varepsilon\eta^{[i]})\langle \sin(n\sigma), \hat{N}(x^{[i]}(\varepsilon))\rangle\right], \quad n = 2, 3, \ldots, M\,.
\end{aligned}\right\} \tag{8}$$

Dabei ist $\hat{N}(x) = N\left(\sum_{i=1}^{M} x_i\sin(i\sigma), -\sum_{i=1}^{M} x_i\cos(i\sigma)\right)$.

Satz 3: *Die Iteration* (8) *konvergiert für $|\varepsilon| < \varepsilon_0$, falls ε_0 hinreichend klein gewählt ist.*

Beweis: siehe [1], [2].

Die Skalarprodukte $\langle\cdot,\cdot\rangle$ werden vorteilhaft mit Hilfe der Trapezregel berechnet, da es sich um periodische Funktionen handelt. Man hat dann in jedem Iterationsschritt zwei Aufrufe der schnellen Fouriertransformation (FFT) vorzunehmen.

Für das Problem (1—3) ergab sich Konvergenz von (8) für $|\varepsilon| < \varepsilon_0 \sim 0.3$. Die Ergebnisse zeigten ausgezeichnete Übereinstimmung mit den in [3] auf analytische Weise gewonnenen Resultaten. Für Einzelheiten muß auf [5] verwiesen werden.

Literatur

1 DEMOULIN, Y.-M. J.; CHEN, Y. M., An iteration method for solving nonlinear eigenvalue problems, SIAM J. Numer. Analysis 28, 588–595 (1975).
2 KELLER, H. B.; LANGFORD, W. F., Iterations, perturbations and multiplicities for nonlinear bifurcation problems, Arch. Rational Mech. Analysis 48, 83–108 (1972).
3 LEVI-CIVITA, T., Déterminiation rigoureuse des ondes permanentes d'ampleur finie, Math. Ann. 93, 264–314 (1925).
4 VAROL, Y. L.; WESTREICH, D., Application of Galerkin's method to bifurcation and-two-point boundary value problems, J. Math. Analysis Appl. 70, 399–422 (1979).
5 WEBER, H., Numerical solution of a class of nonlinear boundary value problems for analytic functions, Manuskript, Dortmund 1981, to appear in ZAMP.
ZEIDLER, E., Beiträge zur Theorie und Praxis freier Randwertaufgaben, Akademie-Verlag, Berlin 1971.

Anschrift: Dr. HELMUT G. WEBER, Rechenzentrum der Johannes Gutenberg-Universität, Postfach 3980, D-6500 Mainz BRD

ZAMM 62, T 359 – T 361 (1982)

R. WEGMANN

Die Integralgleichungsmethode bei freien Randwertproblemen für ebene harmonische Vektorfelder

Wir studieren freie Randwertprobleme, bei denen ein Teil des Randes eines Gebietes G in der komplexen Ebene durch Vorgabe der Tangential- und Normalkomponenten u_t und u_n eines in G harmonischen Vektorfeldes (u_x, u_y) definiert wird.

Der Rand Γ des Gebietes bestehe aus Ljapunovschen Kurvenstücken Γ_l, $l = 1, \ldots, L$, die entweder fest oder frei sind in folgendem Sinne: Die *festen* Randstücke Γ_l liegen jeweils in einer fest vorgegebenen Kurve Γ_{l0}. Die Lage der freien Randstücke ist unbekannt.

Die Randbedingungen für das harmonische Vektorfeld werden auf Γ mit Hilfe der Randkomponenten u_t und u_n formuliert. Auf den festen Γ_l soll gelten

$$u_t + iu_n = b_0 + \frac{\mathrm{d}}{\mathrm{d}s} b\alpha \tag{1}$$

mit gegebenen komplexen Funktionen b_0 und b auf Γ_{l0} und einer noch unbestimmten reellen Funktion α. Die Ableitung ist nach der Bogenlänge s. Auf einem freien Γ_l, das durch eine komplexe Funktion $\eta(s)$ parametrisiert werde, wird

$$u_t + iu_n = U(\eta, \dot{\eta}) \tag{2}$$

als Funktion des Ortes und der Tangentenrichtung vorgeschrieben mit einer komplexen C^∞-Funktion U, die in einer Umgebung von Γ_l definiert ist. Das *freie Randwertproblem* besteht darin, ein Gebiet G und ein in G harmonisches Vektorfeld zu finden, das auf $\Gamma = \partial G$ Randkomponenten hat, die sich in der Form (1) und (2) darstellen lassen. Wenn G beschränkt ist, spricht man von einem *Innen-*, sonst von einem *Außenraumproblem.*

Ein Vektorfeld (u_x, u_y) heißt *harmonisch* in einem Gebiet G, wenn die daraus gebildete komplexe Funktion

$$\Psi(z) = u_x - iu_y\,, \tag{3}$$

in G analytisch ist. Wir beschränken uns hier auf solche Funktionen, die durch ein Cauchy-Integral

$$\Psi(z) = \frac{1}{2\pi i} \int\limits_\Gamma \frac{\psi(\eta)}{\eta - z}\,\mathrm{d}\eta + C\,, \qquad z \notin \Gamma\,, \tag{4}$$

darstellbar sind mit einer Dichte $\psi \in L^p$, $1 < p < \infty$.

Die Kurve Γ teilt C in das beschränkte Innengebiet G^+ und das Außengebiet G^-, die sie beide berandet. Γ sei durch die komplexe Funktion $\eta(s)$ parametrisiert. Die Orientierung sei so, daß G^+ stets zur Linken von Γ liegt. Durch (4) ist eine Funktion Ψ definiert, die in G^+ und G^- analytisch ist und fast überall auf Γ Grenzwerte Ψ^+ von innen und Ψ^- von außen hat. Diese lassen sich durch die Formeln von Plemelj

$$\Psi^\pm = \tfrac{1}{2}\,(\pm I + S_\Gamma)\,\psi + C \tag{5}$$

aus der Dichte ψ berechnen. Dabei ist I die Identität und S_Γ der Operator der singulären Integration auf Γ

$$S_\Gamma\psi(\eta_0) := \frac{1}{\pi i} \int\limits_\Gamma \frac{\psi(\eta)}{\eta - \eta_0}\,\mathrm{d}\eta\,. \quad \text{(Cauchy-Hauptwert)} \tag{6}$$

Die Randwerte $\Psi^\pm$ liegen wieder in L^p, ebenso die Randkomponenten des vermöge (3) durch Ψ definierten harmonischen Vektorfeldes. Diese sind mit $\Psi^\pm$ verknüpft durch die Formel

$$u_t + iu_n = \dot{\eta}\Psi^\pm \,. \tag{7}$$

Ausgehend von beliebigen reellen Funktionen u_t, $u_n \in L^p(\Gamma)$ kann man eine Funktion

$$\Phi(z) := \frac{1}{2\pi i} \int_\Gamma \frac{u_t + iu_n}{\eta(s) - z} \, ds \tag{8}$$

bilden, die außerhalb Γ analytisch ist. Aus den Sprungbeziehungen und den Lösbarkeitseigenschaften des speziellen Riemann-Hilbert-Problems folgt ein Charakterisierungssatz ([4, 2]).

Satz 1:

a) u_t, $u_n \in L^p(\Gamma)$ *sind genau dann die Randkomponenten eines in* G^+ *harmonischen Vektorfeldes, wenn gilt*

i) $\mathrm{Re}\, \dot{\eta}\Phi^- = 0$ *fast überall* (f. ü.) *auf* Γ, *und*

ii) $\int_{\partial G_k^+} u_n \, ds = 0$ *für alle Zusammenhangskomponenten* G_k^+ *von* G^+.

b) u_t, $u_n \in L^p(\Gamma)$ *sind genau dann die Randkomponenten eines in* G^- *harmonischen Vektorfeldes, wenn gilt*

i) $\mathrm{Re}\, \dot{\eta}(\Phi^+ - C) = 0$ *f. ü. auf* Γ *und*

ii) $\int_{\partial G_k^-} u_n \, ds = 0$ *für alle beschränkten Zusammenhangskomponenten* G_k^- *von* G^-.

Beim freien Randwertproblem sind für jedes zulässige Gebiet G durch (1) und (2) die Randkomponenten gegeben. Aus Satz 1 folgt, daß G genau dann eine Lösung des Innenraumproblems ist, wenn das Gleichungssystem

$$\mathrm{Re}\, \dot{\eta}\Phi^- = 0 \quad \text{f. ü. auf } \Gamma_l \,, \qquad l = 1, \ldots, L \,, \tag{9}$$

erfüllt ist zusammen mit der Bedingung ii) von Satz 1a). Eine analoge Aussage gilt für das Außenraumproblem.

Diese Charakterisierung der Lösung des freien Randwertproblems durch ein Gleichungssystem bietet einen Ansatzpunkt für die numerische Lösung. Die Rechnung wird dabei völlig auf die Randkurve konzentriert, so daß das ebene Problem auf ein eindimensionales reduziert wird. Brosowski und de Vries [1] haben diese Methode vorgeschlagen zur numerischen Berechnung des Außengebietes einer stetig gekrümmten, einfach geschlossenen freien Randkurve.

Bei stückweise Ljapunovschen Kurven Γ ist es naheliegend, das System (9) durch ein Gauß-Seidel-Verfahren iterativ zu lösen. Deshalb ist es von Interesse, die Eigenschaften einer der Gleichungen (9) zu studieren. Wenn man $\Phi^\pm$ mit Hilfe von (8), (5) durch Integrale ausdrückt, erhält man eine singuläre Integralgleichung. Auf einem freien Randstück ist das eine nichtlineare Gleichung für die Koordinatenfunktion.

Wir studieren jetzt das Verhalten von $\mathrm{Re}\, \dot{\eta}\Phi^\pm$ bei einer kleinen Verschiebung der Kurve. Dabei beschränken wir uns auf den Fall eines freien Randstückes Γ_l, das zwischen zwei festen Randstücken $\Gamma_{l\pm 1}$ liegt und dessen Enden längs $\Gamma_{l\pm 1}$ frei verschiebbar sind. Sei $H(s, t)$ eine komplexe C^∞-Funktion, die $[0, S] \times [-\varepsilon, +\varepsilon]$ bijektiv auf eine Umgebung von Γ_l abbildet, so daß $H(s, 0)$ die Kurve Γ_l beschreibt und $H(0, t)$, $H(S, t)$ jeweils in $\Gamma_{l\pm 1,0}$ liegen. Für jede reelle Funktion $\alpha \in C^1$ kann man die Kurvenschar $\eta_\tau(s) = H(s, \tau\alpha(s))$ bilden. Man erhält folgende Ableitungen nach dem Parameter τ

$$\frac{\partial \eta}{\partial \tau} = f\alpha \quad \text{mit} \quad f(s) := \frac{\partial H}{\partial t}(s, 0); \qquad \frac{\partial}{\partial \tau}(u_t + iu_n) = m\alpha + \frac{d}{ds} b\alpha \,, \tag{10}$$

$$\frac{\partial}{\partial \tau}\Phi(z) = \frac{1}{2\pi i} \int_0^S \frac{m\alpha + \frac{d}{ds} h\alpha}{\eta(s) - z} \, ds \quad \text{mit} \quad h := (u_t + iu_n)\frac{f}{\dot{\eta}} - b \,. \tag{11}$$

Die Funktionen m, b in (10) berechnet man wegen (2) leicht aus den Ableitungen von U. Der Operator

$$M\alpha := \frac{\partial}{\partial \tau} \mathrm{Re}\, \dot{\eta}\Phi^\pm = \mathrm{Re}\, \dot{\eta}\left(\frac{\partial \Phi}{\partial \tau}\right)^\pm + \frac{d}{ds}\alpha \, \mathrm{Re}\, f\Phi^\pm \tag{12}$$

kann aufgefaßt werden als singulärer Integraloperator, der auf $\dot{\alpha}$ wirkt. Der Hauptteil M_0 wird durch eine komplexe Funktion a beschrieben:

$$M_0\dot{\alpha} = (I \,\mathrm{Re}\, a + S_{\Gamma_l}\, i \,\mathrm{Im}\, a)\, \dot{\alpha} \,, \qquad a = \mathrm{Re}\left(f\Phi^\pm \pm \frac{h}{2}\right) + i \,\mathrm{Im}\, \frac{h}{2}. \tag{13), (14}$$

Wenn a auf Γ_l nicht verschwindet, dann ist für alle $p \in (1, \infty)$ mit höchstens endlich vielen Ausnahmen M_0 ein Fredholm-Operator in L^p mit Index

$$\mathrm{Ind}\, M_0 = -\mathrm{Ind}_p\, a/\bar{a} \,. \tag{15}$$

Rechts steht die *Windungszahl* von $a/\bar{a}$. Dabei ist der Graph dieser Funktion zu einer geschlossenen Kurve zu ergänzen (für Details siehe [3], Seite 252). Den Operator M kann man jetzt im Sobolev-Raum H_1^p studieren, der aus totalstetigen Funktionen besteht, deren Ableitung in L^p liegt.

Satz 2: *Für alle $p \in (1, \infty)$ mit höchstens endlich vielen Ausnahmen ist $M: H_1^p \to L^p$ ein Fredholm-Operator mit Index*

$$\operatorname{Ind} M = 1 - \operatorname{Ind}_p a/\bar{a} . \tag{16}$$

Das bedeutet, daß die Gleichung $M\alpha = \beta$ für $\beta \in L^p$ genau dann eine Lösung α in H_1^p hat, wenn gilt

$$\int_0^S \beta\gamma_k \, ds = 0 , \qquad k = 1, \ldots, K_2 , \qquad \gamma_k \in L^q , \frac{1}{p} + \frac{1}{q} = 1 . \tag{17}$$

Die homogene Gleichung hat K_1 linear unabhängige Lösungen in H_1^p. Die Zahlen K_1, K_2, sind mit dem Index verknüpft durch $K_1 - K_2 = \operatorname{Ind} M$. Die Gleichung $M\alpha = -\operatorname{Re} \dot{\eta}\Phi^\pm$ auf Γ_l ist eine linearisierte Form von (9). *Beachtet man die Darstellung* (8) *von Φ und definiert Ψ_k als Cauchy-Integral mit Dichte γ_k, dann nehmen die Lösbarkeitsbedingungen* (17) *die Gestalt an*

$$\operatorname{Re} \int_\Gamma (u_t + iu_n) \Psi_k^\pm \, ds = 0 . \tag{18}$$

Ähnliche Ergebnisse erhält man für einfach geschlossene freie Randkurven sowie freie Randstücke mit festgehaltenen Enden. Bei einfach geschlossenen freien Randkurven kann mit Hilfe des implicit-function-theorem von Nash und Moser von den Lösbarkeitseigenschaften der linearisierten Gleichung lokal auf die entsprechenden Eigenschaften der nichtlinearen Gleichung (9) geschlossen werden. Für die Numerik ergibt sich die Regel, daß man die Integralgleichung $\operatorname{Re} \dot{\eta}\Phi^\pm = 0$ auf Γ_l so durch L_1 freie Parameter und L_2 Nebenbedingungen ergänzen sollte, daß gilt

$$L_2 - L_1 = \operatorname{Ind} M = 1 - \operatorname{Ind}_p a/\bar{a} , \tag{19}$$

wobei man i. a. den Index für große p zu nehmen hat. Praktische Erfahrungen zeigen, daß man damit die qualitativ besten Resultate erhält. Bei Verletzung von (19) weist die berechnete Randkurve zuweilen eine Welligkeit auf, die darauf hindeutet, daß über- oder unterbestimmte Gleichungssysteme verwendet wurden, die sehr empfindlich gegenüber numerischen Fehlern sind.

Wir betrachten zum Schluß das Beispiel eines Freistrahls, der sich beim Ausströmen einer Flüssigkeit aus einem Spalt bildet. Wenn man nur den Einfluß des Druckes mitnimmt, ergibt sich längs des Strahlrands die Bedingung (2) mit $U = 1$. Bei Verschiebung in Normalenrichtung ist $f = i\dot{\eta}$. Das gibt $h = i$. Es gilt $a/\bar{a} \neq 1$. Für große p ist deshalb $\operatorname{Ind}_p a/\bar{a} = +1$ und $\operatorname{Ind} M = 0$. Da der Strahl am Spaltrand festgehalten wird, hat man eine Nebenbedingung. Zur Lösung von $\operatorname{Re} \dot{\eta}\Phi^- = 0$ längs des Freistrahls muß man also gemäß (19) einen Parameter frei lassen. Man kann hierfür etwa den Wert von u_n am Einströmrand nehmen.

Literatur

1 Brosowski, B.; de Vries, H. L., Zur Bestimmung freier Ränder bei potential-theoretischen Problemen, ZAMM **47** (1967), T 34 — T 36.
2 Daniljuk, I. I., Nichtreguläre Randwertaufgaben in der Ebene, Izdat. Nauka, Moskau 1975 (russisch).
3 Gohberg, I.; Krupnik, N., Einführung in die Theorie der eindimensionalen singulären Integraloperatoren, Birkhäuser, Basel 1979.
4 Martensen, E.; von Sengbusch, K., Über die Randkomponenten ebener harmonischer Vektorfelder, Arch. Rat. Mech. Analysis 5 (1960), 46—75.

Anschrift; Dr. Rudolf Wegmann, Max-Planck-Institut für Physik und Astrophysik, Institut für Astrophysik, Karl-Schwarzschildstr. 1, D-8046 Garching bei München, BRD

SEKTION OPTIMIERUNG, STOCHASTIK UND MATHEMATISCHE METHODEN DER WIRTSCHAFTSWISSENSCHAFTEN

SECTION OPTIMIZATION, STOCHASTIC PROCESSES, AND MATHEMATICAL METHODS IN ECONOMICS

ZAMM 62, T 262 – T 263 (1982)

T. S. ANGELL

Optimal Control Problems for Non-Linear Volterra Equations: Existence and Controllability

1. Introduction

In earlier papers we have discussed problems of the existence of optimal solutions for control systems monitored by a general class of non-linear Volterra integral equations of the form

$$x(t) = x_1 + \int_{t_1}^{t} [h(t, s, x(s)) + g(t, s, x(s))\, f(s, x(s), u(s))]\, \mathrm{d}s\,, \qquad t_1 \leqq t \leqq t_2\,, \tag{1}$$

where the state vector $x \in R^n$, and the control $u \in R^m$ (see [2], [3]). Such control problems usually come equipped with constraints on both the phase $(t, x(t))$ and on the control parameter u, as well as with initial and terminal restrictions or boundary conditions. The performance criterion is given, for example, in terms of a continuous real-valued function defined on the set of admissible boundary conditions.

Implicit in these theorems is the assumption that the system (1) is controllable, that is that control pairs $\{x, u\}$ exist which are admissible in the sense that $x(t)$ is a response of the system to the control regime $u(t)$, that this response satisfies both the phase constraints and boundary conditions, and that the control function u satisfies the desired control restrictions. Specifically, for the problems we discuss here, we take as given data a compact set $A \subset R^{n+1}$ and a closed set $B \subset R^{2n+2}$ as well as a set-valued mapping $U\colon A \to \mathrm{CL}(R^m)$ with closed graph. (Here, $\mathrm{CL}(R^m)$ denotes the family of closed subsets of R^m.) The phase constraints, boundary conditions and control constraints are then, respectively, (i) $(t, x(t)) \in A$, $t_1 \leqq t \leqq t_2$; (ii) $(t_1, x(t_1), t_2, x(t_2)) \in B$; and $u(t) \in U(t, x(t))$, almost everywhere in $[t_1, t_2]$.

In 1967, TARNOVE [9] suggested that the question of controllability for non-linear systems governed by ordinary differential equations could be fruitfully studied by investigating the existence of a fixed point of a certain set-valued mapping. ANGELL extended these results in [1] in two directions, by weakening the semi-continuity restrictions of TARNOVE and by extending the results to retarded functional differential equations. Later investigations include work of DAUER [7], and results of ANGELL [4] and CHUKWU [6] on controllability of systems of non-linear neutral functional differential equations as well as the recent thesis of HOU [8]. Here, we wish to summarize results of our attempt to apply this fixed point approach to systems monitored by the non-linear Volterra equation (1). We wish, moreover, to point out the close connection between the conditions normally used for proving the existence of optimal solutions and those sufficient to establish controllability.

2. The fixed point problem

For the sake of simplicity, we consider here the case in which the initial and final times are fixed. We first introduce the set $\mathcal{A} \subset C([t_1, t_2])$ consisting of those continuous functions which satisfy (i) and (ii) above as well as an isoperimetric constraint which we will describe precisely below. Let $\mathcal{B} \subset \mathcal{A}$ be closed and convex and consider the set-valued map $\Phi\colon \mathcal{B} \to 2^{\mathcal{B}}$ defined by

$$\Phi(y) = \{z \in \mathcal{B} \mid z(t) = \int_{t_1}^{t_2} [h(t, s, y(s)) + g(t, s, y(s))\, f(s, y(s), u(s))]\, \mathrm{d}s\; u(t) \in U(t, y(t)) \text{ a.e.}\}\,. \tag{2}$$

It is clear from the definition of the function Φ that if it has a fixed point in $\mathcal{B}$ then the set $\mathcal{B}$ contains one pair $\{x, u\}$ which is admissible for the system, and hence the system is controllable.

In order to establish the existence of a fixed point, we consider the conditions required by the well known theorem of Kakutani. According to the hypotheses of that theorem, the existence of a fixed point is guaranteed provided the setvalued function Φ, taking only non-empty convex values, has a closed graph and a range contained in a sequentially compact set in $C([t_1, t_2])$. Let us consider each of these requirements in terms of the usual assumptions of the existence theorems.

These requirements for existence of optimal solutions include conditions which insure (a) that the trajectories of the system lie in a sequentially compact set relative to some suitable topology, (b) that from a minimizing sequence we can extract a subsequence which converges to a trajectory of the system, and (c) that the functional to be minimized has suitable semicontinuity properties relative to the topology of convergence of the minimizing sequence. To accomplish these aims, we introduce growth conditions on the function f appearing in the integral equation (1) as well as suitable upper semicontinuity and convexity properties relative to the orientor field defined by the function f.

The growth condition is stated here relative to a nonnegative comparison function H used previously by several investigators including McShane and Cesari.

Definition: A continuous map $L\colon M \to R^n$ is said to *satisfy the growth condition* (γ_H) *with respect to a comparison function H provided*

$$(\gamma_H)\ \begin{cases}\text{Given } \varepsilon > 0, \text{ there exists a locally integrable } \psi_\varepsilon \geqq 0\\ \text{such that } |L(t, x, u)| \leqq \psi_\varepsilon(t) + \varepsilon H(t, x, u),\ (t, x, u) \in M\,.\end{cases}$$

Now, let $x \in \mathcal{A}$. Using the Kuratowski-Ryll-Nardzewski selection theorem, we may consider the set of pairs $\{x, u\}$ such that $u(t) \in U(t, x(t))$ and for which $\int_{t_1}^{t_2} H(t, x(t), u(t))\, dt$ is finite. Let $K \geqq 0$ be a given constant. We define a set $\mathcal{A}_K$ consisting of all $x \in \mathcal{A}$ for which there exists an admissible control function u such that this last integral is less than or equal to K. (Note that, under the relatively mild condition that, for any $x \in \mathcal{A}$, $U(t, x(t))$ admits a bounded selection, the set $\mathcal{A}_K$ is non-empty for sufficiently large K.) Using standard arguments and invoking the Dunford-Pettis theorem, we may establish the following result.

Theorem 2.1: *Let $\mathcal{R}$ denote the set of all measurable functions $y(t) = f(t, x(t), u(t))$ with $\{x, u\}$ admissible and $x \in \mathcal{A}_K$. Then the set $\mathcal{R}$ is relatively weakly compact in $L^1([t_1, t_2])$.*

The compactness theorem which we need now follows from the continuity of the functions g and h in (1) as in [2].

Theorem 2.2: *Let $Z = \bigcup_{y \in \mathcal{A}_K} \Phi(y)$. If A is compact and f satisfies (γ_H) then Z is an equicontinuous, equibounded subset of $C([t_1, t_2])$.*

Turning to points (b) and (c) above, the closure of the set of trajectories of the control system and the needed semicontinuity conditions involve, in the present context, assumptions concerning the orientor field

$$Q_H(t, x) = \{(z^0, z) \in R^{n+1} \mid z^0 \geqq H(t, x, u),\ z = f(t, x, u),\ u \in U(t, x)\}\,.$$

In particular, we assume that this orientor field is convex for all $(t, x) \in A$ and satisfies Cesari's semicontinuity condition, namely, for each $(\bar{t}, \bar{x}) \in A$

$$Q_H(\bar{t}, \bar{x}) = \bigcup_{\delta > 0} \operatorname{cl} \operatorname{co} \bigcup_{N_{\delta \bar{t}}(\bar{x})} Q_H(\bar{t}, x)\,, \qquad \text{where } N_{\delta\bar{t}}(\bar{x}) = \{(\bar{t}, x) \,|\, |x - \bar{x}| \leqq \delta\}\,. \tag{3}$$

These assumptions are strong enough to guarantee that the graph of Φ defined in (2) is closed and convex valued. In fact, the convexity follows trivially from the convexity of $Q_H(t, x)$. The closure of the graph of Φ can be deduced by applying an abstract closure theorem of Cesari [5]. The final controllability result is the following

Theorem 2.3: *Let A be compact, $B \subset R^{2n}$ be closed and U have closed graph. If f, g, h, and H are continuous, if f satisfies (γ_H) and if $Q_H(t, x)$ satisfies* (3) *then the system* (1) *is $\mathcal{B}$-controllable provided $\Phi(y) \neq \emptyset$ for all $y \in \mathcal{B}$, $\mathcal{B} \subset \mathcal{A}_K$ convex and closed.*

This work was completed while the author was a guest at Lehrstühle für Numerische und Angewandte Mathematik der Universität Göttingen, Göttingen, B.R.D.

References

1 Angell, T. S., Existence theorems for a class of optimal control problems with delay, Doctoral thesis, Department of Mathematics, University of Michigan, Ann Arbor 1969.
2 Angell, T. S., On the optimal control of systems governed by nonlinear Volterra equations, J. Optimization Theory Appl. 19 (1976), 29–45.
3 Angell, T. S., Existence of optimal control without convexity and a bang-bang theorem for linear Volterra equations, ibid. 63–79.
4 Angell, T. S., On controllability for non-linear hereditary systems: a ficed point approach, Nonlinear Analysis 4 (1980), 529–545.
5 Cesari, L., Closure theorems for orientor fields and weak convergence, Arch. Rational Mech. Analysis 55 (1974), 332–356.
6 Chukwu, E., Functional inclusion and controllability of nov-linear neutral functional differential systems, J. Optimization Theory Appl. 29 (1979), 291–300.
7 Dauer, J. P., A controllability technique for nonlinear systems, J. Math. Analysis Appl. 37 (1972), 442–451.
8 Hou, S., Existence theorems for optimal control problems in Banach spaces, Doctoral thesis, Department of Mathematics, University of Michigan, Ann Arbor 1978.

Anschrift: Dr. Thomas S. Angell, Associate Professor, Department of Mathematical Sciences, University of Delaware, Newark, Delaware 19711, U.S.A.

ZAMM 62, T 364 – T 365 (1982)

L. Butz

A Note on Estimability Characterizations of Completely Connected Designs for Multi-Way Elimination of Heterogeneity

As a framework for the experimental designs to be dealt with, consider a linear statistical model (cf. [4]) of the form

$$x = Ba + \varepsilon\,. \tag{*}$$

x is a p-dimensional random vector whose components stand for the observable outcomes of the experiments contained in the design to be described. a is a q-dimensional vector of unknown parameters about which one wants to obtain information by means of the experiments. ε is a p-dimensional random vector whose components stand for noise and observational errors in the experiments. It is assumed that ε has zero expectation. B is a given 0,1-matrix of dimension $p \times q$, each row of B determines one experiment of the design. The columns of B are arranged into n nonempty blocks, each of which corresponds to a different factor influencing the experiment. These factors are denoted by $F_1, \dots, F_n$, factor F_i has m_i possible effects on the experiments ($1 \leqq i \leqq n$, $m_i \geqq 2$). The parameter vector a contains exactly one component for each effect of each factor, accordingly a is subdivided into vectors $a^i = (a_1^i, \dots, a_{m_i}^i)^\mathsf{T}$ corresponding to the factors F_i, i.e. $a = (a^{1\mathsf{T}}, \dots, a^{n\mathsf{T}})^\mathsf{T}$. Denoting $B = (B^1, \dots, B^n)$ where B^i is the appropriate block of columns for factor F_i, (*) yields

$$\mathsf{E}(x) = \sum_{i=1}^{n} B^i a^i$$

(E is the expectation operator). The rows of the submatrices B^i are taken to be unit vectors of dimensions m_i. Now the p experiments of the design determined by B are defined by means of the following: The k-th experiment is set up by combining the effect j_1 of factor F_1, effect j_2 of factor F_2 and so on through effect j_n of factor F_n, if and only if the k-th row vector of B^i equals the j_i-th unit vector of $\mathbb{R}^{m_i}$ for $i = 1, \dots, n$ ($1 \leqq k \leqq p$). Consequently,

$$\mathsf{E}(x_{j_1 \dots j_n}) = \sum_{i=1}^{n} a_{j_i}^i\,, \tag{**}$$

where $x_{j_1 \dots j_n}$ denotes the observation of this specific experiment. Hence a purely additive model is implied with no interactions between the effects of different factors.

As an example consider an experimental design for testing m_1 sorts of vines against m_2 qualities of soil and m_3 different climatic conditions, where the observations are obtained by measuring the farmer's profit per experimental unit (of equal size). Obviously it would take a lot of effort to try out all possible combinations. Therefore one is interested in studying designs which allow for estimability of functions of the parameters although only a rather small number of experiments has to be carried out.

Usually a specified factor of main interest to the designer is called *treatment factor* and the remaining factors *blocking factors*. One often does not care about the parameters of the blocking factors, they are just included in the model in order to account for heterogeneity in the experimental environment. Lack of uniqueness prevents a direct calculation of the parameters contained in the vector a, but one may aim at linear functions of the form $\varphi(a) = f^\mathsf{T} a$, $f \in \mathbb{R}^q$. φ is called *estimable* in the above model (*), if there exists a linear combination of the observations whose expectation equals φ, i.e. if there is a $w \in \mathbb{R}^p$ such that $\mathsf{E}(w^\mathsf{T} x) = f^\mathsf{T} a$. It is easy to show (by means of Farkas' lemma, cf. [1]) that this holds if and only if φ vanishes for every a in the kernel of B. $\varphi(a) = \sum_{i=1}^{n} f^{i\mathsf{T}} a$ where $f^i \in \mathbb{R}^{m_i}$ for $i = 1, \dots, n$ is called an *F_k-contrast*, if $\sum_{j=1}^{m_k} f_j^k = 0$ and $f^i = 0_{m_i}$ (zero vector of $\mathbb{R}^{m_i}$) for all $i \in \{1, \dots, n\} \setminus \{k\}$. A design D given by a 0,1-matrix B of the form described above is said to be *F_k-connected* if every F_k-contrast is estimable and *completely connected* if it is F_k-connected for all $k \in \{1, \dots, n\}$.

As a motivation for studying connected designs it should be mentioned that a design D is F_k-connected if and only if every *elementary* F_k-contrast is estimable (i.e. every function of the form $\varphi(a) = a_j^k - a_{j'}^k$, where $j, j' \in \{1, \dots, m_k\}$, $j \neq j'$), which is furthermore equivalent to the testability of the hypothesis $a_1^k = \dots = a_{m_k}^k$ (cf. [3]). Now let

$$L = \left\{ f \mid f = (f^{1\mathsf{T}}, \dots, f^{n\mathsf{T}})^\mathsf{T},\ f^i \in \mathbb{R}^{m_i} \quad \text{for} \quad i = 1, \dots, n\,,\ \sum_{j=1}^{m_1} f_j^1 = \dots = \sum_{j=1}^{m_n} f_j^n \right\}.$$

Theorem 1: *A design D is completely connected if and only if for any $f \in L$, $\varphi(a) = f^\mathsf{T} a$ is estimable in the corresponding model* (*).

Proof: By definition, D is completely connected if and only if $f^\mathsf{T} a$ is estimable for all

$$f \in \tilde{L} = \bigcup_{i=1}^{n} \{ f \mid f \in L, f^k = 0_{m_k} \quad \text{for all} \quad k \in \{1, \dots, n\} \setminus \{i\} \}\,.$$

Hence the sufficiency part of the theorem follows from $\tilde{L} \subset L$. Moreover, estimability of $f^\mathsf{T} a$ for all $f \in \tilde{L}$ is equivalent to the following implication:

$$a = (a^{1\mathsf{T}}, \dots, a^{n\mathsf{T}})^\mathsf{T} \in \ker B \Rightarrow a^i = \lambda_i 1_{m_i}\,, \quad \text{for all } i\,, \quad 1 \leqq i \leqq n\,,$$

for suitable $\lambda_i \in \mathbb{R}$ with $\lambda_n = -\sum_{i=1}^{n-1} \lambda_i$, where $1_{m_i} \in \mathbb{R}^{m_i}$ denotes a vector of all ones. This can be easily seen if one considers the characterization of estimable functions $f^T a$ mentioned above, namely $Ba = 0 \Rightarrow f^T a = 0$. To prove necessity, take an arbitrary $f \in L$ and define $\mu = \sum_{j=1}^{m_i} f_j^i$. Let $a \in \ker B$, then it follows that

$$f^T a = \sum_{i=1}^{n} f^{i^T} a^i = \sum_{i=1}^{n-1} \mu \lambda_i + \mu \left(- \sum_{i=1}^{n-1} \lambda_i \right) = 0 ,$$

which completes the proof.

It can be shown that estimability of $\varphi(a) = f^T a$ in the model (*) implies $f \in L$, no matter what kind of design is given by B. In view of this result Theorem 1 states that completely connected designs are in some sense "optimal" as far as estimability is concerned. Now consider the following proper subsets of L:

$$L_k = \{f \mid f \in L, f^k = 0_{m_k}\} , \qquad k \in \{1, \dots, n\} ,$$

$$L^\mu = \left\{ f \mid \sum_{j=1}^{m_i} f_j^i = \mu, i = 1, \dots, n \right\}, \qquad \mu \in \mathbb{R} ,$$

$$\hat{L} = \{f \mid f^i = u_{m_i}^{j_i}, 1 \leqq j_i \leqq m_i, i = 1, \dots, n\} ,$$

where $u_{m_i}^{j_i}$ denotes the j_i-th unit vector of $\mathbb{R}^{m_i}$.

Theorem 2: *The equivalence stated in Theorem 1 still holds if one replaces the set L by either of the sets L_k, L^μ, $\hat{L}$ for any given $k \in \{1, \dots, n\}$, $\mu \in \mathbb{R}$.*

Proof: Omitted for brevity; the ideas used in the proof of Theorem 1 can be applied after suitable modification.

Functions $\varphi(a) = f^T a$ with $f \in \hat{L}$ are of the form $\varphi(a) = \sum_{i=1}^{n} a_{j_i}^i$ where $1 \leqq j_i \leqq m_i$ for $i = 1, \dots, n$. Making use of (**) Theorem 2 yields the following

Corollary: *A design D is completely connected if and only if for any combination of the experimental factors the corresponding expected observation is estimable.*

(Remark: The results reported in this note were obtained as a byproduct of the author's work on combinatorial characterizations of connectivity, cf. [2].)

References

1 Butz, L., Characterizations of connectivity in row-column designs, Report No 80153-OR, Institut für Ökonometrie und Operations Research, Universität Bonn 1980.
2 Butz, L., Connectivity in general designs with two blocking factors, Methods of Operations Research **41** (1981), 129—132.
3 Graybill, F. A., An Introduction to Linear Statistical Models, I, New York 1961.
4 Krafft, O., Lineare statistische Modelle und optimale Versuchsplannung, Göttingen 1978.

Anschrift: Dr. Lothar Butz, Institut für Ökonometrie und Operations Research, Abteilung Operations Research, Rheinische Friedrich Wilhelms-Universität Bonn, Nassestraße 2, D-5300 Bonn, BRD

ZAMM 62, T 365 – T 367 (1982)

R. Colgen / K. Schnatz

Stetigkeit bei parametrischer semi-infiniter Optimierung

Sei (T, Σ, μ) ein (positiver) Maßraum und $L^\infty(T, \mathbb{R})$ bzw. $L^\infty(T, \mathbb{R}^n)$ die Menge der wesentlich beschränkten, auf T definierten, μ-meßbaren Funktionen mit Werten in $\mathbb{R}$ bzw. $\mathbb{R}^n$, versehen mit der Norm

$$||b||_\infty := \mu - \sup_{t \in T} |b(t)| \quad \text{für} \quad b \in L^\infty(T, \mathbb{R})$$

bzw.

$$||a||_\infty := \mu - \sup_{t \in T} ||a(t)||_{\mathbb{R}^n} \quad \text{für} \quad a \in L^\infty(T, \mathbb{R}^n) ,$$

wobei $||\cdot||_{\mathbb{R}^n}$ eine beliebige Norm im $\mathbb{R}^n$ und μ-sup das wesentliche Supremum bezüglich des Maßes μ bezeichnet.

Für jedes $b \in L^\infty(T, \mathbb{R})$ und $a \in L^\infty(T, \mathbb{R}^n)$ definieren wir die Menge

$$Z(a, b) := \{x \in \mathbb{R}^n ; (a(t), x) \leqq b(t) \text{ f. ü.}\} ,$$

wie sie als *zulässige Menge* bei semi-infiniten Optimierungsproblemen auftritt. Weiter sei

$$P := \{(a, b) \in L^\infty(T, \mathbb{R}) \times L^\infty(T, \mathbb{R}^n) ; Z(a, b) \neq \emptyset\}$$

die *Menge der zulässigen Parameter*. Wir untersuchen die Abbildung

$$Z: P \to \mathrm{POT}(\mathbb{R}^n),$$

die jedem (a, b) in P die oben definierte, abgeschlossene und konvexe Menge $Z(a, b)$ zuordnet.

Ein wichtiges Beweismittel ist der *charakteristische Kegel* $C(K)$ einer abgeschlossenen, konvexen Menge K:

$$C(K) := \{y \in \mathbb{R}^n; x + \lambda y \in K \quad \text{für alle } \lambda \geqq 0 \text{ und } x \in K\} =$$
$$= \{y \in \mathbb{R}^n; x + \lambda y \in K \quad \text{für alle } \lambda \geqq 0 \text{ und ein } x \in K\},$$

vergleiche [1] p. 23ff.

Damit folgt:

$$C(Z(a, b)) = \{x \in \mathbb{R}^n; (a(t), x) \leqq 0 \text{ f. ü.}\},$$

und für (a, b) in P gilt

Satz 1: *Ist $Z(a, b)$ kompakt, dann ist Z oberhalbstetig in (a, b).*

Beweis: Wir zeigen zunächst, daß jede Selektion 'um' (a, b) beschränkt ist. Dazu sei (a_n, b_n) eine Folge in P, die gegen (a, b) konvergiert und $x_n \in Z(a_n, b_n)$ beliebig. Wäre (x_n) unbeschränkt, also ohne Einschränkung $||x_n|| \to \infty$, so hätte $(x_n/||x_n||)$ eine konvergente Teilfolge; ohne Einschränkung gelte $(x_n/||x_n||) \to x_0$. Dann gilt aber $x_0 \in C(Z(a, b))$, was der Kompaktheit von $Z(a, b)$ widerspricht. Wäre jetzt Z nicht oberhalbstetig in (a, b), so existierte eine Folge $(a_n, b_n) \to (a, b)$ und eine offene Menge W, die $Z(a, b)$ umfaßt, sodaß für alle $n \in \mathbb{N}$ gilt: W enthält nicht $Z(a_n, b_n)$. Sei $x_n \in Z(a_n, b_n) \backslash W$ beliebig. Nach dem ersten Teil des Beweises können wir ohne Einschränkung $x_n \to x_0 \notin W$ annehmen. Aber für alle $n \in \mathbb{N}$ gilt: $(a_n(t), x_n) \leqq b_n(t)$ f. ü. Für $n \to \infty$ folgt also $x \in Z(a, b)$; das widerspricht $x \notin W$.

Definition: $Z(a, b)$ erfüllt die *Slater-Bedingung*, wenn ein $v \in Z(a, b)$ existiert mit

$$\mu - \sup_{t \in T} \{(a(t), v) - b(t)\} < 0.$$

Den folgenden Satz beweist man mit Standardschlüssen.

Satz 2: *Erfüllt $Z(a, b)$ die Slater-Bedingung, dann ist Z unterhalbstetig in (a, b).*

Zusammen mit Satz 1 ergibt sich:

Satz 3: *Ist $Z(a, b)$ kompakt und erfüllt sie die Slater-Bedingung, dann ist Z oberhalbstetig, unterhalbstetig und Hausdorff-stetig in (a, b).*

Die Sätze 1, 2 und 3 gelten insbesondere, wenn man den Parameterraum durch die stetigen, auf einem kompakten Hausdorff-Raum T definierten Funktionen mit Werten in $\mathbb{R}$ bzw. $\mathbb{R}^n$ ersetzt und mit den jeweiligen Supremumnormen versieht.

Ein Beispiel zeigt, daß es in Satz 2 nicht genügt, die Slater-Bedingung durch die schwächere Bedingung

$$\operatorname{int}(Z(a, b)) \neq \emptyset$$

zu ersetzen. Es genügt hier sogar, lediglich Änderungen in den rechten Seiten zu betrachten.

Beispiel: Sei $T := \mathbb{R}$ versehen mit dem Lebesgueschen Maß. $a = a_k$: $T \to \mathbb{R}^2$ und b, b_k: $T \to \mathbb{R}$ seien definiert durch:

$$a(t) := \begin{cases} (t-1, t), & t \in [0, 1], \\ (0, t-2), & t \in [1, 2], \\ (t-2, t-2), & t \in [2, 3], \\ (4-t, 4-t), & t \in [3, 4], \\ \left(t - \left(5 - \frac{1}{n}\right), \frac{1}{n+1}\left(t - \left(5 - \frac{1}{n}\right)\right)\right) & t \in \left[5 - \frac{1}{n}, 5 - \frac{1}{2}\left(\frac{1}{n} + \frac{1}{n+1}\right)\right], \\ \left(-t + \left(5 - \frac{1}{n+1}\right), \frac{1}{n+1}\left(-t + \left(5 - \frac{1}{n+1}\right)\right)\right); & t \in \left[5 - \frac{1}{2}\left(\frac{1}{n} + \frac{1}{n+1}\right), 5 - \frac{1}{n+1}\right], \\ (0, 0) & \text{sonst}, \end{cases}$$

$$b_k(t) := \begin{cases} 0, & t \in [0, 2], \\ 2t - 4, & t \in [2, 3], \\ -2t + 8, & t \in [3, 4], \\ \frac{n+2}{n+1} a_1(t), & t \in \left[5 - \frac{1}{n}, 5 - \frac{1}{n+1}\right]; \quad 1 \leqq n \leqq k, \\ 0, & \text{sonst} \end{cases}$$

und

$$b(t) := \begin{cases} b_1(t) & t \in [0, 4], \\ \frac{n+2}{n+1} a_1(t), & t \in \left[5 - \frac{1}{n}, 5 - \frac{1}{n+1}\right]; \quad \text{für alle} \quad n \in \mathbb{N}, \\ 0 & \text{sonst}. \end{cases}$$

Hierbei bezeichnet $a_1(t)$ die erste Komponente der Funktion $a(t)$.

Es gilt:

$$(a_k, b_k) \to (a, b) \quad \text{für} \quad k \to \infty ,$$

aber

$$Z(a_k, b_k) = \{(0, 0)\}$$

und

$$Z(a, b) = \{(x, y) \in \mathbb{R}^2; x, y \geqq 0 \wedge x \leqq 1 \wedge x + y \leqq 2\} .$$

Also gilt int $(Z(a, b)) \neq \emptyset$, aber die Abbildung Z ist nicht unterhalbstetig in (a, b).

Literatur

GRÜNBAUM, B., Convex Polytopes, Interscience Publishers, London-New York-Sydney 1967.

Anschriften: RAINER COLGEN, KLAUS SCHNATZ, Johann Wolfgang Goethe-Universität Frankfurt/Main, Fachbereich Mathematik, Robert-Mayer-Straße 6—10, D-6000 Frankfurt/Main, BRD

ZAMM 62, T 367 – T 369 (1981)

E. VON COLLANI

Optimale Inspektionsstrategien

Das Modell (Barlow, Hunter und Proschan [1])

Zur Bestimmung von kostenoptimalen — kurz optimalen — Inspektionsstrategien wird in der Erneuerungstheorie das folgende Modell verwendet: Zum Zeitpunkt $t = 0$ wird ein System in Betrieb genommen, das genau 2 verschiedene Zustände, Zustand I und Zustand II annehmen kann. Bei Inbetriebnahme befindet sich das System im Zustand I, Übergänge sind nur vom Zustand I in den Zustand II möglich. Die Lebenszeit des Systems, d. h. die Zeit im Zustand I, ist ein zufällige Variable X vom stetigen Typ mit existierendem Erwartungswert. Für $t > 0$ kann über den Zustand des Systems nur durch Inspektionen Auskunft erhalten werden. Jede Inspektion kostet $c_1 > 0$ Geldeinheiten, im Zustand II entsteht ein Verlust von $c_2 > 0$ pro Zeiteinheit. Sobald der Zustand II entdeckt worden ist, endet der hier betrachtete Prozeß. Die Menge der möglichen Inspektionsstrategien S besteht aus den Folgen $\{t_k\}$ mit $0 < t_1 < \dots < t_k < \dots$, wobei t_k den Zeitpunkt der k-ten Inspektion angibt. Gesucht ist eine Strategie S^*, für die der Erwartungswert des auftretenden Verlustes $V(S; F)$ mit

$$V(S; F) = c_1 \mathsf{E}[m] + c_2 \mathsf{E}[T - X] + c_1 \tag{1}$$

minimal wird. Dabei ist m die Anzahl der Inspektionen im Zustand I, T die Zeit zwischen Inbetriebnahme und Entdeckung des Zustandes II durch eine Inspektion und X die Lebenszeit des Systems. Für dieses Modell haben BARLOW et. al. [1] schon 1963 die Existenz einer optimalen Inspektionsstrategie nachgewiesen und für eine wichtige Klasse von Lebensdauer-Verteilungen einen einfachen Lösungsalgorithmus angegeben.

Ein verallgemeinertes Modell

Das oben beschriebene Modell hat mehrere entscheidende Mängel, die der Anwendung enge Grenzen setzen:

1. Bei der Inspektion sind in der Regel Fehlentscheidungen unvermeidlich. Einerseits kommt es vor, daß man fälschlicherweise Zustand II feststellt, obwohl Zustand I vorliegt (Fehler 1. Art), andererseits kann es vorkommen, daß man bei einer Inspektion den Zustand II nicht erkennt (Fehler 2. Art).

2. Bei vielen Systemen kann während einer Inspektion das System beschädigt werden, d. h. ein Übergang in den Zustand II erfolgen.

3. Wegen 2. erscheint es wünschenswert, im Modell die Überprüfung durch eine etwas oberflächlichere Kontrolle, die eine Beschädigung ausschließt, vorzusehen und erst dann eine Inspektion durchzuführen, wenn auf Grund der Kontrolle Zustand II anzunehmen ist.

Will man diesen Mängeln abhelfen, so führt dies zu folgenden Modelländerungen: Die Menge der möglichen Strategien S besteht auch in diesem Fall aus den Folgen $\{t_k\}$ mit $0 < t_1 < \dots < t_k < \dots$, jetzt gibt t_k aber nicht den Zeitpunkt der k-ten Inspektion, sondern den Zeitpunkt der k-ten Kontrolle an. Jede Kontrolle kostet $d_1 > 0$ Geldeinheiten. Mit Wahrscheinlichkeit $\alpha(0 \leqq \alpha \leqq 1)$ zeigt eine Kontrolle im Zustand I fälschlicherweise Zustand II an (Fehler 1. Art), während mit Wahrscheinlichkeit $\beta(0 \leqq \beta < 1)$ der Zustand II durch eine Kontrolle nicht erkannt wird (Fehler 2. Art). Falls eine Kontrolle Zustand II ergeben hat, wird das System angehalten und eine Inspektion durchgeführt. Falls das System zu Beginn der Inspektion im Zustand I war, erfolgt mit Wahrscheinlichkeit $\gamma(0 \leqq$

$\leqq \gamma \leqq 1$) während der Inspektion ein Übergang in den Zustand II (Beschädigung des Systems). Falls zu Beginn der Inspektion das System im Zustand II war, wird dieser mit Wahrscheinlichkeit 1 entdeckt. In beiden Fällen endet damit der Prozeß. Eine Inspektion dauert durchschnittlich τ Zeiteinheiten und verursacht Kosten in Höhe von $d_2 > 0$. Da in diesem Modell der Übergang vom Zustand I in den Zustand II während einer Inspektion möglich ist, genügt es nicht, nur die Kosten zur Bestimmung einer optimalen Strategie heranzuziehen, sondern man muß auch den Gewinn im Zustand I hinzunehmen. Daher nehmen wir an, daß pro Zeiteinheit im Zustand I ein Gewinn $g > 0$ und im Zustand II ein Verlust $l > 0$ entsteht. Gesucht ist eine Inspektionsstrategie S^*, für die der Erwartungswert des auftretenden Gesamtverlustes minimal wird. In diesem Fall hängt der Verlust nicht nur von der Strategie S und der Lebensdauer-Verteilung F ab, sondern auch von den 3 Wahrscheinlichkeiten α, β und γ:

$$V(S; F, \alpha, \beta, \gamma) = -g\mathsf{E}[\hat{X}] + l\mathsf{E}[T - X] + d_1\mathsf{E}[m] + d_2\mathsf{E}[r] + d_1\mathsf{E}[n] + d_2\mathsf{E}[s]\,. \tag{2}$$

Dabei ist T die Zeit, in der das System arbeitet, $\hat{X}$ die Verweildauer des Systems im Zustand I, m die Anzahl der Kontrollen im Zustand I, n die Anzahl der Kontrollen im Zustand II, r die Anzahl der Inspektionen im Zustand I und s die Anzahl der Inspektionen im Zustand II. s kann natürlich nur die Werte 0 oder 1 annehmen.

Ergebnisse

Auch für das verallgemeinerte Modell gelten die beiden folgenden Sätze.

Satz 1: *Sei*

$$F(t) = \begin{cases} 0 & \textit{für} \quad t < 0 \\ \int_0^t f(x)\,dx & \textit{für} \quad t \geqq 0 \end{cases} \quad \textit{und} \quad \mu = \int_0^\infty x f(x)\,dx < \infty\,,$$

dann existiert eine optimale Inspektionsstrategie $S^* = \{t_k\}_{k\in N}$ *mit* $0 < t_1^* < \ldots < t_k^* < \ldots$, *wobei* t_k^* *der Zeitpunkt der k-ten Kontrolle ist.*

Satz 2: *Sei* $F(t)$ *wie in Satz* 1, *dann ist jede optimale Inspektionsstrategie* S^* *durch Angabe des* 1. *Kontrollzeitpunktes* t_1^* *bestimmt.*

Im Spezialfall, daß $F(t)$ eine Exponentialverteilung mit bekanntem Parameter $\lambda > 0$ ist, wird der Unterschied der optimalen Strategien bei den beiden Modellen besonders deutlich. Bekanntlich gilt bei Exponentialverteilung, daß die optimale Strategie S^* bzgl. der Verlustfunktion (1) konstante Inspektionsintervalle $t_k^* - t_{k-1}^*$ hat. Für die optimalen Strategien bzgl. der Verlustfunktion (2) erhält man ein wesentlich anderes Resultat.

Satz 3: *Sei* $F(t)$ *eine Exponentialverteilung mit Parameter* $\lambda > 0$. *Dann gilt*:

1. *Es existiert genau eine optimale Strategie* $S^* = \{t_k^*\}_{k\in N}$.

2. *Die Kontrollintervalle von* S^* *bilden für* $\beta > 0$ *eine streng monoton fallende Folge*: $t_1^* > t_2^* - t_1^* > \ldots > t_k^* - t_{k-1}^* > \ldots$

3. *Für die Kontrollintervalle gilt ferner*:

$$\lim_{k\to\infty} (t_k^* - t_{k-1}^*) = t^* > 0\,,$$

wobei t^* *die eindeutige Lösung der folgenden Gleichung ist*:

$$\begin{aligned} &(1 - \beta - \alpha\gamma)\, t^* + (1 - \beta)\left[\frac{g}{l}\left(\frac{\alpha\gamma}{\lambda} + \alpha\tau\right) + \frac{d_1}{l}\,\frac{1 - \beta - \alpha\gamma}{1 - \beta} + \frac{d_2}{l}\alpha(1 - \gamma)\right] - \\ &- \frac{(1 - \beta)^2}{\lambda}\,\frac{(1 - \alpha\gamma)\left(\exp(\lambda t^*) - 1\right)}{1 - \alpha\gamma - \beta\exp(\lambda t^*)} = 0. \end{aligned} \tag{3}$$

Satz 3 versetzt uns in die Lage, den folgenden Lösungsalgorithmus für den Fall der Exponentialverteilung zu formulieren.

Lösungsalgorithmus für Exponentialverteilung und $\beta > 0$

1. Man bestimme t^* als Lösung von (3).

2. Man wähle einen Startwert $t_1 > t^*$ und berechne $t_2, t_3, \ldots$ (Die Berechnung der t_i erfolgt durch Lösen von Gleichungen der Bauart (3)).

3. Falls für ein t_k gilt: $t_k - t_{k-1} \geqq t_{k-1} - t_{k-2}$, so war t_1 zu groß gewählt. Man gehe mit kleinerem Startwert t_1 zurück zu (2).

4. Falls für ein t_k gilt: $t_k - t_{k-1} \leqq t^*$, so war t_1 zu klein gewählt, man gehe mit größerem Startwert t_1 zurück nach (2).

Zum Abschluß noch ein weiteres Ergebnis, das es ermöglicht, für eine gegebene optimale Inspektionsstrategie S^* sehr leicht den zugehörigen Wert der Verlustfunktion zu bestimmen.

Satz 4: *Sei F eine Exponentialverteilung und* $S^* = \{t_k^*\}_{k\in N}$ *eine bzgl.* (2) *optimale Inspektionsstrategie, dann gilt:*

$$V(S^*; F, \alpha, \beta, \gamma) = -\frac{g}{\lambda} + l(1-\beta) \sum_{j=0}^{\infty} \beta^j t_{j+1}^* + \frac{d_1}{1-\beta} + d_2 . \tag{4}$$

Literatur

1 Barlow, R. E.; Hunter, L.C.; Proschan, F., Optimum checking procedures, J. Soc. Industr. Appl. Math. **11** (1963), 1078–1095.
2 von Collani, E., On the choice of optimal sampling intervals to maintain current control of a process. In: Lenz, H.-J.: Wetherill, G. B.: Wilrich, P.-Th. (Eds.), Frontiers of Statistical Quality Control, Physica-Verlag, Würzburg-Wien 1981.

Anschrift: Dr. Elart von Collani, Institut für Angewandte Mathematik und Statistik, Sanderring 2, D-8700 Würzburg, BRD

ZAMM 62, T 369 – T 370 (1982)

J. Dupačová

Stability Studies in Stochastic Programs with Recourse. A Special Case

When solving stochastic programs, complete knowledge of the distribution of random coefficients is usually supposed. In real-life situation, however, there are often just a few realizations of the random coefficients available so that the assumption of a known distribution is hardly acceptable.

For *stochastic linear programs with recourse,* two alternatives can be considered:

(i) distributions that belong to a given parametric family of distributions depending on an unknown parameter;

(ii) distributions that belong to a specified set of distributions defined e.g. by prescribed values of certain moments.

In case (i), the most natural question is that of stability with respect to the parameter and related statistical problems. The minimax principle applied to the case (ii) gives an interval estimate for the optimal value of the objective function. The result depends on the prescribed values of the moments. If these values are not known precisely enough, the problem of stability arises once again (see [2]).

The aim of this paper is to introduce statistical methods that can be used for stability studies in case (i). The parallel problems in case (ii) are the subject for a forthcoming paper. The main ideas will be illustrated on a well-known example of the *simple recourse problem with normally distributed right-hand sides*

$$\text{maximize } \mathsf{E}_F \left\{ c^\mathsf{T} x - \sum_{i=1}^{m} k_i (X_i - b_i)^+ \right\} \quad \text{on a set } \mathfrak{X} , \tag{1}$$

where $k_i > 0$, $1 \leqq i \leqq m$, are given coefficients, $X_i = \sum_{j=1}^{n} a_{ij} x_j$, $1 \leqq i \leqq m$, and $\mathfrak{X} \subset R^n$ is a given convex polyhedral set. The m-vector b is supposed to have the m-dimensional normal distribution $N(\mu, \Sigma)$ whereas the (m, n)-matrix $A = (a_{ij})$ and the n-vector c are supposed to be known. The diagonal elements of Σ will be denoted by $\sigma_1^2, \dots, \sigma_m^2$.

Denote by $\Phi(z; \mu, \sigma^2)$ and $\varphi(z; \mu, \sigma^2)$ the distribution function and the density of the (one-dimensional) $N(\mu, \sigma^2)$ distribution, respectively. Then we have

$$\mathsf{E}(X_i - b_i)^+ = \mathsf{E}(X_i; \mu_i, \sigma_i^2) = (X_i - \mu_i)\, \Phi(X_i; \mu_i, \sigma_i^2) + \sigma_i^2 \varphi(X_i; \mu_i, \sigma_i^2) . \tag{2}$$

Under the above assumptions, the objective function in program (1) has the form

$$f(x; \mu, \sigma^2) = f(x; \mu_1, \dots, \mu_m, \sigma_1^2, \dots, \sigma_m^2) = c^\mathsf{T} x - \sum_{i=1}^{m} k_i \mathsf{E}(X_i; \mu_i, \sigma_i^2) . \tag{3}$$

Using the monotonicity and the concavity of the objective function (3) with respect to μ, we have

Theorem 1: *Let* $\sigma^2 = (\sigma_1^2, \dots, \sigma_m^2) > 0$ *be fixed and let* $M = \times_{i=1}^{m} \langle \mu_i^*, \mu_i^{**} \rangle$. *Then*

a) $$|f(x; \mu^{(1)}, \sigma^2) - f(x; \mu^{(2)}, \sigma^2)| \leqq m \sum_{i=1}^{m} k_i (\mu_i^{**} - \mu_i^*)\, \Phi(X_i; \mu_i^{**}, \sigma_i^2) + \sum_{i=1}^{m} \frac{k_i}{\sqrt{2\pi}} \frac{(\mu_i^{**} - \mu_i^*)^2}{2\sigma_i}$$

for any fixed $x \in \mathfrak{X}$ *and for all* $\mu^{(1)}, \mu^{(2)} \in M$.

b) *If* $\max_{x\in\mathfrak{X}} f(x; \mu, \sigma^2)$ *exists for all* $\mu \in M$ *then*

$$|\max f(x; \mu^{(1)}, \sigma^2) - \max f(x; \mu^{(2)}, \sigma^2)| \leqq$$

$$\leqq \sum_{i=1}^{m} k_i(\mu_i^{**} - \mu_i^*) + \sum_{i=1}^{m} \frac{k_i}{\sqrt{2\pi}} \frac{(\mu_i^{**} - \mu_i^*)}{2\sigma_i} \quad \text{for all} \quad \mu^{(1)}, \mu^{(2)} \in M .$$

Theorem 2: *Let* $\sigma^2 = (\sigma_1^2, \dots, \sigma_m^2) > 0$ *be fixed and let* $M = \times_{i=1}^{m} \langle \mu_i^*, \mu_i^{**} \rangle$ *be a* $100(1-\alpha)$ % *tolerance region for* μ. *Let the optimal values of program* (1)

$$f^* = \min_{x \in \mathfrak{X}} f(x; \mu^*, \sigma^2), \qquad f^{**} = \max_{x \in \mathfrak{X}} f(x; \mu^{**}, \sigma^2)$$

for $\mu^* = (\mu_1^*, \dots, \mu_m^*)$ *and* $\mu^{**} = (\mu_1^{**}, \dots, \mu_m^{**})$ *exist. Then*

$$\mathsf{P}\left\{\max_{x \in \mathfrak{X}} f(x; \mu, \sigma^2) \in \langle f^*, f^{**} \rangle\right\} \geqq 1 - \alpha . \tag{4}$$

As a rule, the tolerance region (4) will be too large.

Assume now that the objective function (3) corresponding to the true values $\mathring{\mu}_i, \mathring{\sigma}_i^2$, $1 \leqq i \leqq m$, attains its maximum in an interior point $\mathring{x} = \hat{x}(\mathring{\mu}, \mathring{\sigma}^2)$ of the set $\mathfrak{X}$. Using the classical necessary and sufficient conditions for unconstrained maxima and the implicit functions theorem, the local properties of the optimal solution

$$\hat{x}(\mu, \sigma^2) = \hat{x}(\mu_1, \dots, \mu_m, \sigma_1^2, \dots, \sigma_m^2) \tag{5}$$

of the program (1) can be studied in a neighbourhood of $(\mathring{\mu}_1, \dots, \mathring{\mu}_m, \mathring{\sigma}_1^2, \dots, \mathring{\sigma}_m^2)$. Subsequently, the asymptotic normality of the optimal solution (5) that corresponds to the asymptotically normal estimates of the true parameters can be given ([4], 6a.2).

Theorem 3: *Let* $\Sigma = \operatorname{var} b$ *be known,* $\bar{b}$ *be the sample mean vector and* T *be the sample size. Let* $\mathring{x} \in \operatorname{int} \mathfrak{X}$. *For*

$$K = \operatorname{diag}\left\{k_i \varphi_i\left(\sum_{j=1}^{n} a_{ij}\mathring{x}_j;\, \mathring{\mu}_i, \sigma_i^2\right), 1 \leqq i \leqq m\right\},$$

let $A^\mathsf{T} K A$ *be a nonsingular matrix. Then asymptotically*

$$\{\sqrt{T}\,(\hat{x}_j(\bar{b}) - \mathring{x}_j), 1 \leqq j \leqq n\} \sim N(0, \Omega)$$

with $\Omega = (A^\mathsf{T}KA)^{-1} A^\mathsf{T}K\, \Sigma K A (A^\mathsf{T}KA)^{-1}$.

For stability studies of program (1) with respect to variances $\sigma_1^2, \dots, \sigma_m^2$, the *gross-error model* can be used: Assume that the distribution function of b_i has the form

$$F_i(z) = (1 - \varepsilon_i)\, \Phi(z; \mu_i, \sigma_i^2) + \varepsilon_i \Phi(z; \mu_i, \tau_i^2\sigma_i^2) \tag{6}$$

with $\varepsilon_i < \frac{1}{2}$ and $\tau_i > 0$, $1 \leqq i \leqq m$. This represents the distribution of observations from the normal $N(\mu_i, \sigma_i^2)$ that with probability ε_i are gross-errors coming from a normal distribution $N(\mu_i, \tau_i^2\sigma_i^2)$.

Using the convexity of $\mathsf{E}(X; \mu, \tau^2\sigma^2)$ with respect to τ, we have for F_i of the type (6) the lower bound of the increase of the recourse due to the gross-errors

$$\varepsilon_i k_i [\mathsf{E}_F (X_i - b_i)^+ - \mathsf{E}(X_i; \mu_i \sigma_i^2)] \geqq \varepsilon_i k_i (\tau_i - 1)\, \sigma_i^2 \varphi(X_i; \mu_i, \sigma_i^2), \qquad 1 \leqq i \leqq m,$$

and the corresponding upper bound for the value of the objective function in (1).

As the last point, let us consider the problem of stability with respect to the assumed type of distribution, i.e., with respect to the normality assumption in our case. Let the marginal distributions $N(\mu_i, \sigma_i^2)$ of the random right-hand sides b_i, $1 \leqq i \leqq m$, be ε_i-*contaminated* by distributions that have the same mean values μ_i and variances σ_i^2. Denote by $\mathfrak{G}_i$ the set of all distributions with the mentioned property; the considered marginal distributions F_i in program (1) can be expressed as

$$F_i(z) = (1 - \varepsilon_i)\, \Phi(z; \mu_i, \sigma_i^2) + \varepsilon_i G_i(z), \qquad G_i \in \mathfrak{G}_i, \qquad 0 \leqq \varepsilon_i \leqq 1, \qquad 1 \leqq i \leqq m, \tag{7}$$

and the problem is to maximize

$$f(x; \varepsilon) = \inf_{F \in \mathfrak{F}_\varepsilon} \mathsf{E}_F \left\{c^\mathsf{T}x - \sum_{i=1}^{m} k_i (X_i - b_i)^+\right\}$$

subject to $x \in \mathfrak{X}$, where $\mathfrak{F}_\varepsilon$ denotes the set of distributions F such that their marginal distributions are of the form (7). Using (2) and the results of minimax approach to stochastic programming ([1]), we have

$$f(x; \varepsilon) = c^\mathsf{T}x - \sum_{i=1}^{m} (1 - \varepsilon_i)\, k_i\, \mathsf{E}(X_i; \mu_i, \sigma_i^2) - \sum_{i=1}^{m} \frac{\varepsilon_i k_i}{2}\left[(X_i - \mu_i) + \sqrt{\sigma_i^2 + (\mu_i - X_i)^2}\,\right]. \tag{8}$$

Subsequently, the stability of optimal solutions of the program (1) with respect to the normality assumption can be studied via stability of the program $\max\,\{f(x; \varepsilon) : x \in \mathfrak{X}\}$ with respect to parameters ε_i, $1 \leqq i \leqq m$.

This approach can be related to the concept of *restricted Bayes strategies* [3]; the reasoning as well as the sets of distributions $\mathfrak{G}_i$ considered here are different.

For another statistical result connected with the program (1) under the normality assumption see [5].

References

1 Dupačová, J., On minimax decision rule in stochastic linear programming. In: Prékopa, A. (Ed.), Studies on Mathematical Programming, Akadémiai Kiadó, Budapest 1980, p. 47–60.
2 Dupačová, J., Minimax approach to stochastic programming and some possibilities of its application, to appear Stochastics.
3 Nadeau, R.; Theodorescu, R., Restricted Bayes strategies for programs with simple recourse, Operations Res. 28 (1980), 777–784.
4 Rao, C. R., Linear Statistical Inference, J. Wiley, New York 1965.
5 Wilson, R.: On programming under uncertainty, Operations Res. 14 (1966), 652–657.

Anschrift; Doc. RND r. sc. Jitka Dupačová, CSc., Charles University, Department of Statistics, Sokolovská ul. 83, Prague 8, ČSSR

ZAMM 62, T 371 (1982)

R. HORNUNG

Anwendung ganzzahliger Optimierung bei der Planung regionaler Fernmeldenetze

Es wird hier eine Möglichkeit vorgestellt, wie man mit Hilfe mathematischer Methoden des Operations Research den Ausbau von Fernmeldenetzen (hier werden speziell die Liniennetze betrachtet, die den Fernverkehr führen) „optimal" durchführen kann. Solche Fernmeldenetze der Deutschen Bundespost sind hierarchisch gegliedert in überregionale und regionale. Entsprechend dieser Einteilung werden unterschiedliche mathematische Methoden angewendet: Zur Planung überregionaler Fernmeldenetze benutzt man im Wesentlichen nichtlineare Optimierung, Graphentheorie und Heuristiken (vgl. GARCIA, HACKBARTH [1]). Die optimale Planung eines regionalen Fernmeldenetzes, die hier betrachtet wird, kann aufgrund technischer und betrieblicher Vorschriften nicht mehr durch ein klassisches graphentheoretisches Modell beschrieben werden. Sie wird daher als ein ganzzahliges lineares Optimierungsproblem formuliert. Dabei sind die Kosten für den Ausbau des Netzes zu minimieren unter Berücksichtigung folgender betrieblicher und technischer Vorschriften:

(1) Benutze bestehendes Netz.

(2) Erweiterung der vorhandenen Kapazität (zur Erfüllung der künftigen Nachfrage) nur in digitaler Technik.

(3) Beachte Kapazitätsbeschränkungen der vorhandenen Technik.

(4) Beachte folgende Sicherheitsbedingungen:

(a) Jede Nachfrage zwischen der KVSt, der „Knotenvermittlungsstelle" (dem zentralen Knoten eines regionalen Fernmeldenetzes), und einer EVSt (Endvermittlungsstelle), Einzelknoten des Netzes, muß auf mindestens zwei knotendisjunkten Wegen fließen.

(b) Der Anteil des Verkehrs, der auf einem Weg fließt, darf einen gegebenen Prozentsatz nicht überschreiten.

(5) Die Kirchhoff-Gesetze sind zu erfüllen: In den EVSt muß der Bedarf gedeckt werden und in möglichen Transitknoten muß der einfließende Verkehr dem ausfließenden gleich sein.

Weitere Einzelheiten der mathematischen Formulierung sind in GARCIA und HORNUNG, [2], aufgeführt. Das ganzzahlige lineare Optimierungsproblem enthält bei üblichen regionalen Fernmeldenetzen etwa 40–45 Ungleichungen und ähnlich viele Variable. Die CPU-Rechenzeit bei Verwendung eines FORTRAN-Programmes für einen Gomory-Algorithmus (vgl. [3]) liegt bei den bisher gerechneten Beispielen unter 1 Sekunde auf einer IBM 370/158.

Literatur

1 GARCIA, R.; HACKBARTH, K.-D., OFELIE – Eine Methode zur langfristigen Planung von Fernmeldenetzen, OR-Spektrum 2 (1980), 47–58.

2 GARCIA, R.; HORNUNG, R., Optimale Investitionen digitaler Übertragungssysteme in einem KVSt-Bereich, Techn. Bericht des Forschungsinstituts der Deutschen Bundespost, 44 TBr 83, November 1980.

3 SPÄTH, H., Ausgewählte Operations-Research-Algorithmen in FORTRAN. Verfahren der Datenverarbeitung, R. Oldenbourg Verlag, München-Wien 1975.

Anschrift: Dr. ROLAND HORNUNG, Forschungsinstitut der Deutschen Bundespost (beim FTZ), Postfach 5000, D-6100 Darmstadt, BRD

ZAMM 62, T 371 – T 373 (1982)

G. KNEPPE / H.-J. SATTLER

Modifikation des Boxschen Complex-Verfahrens

1. Einleitung

Das von M. J. Box [1] entwickelte Complex-Verfahren zur Lösung des nichtlinearen Optimierungsproblems

$$\begin{aligned} &f(x_1, \dots, x_n) = \text{Extremum}\,, \\ &G_i \leqq x_i \leqq H_i\,, \qquad i = 1, \dots, n\,, \\ &G_j \leqq x_j(x_1, \dots, x_n) \leqq H_j\,, \qquad j = n+1, \dots, m\,, \end{aligned} \tag{1}$$

weist einige Unzulänglichkeiten auf, die sich bei der Anwendung als Versagensfälle darstellen. Dieses unbefriedigende Verhalten ist bereits von GUIN [2] erkannt und untersucht worden. Allerdings sind auch seine Modifikationen nicht ausreichend, um ein Versagen zu verhindern. Ziel der vorliegenden Arbeit ist es daher, Vorschläge zur Vermeidung solcher Fälle anzugeben und eine Erweiterung der Methode auf nichtkonvexe zulässige Bereiche vorzustellen. Eine weitere Modifikation erhöht die Wahrscheinlichkeit, die globale Optimalstelle des zugrundeliegenden Problems zu finden.

2. Vermeidung einer endlosen Schleife bei Verlegung des reflektierten Punktes

Zur Verbesserung der Zielfunktionswerte verfügt die Complex-Strategie über folgende Reflexionsregel, durch die der jeweils schlechteste Complexpunkt $\boldsymbol{x}_{\text{alt}}$ verlegt wird:

$$\boldsymbol{x}_{\text{neu}} = \alpha[\boldsymbol{x}_C - \boldsymbol{x}_{\text{alt}}] + \boldsymbol{x}_C . \tag{2}$$

Falls der neue (reflektierte) Punkt $\boldsymbol{x}_{\text{neu}}$ jedoch wieder den schlechtesten Zielfunktionswert aufweist, wird dieser solange durch halbierende Schritte in Richtung des Zentroids der übrigen Punkte $\boldsymbol{x}_C$ verschoben, bis er einen besseren Funktionswert als einer der verbleibenden Complexpunkte liefert:

$$\boldsymbol{x}'_{\text{neu}} = \tfrac{1}{2}\,[\boldsymbol{x}_{\text{neu}} + \boldsymbol{x}_C] . \tag{3}$$

Diese Vorgehensweise führt, wenn entlang der Verbindungslinie von reflektiertem Punkt und Zentroid kein besserer Zielfunktionswert existiert, zu einer endlosen Schleife und damit zu einem Versagen der Methode (Bild 1).

Es wird daher folgende Modifikation vorgeschlagen. Nach maximal n_{halb} (z. B. $n_{\text{halb}} = 10$) erfolglosen Halbierungsschritten wird der schlechteste Punkt gleich dem besten der bis dahin neu gefundenen Punkte gesetzt und die nächste Iteration begonnen.

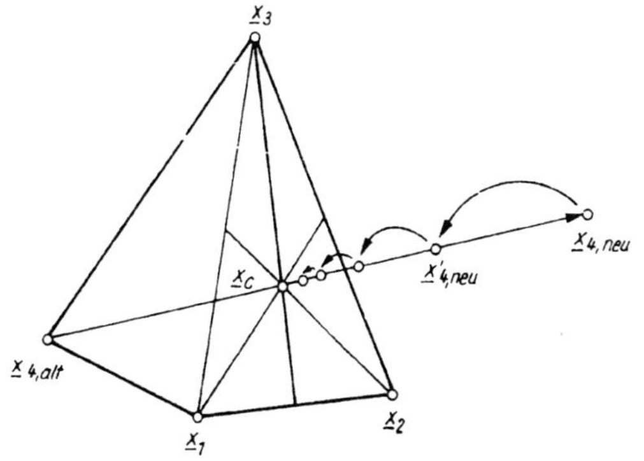

Bild 1. Endlose Schleife bei der wiederholten Verlegung des reflektierten Punktes

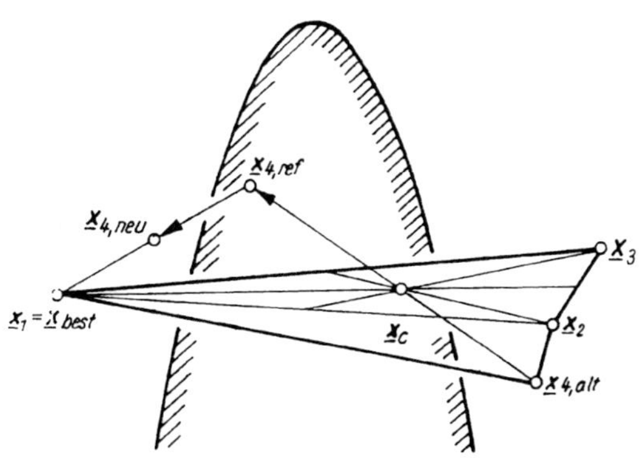

Bild 2. Strategie zur Berücksichtigung nichtkonvexer Restriktionsgrenzen

3. Erweiterte Korrekturregel für explizite Restriktionsgrenzen

Verletzt im Verlauf der Berechnungen ein neu gefundener Punkt eine explizite Restriktionsgrenze, so werden die betreffenden Komponenten durch Werte ersetzt, die um den Betrag δ (z. B. $\delta = 10^{-3}$) größer als der zugehörige untere Grenzwert oder kleiner als der obere sind. Der korrigierte Punkt liegt damit unmittelbar „vor" der expliziten Begrenzung des zulässigen Bereiches. Diese Regel kann dazu führen, daß alle Complexpunkte in einen $(n - 1)$-dimensionalen Hyperraum fallen, auf den somit die Suche nach dem Optimum beschränkt ist.

Zur Vermeidung dieser Versagensmöglichkeit wird die Strategie wie folgt erweitert. Wenn sich der Algorithmus an einer expliziten Grenze festgesetzt hat, wird das Programm, ausgehend von dem Punkt mit dem besten Funktionswert, neu gestartet. Alle weiteren Punkte werden verworfen und mit Hilfe von Pseudozufallszahlen neu generiert. Mit diesen Complexpunkten kann sich der Algorithmus im allgemeinen wieder von der Restriktionsgrenze lösen und die Optimierung weiterführen.

4. Berücksichtigung nichtkonvexer Restriktionsgrenzen

Bei Verletzung einer impliziten Restriktionsgrenze wird der betreffende Punkt auf die halbe Entfernung zum Zentroid der übrigen Punkte gelegt:

$$\boldsymbol{x}_{\text{neu}} = \tfrac{1}{2}\,[\boldsymbol{x}_{\text{alt}} + \boldsymbol{x}_C] . \tag{4}$$

Durch wiederholte Verlegung wird damit, sofern die Restriktionsgrenze konvex ist, ein zulässiger Punkt erzeugt. An nichtkonvexen Grenzen können jedoch der reflektierte Punkt und das Zentroid außerhalb des zulässigen Bereiches liegen, was nach der bisherigen Vorgehensweise zum vorzeitigen Abbruch führt.

Es wird daher vorgeschlagen, nach maximal n_{halb} erfolglosen Halbierungsschritten in Richtung des Zentroids, den reflektierten Punkt durch halbierende Schritte in Richtung des Complexpunktes mit dem besten Zielfunktionswert zu verschieben (Bild 2):

$$\boldsymbol{x}_{\text{neu}} = \tfrac{1}{2}\,[\boldsymbol{x}_{\text{ref}} + \boldsymbol{x}_{\text{best}}] . \tag{5}$$

Da der beste Punkt $\boldsymbol{x}_{\text{best}}$ definitionsgemäß zulässig ist, wird immer in einer endlichen Anzahl von Berechnungsschritten ein zulässiger Punkt ermittelt.

5. Auffinden von globalen Optimalstellen

Um die Wahrscheinlichkeit für das Auffinden von globalen Optimalstellen zu erhöhen, wird das bisherige Verfahren entsprechend ergänzt. Nach Erfüllen des Konvergenzkriteriums wird der Algorithmus mit Hilfe von Pseudozufallszahlen nochmals gestartet, wobei der aktuelle Lösungsvektor als Startpunkt dient.

Mit erhöhter Wahrscheinlichkeit liefert der nochmalige Start beim Vorliegen von lokalen Optimalstellen Punkte mit verbessertem Funktionswert, so daß die Suche nach dem globalen Optimum fortgesetzt wird. Kehrt der Algorithmus jedoch wiederholt zum Ausgangspunkt zurück, ist dieser mit „großer Sicherheit" die gesuchte globale Lösung.

6. Zusammenfassung

Der vorliegende Kurzaufsatz ist auf die Darstellung von vier charakteristischen Versagensfällen und die Entwicklung entsprechender Modifikationen beschränkt. Darüber hinaus sind eine Reihe von zusätzlichen Erweiterungen des ursprünglichen Complex-Verfahrens durchgeführt worden, die hier unerwähnt bleiben. Für Interessenten sei daher auf die Zusammenstellung [3] verwiesen.

Literatur

1 Box, M. J., A new method of constrained optimization and a comparison with other methods, Computer J. 8 (1965), 42—52.
2 Guin, J. A., Modification of the complex method of constrained optimization, Computer J. 10 (1968), 416—417.
3 Sattler, H.-J., Eine Erweiterung des Complex-Verfahrens von M. J. BOX, Bericht des Instituts für Mechanik und Regelungstechnik der Universität -GH-Siegen 1980.

Anschriften: Dipl.-Ing. Günter Kneppe; Dipl.-Math. Hans-Jürgen Sattler, Universität-GH-Siegen, Institut für Mechanik und Regelungstechnik, Paul-Bonatz-Str. 9—11, D-5900 Siegen 21, BRD

ZAMM 62, T373 – T 375 (1982)

U. Mackenroth

Über einige beantwortete und unbeantwortete Fragen im Zusammenhang mit zustandsrestringierten parabolischen Kontrollproblemen

Parabolische Kontrollprobleme ohne Zustandsrestriktionen werden schon seit langer Zeit untersucht. Von der umfangreichen Literatur hierüber erwähnen wir nur Lions [3]. Parabolische Kontrollprobleme mit Zustandsrestriktionen haben dagegen bisher nur verhältnismäßig wenig Aufmerksamkeit auf sich gezogen, obwohl sie einerseits vom Standpunkt der Anwendungen her wichtig sind, andererseits aber auch eine Reihe interessanter und schwieriger mathematischer Fragen aufwerfen. Dies soll in der vorliegenden Arbeit anhand mehrerer typischer Beispiele diskutiert werden.

Sei Ω eine offene und beschränkte Teilmenge des $\mathbb{R}^n$ mit „glattem" Rand Γ. Sei $T > 0$, $Q .=]0, T[\times \Omega$, $\Sigma .=]0, T[\times \Gamma$ und

$$A\varphi .= - \sum_{i,j=1}^{n} \frac{\partial}{\partial x_i}\left(a_{ij}\frac{\partial \varphi}{\partial x_j}\right) + a_0\varphi .$$

Wir nehmen dabei an, daß die a_{ij} und a_0 „glatte" Funktionen auf $\overline{\Omega}$ sind, die der üblichen Elliptizitätsbedingung genügen und für die $a_{ij} = a_{ji}$ gilt (vergl. Mackenroth [5]). Weiter seien reelle Zahlen $\alpha \geqq 0, \beta \geqq 0, m > 0$ und eine Funktion $y_T \in L^2(\Omega)$ gegeben. Schließlich sei $r\colon \Omega \times \mathbb{R} \to \mathbb{R}$ ein normaler konvexer Integrand mit $r(\cdot, h(\cdot)) \in L^1(\Omega)$ für alle $h \in L^2(\Omega)$. Wir führen nun das folgende *parabolische Kontrollproblem mit Zustandsrestriktion in Integralform* ein.

(P1) Minimiere $\|y(T) - y_T\|^2_{L^2(\Omega)}$

über „alle" reellwertigen Funktionen y auf Q und u auf Σ mit

$$\frac{\partial y}{\partial t} + Ay = 0\,, \quad \alpha y_{|\Sigma} + \beta\frac{\partial y}{\partial n_A} = u\,, \quad y(0) = 0\,, \quad |u| \leqq m\,, \qquad (1), (2), (3), (4)$$

$$\int_\Omega r(x, y(t, x))\, dx \leqq 0 \quad \text{für alle} \quad t \in [0, T]\,. \qquad (5)$$

(P1) ist (ebenso wie die nachfolgenden Probleme (P2)—(P4)) insofern noch nicht ganz präzise formuliert, als daß die Funktionenräume für y und u nicht festgelegt sind. Wir kommen hierauf weiter unten zurück.

Neben Problemen mit Zustandsrestriktion in Integralform betrachten wir auch *Probleme mit punktweiser Zustandsrestriktion*:

(P2) Problem (P2) ist genauso definiert wie (P1) mit dem einzigen Unterschied, daß die Zustandsrestriktion (5) zu ersetzen ist durch

$$y(t, x) \in C(t, x) \quad \text{für alle} \quad (t, x) \in \overline{Q} .$$

Hierbei sei $C(t, x)$ für alle $(t, x) \in \overline{Q}$ eine konvexe Teilmenge von $\mathbb{R}$. Ein weiterer Problemtyp besteht aus den *Problemen mit Gradientenbeschränkung*, wie z. B.:

(P3) Problem (P3) ist genauso definiert wie (P1) mit dem einzigen Unterschied, daß die Zustandsrestriktion (5) zu ersetzen ist durch

$$(\text{grad } y)(t, x) \in \tilde{C}(t, x) \quad \text{für alle} \quad (t, x) \in \overline{Q} .$$

Dabei sei $\tilde{C}(t, x)$ für alle $(t, x) \in \overline{Q}$ eine konvexe Teilmenge vom $\mathbb{R}^n$. Unser letztes Beispiel ist ein *Problem mit Endbedingung*.

(P4) Minimiere $\int_0^T \int_\Gamma u(t, \xi)^2 \, d\sigma \, dt$,

über „alle" reellwertigen Funktionen y auf Q und u auf Σ mit (1)—(3) und $y(T) = y_T$.

Die Liste dieser Beispiele kann beliebig verlängert werden, so z. B. durch Probleme mit anderer Kontrollrestriktion, Probleme, bei denen Kontrolle und Trajektorie in der Zielfunktion vorkommen und Probleme mit Gebietskontrollen (für die letztgenannten vergl. insbesondere Barbu und Precupanu [1] und Lasiecka [2]).

Die obigen Probleme sind alle konvex, so daß notwendige und hinreichende Optimalitätsbedingungen mit Hilfe der konvexen Optimierungstheorie hergeleitet werden können. Dafür ist es sinnvoll, einen *Steueroperator* S zu definieren, der jedem u aus dem Banach-Raum $\mathcal{U}$ der Kontrollen das Paar $(y, y(T))$ zuordnet, wobei y die zu u gehörige Lösung von (1)—(3) ist. Wir nehmen an, daß y (bzw. $y(T)$) in einem Banach-Raum Z (bzw. E) liegt. Bezeichne p_1 (bzw. p_2) die Projektion von $Z \times E$ auf Z (bzw. E). Dann kann jedes der Probleme (P1)—(P3) auch folgendermaßen geschrieben werden:

$$\text{Minimiere } \|p_2 Su - y_T\|^2_{L^2(\Omega)}$$

$$\text{über alle } u \in \mathcal{U} \text{ mit (4) und } p_1 Su \in K .$$

Dabei ist offensichtlich, wie man jeweils K als (konvexe) Teilmenge von Z zu definieren hat. Es bleibt die Frage zu beantworten, wie $\mathcal{U}$, Z und E zu wählen sind. Dies muß so geschehen, daß einerseits $\text{int}_Z (K) \neq \emptyset$ gilt und $\mathcal{U}$ so groß ist, daß die Existenz einer optimalen Kontrolle in $\mathcal{U}$ gewährleistet werden kann, andererseits aber auch S als linearer Operator von $\mathcal{U}$ nach $Z \times E$ wohldefiniert und stetig ist. Die Gültigkeit von $\text{int}_Z (K) \neq \emptyset$ ist zur Erfüllung der Slater-Bedingung notwendig.

In der Situation von (P1) wählen wir

$$Z := C([0, T]; L^2(\Omega)) , \qquad E := L^2(\Omega) ,$$

$$\mathcal{U} := \begin{cases} L^2(\Sigma), & \text{falls } \beta \neq 0 , \\ L^\infty(\Sigma), & \text{falls } \beta = 0 . \end{cases}$$

Dann ist S wohldefiniert und stetig. Sei v eine Funktion aus dem Raum $NBV(0, T)$ aller auf $[0, T]$ definierten reellwertigen normalisierten Funktionen beschränkter Variation. Mit μ_v bezeichnen wir das zugehörige reguläre Borel-Maß.

Satz: *Sei $\alpha \geqq 0$ und $\beta = 1$. Außerdem existiere eine Steuerung $\bar{u}$ mit $|\bar{u}| \leqq m$, so daß die zugehörige Trajektorie $\bar{y}$ im Innern der Menge*

$$\left\{z \in C([0, T]; L^2(\Omega)) \;\middle|\; \int_\Omega r(x, z(t, x)) \, dx \leqq 0 \quad \text{für alle} \quad t \in [0, T]\right\}$$

liegt. Dann ist (y, u) für (P1) genau dann optimal, wenn (y, u) zulässig ist und $h^* \in L^2(\Omega)$, $v \in NBV(0, T)$, eine bezüglich μ_v summierbare Funktion q: $[0, T] \to L^2(\Omega)$ und $w^* \in L^2(0, T; H^1(\Omega))$ existieren mit

$$-\frac{dw^*}{dt} + \mathfrak{A}w^* = \varrho(z_0^*), \qquad w^*(T) = z_T + h^* , \tag{6), (7}$$

$$y(T) - y_T = \tfrac{1}{2} h^* , \qquad uw^*_{|\Sigma} + m|w^*_{|\Sigma}| = 0 ,$$

$$\int_0^T \int_\Omega r(x, y(t, x)) \, dx \, dv(t) = 0 , \quad v \text{ ist monoton wachsend} ,$$

$$q(t, x) \in \partial r(x, y(t, x)) \quad \mu_v\text{—f. ü. auf } [0, T] \text{ und f. ü. auf } \Omega .$$

Dabei ergeben sich z_0^* und z_T durch Zerlegung des Funktionals

$$\langle z, z^* \rangle := \int_0^T \int_\Omega z(t, x) \, q(t, x) \, dx \, v(t) \quad \text{für alle} \quad z \in C([0, T]; L^2(\Omega))$$

in der in Mackenroth [4], *Satz* 5.1, *beschriebenen Weise.*

Hierin bezeichnet wie üblich $\partial r(x, y(t, x))$ das Subdifferential von $r(x, \cdot)$ an der Stelle $y(t, x)$. Die im Zusammenhang mit der adjungierten Differentialgleichung (6), (7) verwendeten Bezeichnungen können hier nicht mehr erklärt werden, wir verweisen aber auf MACKENROTH [4]. Der Beweis des obigen Satzes ergibt sich durch Anwendung der in MACKENROTH [4] bewiesenen Ergebnisse, vergleiche insbesondere die dortigen Sätze 6.1 und 3.3. Ein entsprechendes Resultat gilt auch im Fall $\beta = 0$ (vergl. MACKENROTH [7], Abschnitt 6.2 und Abschnitt 8.1).

Notwendige und hinreichende Optimalitätsbedingungen für (P2) mit $\alpha > 0$, $\beta = 1$ finden sich in MACKENROTH [5]. Dort wird $Z .= C(\overline{Q})$, $E .= L^2(Q)$ und $\mathcal{U} .= L^\infty(\Sigma)$ gewählt. Die übrigen Fälle ($\alpha = 0$ oder $\beta = 0$) sind offenbar noch unerforscht. Dasselbe gilt für (P3), wo ebenfalls notwendige und hinreichende Optimalitätsbedingungen noch nicht bekannt zu sein scheinen.

Notwendige Optimalitätsbedingungen für (P4) erfordern die Kenntnis von $p_2S(L^2(\Sigma))$ (wenn etwa $\mathcal{U} .= L^2(\Sigma)$ gewählt wird), also die Lösung des zugehörigen Steuerbarkeitsproblems. Da dies noch nicht vollständig gelöst ist, sind auch die notwendigen Optimalitätsbedingungen zumindest in der wünschenswerten allgemeinen Form noch nicht bekannt.

Bang-Bang-Prinzipien für Probleme, die mit (P1) verwandt sind, finden sich in TRÖLTZSCH [8] und MACKENROTH [6]. Für (P2) und (P3) liegen offenbar noch keine Ergebnisse in dieser Richtung vor.

Literatur

1 BARBU, V.; PRECUPANU, T., Convexity and Optimization in Banach Spaces, Editura academei, Sijthoff & Noordhoff, Bucuresti 1978.
2 LASIECKA, I., State constrained control problems for parabolic systems: regularity of optimal solutions, Appl. Math. Optim. 6 (1980), 1–29.
3 LIONS, J. L., Optimal Solutions of Systems Governed by Partial Differential Equations, Springer-Verlag, Berlin 1971.
4 MACKENROTH, U., Optimalitätsbedingungen und Dualität bei zustandsrestringierten parabolischen Kontrollproblemen, Math. Operationsforsch. Stat., Ser. Optim. 12 (1981), 65–89.
5 MACKENROTH, U., Convex parabolic boundary control problems with pointwise state constraints, erscheint in Journ. Math. Analysis Appl.
6 MACKENROTH, U., Time-optimal parabolic boundary control problems with state constraints, Numer. Funct. Analysis and Optimiz. 3 (1981), 285–300.
7 MACKENROTH, U., Optimalitätsbedingungen und Dualität für zustandsrestringierte konvexe parabolische Kontrollprobleme, Habilitationsschrift, Universität Bayreuth 1981.
8 TRÖLTZSCH, F., On some parabolic boundary control problems with constraints on the control and functional-constraints on the state, erscheint demnächst.

Anschrift: Dr. UWE MACKENROTH, Mathematisches Institut der Universität Bayreuth, Postfach 3008, D-8580 Bayreuth, BRD

ZAMM 62, T 375 – T 377 (1982)

M. MAŇAS

Graphical Methods of Multicriterial Optimization

The methods of multicriterial optimization proposed in the paper are based on a graphical representation of decision alternatives in star-coordinate systems. The graphical representation induces a definition of best compromise alternatives with easily understandable interpretation. The graphical methods are applied to the linear multicriterial optimization problem "maximize" Cx subject to $Ax \leqq b$, $x \geqq 0$, where C is a $k \times n$ matrix, A is an $m \times n$ matrix and b is a column m-vector. The methods are implemented on a computer.

1. Multiple attribute alternatives

Let Y be a set of elements which will be called *alternatives.* Any alternative is represented by a k-vector $y = [y_1, \dots, y_k]$, where y_i is a quantitative characteristic of the i-th attribute, $i = 1, \dots, k$. Without any loss of generality we assume that all attributes are maximizational, i.e. we assume that a potential decision maker gives priority to alternatives with higher value of y_i, supposing the components $y_1, \dots, y_{i-1}, y_{i+1}, \dots, y_k$ are fixed.

We shall say that $x \in Y$ *dominates* $y \in Y$ if and only if $x \geq y$, where $\geq$ means $\geqq$ and $\neq$. Two alternatives for which neither $x \geq y$ nor $y \geq x$ will be called *nondominated.* The subset $Y_n \subset Y$ of alternatives y for which there are no $x \in Y$ that dominate y will be called *nondominated set.*

In connection with sets of multiple attribute alternatives we may consider two closely related problems:

1. To define what is a "best compromise alternative in Y".
2. To define an order $y > x$ on Y which would correspond to a decision maker's relation "y is better than x".

In Tableau 1 there are some examples of decision problems that may be analysed within the framework of multiple attribute alternatives.

Tableau 1

Alternatives	Attributes	Problem
Candidates applying for admission at a university	Results in previous studies, entrance examinations, social background	To establish an order for acceptance
Industrially developed states	Production in main industries per capita	To establish an order according to production per capita
Alternative projects in regional planning	Costs, enviromental impact, rural land requirements	To find the best compromise project
Production plans of a firm	Increase in total net profit, capacity requirements, risk involved	To find the best compromise production plan

2. Maps in star coordinates

We shall assume that we know $2k$ numbers L_i, U_i such that $L_i \leqq y_i \leqq U_i$ for $i = 1, \ldots, k$ and all $y \in Y$. Further we assume that for each i, $i = 1, \ldots, k$, there is $\bar{y}^i \in Y$ such that $\bar{y}^i_i = L_i$ and $\bar{\bar{y}}^i \in Y$ such that $\bar{\bar{y}}^i_i = U_i$. The elements of the set Y may be represented in a *star coordinate system* which is defined as follows: We construct a circumference C with center S and with (an arbitrary) radius r. The center S is an initial point of k coordinate axes containing the same angle $2\pi/k$. The axes are numbered from 1 to k (see Fig. 1).

The linear scale at the i-th axis begins at S with value L_i and ends at the intersection with the circumference with value U_i. The value y_i of the i-th attribute may now be represented as a point on the i-th axis, and an alternative $y \in Y$ as a k-tuple of points. To represent an alternative as a single object one may connect these points into one geometrical figure. Two possibilities are shown on Fig. 2 and Fig. 3. We shall call them *P-maps* (P from 'Polygonal') and *S-maps* (S from 'Star') of multiple attribute alternatives.

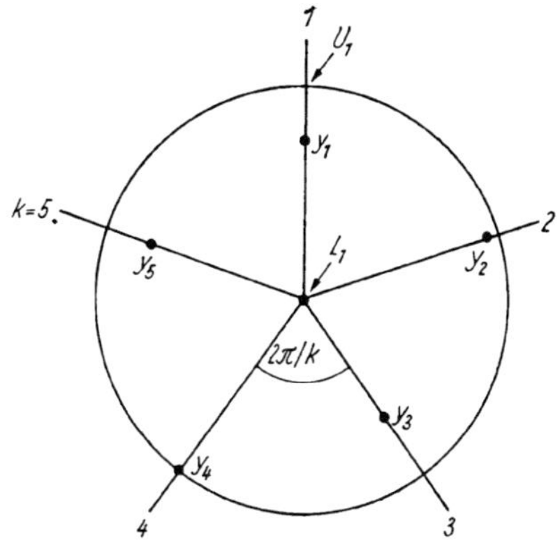

Fig. 1

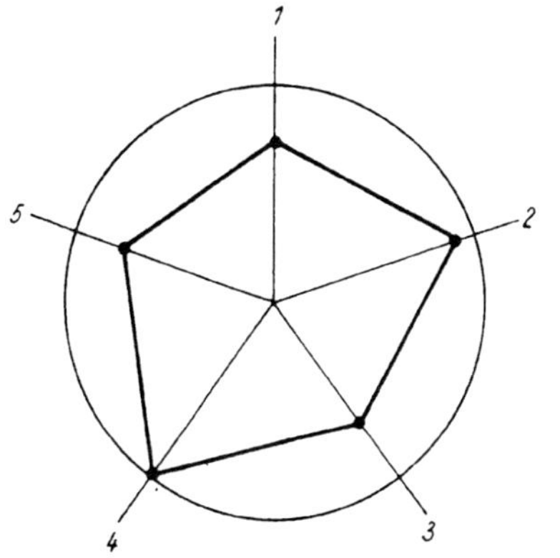

Fig. 2

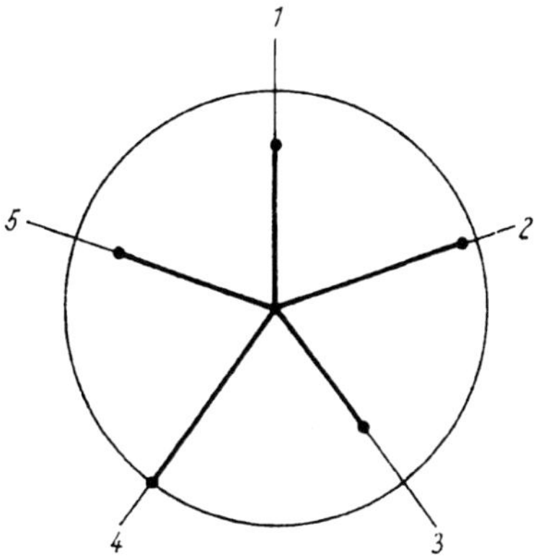

Fig. 3

3. Compromise alternatives

A k-vector $y^I = [U_1, \ldots, U_k]$ will be called an *ideal alternative.* Since usually $y^I \notin Y$, we should have better called it an ideal pseudo-alternative. The *best compromise alternative* may be now defined as the alternative with the minimal distance from y^I, where the distance in the P-map system is measured by the difference of areas and in the S-map system as a difference of lengths of line segments. More precisely, we may introduce the following definitions:

An alternative $y^P \in Y$ will be called a *P-compromise alternative* if and only if

$$y^P = \arg\min_{y \in Y} [P(y^I) - P(y)],$$

where $P(y)$ is a (Lebesgue) area of the P-map of y.

An alternative $y^S \in Y$ will be called an *S-compromise alternative* if and only if

$$y^S = \arg\min_{y \in Y} \sum_{i=1}^{k} (U_i - y_i)/(U_i - L_i).$$

It may be shown that *the compromise alternatives have the following properties*:

a) $y^P \in Y_n$, $y^I \in Y_n$.

b) *y^P is generally not invariant with respect to permutations of attributes.*

c) *y^S is invariant with respect to permutations of attributes.*

d) *Denoting $w_i = (y_i - L_i)/(U_i - L_i)$ and $w_{k+1} = w_1$, it holds*

$$y^P = \arg\max_{y \in Y} \sum_{i=1}^{k} w_i w_{i+1}.$$

4. Linear multicriterial optimization

Let C be a $k \times n$ matrix, A an $m \times n$ matrix and b a column m-vector. A linear multicriterial optimization problem consists in "simultaneous maximization" of Cx subject to $x \in X = \{x; Ax \leqq b, x \geqq 0\}$. The vector valued function $y = Cx$ maps $X \subset E^n$ onto $Y \subset E^k$. The set Y may be considered as a set of k-attribute alternatives. For upper and lower bounds L_i, U_i we choose

$$L_i = c^{(i)} \arg\min_{x \in X} c^i x\,, \qquad U_i = c^{(i)} \arg\max_{x \in X} c^i x\,,$$

where $c^{(i)}$ is the i-th row of matrix C. It may be shown that y^P *is a solution to the single objective nonconvex quadratic problem*

$$\text{maximize} \sum_{i=1}^{k} (y_i - L_i)(y_{i+1} - L_{i+1})/(U_i - L_i)(U_{i+1} - L_{i+1})$$

subject to

$$y - Cx = 0\,, \qquad Ax \leqq b\,, \qquad x \geqq 0\,, \tag{1}$$

where in the objective function again $y_{k+1} = y_1$.

Similarly, y^S *is a solution to the linear programming problem*

$$\text{maximize} \sum_{i=1}^{k} (y_i - L_i)/(U_i - L_i)$$

subject to (1). The x-part of the solution may be interpreted as a best compromise decision which brings out the best compromise alternative y^P or y^S.

There is a program package that computes y^P and y^S for finite sets Y, and y^S for linear multicriterial problems. The program can also provide graphical representation of results or draw maps of several alternatives into one graph; the alternatives are then distinguished by colours.

Anschrift: Doc. RNDr., Csc Miroslav Maňas, School of Economics, Nám. A. Zápotockého 4, 13067 Praha 3, ČSSR

ZAMM 62, T 377 – T 380 (1982)

K. Marti

Minimizing Noisy Objective Functions by Random Search Methods

1. Introduction

Solving complicated technical optimization problems

$$\min F_0(x) \quad \text{s.t.} \quad x \in D \tag{1}$$

engineers use often a *random search algorithm* of the following type

$$X_0 := x_0 = \text{given starting point (fixed or random)}\,,$$
$$X_t := \begin{cases} Z_{t+1}, & \text{if} \quad Z_{t+1} \in D \quad \text{and} \quad F_0(Z_{t+1}) < F_0(X_t)\,, \\ X_t, & \text{if} \quad Z_{t+1} \notin D \quad \text{or} \quad F_0(Z_{t+1}) \geqq F_0(X_t)\,, \end{cases} \tag{2}$$

where $Z_1, Z_2, \ldots, Z_t, \ldots$ is a given sequence of random n-vectors, the search variates, which may be selected by the optimizer. In practice however, the function values $F_0(x)$ of the objective function F_0 in (1) may not be obtained exactly, but with some *random disturbance* or *noise* $n = n(x)$, i.e. we observe only the values of

$$f(x) = F_0(x) + n(x)\,,$$

where we assume mean zero

$$\mathsf{E}n(x) = 0 \quad \text{for each} \quad x \in D\,.$$

Therefore, the basic algorithm (2) must be replaced by

$$X_{t+1} := \begin{cases} Z_{t+1}, & \text{if} \quad Z_{t+1} \in D \quad \text{and} \quad \hat{F}_t(Z_{t+1}) < \hat{F}_t(X_t)\,, \\ X_t, & \text{if} \quad Z_{t+1} \notin D \quad \text{or} \quad \hat{F}_t(Z_{t+1}) \geqq \hat{F}_t(X_t)\,, \end{cases}$$

where $\hat{F}_t$ denotes an *estimate of the objective function* F_0. We consider the arithmetic means

$$\hat{F}_t(x) := \frac{1}{m_t} \sum_{k \in M_t} f_k(x) = F_0(x) + \frac{1}{m_t} \sum_{k \in M_t} n_k(x)\,,$$

where $\{f_k: k \in M_t\}$ are m_t independent noisy observations of F_0, m_t are certain integers and M_t are given index sets. We study the following two important cases

$$\text{(I)} \quad M_t = \{k_{t,1}, \dots, k_{t,m_t}\}$$

and

$$\text{(II)} \quad M_t = \{1, 2, \dots, m_t\},$$

hence in the first case it is $M_s \cap M_t = \emptyset$, if $s \neq t$. The problem is now to find conditions such that $X_t \to D^*$, $t \to \infty$, with probability (w.p.) 1, where D^* denotes the solution set of (1); furthermore, the rate of convergence should be estimated. Note that in case (I) $X_0, X_1, \dots$ is a Markov process.

2. The convergence of X_t towards D^*

This convergence is studied by means of the probabilities

$$\mathsf{P}(X_t \in B_\varepsilon), \quad \text{where} \quad B_\varepsilon = \{y \in D: F_0(y) \leqq F_0^* + \varepsilon\}, \qquad F_0^* = \inf_{x \in D} F_0(x).$$

If $\pi_t = \pi_t(x_t, \cdot)$ denotes the conditional distribution of Z_{t+1}, given $X_t = x_t$, then we find the following recurrence relations

$$\mathsf{P}(X_{t+1} \notin B_\varepsilon) \leqq (1 - \alpha_t - r_t)\, \mathsf{P}(X_t \notin B_\varepsilon) + r_t,$$

where the numbers α_t and r_t are defined as follows.

Case (I): X_t is independent on $\hat{F}_t$. Then α_t, r_t are defined by

$$\alpha_t := \inf\{\mathsf{E}(\pi_t(x_t, G_{\hat{F}_t}(x_t) \cap B_\varepsilon) \mid X_t = x_t): x_t \notin B_\varepsilon\},$$

$$r_t := \sup\{\mathsf{E}(\pi_t(x_t, G_{\hat{F}_t}(x_t) \setminus B_\varepsilon) \mid X_t = x_t): x_t \in B_\varepsilon\},$$

where $G_F(x) = \{y \in D: F(y) < F(x)\}$.

Case (II): X_t depends also on $\hat{F}_t$. We write here $\hat{F}_t(x) = \hat{F}_t(x, \theta)$, where $\theta \in \Theta$ denotes the random parameter in $f(x)$. Now it is

$$\alpha_t := \inf\{\pi_t(x_t, G_{\hat{F}_t(\cdot,\theta)}(x_t) \cap B_\varepsilon): x_t \notin B_\varepsilon, \theta \in \Theta\},$$

$$r_t := \sup\{\pi_t(x_t, G_{\hat{F}_t(\cdot,\theta)}(x_t) \setminus B_\varepsilon): x_t \in B_\varepsilon, \theta \in \Theta\}.$$

A sufficient condition for the convergence of $\mathsf{P}(X_t \in B_\varepsilon)$ yields

Theorem 2.1: *Let α_t, r_t satisfy the conditions $\sum_{t=0}^{\infty} (\alpha_t + r_t) = +\infty$ and $\lim_{t \to \infty} \frac{r_t}{\alpha_t} = 0$ or $\sum_{t=0}^{\infty} r_t < +\infty$. Then* $\lim_{t \to \infty} \mathsf{P}(X_t \in B_\varepsilon) = 1$.

Corollary 2.1: *If $\alpha_t \geqq \alpha_0 > 0$ for all $t > t_0$, then $\lim_{t \to \infty} r_t = 0$ is sufficient for $\lim_{t \to \infty} \mathsf{P}(X_t \in B_\varepsilon) = 1$.*

For the convergence of $F_0(X_t)$ w.p. 1 we have this result.

Theorem 2.2.: *If $\lim_{t \to \infty} \mathsf{P}(X_t \in B_\varepsilon) = 1$ for each $\varepsilon > 0$, then $\lim_{t \to \infty} F_0(X_t) = F_0^*$ holds* w.p. 1.

3. The properties of the sequences (α_t) and (r_t)

3.1. Case (I): Assuming that

$$\mathsf{P}\left(\frac{1}{m_t} \sum_{k \in M_t} (n_k(z) - n_k(x)) < 0\right) \geqq H_0 > 0 \quad \text{for all} \quad x, z \in R^n,$$

where H_0 is a constant, for α_t we finde the lower bound

$$\alpha_t \geqq H_0 \cdot \inf\{\pi_t(x_t, B_\varepsilon): x_t \notin B_\varepsilon\}.$$

Furthermore, we suppose that the noise $n(x)$ has 3rd order moments and that the following inequalities hold

a) variance $(n(z) - n(x)) =: \sigma_{x,z}^2 \leqq \sigma_0^2$ for all $x, z \in R^n$,

b) $\dfrac{33}{4} \dfrac{\mathsf{E}\,|n(z) - n(x)|^3}{\sigma_{x,z}^3} \leqq K_0$ for all $x, z \in R^n$,

c) $d_0 := \sup\left\{\displaystyle\int_{z \in D \setminus B_\varepsilon} \frac{1}{F_0(z) - F_0^* - \varepsilon}\, \pi_t(x_t, dz): x_t \in B_\varepsilon\right\} < +\infty,$

where σ_0 and K_0 are nonnegative constants. By means of the Berry-Esséen Theorem, for r_t we obtain the upper bound

$$r_t \leqq \frac{1}{\sqrt{m_t}} (\sigma_0 d_0 + K_0). \tag{4}$$

The estimates (3), (4) yield now the following
Theorem 3.1: *Let the assumptions in* (3.1) *be valid. If*

$$\sum_{t=0}^{\infty} \inf \{\pi_t(x, B_\varepsilon) : x \notin B_\varepsilon\} = +\infty$$

and

$$\sum_{t=0}^{\infty} \frac{1}{\sqrt{m_t}} < +\infty \quad or \quad \lim_{t\to\infty} \sqrt{m_t} \cdot \inf_{x \notin B_\varepsilon} \pi_t(x, B_\varepsilon) = +\infty ,$$

then

$$\lim_{t\to\infty} \mathsf{P}(X_t \in B_\varepsilon) = 1 .$$

3.2. Case (II): We assume here that for $t \to \infty$

$$\hat{F}_t(x) = \frac{1}{m_t} \sum_{k=1}^{m_t} f_k(x) \to F_0(x) \quad \text{uniformly in } x \text{ w.p. } 1 .$$

Then there exists an integer t_0 such that for all $t > t_0$ hold

$$\alpha_t \geqq a_t := \inf \{\pi_t(x, B_{\varepsilon/2}) : x \notin B_\varepsilon\} ,$$

$$r_t \leqq b_t := \sup \{\pi_t(x, \{y \in D : F_0^* + \varepsilon < F_0(y) < F_0^* + \tfrac{3}{2}\varepsilon\}) : x \in B_\varepsilon\} .$$

Theorem 3.2: *Let the assumption in* (3.2) *be valid. If* $\sum_{t=0}^{\infty} a_t = +\infty$ *and* $\lim_{t\to\infty} \frac{b_t}{a_t} = 0$ *or* $\sum_{t=0}^{\infty} b_t < +\infty$, *then* $\lim \mathsf{P}(X_t \in B_\varepsilon) = 1$.

4. The discrete parameter case

We consider here the case $D = \{d_1, d_2, \dots, d_N\}$, where N is an arbitrary, but fixed integer; furthermore, we assume case (I), i.e. $M_t = \{k_{t,1}, \dots, k_{t,m_t}\}$. Consequently (X_t) is a nonstationary Markov chain and its convergence behaviour can be studied by means of its transition probabilities

$$p_{ij}^{(t-1,t)} := \mathsf{P}(X_t = j \mid X_{t-1} = i) ,$$

where "j" denotes also the element d_j. We find that

$$p_{ij}^{(t-1,t)} = \begin{cases} \pi_{ij}^{(t-1,t)} \mathsf{P}\big(\hat{F}_{t-1}(d_j) < \hat{F}_{t-1}(d_i)\big) , & \text{if } j \neq i , \\ 1 - \sum_{j\neq i} \pi_{ij}^{(t-1,t)} \mathsf{P}\big(\hat{F}_{t-1}(d_j) < \hat{F}_{t-1}(d_i)\big) , & \text{if } j = i , \end{cases}$$

where $\pi_{ij}^{(t-1,t)} = \mathsf{P}(Z_t = j \mid Z_{t-1} = i)$ are the transition probabilities of the search variates Z_t. The distribution P_{X_t} of the state X_t is then given by

$$P_{X_t} = \mu^{(0)} \prod_{s=1}^{t} P_s , \qquad P_s = (p_{ij}^{(s-1,s)})_{i,j=1,\dots,N} ,$$

where $\mu^{(0)}$ is the initial distribution of X_0. Assuming now that (Z_t) is a stationary process, i.e. $\pi_{ij}^{(t-1,t)} = \pi_{ij}$, the convergence of X_t depends obviously on the probabilities

$$c_{ij}^{(t)} := \mathsf{P}\big(\hat{F}_t(d_j) < \hat{F}_t(d_i)\big) .$$

If again the noise $n(x)$ has 3rd order moments, then we have that

$$|c_{ij}^{(t)} - c_{ij}| \leqq \frac{L}{\sqrt{m_t}} , \qquad L := K_0 + \max_{j\neq i} \frac{\sigma\big(n(d_j) - n(d_i)\big)}{|F_0(d_j) - F_0(d_i)|}$$

where K_0 is an upper bound of $\frac{33}{4} \mathsf{E}|n(d_j) - n(d_i)|^3 / \big(\sigma(n(d_j) - n(d_i))\big)^3, 1 \leqq i, j \leqq N, n(d_j) \neq n(d_i)$(w.p. 1; furthermore, c_{ij} is given by $c_{ij} = 0$, if $F_0(d_i) < F_0(d_j)$, $c_{ij} = \frac{1}{2}$, if $F_0(d_i) = F_0(d_j)$, $c_{ij} = 1$, if $F_0(d_i) > F_0(d_j)$ for the case $n(d_i) \neq n(d_j)$ w.p. 1 and $c_{ij} = 0$, if $F_0(d_i) \leqq F_0(d_j)$, $c_{ij} = 1$, if $F_0(d_i) > F_0(d_j)$ in the other case. Hence

$$||P_t - P|| \leqq \frac{2L}{\sqrt{m_{t-1}}} , \qquad P = (p_{ij})_{i,j=1,\dots,N} ,$$

where the stochastic matrix P has elements $p_{ij} = \pi_{ij} c_{ij}$, if $j \neq i$, and $p_{ii} = 1 - \sum_{j\neq i} \pi_{ij} c_{ij}$. The ergodic coefficient $\alpha(P)$ of the limiting matrix P satisfies $\alpha(P) = \inf \Big\{ \sum_{d_j \in D^*} \pi_{ij} : d_i \notin D^* \Big\}$. It follows now

Theorem 4.1. *Under the above assumption let* $\alpha(P) > 0$ *and* $m_t \to \infty$, $t \to \infty$. *Then* (X_t) *is a strongly ergodic chain and* P_{X_t} *convergences towards a distribution* q *concentrated on the solution set* D^* *of* (1). *If* Q *is the* (N, N)*-matrix with* q *in each of its rows, then*

$$||P_1 P_2 \dots P_t - Q|| \leqq 2\big(1 - \alpha(P)\big)^{[t/2]} + 4L/\sqrt{m_{[t/2]-1}} .$$

Note: Related considerations, but for random search methods different from (2) and without estimations of the convergence rate may be found in the references [1], [2].

References

1 DEVROYE, L. P., Progressive global random search of continuous functions, Math. Programming 15, 330–342 (1978).
2 ZIELINSKI, R., Global Stochastic Approximation, Dissertationes Mathematicae CXLII, Warszawa 1977, Polska Akademia Nauk, Inst. Matem.

Anschrift: Prof. Dr. K. MARTI, Hochschule der Bundeswehr München, FB LRT, Werner-Heisenberg-Weg 39, D-8014 Neubiberg/München, BRD

ZAMM 62, T 380 – T 382 (1982)

U. PAHNKE

Optimierung des reibungsbehafteten, mehrteiligen Systems einer Eisenbahnbrücke hinsichtlich der Längskräfte aus Temperaturänderung

Die hier angesprochene Optimierungsaufgabe entstammt dem gleichen Problemkreis, der in [1] und der dort angegebenen Literatur bezüglich der Entstehung und Abtragung von Längskräften auf Eisenbahnbrücken mit durchgehend geschweißten Schienen erläutert wurde. Nur ist hier ein anders gelagertes, sehr langes Brückensystem angesprochen, bei dem alle Überbaulängen gleich l_0 und die Überbauten nach Abb. 1 einseitig fest gelagert sind. Ein solches System weist gegenüber dem verschieblich gelagerten in [1] den Vorteil auf, daß große Teile der Brems- und Anfahrkräfte über die auf Pfeilern angeordneten „festen" Lager abgetragen werden können und bei ausreichender Pfeilersteifigkeit keine Zusatzkonstruktionen wie elastische Stäbe oder Kriechkopplungen erforderlich sind, um die Schienenlängsspannungen unter dem zulässigen Wert zu halten. Unvermeidlich ist aber auch in diesem Brückensystem die Entstehung von Längskräften aus der Temperaturänderung der Überbauten, welche nach dem Längsverschiebewiderstandsgesetz [1, Abb. 1] zwischen Schiene und Brücke bzw. Damm bei temperaturbedingter Längenänderung der Überbauten geweckt werden. In [2] wurde nachgewiesen, daß der Ansatz Coulombscher Reibung zwischen Schiene und Brücke im Lastfall für Temperaturänderung der Überbauten ΔT_B gute Näherungslösungen

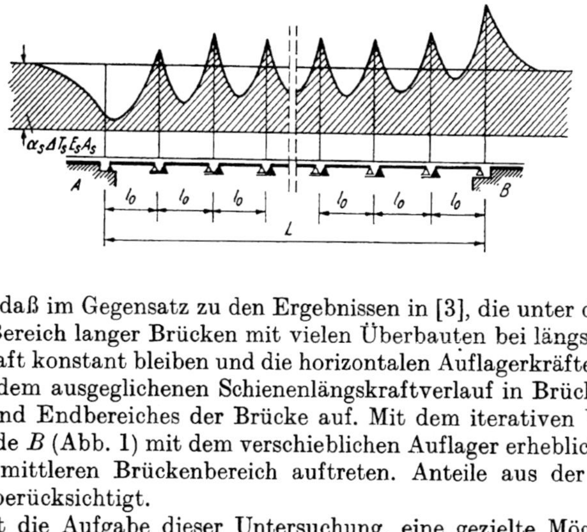

Abb. 1. Längskraftverlauf in der Schiene infolge ΔT_B für gleich lange Überbauten l_0, mit hohen Spitzenwerten bei B

liefert und daß im Gegensatz zu den Ergebnissen in [3], die unter der Annahme starrer Schienen erzielt wurden, im mittleren Bereich langer Brücken mit vielen Überbauten bei längselastischen Schienen die Spitzenwerte der Schienenlängskraft konstant bleiben und die horizontalen Auflagerkräfte gleich Null werden. Wesentliche Veränderungen gegenüber dem ausgeglichenen Schienenlängskraftverlauf in Brückenmitte treten i. a. nur in den drei Feldern des Anfangs- und Endbereiches der Brücke auf. Mit dem iterativen Verfahren [4] wurde nachgewiesen, daß an dem Brückenende B (Abb. 1) mit dem verschieblichen Auflager erhebliche Vergrößerungen der Längskraftspitzen gegenüber dem mittleren Brückenbereich auftreten. Anteile aus der Temperaturänderung der Schiene $\alpha_S \Delta T_S E_S A_S$ bleiben unberücksichtigt.

Es ist die Aufgabe dieser Untersuchung, eine gezielte Möglichkeit zum Abbau dieser großen Längskraftspitzen bei B in Abb. 1 anzugeben. Da diese Spitzenwerte infolge ΔT_B eine Funktion der Überbaulängen sind [1], besteht unter Beibehaltung der Auflagerfolge nur die Möglichkeit, Systemveränderungen an den Überbaulängen vorzunehmen. Hier wird nach den Überbaulängen am Brückenende B gesucht, welche eine möglichst kleine Veränderung gegenüber der Länge l_0 in Brückenmitte herbeiführen. Das Optimum sei dann erreicht, wenn die Längskraftspitzen nur noch so groß wie im mittleren Bereich der Brücke, also gleich P werden, wobei der Betrag von P nach [2] aus der konstanten Überbaulänge l_0 in Brückenmitte und dem Coulombschen Reibwert q des Längsverschiebewiderstandes auf der Brücke zu berechnen ist:

$$|P| = \frac{q \cdot l_0}{4}. \tag{1}$$

Aus der optimierenden Forderung nach der Gleichheit aller Schienenlängskräfte P an den Überbauenden folgt, daß die horizontalen Auflagerkräfte infolge max $|\Delta T_B|$ gleich Null werden müssen, da sie sich jeweils aus der Differenz der Schienenkräfte an beiden Überbauenden zusammensetzen. Das Verschwinden der Auflagerkräfte bedeutet, daß auch die Auflagerverschiebungen gleich Null werden, und liefert damit eine Optimierungsmöglichkeit ohne Approximationsrechnungen. Die Überbaulängen l_i, die die Nullverschiebung der Auflager bewirken sollen, ergeben sich für das Endfeld n und das $(n - i)$-te Innenfeld aus den Gleichungen (2) und (5) mit den Längsverschiebewiderständen q_1 auf dem Damm und q auf der Brücke, dem Temperaturdehnungskoeffizienten der Brücke α_B, der maximalen Temperaturänderung der Brücke max $|\Delta T_B|$ und der Dehnsteifigkeit der Schiene $E_S \cdot A_S$, wobei zur Abkürzung die Konstanten $C = E_S \cdot A_S \cdot \alpha_B \cdot \max |\Delta T_B|$ und $D = C/q - l_0/4$ eingeführt werden. In den umgeformten Verschiebungsgleichungen (2) und (5) für das linke Überbauende bedeutet auf der rechten Seite der Gleichungen der erste Term die Schienenverschiebung am jeweils rechten Überbauende, seine Summe mit dem zweiten die Schienenverschiebung in Überbaumitte — dort ist die Relativverschiebung zwischen Schiene und Überbau gleich Null, so daß dort der schlupffreie Übergang von der Schiene zum Überbau gelingt — und der dritte die Längenänderung des halben Überbaues infolge max $|\Delta T_B|$. Aus den quadratischen Gleichungen (2) und (5) in l_n und l_{n-i} erhält man durch Einsetzen von (1) und Umformung die Gleichungen (3) und (6) mit dem positiven Wurzelvorzeichen, da die Angabe von Längen nicht negativ sein kann. Damit ist bereits l_n in Abb. 2 bekannt. Die weitere Folge von Überbaulängen $l_{n-1}, l_{n-2}, \ldots$ läßt sich erst dadurch angeben, daß man die Schienenverschiebungen $s_{S,n}, s_{S,n-1}, \ldots$ über dem jeweils linken Ende des Überbaues aus den Gleichungen (4) und (7) berechnet. Die Gleichungen (4) und (7) folgen aus den Gleichungen (2) und (5) durch Verdoppelung des zweiten und Entfernung des dritten Summanden. Mit diesem Satz von Gleichungen läßt sich die „Minimierungsfolge" von Überbaulängen am Brückenende B fortlaufend folgendermaßen berechnen: Aus l_n der Gleichung (3) folgt $s_{S,n}$ von (4), daraus l_{n-1} von (6), l_{n-1} und $s_{S,n}$ von (4) in (7) eingesetzt ergibt $s_{S,n-1}$ von (7), woraus sich l_{n-2} aus (6) und die weiteren Glieder der Folge l_{n-i} in (6) im Wechsel mit den $s_{S,n-i}$ in (7) berechnen lassen. Die Konvergenz der Folge l_{n-i} gegen l_0 ist praktisch nach Abb. 3 bewiesen.

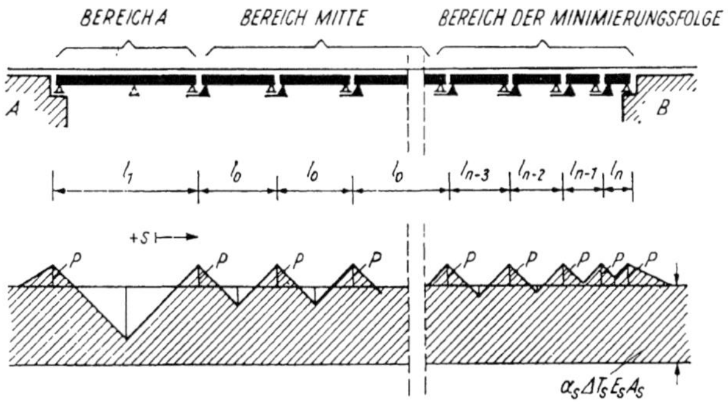

Abb. 2. Ausgeglichener Längskraftverlauf in der Schiene infolge ΔT_B bei Anwendung der Minimierungsfolge für Überbaulängen bei B

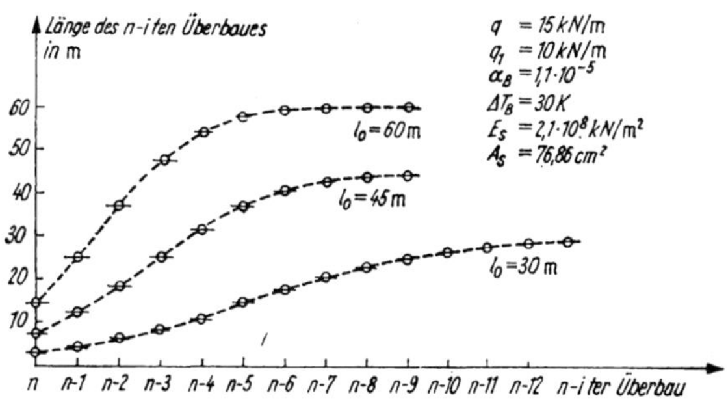

Abb. 3. Beispiele für Überbaulängen nach der Minimierungsfolge mit l_0 als Parameter

Endfeld n

$$0 = \frac{P^2}{2q_1} + \frac{1}{2}\left(|P| \cdot l_n - \frac{q \cdot l_n^2}{4}\right) - \frac{1}{2} C \cdot l_n \,, \tag{2}$$

$$l_n = -2D + \sqrt{4D^2 + \frac{q \cdot l_0^2}{4q_1}}\,, \tag{3}$$

$$E_S \cdot A_S \cdot s_{S,n} = \frac{P^2}{2q_1} + |P|\, l_n - \frac{1}{4} q l_n^2 \,, \tag{4}$$

Innenfeld $n - i$ der Minimierungsfolge

$$0 = s_{S,n-i+1} + \frac{1}{2}\left(|P| \cdot l_{n-i} - \frac{q \cdot l_{n-i}^2}{4}\right) - \frac{1}{2} C \cdot l_{n-i} \,, \tag{5}$$

$$l_{n-i} = -2D + 2\sqrt{D^2 + \frac{2}{q} \cdot E_S \cdot A_S \cdot s^{S,n-i+1}}\,, \tag{6}$$

$$E_S \cdot A_S \cdot s_{S,n-i} = E_S \cdot A_S \cdot s_{S,n-i+1} + |P| \cdot l_{n-i} - \tfrac{1}{4} q l_{n-i}^2 \,. \tag{7}$$

Die erforderliche Überbaulänge l_1 im Bereich A (Abb. 2), welche infolge max $|\Delta T_B|$ über beiden Überbauenden Schienenlängskräfte $|P|$ erzeugt, findet man aus ähnlichen Überlegungen zu

$$l_1 = l_0 \cdot [1/2 + \sqrt{1/4 + 2 \cdot (C/q \cdot l_0 + 1/16)}]\,, \tag{8}$$

solange die Schienenlängskraftfläche auf der Länge l_1 nur einen Neigungswechsel aufweist. Wird l_1 so groß, daß eine trapezförmige Längskraftfläche entsteht, so ergibt sich l_1 nach [2] aus Gleichung (9)

$$l_1 = l_0/2 + P^2/2 \cdot q_1 \cdot C + (|P| + C)^2/q \cdot C\,. \tag{9}$$

Literatur

1 PAHNKE, U., Eine geschlossene Lösung und ihre Eindeutigkeit bei Reibkopplung elastischer Körper am Beispiel mehrteiliger Eisenbahnbrücken mit Temperaturänderung, ZAMM 62 (1982), T 145—T 147.
2 PAHNKE, U., Lineare und nichtlineare Statik der Längskräfte auf Eisenbahnbrücken ohne Schienenauszüge, Forschungsprogramm des Bundesministeriums für Forschung und Technologie, Vorhaben „R/S-Brücken" TV 7514a, Thema 61, Dok.-Nr. DB 061046 im BZA München vom 30. 09. 78, S. 1—243.
3 FUKAZAWA, Y.; ONISHI, A., A very long rail laid on bridge, Permanent Way 5 (1962) 1, 17—31.
4 KLAASSEN, K.; SCHMÄLZLIN, G., Berechnung der Längskräfte in hohen Eisenbahnbrücken bei nichtlinearem Materialgesetz des Schotters, Die Bautechnik 57 (1980), 8, 279—280.

Anschrift: Dr.-Ing. ULF PAHNKE, Bundesbahn-Zentralamt München, Arnulfstr. 19, D-8000 München 2, BRD

ZAMM 62, T 382 – T 384 (1982)

H.-J. SATTLER

Eine Herleitung der Zielgewichtung in der Vektoroptimierung aus einer Abstandsfunktionsformulierung

1. Einleitung

Das oft zur Lösung des Vektoroptimierungsproblems (VOP)

$$\boldsymbol{f}(\boldsymbol{x}) = \begin{bmatrix} f_1(\boldsymbol{x}) \\ \vdots \\ f_m(\boldsymbol{x}) \end{bmatrix} = \text{„Min"}, \qquad \begin{array}{l} \boldsymbol{x} \in X \subset R^n , \\ \boldsymbol{f} \in Y \subset R^m , \end{array} \tag{1}$$

herangezogene skalare Ersatzproblem der Zielgewichtung läßt sich aus dem goal-program von CHARNES und COOPER [1], einem Spezialfall einer allgemeinen Abstandsfunktionsformulierung, mit Hilfe einer Modifikation von FANDEL [3] und einer zusätzlichen Erweiterung herleiten.

Bezüglich der Einzelzielfunktionen $f_1, \dots, f_m$ und des zulässigen Variablenbereichs X werden die in der Literatur üblichen Voraussetzungen getroffen ([2], [3]). Insbesondere sei X durch die zum Problem (1) gehörenden Restriktionen festgelegt.

2. Transformation auf ein skalares Optimierungsproblem (SOP)

Die funktional-effizienten Punkte eines Vektoroptimierungsproblems bilden — im Gegensatz zu den diskreten, optimalen Lösungen im skalaren Fall — im allgemeinen ein Kontinuum von möglichen Lösungspunkten, die *vollständige Lösungsmenge* $X^* \subset X$ des Vektoroptimierungsproblems. Die Forderung, unter den Punkten von X^* einen auszuwählen, wird durch eine Transformation des Vektoroptimierungsproblems auf ein skalares Optimierungsproblem realisiert, dessen Optimalpunkte sich in bekannte Weise ermitteln lassen (Bild 1). In diese Transformation fließt die Präferenzvorstellung des Entscheidungsträgers ein, die mit Hilfe einer Präferenzfunktion p formuliert wird.

Von einem *Ersatzproblem* spricht man, wenn folgende Bedingung erfüllt ist.

Effizienzbedingung: *Die optimalen Punkte* $\tilde{\boldsymbol{x}}$ *des skalaren Optimierungsproblems sind funktional-effiziente Punkte des Vektoroptimierungsproblems*:

$$\tilde{\boldsymbol{x}} \in X^* . \tag{2}$$

3. Allgemeine Abstandsfunktion

Bei Vorgabe von Anspruchsniveaus $\bar{y}_1, \dots, \bar{y}_m$, das sind möglichst zu erreichende Werte der Einzelzielfunktionen $f_1, \dots, f_m$, genügt das skalare Optimierungsproblem

$$p_a^r[\boldsymbol{f}(\boldsymbol{x}), \bar{\boldsymbol{y}}] := \left(\sum_{j=1}^{m} |\Delta f_j(\boldsymbol{x})|^r \right)^{1/r} = \text{Min} , \qquad 1 \leqq r < \infty , \tag{3a}$$

$$\Delta f_j(\boldsymbol{x}) := f_j(\boldsymbol{x}) - \bar{y}_j , \qquad j = 1, \dots, m , \tag{3b}$$

nur unter sehr einschneidenden Forderungen bezüglich der Wahl des Anspruchsniveauvektors $\bar{\boldsymbol{y}}$ der Effizienzbedingung (2). Insbesondere ist die Kenntnis der individuellen Minima von $f_1, \dots, f_m$ erforderlich [3].

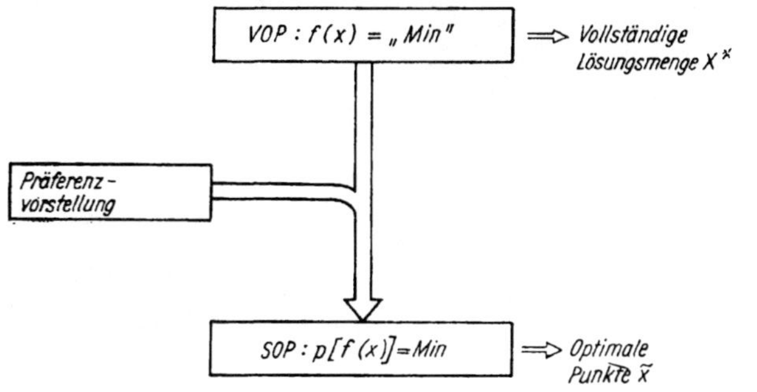

Bild 1. Transformation des Vektoroptimierungsproblems auf ein skalares Optimierungsproblem (f, x, $\tilde{x}$ bedeuten die Vektoren $\boldsymbol{f}$, $\boldsymbol{x}$, $\tilde{\boldsymbol{x}}$ im Text)

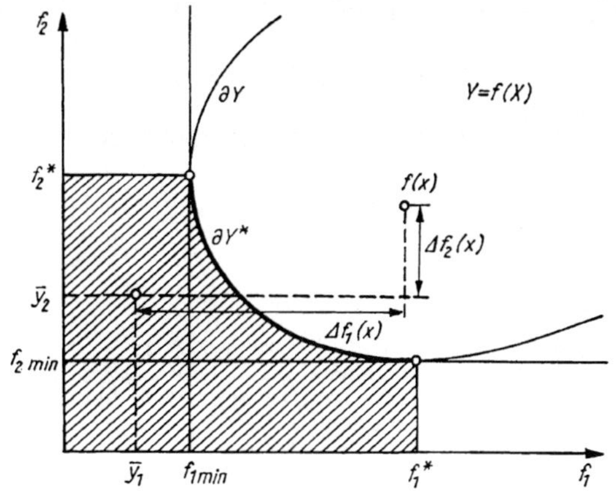

Bild 2. Goal-Program von CHARNES und COOPER (f, x bedeuten die Vektoren $\boldsymbol{f}$, $\boldsymbol{x}$ im Text)

4. goal-program

Dieses skalare Optimierungsproblem von CHARNES und COOPER [1] entsteht aus (3a) durch Wahl von $r = 1$:

$$p_a^1[\boldsymbol{f}(\boldsymbol{x}), \bar{\boldsymbol{y}}] := \sum_{j=1}^{m} |\Delta f_j(\boldsymbol{x})| = \text{Min}\,, \tag{4}$$

besitzt aber den im Abschnitt 3 genannten Nachteil. Bild 2 zeigt für den Fall $m = 2$ die Bildmenge Y von X. Die Bilder optimaler Punkte von (4) liegen nur dann auf dem effizienten Rand $\partial Y^* = \boldsymbol{f}(X^*)$ von Y, wenn der Anspruchsniveauvektor $\bar{\boldsymbol{y}}$ aus dem schraffierten Bereich gewählt wird.

5. Fandelsches Modell

Abhilfe schafft eine Modifikation von FANDEL [3], nach der im Gegensatz zu (3a) die Summe der vorzeichenbehafteten, positiven und negativen Abweichungen $\Delta f_j(\boldsymbol{x})$, $j = 1, \dots, m$, der Zielfunktionswerte von den Anspruchsniveaus zu minimieren ist:

$$p_a^{rF}[\boldsymbol{f}(\boldsymbol{x}), \bar{\boldsymbol{y}}] := \sum_{j=1}^{m} \Delta f_j(\boldsymbol{x}) = \text{Min}\,. \tag{5}$$

Es läßt sich zeigen (siehe [3]), daß das Fandelsche Modell (5) Ersatzproblem für das Vektoroptimierungsproblem (1) ist, daß also jede optimale Lösung von (5) funktional-effizienter Punkt bezüglich (1) ist.

6. Zusätzliche Erweiterung

Will man auch andere Punkte als die Bilder der Fandelschen Lösungen auf dem effizienten Rand ∂Y^* erreichen, so sind nichtnegative Wichtungsfaktoren für die Abweichungen $\Delta f_j(\boldsymbol{x})$, $j = 1, \dots, m$, einzuführen:

$$p_a^{rS}[\boldsymbol{f}(\boldsymbol{x}), \bar{\boldsymbol{y}}] := \sum_{j=1}^{m} w_j \Delta f_j(\boldsymbol{x}) = \text{Min}\,, \qquad w_j \geqq 0\,, \qquad j = 1, \dots, m\,. \tag{6}$$

Das Fandelsche Modell (5) ist also ein Spezialfall von (6) mit jeweils gleichen Wichtungsfaktoren $w_1 = \dots = w_m$.

Die Eigenschaft, Ersatzproblem für (1) zu sein, läßt sich ebenso zeigen wie für (5). Darüberhinaus läßt sich zeigen, daß die Lösungen von (6) nur von der Wahl der Wichtungsfaktoren $w_1, \dots, w_m$ abhängen; anders ausgedrückt:

Satz: *Die Lösungen des Ersatzproblems* (6) *hängen nicht von der Wahl des Anspruchsniveauvektors* $\bar{\boldsymbol{y}}$ *ab.*

Ausmultiplizieren von (6) liefert nämlich unter Berücksichtigung von (3b):

$$\sum_{j=1}^{m} w_j \Delta f_j(\boldsymbol{x}) = \sum_{j=1}^{m} w_j f_j(\boldsymbol{x}) + C = \text{Min} \tag{7a}$$

mit

$$C := -\sum_{j=1}^{m} w_j \bar{y}_j = \text{konst}\,. \tag{7b}$$

Die additive Konstante C hat keinen Einfluß auf die Lösungen, aber nur in sie gehen die Komponenten des Anspruchsniveauvektors ein.

Folgerung aus obigem Satz ist, daß dann auch der Nullvektor als Anspruchsniveauvektor wählbar ist:

$$\bar{\boldsymbol{y}} = \boldsymbol{0}\,. \tag{8}$$

Damit geht aber (7a) über in

$$p_z[f(x)] := \sum_{j=1}^{m} w_j f_j(x) = \text{Min}\,, \tag{9}$$

und das ist das skalare Ersatzproblem der Zielgewichtung.

Literatur

1 CHARNES, A.; COOPER, W. W., Management Models and Industrial Applications of Linear Programming. Vol. 1, John Wiley & Sons, New York 1961.

2 DINKELBACH, W., Über einen Lösungsansatz zum Vektormaximierungsproblem. In BECKMANN (Ed.): Unternehmensforschung — Heute, Lecture Notes in Economics and Mathematical Systems 50, Springer-Verlag, Berlin-Heidelberg-New York 1971, S. 1—13.

3 FANDEL, G., Optimale Entscheidung bei mehrfacher Zielsetzung, Lecture Notes in Economics and Mathematical Systems 76, Springer-Verlag, Berlin-Heidelberg-New York 1972.

Anschrift: Dipl.-Math. HANS-JÜRGEN SATTLER, Universität-GH-Siegen, Institut für Mechanik und Regelungstechnik, Paul-Bonatz-Str. 9—11, D-5900 Siegen 21, BRD

ZAMM 62, T 384 – T 386 (1982)

R. SCHRADER

A Note on Approximation Algorithms for Graph Partitioning Problems

1. Introduction

Consider a graph with a nonnegative integer weight associated with every vertex and with a nonnegative integer weight associated with every edge. The problem studied here is to partition the set of vertices into a collection of clusters such that the sum of the vertex weights in each cluster set does not exceed a given bound and such that the sum of the edge weights with endpoints in the same set is maximum.

Partitioning problems of this type arise, for example, in the design of hardware components, where circuit modules are to be placed on integrated chips such that the (weighted) number of interconnections between different chips is minimized. A further application is the assignment of computer information to physical blocks of external storage units or the segmentation of computer programs into pages of fixed size to minimize expected retrieval time.

2. Definitions and complexity

Consider a graph $G = (V, E)$ with n vertices and m edges. Suppose we have weights $w_j \in \mathbb{Z}^+$, $j = 1, \dots, n$, on the nodes, weights $c_{ij} \in \mathbb{Z}^+$ on the edges $(i, j) \in E$, and a bound $B \in \mathbb{Z}^+$. A *partition* P of $G = (V, E)$ is a collection $(V_1, \dots, V_k)$ of vertices of G such that

$$V_i \cap V_j = \emptyset \quad \text{for} \quad i \neq j \quad \text{and} \quad \bigcup_{i=1}^{k} V_i = V\,.$$

The *value* $c(P)$ of a partition $P = (V_1, \dots, V_k)$ is given by the sum of weights of edges with endnodes in the same set. The *graph partitioning problem* now is the following:

(GP) Find a partition $P = (V_1, \dots, V_k)$ which satisfies the weight constraints

$$w(V_i) = \sum_{j \in V_i} w_j \leqq B \quad \text{for} \quad i = 1, \dots, k$$

and which has maximum value.

Several attempts have been made to solve this problem (cf. for example JENSEN [4], [5] and LUKES [11], [12]) but none turned out to be satisfactory. Only for special cases efficient algorithms have been derived (see HADLOCK [2], KERNIGHAN [6], [7], KUNDU and MISRA [9], and LAWLER, LEVITT and TURNER [10]). An explanation for the fact that no efficient algorithm for the general problem is known can be obtained by examining the computational complexity. We assume that the reader is familiar with the terminology used in complexity theory; an introduction can be found in GAREY and JOHNSON [1].

Proposition 1: (GP) *is NP-complete.*

Proof: HYAFIL and RIVEST [3].

Hence it seems very unlikely that an efficient algorithm will ever be found. A possible way to attack such NP-hard problems then is either to restrict the problem or to try to find suboptimal solutions with a relative error to the optimal solution not exceeding a given bound. Call an algorithm a *fully polynomial approximation scheme* if for any $\varepsilon > 0$ the algorithm finds a feasible solution in time bounded by a polynomial in the length of the input and $1/\varepsilon$ such that the relative error satisfies

$$\frac{c(\text{opt}) - c(\text{A})}{c(\text{opt})} \leqq \varepsilon .$$

Here $c(\text{opt})$, resp. $c(\text{A})$, denotes the objective function value of the optimal solution, resp. of the solution found by algorithm A.

The proof for proposition 1, however, implies that the existence of a fully polynomial approximation scheme for (GP) is as unlikely as the existence of an exact polynomial algorithm. Moreover, even if we drop the vertex weights the problem does not turn out to be more promising:

Proposition 2: (GP) *is strongly NP-complete, even if all vertex weights are equal.*

Proof: Hyafil and Rivest [3].

In order to obtain efficient algorithms we shall restrict in the sequel the class of graphs.

3. Partitioning of trees

Suppose the graph G in (GP) has no cycles. Since the problem can be solved for each connected component of the graph separately, we restrict ourselves to connected graphs without cycles and call the resulting problem the *tree partitioning problem* (TP). Although this problem seems to be much easier, it turns out to be as intractable as the general problem (GP):

Proposition 3: (TP) *is NP-complete.*

Sketch of the proof: We reduce the subset sum problem to (TP). Given a finite set $A = \{a_1, \dots, a_n\}$ of integers, the question, whether there exists a subset $A' \subseteq A$ such that $\sum_{a_j \in A'} a_j = \frac{1}{2} \sum_{a_i \in A} a_i$, is NP-complete (cf. Garey and Johnson [1]). Define a star $K_{1,n}$ with center vertex v_0 and leaf vertices $v_1, \dots, v_n$. Choose vertex weights as

$$w_i = \begin{cases} 0 & \text{if } i = 0 \\ a_i & \text{else} \end{cases}$$

and edge weights $c_{0i} = a_i$. Set $B = \frac{1}{2} \sum_{a_i \in A} a_i$, then it is easy to see that $c(P) \leqq B$ for every tree partition of the star and equality holds, if and only if the subset sum problem is solvable. Hence the tree partitioning problem (TP) is NP-complete.

Although the restricted problem seems to be not easier than the original problem as far as exact solutions are concerned, approximate solutions can be obtained in an efficient way.

Theorem 4: *The tree partitioning problem can be solved by a fully polynomial approximation scheme.*

Sketch of the algorithm and the proof: We have shown in [8] that a necessary and sufficient condition for the existence of a fully polynomial approximation scheme is the existence of a certain order relation, the *dominance rule*. We have proved in [8] that this rule combined with a dynamic programming approach yields an approximation scheme.

The algorithm for (TP) performs dynamic programming on the set of complete subtrees. Let T' be a complete subtree of the original tree T and let T' be rooted at vertex u. Suppose P and P' are feasible partitions of T' with $c(P) = c(P')$. Assume that V_u and V'_u, resp., is the cluster set of P and of P', resp., which contains the root u. It is easy to see that if $w(V_u) < w(V'_u)$ then no extension of P' to a partition of the whole graph T can yield a better value than some extension of P. This test can be performed in polynomial time and gives the desired dominance rule.

Call a tree *agreeably weighted*, if T can be transformed into a rooted arborescence, such that $c_{ij} \leqq c_{jk}$ holds on any directed path through vertices v_i, v_j, and v_k and such that for any vertex v_i the arcs connecting v_i with its immediate successors in the arborescence have all the same weight. Note that in particular a tree with equal edge weights is agreeably weighted.

We then have the following corollary which unifies and extends results of Garey and Johnson [1], Hadlock [2], Kernighan [6], and Kundu and Misra [9].

Corollary 5: *The tree partitioning problem can be solved in polynomial time if either the vertex weights are equal or if the tree is agreeably weighted.*

References

1 Garey, M. R. Johnson, D. S., Computers and Intractability — A Guide to the Theory of NP-Completeness, W. H. Freeman and Company, San Francisco, USA 197
2 Hadlock, F. O., Minimum spanning forests of bounded trees, in: Hoffman et al. (eds.): Proc. of the 5th Southeastern Conference on Combinatorics, Graph Theory and Computing 1974, 449—460.
3 Hyafil, L.; Rivest, R. L., Graph Partitioning and Constructing Optimal Decision Trees are Polynomial Complete Problems, Research Report No 33, IRIA, Le Chesnay 1973.

4 JENSEN, P.A., Optimization of series-parallel networks, Operations Res. 18 (1970), 471–482.
5 JENSEN, P.A., Optimum network partitioning, Operations Res. 19 (1971), 916–932.
6 KERNIGHAN, B. W., Optimal partitions for a class of subroutine graphs, Proc. 4th Annual Princeton Conf. Information Sci; and Syst. 1970, 350–354.
7 KERNIGHAN, B. W., Optimal sequential partitions of graphs, J. Assoc. Comput. Machin. 18 (1971), 34–40.
8 KORTE, B.; SCHRADER, R., On the existence of fast approximation schemes, in: O. L. MANGASARIAN, R. R. MEYER, S. M. ROBINSON (eds.): Nonlinear Programming 4 Academie Press, New York 1981, 415–437.
9 KUNDU, S.; MISRA, J., A linear tree partitioning algorithm, SIAM J. Comput. 6, 1 (1977), 151–154.
10 LAWLER, E. L.; LEVITT, K. N.; TURNER, J., Module clustering to minimize delay in digital networks, IEEE Trans. Computers C-18 (1969), 47–57.
11 LUKES, J. A., Efficient algorithm for the partitioning of trees, IBM Journ. Res. Development 18 (1974), 217–224.
12 LUKES, J. A., Combinatorial solution to the partitioning of general graphs, IBM Journal Res. Development 19 (1975), 170–180.

Anschrift: Dipl.-Math. R. SCHRADER, Institut für Operations Research, Universität Bonn, Nassestr. 2, D-5300 Bonn 1, BRD

ZAMM 62, T 386 – T 387 (1982)

T. SZÁNTAI

On Negatively Correlated Gamma Random Variates

Multivariate gamma distributions have been defined by many authors. A summary of these results can be found in the book [1]. A different concept of defining multivariate gamma distributions was developed by A. PRÉKOPA and the author of the present paper [2]. The new idea is that instead of trying to describe the probability density function in an explicit form we give a construction rule to produce the gamma distributed random variables. This construction is suitable then for calculation of probabilities related to the gamma distributed random variables by simulation techniques. Really in higher dimensional cases we always have to use simulation techniques even to calculate normal probability values as the numerical integration takes a lot of time. In addition, varying the parameter values in the construction of the gamma distributed random variables we are able to fit our gamma distribution to empirical data.

In this paper we give a new construction by which we can produce negative correlations between gamma distributed random variables. We show that by the aid of this new gamma distribution it is possible to improve the fitting properties of the non-negatively correlated multivariate gamma distribution, too.

First we define a *negatively correlated bivariate exponential distribution*. Let η be uniformly distributed on the interval [0, 1]. Then

$$\xi_1 = -\frac{1}{\lambda_1}\ln\eta\,, \qquad \xi_2 = -\frac{1}{\lambda_2}\ln(1-\eta) \tag{1}$$

have a bivariate exponential distribution. The main probabilistic characteristics for this distribution are

$$\mathsf{E}(\xi_1) = \frac{1}{\lambda_1}, \qquad \mathsf{E}(\xi_2) = \frac{1}{\lambda_2}, \qquad D^2(\xi_1) = \frac{1}{\lambda_1^2}, \qquad D^2(\xi_2) = \frac{1}{\lambda_2^2},$$

$$\mathsf{E}(\xi_1, \xi_2) = \int_0^1 \frac{1}{\lambda_1\lambda_2}\ln u \ln(1-u)\,du = \frac{1}{\lambda_1\lambda_2}\left(2-\frac{\pi^2}{6}\right),$$

$$\operatorname{cov}(\xi_1, \xi_2) = \frac{1}{\lambda_1\lambda_2}\left(2-\frac{\pi^2}{6}\right) - \frac{1}{\lambda_1}\frac{1}{\lambda_2} = \frac{1}{\lambda_1\lambda_2}\left(1-\frac{\pi^2}{6}\right),$$

$$\varrho(\xi_1, \xi_2) = 1 - \frac{\pi^2}{6} \sim -0.645\,.$$

Now we can define a *negatively correlated bivariate gamma distribution with common integer parameter*. Let $\eta_1, \dots, \eta_p$ be independent and uniformly distributed on the interval [0, 1]. Then

$$\xi_1 = -\ln\eta_1 - \dots - \ln\eta_p = -\ln\prod_{i=1}^{p}\eta_i\,, \qquad \xi_2 = -\ln(1-\eta_1) - \dots - \ln(1-\eta_p) = -\ln\prod_{i=1}^{p}(1-\eta_i) \tag{2}$$

have a bivariate gamma distribution. The main probabilistic characteristics for this distribution are

$$\mathsf{E}(\xi_1) = D^2(\xi_1) = p\,, \qquad \mathsf{E}(\xi_2) = D^2(\xi_2) = p\,,$$

$$\operatorname{cov}(\xi_1, \xi_2) = p\left(2-\frac{\pi^2}{6}\right) + (p^2-p) - p^2 = p\left(1-\frac{\pi^2}{6}\right), \qquad \varrho(\xi_1, \xi_2) = 1 - \frac{\pi^2}{6} \sim -0.645\,.$$

In the general case we define the following *negatively correlated bivariate gamma distribution*. Let ξ_1 and ξ_2 have the above introduced bivariate gamma distribution with common integer parameter p. Let η_1 and η_2 be independent random variables having gamma distributions with parameters p_1 and p_2. Let they be independent of ξ_1 and ξ_2, too. Then

$$\xi_1 = \eta_1 + \zeta_1 , \qquad \xi_2 = \zeta_2 + \eta_2 \tag{3}$$

have a bivariate gamma distribution. The main probabilistic characteristics for this distribution are

$$\mathsf{E}(\xi_1) = D^2(\xi_1) = p + p_1 , \qquad \mathsf{E}(\xi_2) = D^2(\xi_2) = p + p_2 ,$$

$$\text{cov}\,(\xi_1, \xi_2) = pp_1 + pp_2 + p_1p_2 + p\left(2 - \frac{\pi^2}{6}\right) + (p^2 - p) - (p + p_1)(p + p_2) = p - \frac{p\pi^2}{6},$$

$$\varrho(\xi_1, \xi_2) = \frac{p - (p\pi^2)/6}{\sqrt{(p + p_1)\,(p + p_2)}} < 0 .$$

Finally let us see howecan improve the fitting properties of the non-negatively correlated multivariate gamma distribution introduced in paper [2]. We want to fit a multivariate gamma distribution of this kind to the covariance matrix

$$C = \begin{pmatrix} 6.0000 & 1.9347 & 0.0000 \\ 1.9347 & 3.0000 & 1.9347 \\ 0.0000 & 1.9347 & 6.0000 \end{pmatrix} .$$

It is easy to see that there is no multivariate gamma distribution of this kind which has the covariance matrix C. Nevertheless, if we take the random variables $\eta_1, \eta_2, \eta_3, \eta_4$ which are independent and have gamma distributions with parameters $p_1 = 1.9347$, $p_2 = 1.0653$, $p_3 = 1.0653$, $p_4 = 1.0653$ and the random variables $\zeta_1, \zeta_2, \zeta_3$ which are independent and uniformly distributed on the interval [0, 1], then

$$\begin{aligned} \xi_1 &= \eta_1 + \eta_2 - \ln\,(\zeta_1\zeta_2\zeta_3) , \\ \xi_2 &= \eta_1 + \eta_3 , \\ \xi_3 &= \eta_1 + \eta_4 - \ln\,(1 - \zeta_1)\,(1 - \zeta_2)\,(1 - \zeta_3) , \end{aligned}$$

have a multivariate gamma distribution with the desired covariance matrix C. In this construction we have used the negatively correlated bivariate gamma distribution for destroying the unwanted positive correlation between the random variables ξ_1 and ξ_3.

References

1 Johnson, N. L.; Kotz, S., Distributions in Statistics: Continuous Multivariate Distributions, John Wiley, New York 1972.
2 Prékopa, A.; Szántai, T., A new multivariate gamma distribution and its fitting to empirical data, Water Resources Research 14 (1978), 19–24.

Anschrift: Tamás Szántai, Budapest University of Technology, Department of Mathematics, Müegyetem rkp. 3, H-1521 Budapest, Hungary

ZAMM 62, T 387 – T 388 (1982)

M. Vlach

Nonexpansive Closures in Optimization

Let F_X be the family of all functions mapping the class of all subsets of a nonempty set X into itself. The following subfamilies of F_X are useful in analyzing approximating cones used in optimization theory. Their names are identical to those used in [1].

The *isotonic functions*: $\{f: S \subset R \Rightarrow f(S) \subset f(R)\}$.
The *idempotent functions*: $\{f: f(f(S)) = f(S)\}$.
The *additive functions*: $\{f: f(S \cup R) = f(S) \cup f(R)\}$.
The *intersective functions*: $\{f: f(S \cap R) = f(S) \cap f(R)\}$.
The *enlarging functions*: $\{f: S \subset f(S)\}$.
The *shrinking functions*: $\{f: f(S) \subset S\}$.

Corresponding to each $f \in F_X$ there is the *dual function* $f' \in F_X$ defined by

$$f'(S) = X - f(X - S) .$$

The dual $(f')'$ of the dual f' of any f is again f and duals of isotonic, idempotent, additive, intersective, enlarging, or shrinking functions are respectively isotonic, idempotent, intersective, additive, shrinking, or enlarging functions.

It turns out that many approximating cones used in optimization theory for establishing conditions of optimality and various closure and interior operators used in topology resemble each other in many respects. As examples consider the following closure operators and approximating cones.

A function $f \in F_X$ is called a *Kuratowski closure function* if it is additive, idempotent, enlarging and such that $f(\emptyset) = \emptyset$. A function $f \in F_X$ is called a *Čech closure function* if it is isotonic, enlarging and such that $f(\emptyset) = \emptyset$. A function $f \in F_X$ is called a *Čech additive closure function* if it is additive and such that $f(S) = S$ whenever card $(S) \leqq 1$. A function $f \in F_X$ is called a *Hammer closure function* if it is idempotent, isotonic and enlarging. The dual functions to the closure functions are called the *interior functions.*

Since additivity implies isotonicity, since additive functions for which card $(S) \leqq 1 \Rightarrow f(S) = S$ are enlarging, and since $f(X) = X$ holds for all enlarging functions, *each of the mentioned closure functions is isotonic, enlarging and such that $f(X) = X$.* Because of the duality *each of the corresponding interior functions is isotonic, shrinking and such that $f(\emptyset) = \emptyset$.*

Let X be a real affine space, let L be the associated linear space and let σ be a topology for L. For each $x \in X$ define $f_x \in F_X$ by $f_x(S) = x + T_\sigma(x, S)$, where $T_\sigma(x, S)$ is the set of all $u \in L$ such that for each neighbourhood N_u of u and each positive real number ε there are $\alpha \in (0, \varepsilon)$ and $v \in N_u$ such that $x + \alpha v \in S$. It turns out that *for each $x \in X$ the function f_x is additive, isotonic and such that $f_x(\emptyset) = \emptyset$ and $f_x(X) = X$. The dual function f'_x can be expressed in the form $f'_x(S) = x + T'_\sigma(x, S)$, where $T'_\sigma(x, S)$ is the set of all $u \in L$ such that there are a neighbourhood N_u of u and a positive ε such that $x + \alpha v \in S$ for each $\alpha \in (0, \varepsilon)$ and $v \in N_u$.* As the dual function to f_x *the function f'_x is intersective, isotonic and such that $f'_x(\emptyset) = \emptyset$ and $f'_x(X) = X$.* The sets $T_\sigma(x, S)$ and $T'_\sigma(x, S)$ corresponding to the linear (strong or weak) and the discrete topologies have been frequently used in deriving conditions of optimality for optimization problems in linear spaces. An account of various names given to these sets can be found for example in [2].

The presented examples demonstrate that the crucial point of difference between closure and interior functions on the one hand and the approximating cones on the other hand consists in the fact that the approximating cones need be neither enlarging nor shrinking. This motivates the following definitions.

An isotonic function $f \in F_X$ such that $f(S) = S$ whenever $S = \emptyset$ or $S = X$ is called an *approximation operator* on X. An approximation operator is called *external* if it is additive and *internal* if it is intersective.

Note that $f \in F_X$ *is isotonic if and only if for each $S, R \subset X$*

$$S \cap R = \emptyset \Rightarrow f(S) \cap f'(R) = \emptyset.$$

Thus isotonicity of functions defined by approximating cones can play an important role in optimization because optimality of a feasible solution can always be expressed by stating that some sets are disjoint.

It turns out that some new approximating cones, namely the hypertangent cone and the Clarke's tangent cone [3], [4], [5], lead to nonisotonic functions. However, they can be modified in such a way that the corresponding functions are isotonic. These new approximating operators need be neither external, internal nor idempotent. In what follows modifications inspired by the Clarke's cone are given only. Modifications to the hypertangent and some other cones can be obtained in a similar manner — see [2].

Let X be a real affine space, let L be the associated linear space. Assume that a pseudotopology in X and a pseudotopology in L are given. For $x \in X$ define $f_x \in F_X$ by $f_x(S) = x + D(x, S)$, where $D(x, S)$ is the set of all $u \in L$ such that there is a filter $\mathbf{Y}$ converging to x such that for each filter $\mathbf{V}$ converging to u

$$\exists_{V \in \mathbf{V}} \ \forall_{Y \in \mathbf{Y}} \ \forall_{\varepsilon > 0} \ \exists_{0 < \alpha < \varepsilon} \ \exists_{y \in S \cap Y} \ \forall_{v \in V} : \quad y + \alpha v \in S.$$

The function f_x is an approximation operator and the dual function f'_x is given by $f'_x(S) = x + D'(x, S)$, where $D'(x, S)$ is the set of all $u \in L$ such that for every filter $\mathbf{Y}$ converging to x there is a filter $\mathbf{V}$ converging to u such that

$$\forall_{V \in \mathbf{V}} \ \exists_{Y \in \mathbf{Y}} \ \exists_{\varepsilon > 0} \ \forall_{0 < \alpha < \varepsilon} \ \forall_{y \in (x \setminus S) \cap Y} \ \exists_{v \in V} : \quad y + \alpha v \in S.$$

References

1 Hammer, P. C., Extended topology: structure of isotonic functions, J. Reine Angew. Math. **213** (1964), 147—186.
2 Vlach, M., Approximation operators in optimization theory, ZOR **25** (1981), 15—23.
3 Clarke, F. H., Generalized gradients and applications, Trans. Amer. Math. Soc. **205** (1975), 247—262.
4 Hiriart-Urruty, J. J., New concepts in nondifferentiable programming, Bull. Soc. Math. France, Memoire **60** (1979), 57—85.
5 Rockafellar, R. T., The Theory of Subgradients and Its Applications to Problems of Optimization, Lecture Notes, University of Montreal 1978.

Anschrift; Dr. Milan Vlach, MFF UK, Malostranské náměsti 25, Praha 1, ČSSR

ZAMM 62, T 389 – T 390 (1982)

H.-J. WERNER

Zur Darstellung traditioneller BLU-Schätzer im singulären linearen Modell

Wir betrachten das bekannte lineare Modell der Mathematischen Statistik:

$$y = A\beta + e\,, \qquad \mathsf{E}(y) = A\beta\,, \qquad \mathrm{Cov}(y) = V\,, \qquad A \neq 0\,, \tag{+}$$

wobei wir aber weder von der $(n \times m)$-Matrix A noch von der Kovarianzmatrix V verlangen, daß sie von vollem Spaltenrang ist. Bekanntlich (siehe [4]) heißt *My traditioneller BLU-Schätzer* einer im Sinn von R. C. BOSE schätzbaren Parameterfunktion $C\beta$, wenn My unter allen Multilinearformen mit $MA = C$ die kleinste Kovarianzmatrix besitzt. Man beachte, daß für singuläres V die Konsistenz des Systems $XA = C$ zwar noch äquivalent zur Schätzbarkeit von $C\beta$ ist (siehe auch [7]), die Gültigkeit von $MA = C$ jedoch im allgemeinen nur noch hinreichend dafür ist, daß My ein erwartungstreuer Schätzer von $C\beta$ ist (vgl. [4]).

Auf der Grundlage des obigen Modells (+) werden wir in dieser Arbeit als erstes die für Anwendungen interessante Matrizenklasse $\mathscr{W}$ parametrisieren und charakterisieren. Diese besteht per definitionem gerade aus den Matrizen B mit der Eigenschaft: Für jede beliebige schätzbare Parameterfunktion $C\beta$ liefert CBy einen zugehörigen traditionellen BLU-Schätzer. Zwei Teilklassen von $\mathscr{W}$ wurden bereits in der Literatur angegeben. Es sind dies die Klassen

$$\mathscr{M} := \{(A^\mathsf{T}(V + AA^\mathsf{T})^- A)^- A^\mathsf{T}(V + AA^\mathsf{T})^- \mid (\cdot)^- \text{ beliebig}\}$$

von MITRA und MOORE [2] und

$$\mathscr{A} := \{(A^+ + Z(I - AA^+))\,(I - V^{1/2}((I - AA^+)V^{1/2})^+) \mid Z \in \mathbb{R}^{m\times n}\}$$

von ALBERT [1]. ALBERT stellt in [1] die Frage nach dem Zusammenhang zwischen den Matrizenklassen $\mathscr{M}$ und $\mathscr{A}$. MITRA und MOORE geben eine Teilantwort auf diese Frage; präzise zeigen sie in [2], daß der Hauptterm der Klasse $\mathscr{A}$, d. h. $A^+(I - V^{1/2}((I - AA^+)V^{1/2})^+)$, mit der Matrix $(A^\mathsf{T}(V + AA^\mathsf{T})^+ A)^+ A^\mathsf{T}(V + AA^\mathsf{T})^+$ aus ihrer Klasse $\mathscr{M}$ übereinstimmt. PUKELSHEIM, der die Frage von ALBERT in [3] erneut aufgreift, scheint darüber hinaus sogar zu glauben, daß $\mathscr{A}$ und $\mathscr{M}$ sowohl miteinander wie auch mit $\mathscr{W}$ stets zusammenfallen. Mit einer Überprüfung hiervon befaßt sich der zweite Teil dieser Arbeit. Es wird sich dabei herausstellen, daß im allgemeinen (a) $\mathscr{A}$ und $\mathscr{M}$ echte Unterklassen von $\mathscr{W}$ sind und (b) weder $\mathscr{A}$ in $\mathscr{M}$ noch $\mathscr{M}$ in $\mathscr{A}$ echt enthalten ist.

Bevor wir die angekündigten Ergebnisse präzisieren, erinnern wir an den Inversenbegriff, der in unseren Untersuchungen eine zentrale Rolle einnimmt.

Der Inversenbegriff

Ist A eine reelle $(n \times m)$-Matrix, so bezeichnen wir mit $R(A)$, $N(A)$, A^T den Bildraum, den Nullraum und die Transponierte von A. Wir schreiben $M \in N_c(A)$, wenn M ein zu $N(A)$ komplementärer Unterraum bezüglich $\mathbb{R}^m$ ist (d. h. $M \oplus N(A) = \mathbb{R}^m$ gilt), und analog $S \in R_c(A)$, wenn S ein zu $R(A)$ komplementärer Unterraum bezüglich $\mathbb{R}^n$ ist. Betrachten wir nun zu beliebig gegebenen $M \in N_c(A)$ und $S \in R_c(A)$ das Matrizensystem

$$\text{(G1)}\quad AXA = A\,, \qquad \text{(G2)}\quad XAX = X\,,$$
$$\text{(G}M\text{)}\quad XA = P_{M,N(A)}\,, \qquad \text{(G}S\text{)}\quad AX = P_{R(A),S}\,,$$

wobei zum Beispiel $P_{M,N(A)}$ den Projektor auf M entlang $N(A)$ in $\mathbb{R}^m$ bezeichnet. Ist dann η eine nichtleere Teilmenge von $\{1, 2, M, S\}$, so bezeichnen wir mit $A\eta$ die Klasse derjenigen $(m \times n)$-Matrizen X, die für jedes $i \in \eta$ die Gleichung (Gi) erfüllen. Die Elemente von $A\eta$ heißen *η-Inverse* von A, und mit A^η bezeichnen wir ein beliebiges Element dieser Klasse. Für $\{1\}$-Inverse von A schreiben wir kurz A^-; sie heißen in der Literatur häufig auch *Generalisierte Inverse* von A. Die folgenden elementaren Aussagen werden die Beziehungen zwischen den Matrizenklassen $\mathscr{A}$, $\mathscr{M}$ und $\mathscr{W}$ leichter erkennen lassen:

(1) *Die $\{2, M, S\}$-Inverse von A existiert stets eindeutig; insbesondere fällt die $\{2, R(A^\mathsf{T}), N(A^\mathsf{T})\}$-Inverse von A mit der Moore-Penrose-Inversen A^+ von A zusammen.*

(2) *Jede $\{M\}$-Inverse und ebenso jede $\{S\}$-Inverse von A ist eine $\{1\}$-Inverse von A.*

(3) *Umgekehrt gehört zu jeder $\{1\}$-Inversen A^- von A stets eindeutig ein $M \in N_c(A)$ und ein $S \in R_c(A)$ mit $A^- \in A\{M, S\}$.*

Eine ausführliche Diskussion des Inversenbegriffs findet der Leser in [5].

Vergleich der Matrizenklassen

Mit Hilfe der eben eingeführten Bezeichnungen lassen sich nun die Hauptergebnisse dieser Arbeit formulieren; den an Beweisen interessierten Leser verweisen wir auf [6].

Da eine Matrix B die Gleichung $CBA = C$ für alle in (+) schätzbaren Parameterfunktionen $C\beta$ genau nur dann erfüllt, wenn B eine Generalisierte Inverse von A ist, läßt sich die Klasse $\mathcal{W}$ offensichtlich als Lösungsraum der Optimierungsaufgabe:

$$\text{Minimiere } \operatorname{Cov}(ABy) \text{ unter der Nebenbedingung } B \in A\{1\} \qquad (*)$$

bestimmen. Mit Hilfe einer parametrischen Darstellung von $A\{1\}$ können wir dann auch eine solche von $\mathcal{W}$ herleiten. Mit $K := A^{\{2, R(A^\top), VN(A^\top) \oplus (N(A^\top) \cap N(V))\}}$ (diese Inverse von A ist wohl-definiert!) und $s := \dim\left(N(A^\top) \cap N(V)\right)$, $r := \dim\left(R(A)\right)$, erhalten wir schließlich

Satz 1:

$$\mathcal{W} = \{K + X - P_{R(A^\top)} X P_{R(A)+R(V)} \mid X \in \mathbb{R}^{m \times n}\}\,.$$

$\mathcal{W}$ ist eine lineare Mannigfaltigkeit der Dimension $mn - r(n - s)$. (Dabei verstehen wir etwa unter $P_{R(A^\top)}$ den orthogonalen Projektor auf $R(A^\top)$ entlang $N(A)$ im $\mathbb{R}^m$.)

Darüber hinaus läßt sich $\mathcal{W}$ auch folgendermaßen charakterisieren:

Satz 2:

$$\mathcal{W} = \{G \in A\{1\} \mid GVN(A^\top) \subset N(A)\}\,.$$

Die Matrizenklassen $\mathcal{A}$, $\mathcal{M}$ und $\mathcal{W}$ lassen sich nun leicht miteinander vergleichen, sobald uns für $\mathcal{A}$ und $\mathcal{M}$ ähnliche Aussagen vorliegen wie oben für $\mathcal{W}$. Zu diesem Zweck leiten wir für $\mathcal{A}$ und $\mathcal{M}$ die folgenden Darstellungen her:

Satz 3:

$$\mathcal{A} = \{K + ZP_{N(A^\top) \cap N(V)} \mid Z \in \mathbb{R}^{m \times n}\} = \{G \in A\{R(A^\top)\} \mid GVN(A^\top) = \{0\}\}\,.$$

$\mathcal{A}$ ist eine lineare Mannigfaltigkeit der Dimension sm.

Satz 4:

$$\mathcal{M} = \{(K + P_{N(A)}X)\, A(K + XP_{N(A^\top) \cap N(V)}) \mid X \in \mathbb{R}^{m \times n}\} = \{G \in A\{1, 2\} \mid GVN(A^\top) = \{0\}\}\,.$$

Mit ihrer Hilfe ergibt sich dann

Satz 5: *Je zwei der Matrizenklassen $\mathcal{A}$, $\mathcal{M}$ und $\mathcal{W}$ fallen dann und genau nur dann miteinander zusammen, wenn A von vollem Spaltenrang ist, d. h. $N(A) = \{0\}$ gilt.*

Satz 6:

$$\mathcal{A} \cap \mathcal{M} = \{K + P_{R(A^\top)} Z P_{N(A^\top) \cap N(V)} \mid Z \in \mathbb{R}^{m \times n}\} = \{G \in A\{2, R(A^\top)\} \mid GVN(A^\top) = \{0\}\}\,.$$

$\mathcal{A} \cap \mathcal{M}$ ist eine lineare Mannigfaltigkeit der Dimension sr.

Satz 7: *Unter $N(A^\top) \cap N(V) = \{0\}$ gilt:*

(a) $\mathcal{A} = \{K\}$ *ist einelementig.*
(b) $\mathcal{M} = A\{2, VN(A^\top)\}$ *ist eine lineare Mannigfaltigkeit der Dimension $r(m - r)$.*
(c) $\mathcal{W} = A\{VN(A^\top)\}$ *ist eine lineare Mannigfaltigkeit der Dimension $n(m - r)$.*

Satz 7 widerlegt Korollar 3 von PUKELSHEIM in [3].

Diese Arbeit ist mit Unterstützung der von der Deutschen Forschungsgemeinschaft getragenen Sonderforschungsbereiche 21 und 72 an der Universität Bonn entstanden.

Literatur

1 ALBERT, A., The Gauß-Markoff theorem for regression models with possibily, singular covariances, SIAM J. Appl. Math. 24 (1973), 182–187.
2 MITRA, S. K.; MOORE, B. J., Gauß-Markoff estimation with an incorrect dispersion matrix, Sankhyā, Ser. A 35 (1973), 139–152.
3 PUKELSHEIM, F., Equality of two BLUE's and Ridge-type estimates, Commun. Statist.-Theor. Meth. A 6 (1977), 603–610.
4 RAO, C. R., Representations of Best Linear Unbiased Estimators in the Gauß-Markoff model with a singular dispersion matrix, J. Multivariate Analysis 3 (1973), 276–292.
5 WERNER, H.-J., G-Inverse und monotone Matrizen, Dissertation, Bonn 1977.
6 WERNER, H.-J., On BLU estimation in regression models with possibly singular covariances, Bonn 1980.
7 WERNER, H.-J., On Bose's Estimability concept, ZAMM 61 (1981), T 355–356.

Anschrift; Dr. HANS-JOACHIM WERNER, Institut für Ökonometrie und Operations Research der Universität Bonn; Ökonometrische Abteilung, Adenauerallee 24–42, D-5300 Bonn 1, BRD

ZAMM 62, T 391 – T 392 (1982)

K. Zimmermann

The Solution of Some Nonlinear Optimization Problems in a Minimax Algebra

1. Introduction

The following optimization problem in E^n will be considered:

$$\varphi(x_1, \dots, x_n) \equiv \max_{j\in N} f_j(x_j) \to \max \text{ or } \min \tag{P1}$$

subject to

$$\max_{j\in N} r_{ij}(x_j) = 0\,, \qquad i \in S\,,$$

$$k_j \leqq x_j \leqq K_j\,, \qquad j \in N\,,$$

where $N = \{1, \dots, n\}$, $S = \{1, \dots, m\}$, k_j, K_j are given real numbers and f_j, r_{ij} are continuous strictly increasing functions on $[k_j, K_j]$ for all $i \in S$, $j \in N$. The problems of the form (P1) can be interpreted as special „*nonlinear separable*" optimization problems in the minimax algebra from [1]. Let us remark that our assumptions concerning f_j, r_{ij} are fulfilled, if f_j, r_{ij} are "maxpolynomials" in the sense of [1]. Further extensions and generalizations, which are briefly summarized and discussed at the end of this short communication, will be the subject of a more detailed forthcoming article.

We shall introduce the following denotation for all $j \in N$:

$$T_j^+ = \{i \in S \mid r_{ij}(k_j) > 0\}\,, \qquad T_j^- = \{i \in S \mid r_{ij}(K_j) < 0\}\,,$$

$$T_j^0 = \{i \in S \mid r_{ij}(k_j) \leqq 0 \leqq r_{ij}(K_j)\}\,,$$

$$S_j(x_j) = \{i \in S \mid r_{ij}(x_j) = 0\} \quad \text{for all} \quad x_j \in [k_j, K_j]\,.$$

Each equation $r_{ij}(x_j) = 0$ has under the given assumptions concerning r_{ij} at most one root on $[k_j, K_j]$. If such root exists, we shall denote it by $\bar{x}_j^{(i)}$ and set for all $j \in N$:

$$\bar{x}_j = \min_{i\in T_j^0} \bar{x}_j^{(i)}\,, \quad \text{if} \quad T_j^0 \neq \emptyset\,, \qquad \bar{x}_j = K_j \quad \text{otherwise}\,.$$

The set of all feasible solutions of (P1) will be denoted by M_1.

2. The theoretical background and algorithm

The algorithm for solving (P1) is based upon the following assertions (1)–(5):

$$[\exists j_0 \in N\colon T_{j_0}^+ \neq \emptyset] \Rightarrow M_1 = \emptyset\,. \tag{1}$$

$$M_1 \neq \emptyset \Leftrightarrow [\forall j \in N\colon T_j^+ = \emptyset \text{ and } \bigcup_{j\in N} S_j(\bar{x}_j) = S]\,. \tag{2}$$

$$M_1 \neq \emptyset \Rightarrow \max_{(x_1,\dots,x_n)\in M_1} \varphi(x_1, \dots, x_n) = \varphi(\bar{x}_1, \dots, \bar{x}_n)\,. \tag{3}$$

$$x_j \in [k_j, \bar{x}_j) \Rightarrow S_j(x_j) = \emptyset\,, \quad \textit{if} \quad \bar{x}_j > k_j\,. \tag{4}$$

$$\textit{If} \quad M_1 \neq \emptyset\,, \quad \textit{then} \quad (x_1, \dots, x_n) \in M_1 \Rightarrow \bigcup_{j\in N} S_j(x_j) = S\,. \tag{5}$$

The solution of maximization problems of the form (P1) reduces therefore according to (3) to the verification whether the set M_1 is nonempty and to finding $(\bar{x}_1, \dots, \bar{x}_n)$ by making use of some numerical procedure (to determine the roots $\bar{x}_j^{(i)}$).

Minimization problems of the form (P1) can be solved using the following algorithm:

1 If $M_1 = \emptyset$ [i.e. or $\exists j_0 \in N\colon T_{j_0}^+ \neq \emptyset$ or $\bigcup_{j\in N} S_j(\bar{x}_j) \neq S$], then go to 7, otherwise go to 2.

2 $F := \{t \in N \mid f_t(\bar{x}_t) = \max_{j\in N} f_j(\bar{x}_j)\}$.

3 If $F \cap \{j \in N \mid \bar{x}_j = k_j\} \neq \emptyset$, then go to 6; otherwise go to 4.

4 If $\bigcup_{j\in N\setminus F} S_j(\bar{x}_j) \neq S$, then go to 6; otherwise go to 5.

5 $\forall t \in F\colon \bar{x}_t := k_t$; go to 2.

6 $(\bar{x}_1, \dots, \bar{x}_n)$ is an optimal solution, END.

7 $M_1 = \emptyset$, END.

3. Extensions and generalizations

The procedure for solving (P1) described above can easily be extended to the case, where each r_{ij} is nondecreasing and has at most one root on $[k_j, K_j]$. Another generalization of this procedure can be suggested if f_j are for all $j \in N$ of the form

$$f_j(x_j) = \max_{1 \leqq h \leqq s_j} \min \left(u_h^{(j)} + px_j, v_h^{(j)} - px_j\right),$$

where $u_h^{(j)}, v_h^{(j)}, p > 0$, are given numbers, i.e. f_j are "rational functions" in the minimax algebra from [1]. Since the "rational functions" of this form are dense in the space of continuous functions on any closed interval (see [1]), this generalization can be used for determining an approximate solution of (P1) with arbitrary continuous functions f_j. The process can easily be extended also to the case, where some of the equality constraints in (P1) (or all) are replaced by inequality ones. A more detailed analysis will be given in a forthcoming article (cf. [2]).

Reference

1 Cuninghame-Green, R. A; Meijer, P. F. J., An algebra for pierewise-linear minimaxproblems, Discrete Applied Mathematics 2 (1980).

2 Zimmermann, K., The explicit solution of max-separable optimization problems, to appear in Ekon. mat. Obzor.

Anschrift: RNDr Karel Zimmermann, CSc, KKOA MFF UK, Malostranské nám. 25, 11800 Praha 1, ČSSR

Wir bitten, **Manuskriptsendungen** zweifach (Original und eine Kopie, sprachlich einwandfrei, Formeln mit Maschine oder in Druckschrift geschrieben) an folgende Anschrift zu richten:

Zeitschrift für Angewandte Mathematik und Mechanik z. Hd. Herrn Prof. Dr. Günter Schmidt
Institut für Mechanik der Akademie der Wissenschaften der DDR
DDR-1199 Berlin, Rudower Chaussee 5.

Zu den Arbeiten, die als Hauptaufsätze bestimmt sind, ist auf gesondertem Blatt eine Zusammenfassung von 5 bis 10 Zeilen in englischer und (möglichst) deutscher und russischer Sprache beizufügen. Ausführliche Hinweise für die Autoren, um deren strikte Berücksichtigung gebeten wird, finden sich im Anschluß an das Inhaltsverzeichnis des letzten Jahrganges.

Die Autoren erhalten von den Hauptaufsätzen 75, von den Kleinen Mitteilungen 25 Sonderdrucke ohne Berechnung, darüber hinaus weitere Sonderdrucke gegen Berechnung.

Der Verlag behält sich für alle Beiträge das Recht der Vervielfältigung und Übersetzung vor.

Bestellungen sind zu richten

— **in der DDR** an den Postzeitungsvertrieb unter Angabe der Kundennummer des Bestellenden oder an den AKADEMIE-VERLAG, DDR-1086 Berlin, Leipziger Straße 3—4

— **im sozialistischen Ausland** an eine Buchhandlung für fremdsprachige Literatur oder an den zuständigen Postzeitungsvertrieb

— **in der BRD und Berlin (West)** an eine Buchhandlung oder an die Auslieferungsstelle KUNST UND WISSEN, Erich BieberOHG, D-7000 Stuttgart 1, Wilhelmstraße 4—6

— **in den übrigen westeuropäischen Ländern** an eine Buchhandlung oder an die Auslieferungsstelle KUNST UND WISSEN, Erich Bieber GmbH, CH-8008 Zürich, Dufourstraße 51

— **im übrigen Ausland** an den Internationalen Buch- und Zeitschriftenhandel; den Buchexport, Volkseigener Außenhandelsbetrieb der Deutschen Demokratischen Republik, DDR-7010 Leipzig, Postfach 160; oder an den AKADEMIE-VERLAG, DDR-1086 Berlin, Leipziger Straße 3—4

ZEITSCHRIFT FÜR ANGEWANDTE MATHEMATIK UND MECHANIK
Herausgeber und Chefredakteur: Prof. Dr. Günter Schmidt, Redaktion: Dr. Winfried Heinrich, Dr. Horst Weinert, Dipl.-Math. Friedhild Dudel, Bernhilde Schwertfeger, Institut für Mechanik der Akademie der Wissenschaften der DDR. Verlag: Akademie-Verlag, DDR-1086 Berlin, Leipziger Straße 3—4; Fernruf: 2236221 oder 2236229; Telex-Nr.: 114420; Bank: Staatsbank der DDR, Berlin, Kto.-Nr.: 6836-26-20712. Anschrift der Redaktion: Institut für Mechanik der Akademie der Wissenschaften, DDR-1199 Berlin, Rudower Chaussee 5; Fernruf: 6743639 oder 6743643.

Veröffentlicht unter der Lizenznummer 1282 des Presseamtes beim Vorsitzenden des Ministerrates der Deutschen Demokratischen Republik. Gesamtherstellung: VEB Druckerei „Thomas Müntzer", DDR-5820 Bad Langensalza. Erscheinungsweise: Die Zeitschrift für Angewandte Mathematik und Mechanik erscheint monatlich. Die 12 Hefte eines Jahres einschließlich Tagungsheft bilden einen Band. Bezugspreis je Band 360,— M zuzüglich Versandspesen (Preis für die DDR 216,—M). Bezugspreis je Heft 30,— M (Preis für die DDR 18,— M). Bestellnummer dieses Heftes: 1009/62/5.

AN (EDV) 35937

FSC
www.fsc.org
MIX
Papier | Fördert gute Waldnutzung
FSC® C083411

Zeitfracht Medien GmbH
Ferdinand-Jühlke-Straße 7
99095 Erfurt, Deutschland
produktsicherheit@kolibri360.de